“十二五”普通高等教育本科国家级规划教材
“粮食工程”专业系列教材

植物蛋白工艺学

（第二版）

江连洲　主编

科 学 出 版 社
北 京

内 容 简 介

本书共 7 章。第一章介绍主要的植物蛋白资源，包括一些油料蛋白、谷物蛋白、藻类蛋白和叶蛋白等；第二章阐述植物蛋白的结构与特征的基本理论和研究现状，特别介绍目前研究较多的大豆蛋白的结构与特征，并对其他主要油料（花生、菜籽、芝麻等）蛋白、谷物（小麦、稻米、玉米等）蛋白、藻类蛋白和叶蛋白的结构与特征进行补充丰富；第三章对植物蛋白的功能特性及应用进行了详细讲解；第四章详述油料蛋白的加工工艺，包括大豆蛋白及大豆蛋白衍生产品（大豆粉、新型大豆制品、传统大豆制品）和其他主要油料蛋白的生产原理、工艺流程和加工设备等内容；第五章、第六章分别对主要谷物蛋白和新植物蛋白的加工工艺进行了补充介绍；第七章概述高新技术在植物蛋白加工中的应用。

本书可作为高等院校农业、轻工业、商业等相关专业的本科生、研究生教材，也可作为农业、食品、粮食、外贸等领域科研及生产部门技术人员的参考用书。

图书在版编目（CIP）数据

植物蛋白工艺学 / 江连洲主编. —2 版. —北京：科学出版社，2016.12
“十二五”普通高等教育本科国家级规划教材 ·“粮食工程”专业系列教材

ISBN 978-7-03-050975-8

Ⅰ. ①植…　Ⅱ. ①江…　Ⅲ. ①植物蛋白-生产工艺-高等学校-教材　Ⅳ. ①TQ936.2

中国版本图书馆 CIP 数据核字（2016）第 299787 号

责任编辑：席　慧　马程迪/责任校对：杜子昂
责任印制：张　伟/封面设计：铭轩堂

科 学 出 版 社 出版
北京东黄城根北街 16 号
邮政编码：100717
http://www.sciencep.com
北京凌奇印刷有限责任公司印刷
科学出版社发行　各地新华书店经销
*
2011 年 2 月第　一　版　开本：787×1092　1/16
2016 年 12 月第　二　版　印张：18 1/4
2024 年 5 月第十二次印刷　字数：467 000

定价：79.80元

（如有印装质量问题，我社负责调换）

《植物蛋白工艺学》编写委员会

主　编　江连洲　　（东北农业大学）
副主编　李　杨　　（东北农业大学）
　　　　隋晓楠　　（东北农业大学）
　　　　张　敏　　（北京工商大学）
编　委（按姓氏笔画排序）
　　　　丁　俭　　（南京财经大学）
　　　　马文君　　（天津强微特生物科技有限公司）
　　　　王　欢　　（东北农业大学）
　　　　王立峰　　（南京财经大学）
　　　　王胜男　　（渤海大学）
　　　　毛惠婷　　（东北农业大学）
　　　　朱华平　　（天津科技大学）
　　　　江连洲　　（东北农业大学）
　　　　李　杨　　（东北农业大学）
　　　　杨　勇　　（中国食品发酵工业研究院有限公司）
　　　　吴海波　　（北部湾大学）
　　　　张　娜　　（哈尔滨商业大学）
　　　　张　敏　　（北京工商大学）
　　　　张雅娜　　（绥化学院）
　　　　范大明　　（江南大学）
　　　　胥　伟　　（武汉轻工大学）
　　　　黄雨洋　　（哈尔滨商业大学）
　　　　隋晓楠　　（东北农业大学）
主　审　胡晓松　　（中国农业大学）

第二版前言

植物蛋白工艺学是粮食工程专业本科学生的主修课程之一，也是食品科学与工程专业粮油加工方向的重要课程，是建立在工程学、生物化学、微生物学、食品工程原理及粮油加工机械等多学科基础上的应用科学。深入实施科教兴国战略，强化现代化建设人才支撑是新时代发展的使命任务。本书可满足新形势下粮食工程专业教学任务的需要，以及培养现代化植物蛋白工程拔尖创新人才，为践行大食物观、保障国家粮食安全提供新视角，为提升国家创新体系整体效能，以科技现代化支撑中国式现代化提供新思路。

本书共7章，主要包括：植物蛋白资源概述，植物蛋白的结构与特征，植物蛋白的功能特性及应用，油料蛋白的加工工艺，谷物蛋白的加工工艺，新植物蛋白的加工工艺，以及高新技术在植物蛋白加工中的应用。本书涵盖了国内外当前植物蛋白工业领域的最新研究现状、工艺技术方法及行业发展前景等。

本书重点介绍了蛋白质与人体健康的关系，主要油料蛋白、谷物蛋白、新植物蛋白的营养分析和应用研究，国内外植物蛋白最新发展状况、生产原理和工艺技术方法，并详细介绍了大豆蛋白及大豆蛋白衍生产品（大豆粉、新型大豆制品、传统大豆制品）的加工工艺及其在食品工业中的应用。在第一版基础上，本书丰富了其他主要油料蛋白、谷物蛋白、藻类蛋白和叶蛋白的功能特性及生产工艺，介绍了最新科研技术成果及其工业化生产现状，并对常见高新技术如超声波技术、超临界流体萃取技术等的应用进行了丰富补充。本书不仅可作为农业、轻工业、商业等高等院校有关粮食加工、食品科学、粮食物流等专业本科生、研究生的教材，也可作为农业、食品、粮食、外贸等领域科研及生产部门技术人员的参考书。

本书由江连洲教授任主编，李杨教授、隋晓楠教授和张敏教授任副主编，石彦国教授担任主审。编写人员分工如下：江连洲、张敏、张娜编写绪论，张雅娜编写第一章，李杨编写第二章，隋晓楠编写第三章，黄雨洋编写第四章第一节、胥伟、杨勇、王胜男编写第四章第二节至第五节，王立峰、王欢、吴海波编写第五章，朱华平、丁俭、马文君编写第六章，范大明、毛惠婷编写第七章。全书由江连洲、李杨、隋晓楠统稿。

本书编写过程中参考引用了有关兄弟院校、研究院所和有关单位出版的教材、资料和个人发表的论文，同时，齐宝坤、王欢、毛惠婷、丁俭、王海晴、朱颖、武燕华等参与了工艺制图、校稿及整理文稿工作。编者在此深致谢忱。

本书涉及面广，学科交叉较多，加之编者水平有限，书中不足之处在所难免，敬请同行专家和广大读者批评指正，以臻完善。

编　者

2023年12月

第一版前言

植物蛋白工艺学是粮食工程专业本科学生的主修课程之一，也是食品科学与工程专业粮油加工方向的重要课程，是建立在工程学、生物化学、微生物学、食品工程原理以及粮油加工机械等多学科基础上的应用科学。

本书是为了满足新形势下粮食工程专业教学任务的需要，培养现代植物蛋白工程高级人才而编写的，旨在为满足我国蛋白质科学营养摄取的需求，为我国植物蛋白产业工业化、市场化开辟新思路，为我国农产品及食品工业生产布局提供分析、决策的依据。

本书共分 6 章，主要包括：植物蛋白资源概述，植物蛋白质的结构与特征，植物蛋白的功能特性，植物蛋白加工工艺，传统大豆制品加工，以及高新技术在植物蛋白加工中的应用。本书涵盖了国内外当前植物蛋白工业领域的最新研究现状、工艺技术方法，以及行业发展前景等。

本书重点介绍了蛋白质与人体健康的关系，主要油料蛋白、谷物蛋白的营养分析，国内外植物蛋白最新发展状况、工艺、设备新动态，植物蛋白的制取工艺和应用研究，并介绍了浓缩蛋白、分离蛋白、组织蛋白等大豆蛋白的加工工艺及其在食品工业中的应用。本书不仅可作为农业、轻工业、商业等高等院校有关粮食加工、食品科学、粮食物流等专业本科生、研究生的教材，也可作为农业、食品、粮食、外贸等领域科研及生产部门技术人员的参考书。

本书由江连洲教授任主编，于殿宇教授、张敏教授任副主编，石彦国教授担任主审。编写人员分工如下：江连洲教授、刘洁、魏冬旭编写绪论、第一章、第二章，张敏教授、孙莹、吴海波编写第三章，李杨编写第四章，胡少新编写第五章，于殿宇教授、黄莉、李丹编写第六章。全书由江连洲、张敏统稿。

本书编写过程中参考引用了有关兄弟院校、研究院所和有关单位出版的教材、资料和个人发表的论文，编者在此深致谢忱。

本书涉及面广，学科交叉较多，加之编者水平有限，书中不足之处在所难免，敬请同行专家和广大读者批评指正，以臻完善。

编　者

2016 年 10 月

目　　录

绪　论

食物中的蛋白质包括植物蛋白和动物蛋白。植物中的豆类、小麦（面粉）和稻谷都含有较多的植物蛋白（如大豆种子所含蛋白质的比例高达40%左右），而在各种肉类、奶制品、禽蛋中所含的蛋白质属于动物蛋白。

虽然动物蛋白具有较多的优点，但植物蛋白同样是人类重要的营养源，对维持人类生存有着不可替代的重要作用。在世界人口迅速增长的情况下，各国都逐渐开始重视有限的植物蛋白资源的利用，用各种植物蛋白开发出更多安全、营养的食品。

《中国食物与营养发展纲要（2001—2010 年）》强调健康食物的基本概念，即“80%植物食物+20%动物食物”。根据国家粮食生产水平和消费水平，我国人民的蛋白质供给水平还比较低，解决这一不足的办法之一，应当是以发展廉价经济的植物蛋白为主，同时适当发展动物蛋白。大力开发利用植物蛋白资源和发展植物蛋白工业，是适合我国国情的一种发展战略。此外，随着人们对动物相关疾病的关注和对健康的认识日益增加，人们逐渐开始注重植物蛋白食物的摄取。在国际上，素食正在成为一种饮食时尚。

一、植物蛋白加工的意义

（一）植物蛋白的定义

国外学术界把植物蛋白分为两类：一类称为 plant protein，指花、草、树木、灌木等植物中所含的蛋白质；另一类称为 vegetable protein，指大豆、花生等可食性果实或油料中所含的蛋白质。在国内的文献中将两者统称为植物蛋白质或植物蛋白。

（二）植物蛋白开发加工的意义

蛋白质是生命活动的物质基础，对人体生理代谢起到重要的调节作用。一般来说，过去人们主要以动物蛋白作为优质蛋白质资源，在世界人口迅速增长的情况下，植物蛋白作为普遍而又优质的蛋白质资源，成为一种新的趋势，同时用各种植物蛋白开发出更多安全、营养的食品成为主要的市场前景，21 世纪称为植物蛋白世纪。人类对营养高品位和营养均衡合理结构的追求日益迫切，这主要体现在两个方面：一方面，发达国家的食品需求趋势正从单纯的动物蛋白向动植物蛋白科学合理搭配这种结构型调整和回归；另一方面，不发达国家和发展中国家正从温饱型向合理营养结构型发展。这两种发展趋势均要求植物蛋白工业给人们提供高品质的植物蛋白产品。

我国是世界上最大的发展中国家，人均蛋白质摄入量低于世界平均水平。我国人多地少，不能生产更多的粮食作饲料来发展养殖业，从而增加动物蛋白的供应量，只能通过发展植物蛋白的加工和利用，提高植物蛋白的利用率，来增加我国人民的蛋白质供应量，缓解人均蛋白质摄入量不足的矛盾。

1. 植物蛋白物美价廉

蛋白质是人体组成及代谢的物质基础，也是人类饮食结构的重要成分。伴随着生活水平的提高、现代“文明病”的出现，那些富含胆固醇、高热量的动物蛋白食物逐渐淡出人们的视线。为了补充对蛋白质的需求，人们将目光投向植物蛋白。开发植物蛋白同样具有重大的经济价值，有人曾推算过，1hm^{2}土地用于种草喂牛，从牛肉中可获得26kg蛋白质，而种大豆可获得227kg蛋白质，种玉米可以获得147kg蛋白质，种小麦可获得82kg蛋白质；若用谷类、大豆等饲养家畜，进行蛋白质转换生产，其蛋白质利用率仅为：肉牛约12%、猪约18%、鸡约19%、鸡蛋约21%、乳牛约25%。可见生产植物蛋白的成本远低于生产动物蛋白。

2. 植物蛋白的生理功能

营养学观念一般认为植物蛋白的营养价值低于动物蛋白，但近年来研究发现，植物蛋白对人体健康发挥着动物蛋白不可比拟的作用，如对进行性肝硬化的营养支持作用、降低胆固醇含量、抗肿瘤、改善心血管疾病和肾脏病的症状等。

1）对进行性肝硬化的营养支持作用　目前，我国的乙肝病毒感染率为60%～70%，乙肝表面抗原携带率约为总人口的7.18%，以此计算，全国约9300万人携带乙肝病毒，其中有3000万乙肝患者，肝炎后伴随发生的进行性肝硬化严重威胁着人们的健康。肝硬化导致机体蛋白质更新速率加快，合成与分解速率升高，由于分解速率上升更为突出，体内蛋白质代谢处于负平衡。肝硬化患者消化吸收功能差，肝糖原贮存下降、供能不足，肝脏中支链氨基酸脱羧酶活力降低，支链氨基酸只能在外周组织中通过转氨基作用被分解消耗。植物蛋白含有丰富的支链氨基酸，口感好，有利于增加患者蛋白质的摄入，使机体处于正氮平衡，从而改善营养状态，有利于肝脏功能的恢复。

2）降低胆固醇含量的作用　大量研究表明，许多植物蛋白的酶解产物都可显著降低血清胆固醇含量。有研究者指出，在饮食中用大豆蛋白代替动物蛋白，可有效降低血浆总胆固醇和低密度脂蛋白（LDL）胆固醇的含量，抑制低密度脂蛋白胆固醇的氧化，而低密度脂蛋白胆固醇被氧化会诱发动脉粥样硬化。

3）抗肿瘤作用　1993年，有研究者证实从苦瓜中分离出的植物蛋白能抑制患白血病小鼠病情的发展，有效率达80%。还有研究发现，大豆分离蛋白能够增强雌性大鼠肝脏和乳腺的代谢，抑制致癌物质的活性，减少肝癌和乳腺癌的发生。

4）对心血管系统的影响　在发达国家，心血管疾病是导致人类死亡的主要原因，而发展中国家心血管疾病的发病率也急剧上升。众所周知，膳食因素是发病的重要原因之一。近年来研究发现，用植物蛋白替代动物蛋白能够降低血脂浓度、增加低密度脂蛋白受体的表达、加速脂质的清除、减少动脉粥样硬化，从而降低心血管病的发生。可见，增加植物蛋白的摄入，可有效地降低高血压患者的血压和预防心血管疾病。

5）对肾脏病的有益作用　随着人口老龄化，慢性肾脏病发病率上升，膳食调整对控制肾脏病患者病情和康复十分重要。肾脏病患者肾功能不全，若蛋白质摄入量过多，其代谢产生的含氮化合物在体内不断蓄积，这不仅是肾病症状的成因，还会加速肾衰竭。因此，肾脏病患者膳食治疗的重要原则是低蛋白，但即使是在低蛋白条件下，肉、蛋、奶中的蛋白质仍会对肾脏产生不良影响。但在低蛋白饮食中，用大豆蛋白替代动物蛋白，可以降低肾脏过滤组织的渗透压和工作负荷，减少血液中清蛋白等有益成分随尿液丢失。

3. 植物蛋白产品的其他优势

从营养学方面分析，植物蛋白不含胆固醇，不会导致现代“文明病”的发生。在氨基酸的组成上，大豆蛋白中必需氨基酸接近人体所需的比例，仅含硫氨基酸含量略低；菜籽蛋白中氨基酸组成优于大豆蛋白，几乎不存在限制性氨基酸，尤其是甲硫氨酸、胱氨酸含量高于其他植物蛋白，其蛋白质消化率为95%～100%，而鸡蛋为92%～94%，大豆蛋白为88%～95%。从功能性质方面讲，植物蛋白具有溶解性、吸水性、吸油性、起泡性、乳化性、黏性及凝胶性等良好的加工特性，将植物蛋白作为食品添加剂按不同比例添加到肉制品、乳制品等食品中，不仅可以提高食品的营养价值，还可以改善食品本身的结构性能，有利于人体消化吸收，这为植物蛋白在食品工业中的应用奠定了基础。

目前植物蛋白在营养学方面存在以下两个主要的问题，一是优质植物蛋白资源的筛选；二是植物蛋白添加技术的研究。在未来的研究中，主要致力于妥善处理如何获得更多优质的植物蛋白资源。同时，研制出更多新型食品，促进食品工业的发展，将成为新的方向。

二、国内外植物蛋白生产与加工现状

从20世纪50年代初开始，以脱脂大豆为原料的植物蛋白制品迅速发展。新型大豆制品的研究首先是为了解决食物蛋白质供应不足和粮食短缺等问题。在新型大豆制品工业领域中，美国和日本，无论在基础理论和应用研究，还是在生产和消费数量方面都处于领先地位。

美国的大豆蛋白产业有40多年的历史，现有2500余种食品添加大豆蛋白，尤其是保健品。2000年，美国的新型大豆制品主要有大豆粉、大豆浓缩蛋白、大豆分离蛋白和大豆组织化蛋白，这些大豆制品广泛应用于各种食品的加工。目前，已经生产出注射型、乳化型、凝胶型、分散型、肉粒、肉粉等80多种类型的产品，广泛应用于肉制品、乳制品、面制品、饮品、儿童食品、糖果、方便食品、冷冻食品等几十类食品中。

美国是世界上最早进行大豆分离蛋白开发研究和实现工业化生产的国家。20世纪40年代开始研究，50年代研究出大豆分离蛋白，60年代开始生产，至70年代其生产技术逐渐趋于完善和成熟。随着大豆蛋白产业不断地发展与研发，大豆分离蛋白的生产已经克服了传统的碱提酸沉法得率低、产品的纯度和溶解度差的问题，可在常温下通过超滤技术生产大豆分离蛋白。美国在大豆分离蛋白改性技术，特别是酶制剂上的运用，使大豆蛋白的功能性得到显著改善。目前，大豆蛋白种类有大豆拉丝蛋白、组织化大豆蛋白、大豆蛋白粉、大豆膳食纤维、大豆分离蛋白等五大系列，20多个品种。Ralston Purim公司是一家专门生产分离蛋白的公司，在植物蛋白生产技术上处于领先地位，他们进行了开发大豆蛋白资源对于国民经济效益的影响及植物蛋白生产的技术、营养、功能性等方面研究。目前，国际分离蛋白市场基本由美国垄断和控制，日本、德国、巴西等国也在国际市场上占有一定的份额。由美国舒莱公司推出的中性蛋白饮料利用大豆蛋白，溶解性非常好，口感细腻，颜色纯白。

日本的新型大豆制品发展仅次于美国。1964年，世界食品技术协会在日本召开了油脂蛋白食品国际会议，不久，日本就通过引进技术生产大豆分离蛋白，1970年开始生产一种纤维状的新型组织化大豆蛋白，大豆浓缩蛋白加工工艺也很快得到了应用；1975年成立了“日本蛋白食品协会”，深入开展大豆蛋白的研究与生产，并制定了大豆蛋白的国家标准（日本农林标准，JAS）。日本不二公司研发出乳粉专用大豆蛋白，无论从颜色、风味还是粒度上都能与乳粉很好匹配，可以开发出体系复杂、要求苛刻的植脂奶油大豆分离蛋白。大豆浓缩蛋白广泛应用于婴幼儿食品、烘焙食品、肉制品、乳制品和饲料等行业之中。浓缩蛋白因蛋白质含量高，且具有优越的功能性、经济性而受到消费者的青睐，尤其是功能性浓缩蛋白的问世，在性能上达到分离蛋白的标准，而成本大大低于分离蛋白，且无废水的排放，它可以改变食品的组织结构和功能性，增加食品的营养成分及物理性能。因此，大豆浓缩蛋白制品有着广阔的市场和良好的发展前景，可代替大豆蛋白粉在蛋白质类添加剂方面得到应用。目前，在日本的食品加工中，已有60%～70%的产品不同程度地利用了大豆蛋白，其应用范围包括面包、面条、糕点、水产品和肉制品的生产领域。

发展中国家也积极努力研制适合本国人民饮食习惯的植物蛋白食品。我国对新型大豆制品的开发起步比较早，在20世纪50年代初就进行过这方面的探索，但由于饮食习惯和经济条件制约，发展较为缓慢。20世纪70年代末期，随着人们饮食观念的改变，开发利用大豆蛋白资源的重要意义逐渐被认识，许多科研单位、大专院校及生产企业都积极开展了这方面的研究和生产，并在较短的时间内取得了一定的成效。2012年以来，国内大豆分离蛋白生产线连续性更强，生产工艺更为细化，加上较为先进和更大规模的设备，用于食品加工的国产大豆总量超过1000万t，其中30%用于大豆分离蛋白生产，年产量达70万t，产品理化指标也大幅度提高，产品的功能性指标如乳化性和凝胶性方面已完全可以代替国外产品，细菌指标已大幅度降低，而单位产品的消耗和成本也大幅度下降。大豆蛋白加工在我国已呈现迅猛发展态势，大豆蛋白制品企业已经形成了一定的规模，自动化程度也达到了较高的水平，出口量占世界食品大豆蛋白的50%。目前国内大豆蛋白生产企业有60多家，规模以上企业20余家。其中，临沂山松生物制品有限公司现有现代化大豆分离蛋白生产线10条，年产大豆分离蛋白 6万t，是目前国内最大的大豆分离蛋白生产企业。黑龙江双河松嫩大豆生物工程有限责任公司拥有醇法大豆浓缩蛋白生产线的自主知识产权。随着人们对植物蛋白生理活性的深入研究，现已经开发出很多具有更高生理活性的蛋白质和肽类产品。例如，2005年，山东省济宁市春秋植物蛋白有限公司研发出pH为7.12的高活性花生蛋白。2007年，奥地利埃利逊控股集团加拿大艾赛尔生物技术有限公司与陕西国萃生物制品有限公司联合投资2.2亿元人民币，建成年产万吨大豆蛋白生物生化小分子多肽产品的“唐可肽”项目，实现利润2.6亿元人民币。2009年，亚洲最大规模胶原三肽生产线和多肽蛋白质制剂生产线于武汉市汉南多肽产业园竣工并投产，年产蛋白粉1000t、高品质胶原三肽300t、多肽原料1000t、胶囊剂10亿粒、片剂5亿粒，年产值达20亿元。2014年7月4日，世界生物活性肽领域第一个用酶法获得多肽的武汉九生堂生物科技股份有限公司于新三板挂牌上市，其明星产品“三九蛋白肽口服液”已出口美国、英国、巴基斯坦、沙特阿拉伯、印度尼西亚等多个国家和地区。

（一）植物蛋白加工的特点

大豆、谷物在中国已有几千年的种植历史，而植物蛋白制品是近几十年才发展起来的。随着科学技术的迅速发展，植物蛋白的加工技术与装备不断进步，产品质量逐步提高，应用领域不断扩大，产品品种日趋丰富。

1. 加工原料来源广泛、营养丰富

油料作物是目前工业化植物蛋白生产的主要原料。我国是大豆原产国，大豆一向被列为重要油料作物，但其作为优质植物蛋白资源的特性也不可忽视。大豆中的蛋白质含量位居植物性食品原料的首位，是大米、小麦等谷类作物的2倍以上，且组成蛋白质的氨基酸比例较接近人体所需的理想比例，尤其是赖氨酸的含量特别高，接近鸡蛋的水平。一般情况下，大豆中蛋白质含量高达40%左右，其中有80%～88%是可溶的，在豆制品的加工中主要利用的就是这一类蛋白质。

随着人们健康意识的提升，“高蛋白、低能量”正成为全球大豆食品市场趋势，高蛋白食品风靡许多国家。例如，2014年，美国营养棒类食品市场达29亿美元，大豆蛋白是加工这类食品的重要原料；添加大豆蛋白原料的高蛋白酸奶占美国整个酸奶市场份额的50%；蛋白质含量高达6%～8%的希腊酸奶正在热销，其中一款100g杯装酸奶蛋白质含量高达14g。酸奶加工中直接添加大豆蛋白，易成胶，但制成微粒后可改善这一状况。目前，剪切颗粒化技术可让产品具有油脂感，且能使食品蛋白添加量达到10%，从而使高蛋白酸奶成为可能。

油菜籽经脱油、脱毒（芥子苷、植酸等）后可提取20%～25%的全价蛋白质，几乎不存在限制氨基酸，尤其甲硫氨酸、胱氨酸含量高于其他植物蛋白，其蛋白质功效比值（PER）为3.0～3.5，消化率（TD）为95%～100%，属于优质蛋白，其利用的关键是解决好脱毒问题。棉籽饼粕中蛋白质含量达50%左右，其组成除甲硫氨酸稍低外，必需氨基酸均达到联合国粮食及农业组织/世界卫生组织（FAO/WHO）的推荐标准。棉籽蛋白同样要解决脱毒问题。花生蛋白中抗营养因子较少，其单位面积产量比大豆高2～3倍，只是必需氨基酸组成不均衡，限制氨基酸较多。从营养角度考虑，需要动物蛋白搭配，才能使营养更为合理均衡。

我国稻米种植面广，产量丰富，稻米精深加工与综合利用技术也越来越受到重视。稻米加工过程中会产生大量的副产物，其中碎米、米糠和米渣可利用价值最高。碎米中蛋白质含量在7%以上，米糠中蛋白质含量在16%以上，米渣中蛋白质含量高达50%（干基）左右，这些副产物中富含蛋白质，是丰富的蛋白质资源。若以这些副产物为原料，利用现代技术生产蛋白粉产品，不仅可以减少资源的浪费，还可以创造更多的价值，为农业经济的发展带来新的增长点。目前，国内对稻米蛋白粉的生产和研究还较少。事实上，稻米蛋白的氨基酸组成平衡合理，是其他植物蛋白所无法比拟的。稻米蛋白被公认为优质的食品蛋白，符合FAO/WHO推荐的理想模式。学术界对这种新型植物蛋白更是青睐有加，誉之为“目前自然界已知最优秀的植物蛋白”。因此，以碎米、米糠和米渣为原料，研制开发蛋白粉，具有非常重要的意义。

谷物胚中含有较高的蛋白质，必需氨基酸比较齐全，营养价值较高。小麦胚芽含蛋白质30%以上，其蛋白质功效比值为2.30～2.87（酪蛋白为2.50），属完全蛋白质。1kg麦胚蛋白的营养接近2.5kg鸡蛋蛋白或1.5kg牛肉蛋白。大米胚芽含蛋白质17%～26%，赖氨酸含量高于其他谷类种子。玉米胚芽含蛋白质13%～18%，其蛋白质功效比值为2.04～2.56。

蛋白质含量较高的干果主要有杏仁、核桃、腰果、夏威夷果、阿月浑子、榛子等。干果中除含有较丰富的多不饱和脂肪酸外，还含有相当数量的蛋白质，如我国核桃含蛋白质15.2%（带壳）。许多国家有消费核桃的习惯，美国的膳食指南将其与大豆归为同类食物。美国的干果生产量在世界上占有最大的份额，所占比例为扁桃65%、美洲山核桃74%、夏威夷果48%、核桃40%、阿月浑子25%、榛子4%。

食用菌作为另一种良好的植物蛋白资源，不但在美国、英国、法国、意大利、德国、日本等发达国家发展较快，中国、印度尼西亚、越南、泰国等发展中国家也都掀起生产高潮。世界食用菌总产量，1965年仅35万t，1994年超过460万t，2008年我国食用菌产量达到1730万t，占世界的80%以上，实现产值820亿元，出口到119个国家和地区，创汇额14.25亿美元，已成为农产品加工的支柱产业之一。近年来每年的食用菌生产量递增10%左右，其中中国、美国、日本是最大的生产国。鲜食用菌中一般含蛋白质2%～4%，比蔬菜含量高；木耳、银耳、香菇等干菌的蛋白质含量为10%～20%。食用菌生产不占用耕地，利用多种场所立体栽培，不仅可以扩大蛋白质资源，而且能够创造可观的经济效益。

螺旋藻是一种高蛋白、低脂肪、低胆固醇、低热值的营养食品，它能为人体生命活动提供必需的微量营养素。螺旋藻蛋白质含量高达50%～75%，相当于大豆的1.7倍、小麦的6倍、玉米的9.3倍、鸡肉的3.1倍、牛肉的3.5倍、鱼肉的3.7倍、猪肉的7倍、蛋类的4.6倍、全脂奶粉的2.9倍，且所含的蛋白质均属于优质蛋白质，易于吸收，其所含人体必需氨基酸的种类齐全，其中的必需氨基酸含量的比例与联合国粮食及农业组织规定的最佳蛋白质氨基酸组成比例吻合，是人类最理想的蛋白源。

1974年，联合国世界粮食会议确定螺旋藻为重要蛋白源，在几十年内就完成了从研究到产业化的进程。我国云南省程海湖是世界上三大蓝藻湖之一，1989年，我国建立了第一座中试基地；1991年，深圳蓝藻生物公司成为我国第一家工业化生产企业。我国现有螺旋藻研究开发的科研教学机构30余个，生产企业超过100多家，2009年产量为2500多t，我国已成为螺旋藻养殖大国。螺旋藻植物蛋白消化率为85%，易被人体吸收。其氨基酸含量均衡丰富，含有多种维生素、多糖、微量元素及生理活性物质，具有一定的保健作用。研究表明，以1g螺旋藻原粉所含的蛋白质当量计算，相当于735.7亩①水稻、657.9亩小麦、403.4亩玉米或300.3亩大豆的年产量。

2. 加工产量不断增长

2006～2007年度世界大豆加工量为19 487万t，较上年度增长6.75%，其原因是豆粕和豆油的需求增加。我国现有植物蛋白企业100余家，传统豆制品企业1100余家，年生产总量800万t。

随着稻谷产量增加和科技水平不断提升，我国大米加工业也取得了长足发展。2014年全国入统大米加工企业8500多家，生产大米约1.3亿t，实现销售收入4000多亿元，利润为4亿多元。

3. 高新技术与传统技术共同发展

美国、日本等发达国家开发的植物蛋白产品包括大豆蛋白食品、花生食品、婴儿食品、配方食品等，植物蛋白产品种类繁多、应用范围广泛。美国大豆蛋白生产工艺设备先进，不但很好地解决了脱腥和胀气问题，且弥补了大豆蛋白赖氨酸含量低的不足，并将钙溶于其中，使其营养更完善；在大豆综合加工的基础上，根据不同用途生产大豆专用粉，如高分散性、乳化性、溶解性专用大豆蛋白产品。我国少数企业引进国外设备加工大豆或生产分离蛋白。同时，我国还自行研制配套豆粉、分离蛋白、组织化蛋白、豆乳、豆腐的生产技术与机械。

4. 应用领域不断扩大，产品品种日渐丰富

植物蛋白的应用领域也在不断扩展。一些发达国家超级市场上可以看到几千种大豆蛋白食品、花生食品，从婴儿食品、配方食品到各种无胆固醇的美味菜肴，可谓琳琅满目。

美国将大豆浓缩蛋白经过高温高压处理制成类似肉样的组织化蛋白；利用分离蛋白经配料、黏合、着色、调味制成培根状模拟肉制品；将分离蛋白在肉类、禽类、鱼类、虾类、扇

---

① 1亩≈666.6m^2

贝类、蛋类制品中应用，制成多种菜肴，品质与原食品较为接近或更好；分离蛋白和功能性浓缩蛋白在乳制品中被广泛地应用，制成了人造奶酪、人造奶、无奶冷冻甜食、咖啡伴侣、酸奶及各种豆奶。美国联邦政府每年投入大量经费研究大豆深加工，以满足消费的需求。

我国大豆蛋白的应用逐年扩大，在面制品、肉制品、冷饮中也有所应用，婴儿乳品配方中也采用了大豆制品，生产了各种豆奶粉、纯豆粉、豆腐脑粉、豆乳等产品。

近年来，藻类与食用藻的开发利用也有较大的进展，通过加强其生理活性物质的研究，开发了一些保健食品，除螺旋藻粉、片、胶囊产品外，还将其添加到面制品、饮料、乳制品中。

（二）我国植物蛋白发展中存在的问题

1. 产量不足，资源利用率不高

中国有悠久的大豆种植、加工历史，但年总产量仅居世界第4位，约1500万t，仅占世界总产量的6%左右，原因是播种面积不足、单产水平不高。2009年，我国大豆平均亩产仅226斤[①]，比美国低131斤。我国菜籽、棉籽、谷物产量均为世界第一，但加工利用率很低；对于面粉加工，经过近几年的改造，许多企业装备了提取胚芽设备，但胚芽利用率仍很低。花生、葵花籽、干果及食用菌，大多为简单（烹饪）或直接食用，工业制品不多。我国在螺旋藻加工方面还处于低水平阶段。

2. 植物蛋白加工技术与装备有待提高

我国植物蛋白加工技术与设备和国外相比，在生产规模、工艺技术及自动化程度等方面仍有较大差距，从而限制了蛋白产品的质量、档次和品种的提高与发展。

3. 科技投入不足，科研深度不够

国外发达国家每年都投入大量充足的资金，从基础理论到生产实践开展广泛、深入、持续的研究与开发。而我国，大部分成果技术成熟度不高，企业的科技创新体系尚未形成，缺乏高新技术成果的支撑能力。

4. 企业的生产水平没有完全发挥出来

部分企业受资金与管理等因素限制，未能充分发挥其生产水平，使植物蛋白产品品种单一、功能性不强、市场供给不足。

5. 科技成果推广和宣传力度不够，应用范围尚需扩大

植物蛋白在食品生产中的应用还远远不够，部分企业没有认识到其重要性和优越性。

6. 植物蛋白产品的市场格局尚未稳定

国外产品不断打入中国市场，国内产品面临挑战，市场竞争激烈。

7. 新的蛋白质资源有待开发

我国人口众多，人均耕地面积少，不可能拿出大量的粮食去转化成动物蛋白，因此积极开发植物蛋白资源势在必行。目前国内外对大豆蛋白的有关研究资料已非常丰富，对新型蛋白，如叶蛋白、米糠蛋白、豌豆蛋白、绿豆蛋白、花生蛋白等的研究正在深入。

8. 植物蛋白功能特性和营养特性尚未得到专用细分

植物蛋白的利用，无论是直接利用天然资源，还是已开发产品中蛋白质的再利用，都要

① 1斤=0.5kg

综合考虑植物蛋白的功能特性和营养特性。营养特性是蛋白质资源的基础，而功能特性则决定蛋白质的加工性能。若某种蛋白质虽然营养丰富，但加工性能不良，即使资源再多，开发也会受到限制；蛋白质的功能特性则指在加工、贮藏、制备及消费过程中对食品产生影响的物理化学性质，包括溶解性、吸水性、起泡性、吸油性、乳化性、凝胶性等。在食品中有时是蛋白质的一种功能特性起主要作用，有时是几种功能特性共同发挥作用，植物蛋白往往含有脂肪、糖类及矿物质等，在加工过程中还需加入抗氧化剂、乳化剂、稳定剂等非蛋白质成分，这些成分都会不同程度地影响蛋白质的内在性质，因此充分了解植物蛋白的功能特性和营养特性，以及加工过程中加热、冷却、电渗析、膜过滤等工艺对植物蛋白功能性质的影响，才有可能生产出符合市场需求的优质食品。

三、发展我国植物蛋白产品的建议

1. 提高植物蛋白单产、增加总产、充分利用国土资源

采用生物技术和基因工程及遗传工程等先进技术，选育并推广抗旱、抗病、优质、高产的优良品种，配以先进的栽培技术，提高作物单产，增加总产；进一步扩大核桃、杏仁、银杏等干果的开发利用，挖掘占我国国土 70%的丘陵山地的潜力；扩大食用菌的生产，保持世界第一的位置。

2. 大力提高加工技术水平

实施科教兴国和可持续发展两大战略。推动食品工业经济体制和增长方式的根本转变。引进与自行开发相结合，科研、生产与设备制造企业相结合，下大力普遍提高植物蛋白分离及加工技术与装备水平，实现生产机械化、自动化、规模化，使产品的功能特性、稳定性尽快达到国际先进水平。

3. 加强科学研究，不断推出新技术成果

以基础理论为研究依据，以现代技术为手段，不断推出新工艺、新配方、新产品、新设备，使我国跻身于植物蛋白生产发达国家之列。

4. 大力推广植物蛋白的应用

推广成熟的工艺、配方，使各类植物蛋白在主食、副食、方便食品、快餐、学生餐中广泛应用，真正起到改善我国人民营养之作用。

5. 加强企业管理和质量管理

学习国外先进经验，完善各项标准及相关制度，实行标准化生产，确保产品质量，降低能耗与生产成本，提高生产效率及效益。

6. 提倡多项联合，走集团化发展的道路

科研单位与生产企业联合，原料市场与技术及资金联合，科工贸一体化，逐步向集团化过渡，实现由粗放型经营向集约化经营的转变，不断提高企业的发展能力与市场竞争能力。

7. 提高蛋白质功能特性及营养特性

粮油工业所生产的蛋白质成品多数用作食品的掺加品、代用品，因此要和食品工业结合。蛋白质生产的研究要贯穿生产到使用全过程，通过对各种蛋白质功能特性及营养特性的研究，结合我国国情和人民生活习惯，将各种蛋白质产品更有效地掺加到各种食品及传统食品中，才能促进植物蛋白的生产。

8. 提高植物蛋白的贮藏运输和保鲜水平

加强现代物流技术研究与应用，减少污染和浪费，并拓宽市场，实现经济增长方式的转变。

9. 加强国际间的学术与信息交流

我国植物蛋白资源非常丰富，种类繁多，但每种蛋白质都有各自独特的结构特点与加工特性，了解与掌握这些基础理论知识将为充分利用植物蛋白的功能奠定基础，并能开发出新的产品以满足人民生活与生产的需要。应加强行业、企业、科研及市场间、国际间的交流与合作，促进行业与植物蛋白产业的迅速发展。

第一章　植物蛋白资源概述

第一节　主要油料蛋白资源

植物蛋白是人类食用和动物饲料用的重要蛋白质资源，全世界蛋白质产量的 80%为植物蛋白。随着世界经济全球化和一体化发展，世界人均蛋白质的消费有所提高。表 1-1 是世界各国人均蛋白质摄入量情况。国家统计局显示，2015 年全国粮食总产量为 62 143 万 t，已经实现连续 12 年增长，其中大豆产量为世界第四，仅次于美国、巴西、阿根廷，图 1-1 为 2011～2015 年全球大豆产量情况。

表 1-1　人均蛋白质摄入量（高艳华和王联洁，2003）

地域	每日人均蛋白质/g	每日人均动物蛋白/g	每日人均动物蛋白占蛋白质总量的百分比/%
全球	70.8	24.6	34.7
亚洲	64.3	15.7	24.4
加拿大	96.1	57.4	59.7
美国	112.9	73.5	65.1
法国	116.0	77.8	67.1
德国	100.2	64.2	64.1
英国	91.2	52.3	57.3
中国	67.4	15.9	23.6
印度	58.1	9.5	16.4
埃及	87.3	12.9	14.8
墨西哥	78.7	31.3	39.8

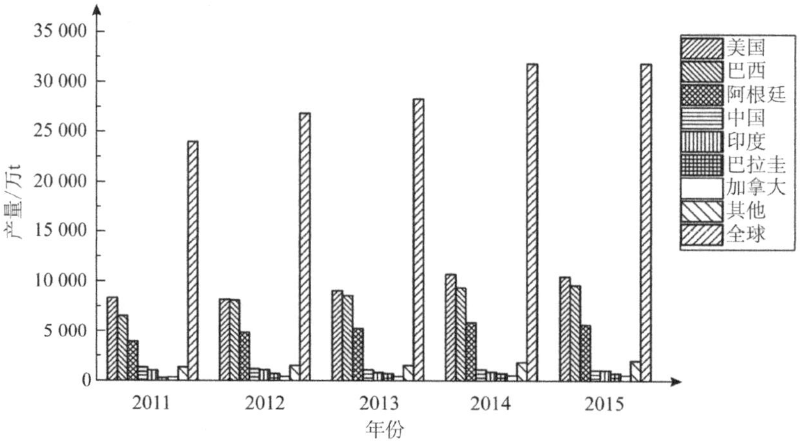

图 1-1　2011～2015 年全球大豆产量走势图（美国农业部，2016）

一、大豆蛋白

大豆因其独特的化学组成而成为最具有经济价值和使用价值的农产品之一。在谷物及其他豆科植物中，大豆的蛋白质含量最高（约为40%），其他豆类的蛋白质含量为20%～30%，而谷物类的蛋白质含量最高为8%～15%。大豆还含有20%左右的脂肪，以及磷脂、维生素和矿物质等其他有价值的成分。此外，大豆还含有许多含量较低的成分，如胰蛋白酶抑制剂、植酸、异黄酮和低聚糖，它们都具有生理活性，在抑制癌症和其他疾病方面具有重要作用。

（一）大豆蛋白的营养价值

在当今许多国家，大豆是提供人类和动物营养的一种主要的植物蛋白来源。与其他来源的蛋白质相同，大豆蛋白提供能量、必需氨基酸和氮。然而，蛋白质的营养特性是多种因素共同作用的结果，这些因素包括氨基酸组成、消化和吸收这些蛋白质的组织器官所需的氨基酸种类。优质蛋白是指那些能被完全消化且其氨基酸组成与消耗这种蛋白质的动物所需的氨基酸类型非常接近的蛋白质。

1. 大豆蛋白的营养价值

大豆中的蛋白质根据其在籽粒中所起的作用不同，一般可分为结构蛋白、贮藏蛋白和生物活性蛋白，其中贮藏蛋白是大豆蛋白的主体，大豆食物也是主要利用大豆中的贮藏蛋白。尽管这些蛋白质颗粒的周围有磷脂质膜，但磷脂质膜容易破裂，所以可以利用水抽提法提取贮藏蛋白。

大豆中80%的蛋白质在pH为4～5的酸性条件下能从溶液中沉淀出来，这部分蛋白质称为大豆酸沉淀蛋白，主要成分是大豆球蛋白。这些蛋白质的等电点是4.5左右，但由于大豆中含有植酸钙镁等成分，会在酸性条件下与蛋白质结合，所以从表面看来蛋白质的等电点是在4.3左右。达到等电点而不沉淀的蛋白质称为大豆乳清蛋白，占大豆蛋白总量的6%～7%，这些蛋白质的主要成分是清蛋白。大部分大豆蛋白在偏离pI4.3时可溶于水，但受热，特别是当蒸煮等高温处理时，其溶解度急剧降低，因此，在豆腐和大豆分离蛋白加工中，清蛋白一般在水洗和压滤过程中流失掉。大豆蛋白是指存在于大豆中的蛋白质的总称，它不单指某一种蛋白质。组成大豆蛋白的氨基酸有18种之多，表1-2给出了大豆蛋白及其制品中氨基酸的组成。

表1-2　大豆蛋白质及其制品中氨基酸的组成（%）

氨基酸	FAO/WTO推荐值	大豆蛋白	大豆球蛋白	大豆浓缩蛋白	大豆分离蛋白	大豆粕粉
异亮氨酸	4.2	4.2	6.0	4.8	4.9	5.1
亮氨酸	4.8	9.6	8.0	7.8	1.7	7.7
赖氨酸	4.2	6.1	6.8	6.3	6.1	6.9
甲硫氨酸	2.2	2.4	1.7	1.4	1.1	1.6
胱氨酸	3.5	2.4	1.9	1.6	1.0	1.6
苏氨酸	2.8	4.3	3.9	4.2	3.7	4.3

续表

氨基酸	FAO/WTO 推荐值	大豆蛋白	大豆球蛋白	大豆浓缩蛋白	大豆分离蛋白	大豆粕粉
色氨酸	1.4	1.2	1.4	1.5	1.4	1.3
缬氨酸	4.2	4.8	5.3	4.9	4.8	5.4
苯丙氨酸	2.8	9.2	5.3	5.2	5.4	5.0
酪氨酸	6.0	9.2	4.0	3.9	3.7	3.9
甘氨酸	—	—	4.0	4.4	4.6	4.5
丙氨酸	—	—	3.3	4.4	3.9	4.5
丝氨酸	—	—	4.2	5.7	5.5	5.6
精氨酸	2.0	—	7.3	7.5	7.8	8.4
组氨酸	2.4	—	2.9	2.7	2.5	2.6
天冬氨酸	—	—	3.7	12.0	11.9	12.0
谷氨酸	—	—	18.4	19.8	20.5	21.0
脯氨酸	—	—	5.0	5.2	5.3	6.3

注："—"表示未给出推荐值，非必需的

从表 1-2 中可以看出，大豆蛋白中含有人体 8 种必需氨基酸，分别是苏氨酸、缬氨酸、赖氨酸、甲硫氨酸、色氨酸、苯丙氨酸、亮氨酸、异亮氨酸，以及含有婴儿不能合成的组氨酸，且比例比较合理，氨基酸含量与动物蛋白相似，特别是赖氨酸含量可以与动物蛋白相媲美。将大豆球蛋白与牛肉相混合，无论按什么比例混合，其蛋白质利用率都没有什么差别。也就是说，在保持氮平衡的情况下，即使用大豆球蛋白代替部分牛肉，其整体营养水平与全部用牛肉没有多大的差别。

与大多数其他豆类蛋白一样，大豆蛋白的含硫氨基酸含量较低，其中最重要的限制性氨基酸为甲硫氨酸，其次为（半）胱氨酸和苏氨酸。然而，大豆蛋白含有丰富的赖氨酸，而大多数的谷物蛋白都缺乏这种氨基酸。如果把大豆蛋白与谷物蛋白结合起来就可以实现赖氨酸和甲硫氨酸的互补，那么大豆蛋白就变得极有利用价值了。

蛋白质消化率是指人及其他动物摄入一定量的蛋白质后，被体内吸收的蛋白质百分率，它与氨基酸的生物利用率密切相关。经纯化的大豆蛋白可被动物机体完全利用，然而，在大多数情况下，它是与大豆中的其他天然成分混合在一起的。在这些物质中，胰蛋白酶抑制剂被认为是影响蛋白质消化率的主要因素，大豆的其他生物活性物质，如酚醛树脂和植酸钙镁，也会降低蛋白质的质量。

大豆蛋白消化率比动物蛋白低，但其具体数值与大豆食品粗纤维含量、生熟程度、烹调方式等多种因素有关。整粒熟大豆的消化率仅为 65.3%，加工成豆腐后其消化率可提高到 92%～96%，豆浆中蛋白质消化率可达 84.9%，膨化蛋白消化率为 92%。

大豆蛋白所含的必需氨基酸可满足 2 岁以上人体对各种必需氨基酸的要求。表 1-3 所示为 WHO 与美国食品药品监督管理局（FDA）于 1993 年所采用的"蛋白质消化率校正氨基酸记分（PD-CAAS）"。大豆蛋白为满分（1.00 分），与鸡蛋蛋白相同（1.00 分），高于菜豆（0.68 分）、花生粉（0.52 分）、小麦面麸（0.25 分）等，即相当于动物蛋白，优于一般的植物蛋白，属于完全蛋白质。

表 1-3　部分食物蛋白质消化率校正氨基酸记分表

产品	蛋白质消化率/%	氨基酸记分	蛋白质消化率校正氨基酸记分
鸡蛋白	100	1.19	1.00
菜豆	83	0.82	0.68
大豆制品蛋白	98	0.94	1.00
小麦面麸	96	0.26	0.25
花生粉	94	0.55	0.52
全麦	91	0.44	0.40

人们对各种不同的传统豆制品的蛋白质消化率也是明显不同的（表 1-4）。蛋白质消化率最高的是豆腐皮，最低的是烤豆粉。大豆食物中蛋白质的化学形式对其蛋白质的消化率起着重要作用。

表 1-4　各种大豆食品在人体内的蛋白质消化率（%）

大豆食品	蛋白质消化率	大豆食品	蛋白质消化率
烤豆粉	78	煮熟的大豆	92
发酵的大豆（豆豉）	90	冻干豆腐	93
油炸豆腐	91	大豆片（豆腐皮）	100

蛋白质生物学效价（BV）表示蛋白质吸收后体内的利用程度。蛋白质生物学效价的测定受很多因素的影响。蛋白质功效比值（PER）表示动物每摄取 1g 蛋白质所增加的体重，以此来表示蛋白质在体内的利用，又称为吸取效率。各种大豆蛋白食品的生物学效价及功效比值见表 1-5。

表 1-5　各种大豆食品的蛋白质生物学效价与蛋白质功效比值

项目	蛋白质生物学效价（BV）		蛋白质功效比值（PER）	
	范围	平均值	范围	平均值
成熟毛豆	41～74	58	0～1.5	0.7
蒸汽加热毛豆	—	—	1.2～1.4	1.3
消毒毛豆	64～67	64	0.4～2.0	1.3
发芽豆	—	—	—	1.4
烘烤碎豆	—	—	—	2.4
未烘烤粕	50～53	52	0.3～0.6	0.5
消毒粕	61～68	65	1.1～2.9	1.9
脱脂粉	60～75	69	1.5～2.4	1.8
全脂粉				1.6
豆乳		79	1.6～2.3	2.0
豆腐	65～69	68	1.7～1.9	1.8
浓缩蛋白			0.3～2.5	1.7
分离蛋白			0.9～1.6	1.3

注：“—”表示无生物学效价加热蛋白变性；空白处的含义为未检测

2. 大豆蛋白的过敏原性

食物的过敏原性（变应原性）是指人体对食物中某种成分的非正常免疫反应，且只有特定的人才会发生这种情况。简而言之，一种被称为变应原的过敏性食物成分会引起特定人群的免疫系统产生免疫球蛋白（IgE）。IgE 是人体用来抵抗感染和疾病的 5 种抗体之一，它与许多组织中的肥大细胞或血液中的嗜碱细胞结合在一起，能识别血液中的食物变应原并与其结合，最后又与另一个 IgE 分子交联在一起。在细胞表面呈交联状的 IgE 分子会引发一系列的生化反应，最后致使组胺和其他细胞物质从细胞中释放出来，从而出现过敏症状。通常的过敏症状有瘙痒、皮疹、荨麻疹、腹痛、恶心、呕吐、腹泻和哮喘，且在极少数情况下会出现血压骤降与死亡，这些症状通常在人体摄入食物后的几分钟至 1h 出现。

虽然大豆过敏现象很少在成年人身上发生，但是对儿童的流行病学研究表明，在这部分人群中出现了大部分常见的各种形式食物过敏。花生、牛奶和鸡蛋过敏更常发生。随着全世界对大豆产品消费的增长，必定会出现更多的大豆过敏事件。一直以来，大豆中的某些天然的抗营养因子（如胰蛋白酶抑制剂、外源凝集素和寡聚糖）的存在，使得大豆蛋白的利用率比牛奶蛋白的利用率低。目前已有证据表明，用大豆制品喂饲动物时，特定的大豆蛋白的变应原性会致使这些动物出现消化不良和肠胃功能紊乱等问题。

大豆的变应原性是由蛋白质结构造成的。大豆制品（如大豆油或卵磷脂）一般不含变应原，除非蛋白质已被污染。在对人的许多临床研究中，已有许多种不同的与 IgE 连接的大豆蛋白被报道，这些蛋白质包括库尼兹（Kunitz）胰蛋白酶抑制剂和 3 种球蛋白结构[2S、7S 和 11S（S 为沉降系数，$1S=10^{-13}s=1Svedberg$）]。尽管特定的大豆变应原难以鉴定，但经过充分热处理后，大豆制品通常被认为仅有低变应原性，因为大豆的大部分蛋白质成分免疫活性已被热处理破坏。

（二）大豆蛋白的生物活性

大豆蛋白是优质蛋白质的主要来源，也是联合国粮食及农业组织定为 21 世纪重点开发的植物蛋白食品资源。在近几年大豆综合深加工的研究过程中，尤其注重对大豆蛋白生物活性的研究。

1. 调节血脂、降低胆固醇和甘油三酯

大豆蛋白能与肠内胆固醇类相结合，从而阻碍胆固醇类的再吸收，并促进肠内胆固醇排出体外。已知大豆蛋白与胆固醇之间有如下关系：对胆固醇含量正常的人，大豆蛋白对胆固醇的下降无促进作用（一定量的胆固醇是人体维持生命的必要物质）；对于胆固醇含量正常的人，若食用含胆固醇量高的蛋、肉、乳类等食品过多时，大豆蛋白有抑制胆固醇含量升高的作用；对胆固醇含量偏高的人，大豆蛋白有降低部分胆固醇的作用，可降低有害胆固醇中低密度脂蛋白（LDL）胆固醇和极低密度脂蛋白（VLDL）胆固醇，但不能降低有益胆固醇——高密度脂蛋白（HDL）胆固醇。经研究发现，食用大豆蛋白后，血清中胆固醇浓度降低了 9.3%，LDL 胆固醇降低了 12.9%，血清中甘油三酯浓度降低了 10.5%，而血清中 HDL 胆固醇浓度增加了 2.4%。由于胆固醇浓度每降低 1%，患心脏病的危险就降低 2%～3%，因此可以认为，食用大豆蛋白可使患心血管疾病的危险性降低 18%～28%。

大豆蛋白降低胆固醇的作用是由多个因素综合作用的结果，这些起作用的因素及其功效如下。

1）影响胆固醇在肝中代谢　动物试验发现，大豆蛋白能明显降低血液总胆固醇和 LDL 胆固醇含量，增加 3-羟基-3-甲基戊二酰辅酶 A（HMG-CoA）的还原性，而 HMG-CoA 还原酶催化控制胆固醇的生物合成，从而促进低密度脂蛋白胆固醇和极低密度脂蛋白胆固醇的去除。

2）促进胆汁酸的排泄　大豆蛋白在消化过程中释放出一种与胆汁酸黏合的肽段，从而使胆汁酸随粪便排出体外，而胆汁酸是由胆固醇组成的，因此这个作用即是将胆固醇排出体外。此外，胆固醇转化成胆汁酸，也会激活低密度脂蛋白胆固醇的活性，故能达到降低血液中胆固醇水平的作用。

3）影响胆固醇含量　某些氨基酸（主要是赖氨酸）会提高血液中胆固醇水平，而精氨酸则具有相反的作用。因此，膳食中赖氨酸与精氨酸的比例是影响胆固醇含量及动脉粥样硬化形成的关键因素。大豆蛋白所含的赖氨酸与精氨酸比例明显高于动物蛋白，现知 L-精氨酸为皮衍生的舒张因子的前体，一般认为舒张因子即一氧化氮（NO），其不仅具有强烈的血管舒张作用，而且还可以抑制血小板粘连聚集、抗单核细胞依附趋化、抗血管平滑肌细胞增生。

此外，大豆蛋白对胆固醇的降低作用与胆固醇的初始浓度相关。食用大豆蛋白后，对于胆固醇浓度正常的人，LDL 胆固醇只降低 7.7%；而对血清胆固醇浓度严重超标的人，LDL 胆固醇降低了 24%。因此，正常人食用大豆蛋白不必有任何顾虑，而胆固醇浓度越高，大豆蛋白的降低效果越显著。只要每天食用大豆蛋白 25g 左右，就足以起到降低胆固醇的作用。美国食品药品监督管理局（FDA）已正式批准大豆为健康食品，认为每天进食含 25g 大豆蛋白（相当于 62.5g 大豆）的低脂食品能降低引起冠心病的概率和胆固醇水平。

2000 年 11 月美国心脏协会建议：每天食用 50g 大豆蛋白，能降低心脏病发病率。因此，FDA 认为可按下列标示在标签上标明："每日食用 25g 大豆蛋白可作为降低饱和脂肪酸、胆固醇饮食的一环，可减少患心脏病的危险性，该产品（制品名）每份含有 × ×g 大豆蛋白"。

2. 抑制高血压

高血压已成为严重危害人类健康的主要疾病之一。据 1991 年我国对 15 岁以上人群抽样调查结果显示，全国高血压患病率由 1959 年的 5.11%上升到 11.88%，达到 9000 余万人。目前普遍认为导致高血压的机制是，血管紧张肽原酶刺激血管紧张素原释放一种非活性的蛋白肽——血管紧张素 Ⅰ。血管紧张素 Ⅰ 在血管紧张素转化酶（ACE）的作用下转化成为有生物活性的血管紧张素 Ⅱ，它是目前已知最强的缩血管物之一。由此可见，血管紧张肽原酶对稳定血液循环和血压起着至关重要的作用。有资料显示，在大豆蛋白中的 11S 球蛋白和 7S 球蛋白中含有 3 个可抑制血管紧张肽原酶活性的多肽片段，因此大豆蛋白具有一定的抗高血压功能。

3. 防止骨质疏松

人的骨骼处于高度的新陈代谢中，每年新生的骨骼占总骨骼的 15%，每天有大约 7000mg 的钙进出骨骼组织，一部分钙会随尿液排出体外。若尿钙损失 50mg，就必须摄入 200～250mg 的钙（假设钙的吸收率为 20%～25%），因此减少尿钙损失比摄入钙更为重要。研究表明，与优质动物蛋白相比，大豆蛋白造成的尿钙损失较少。当膳食中的蛋白质为动物蛋白时，每天的尿钙损失达 150mg；而当膳食中的蛋白质为大豆蛋白时，每天的尿钙损失仅 103mg。

此外，大豆中的大豆异黄酮可增加肠钙吸收，减少尿钙排出，从而增加钙吸收率和钙贮留量，进而提高骨骼矿物质的含量，提高骨密度，降低患骨质疏松症及骨折的危险。因此常食大豆食品对预防骨质疏松非常有利。

4. 减少中性脂肪、预防肥胖

日本京都大学研究发现占大豆蛋白总量 15%～18%的 β-伴大豆球蛋白具有减少中性脂肪、预防肥胖的功能。经对小鼠试验证实，β-伴大豆球蛋白能使小鼠摄入的油不被完全消化，且一部分未消化油将随粪便排出。被消化油若进入鼠体内肝脏，β-伴大豆球蛋白具有两个作用：一是在体内再合成作为能量的甘油三酯加速水解成脂肪酸；二是促进肝脏脂质代谢的酶激活。美国孟山都公司通过大鼠试验也得出相同结果。

（三）大豆多肽

大豆多肽即“肽基大豆蛋白水解物”的简称，是大豆蛋白经蛋白酶作用后，再经特殊处理而得到的蛋白质水解产物。大豆多肽本身是由多种分子链长度不等的低分子肽混合组成，且产品中还含有少量游离氨基酸、糖类和无机盐等成分。大豆多肽的必需氨基酸组成与大豆蛋白完全一致，含量丰富而平衡，且多肽化合物易被人体消化吸收，并具有防病、治病、调节人体生理机能的作用。大豆多肽是极具潜力的一种功能性食品基料，已逐渐成为 21 世纪的健康食品。

1. 大豆多肽的组成与性质

大豆多肽与相同的氨基酸及其母本蛋白相比，具有许多独特的理化性质与生物学活性。大豆多肽是平均肽链长度为 2～10 的短肽，多数是肽链长为 2～3 的低分子肽，分子质量以低于 1kDa 的为主，主要溶出峰位置在 300～700Da。采用超滤法与凝胶过滤色谱相结合方法研究大豆蛋白酶解产物寡肽混合物分子质量的分布状况发现，木瓜蛋白酶解产物中分子质量 1kDa 以下的占 63.9%，1～2kDa 的占 4.64%，2～4kDa 的占 8.21%；As1.398 蛋白酶解产物中分子质量 1kDa 以下的占 72.1%，1～2kDa 的占 6.42%。

大豆蛋白在水解过程中，由于肽键的降解，大豆多肽的链长与相对分子质量降低，氨基、羧基等亲水性基团增多，静电荷数增加，包埋于内部的疏水性基团暴露于水相中，从而使大豆多肽的溶解性、吸水性、黏度、凝胶性、起泡性及风味等不同于蛋白质。

可溶性是大豆多肽最重要的理化性质之一。大豆多肽在 pH、温度、离子强度、氮浓度等变化较大时仍可保持可溶性。溶解性增加可能是由于水解物分子质量的减少和因水解产生的可解离的氨基及羧基基团作用，增加了水解物亲水性的缘故。由于在任何 pH 溶液中均具有良好的溶解性，精制的大豆多肽能保持溶液透明。

大豆蛋白在 pH 为 4.2～4.6 时不溶解而凝析沉淀，大豆多肽却能保持溶解状态。10%以上的大豆蛋白溶液加热时会产生凝胶化现象，此时蛋白质的溶解性极差。而大豆多肽即便是与 0.03mol/L $CaCl_2$共处于 pH 为 3～11 的体系中，经高温长时间（134℃、5min）处理，仍有 80%含氮组分保持可溶性。

大豆蛋白的黏度随浓度的增加而急剧上升，通常浓度超过 13%就会形成凝胶，失去流动性。而大豆多肽溶液黏度较低，30%大豆多肽溶液黏度与 10%大豆蛋白溶液的黏度相当。50%大豆多肽溶液的流动性仍很好，这种良好的流动性使得大豆多肽在清凉饮料中有着重要的应用。

大豆多肽的渗透压处于大豆蛋白与同一组成的氨基酸之间。用大豆多肽取代氨基酸，可降低产品的渗透压，减少氨基酸引发的腹胀、腹泻、恶心和呕吐等不适症的可能。大豆多肽具有较强的吸湿性和保湿性，优于胶原蛋白多肽和丝蛋白多肽，这对于延长面包和蛋糕等焙烤食品的货架期是有利的。

2. 大豆多肽的生物活性

1）易吸收性及营养价值 二肽、三肽等低聚肽易被机体吸收。用大豆球蛋白和大豆多肽分别对大鼠做不同的试验，结果表明：大豆球蛋白不能通过小肠黏膜，而大豆多肽及同样组成的氨基酸混合物能够通过小肠黏膜。分别以25%的大豆多肽、乳清蛋白、氨基酸混合物水溶液定量滞留于大鼠胃中作基准，经1h后测定消化道内的残留量。结果表明，大豆多肽具有吸收速率快和吸收率高的特性，适于作为胃功能低下、消化道疾病患者术后恢复等医疗食品和婴儿、中老年及运动员食品的原料。

2）降低血脂和胆固醇的作用 大豆多肽降低血脂和胆固醇的效果比大豆蛋白更加明显，具体表现：可以降低总胆固醇中有害的LDL、VLDL值，而不会使有益的HDL值降低；对于胆固醇值正常的人，没有降低胆固醇的作用；若胆固醇值正常的人，在食用高胆固醇含量的蛋、肉、动物内脏等食品时，也有防止血清胆固醇值升高的作用；对于胆固醇值高的人，具有降低总胆固醇的功效。

3）低过敏原性 食物过敏可由多种蛋白质引起。过敏原在通常的消化过程中是稳定的，因此，要消除或降低蛋白质的过敏原就必须在体外将蛋白质降解，其最有效的方法是蛋白质的酶降解。根据大豆蛋白中过敏原的特征，所使用的降解酶除应具有一般蛋白酶的特点外，还应具有能降解“疏水性蛋白核”和包括胰蛋白酶抑制剂在内的大豆过敏原的活性。通过酶联免疫吸附测定法（ELISA）对大豆多肽的抗原性进行测定，结果表明，大豆多肽的抗原性较原大豆蛋白低，为原大豆蛋白的1/1000～1/100，这一点在临床上具有较高的实用价值，可以给易引起食品过敏的人提供一种比较安全的蛋白质原料。

4）低血压的作用 高血压是一种以动脉收缩压或舒张压升高为特征的临床综合征，常伴有心脏、血管、脑和肾脏等器官结构和功能改变。血管中的血管紧张素转化酶（ACE）能使血管紧张素Ⅰ转换成Ⅱ，后者能使末梢血管收缩，从而引起高血压。大豆多肽能抑制ACE的活性，防止末梢血管收缩，因而具有降低血压作用，其降压作用平稳，不会出现药物降压过程中可能出现的大幅度波动，尤其对原发性高血压患者具有显著的疗效。同时需要强调的是，大豆多肽对血压正常的人没有降压作用，对正常人是无害的。

5）增强肌肉运动力和加速肌红蛋白恢复的作用 运动员在剧烈运动初期，首先消耗体内贮存的腺苷三磷酸（ATP）和肌酸磷酸（CP），然后分解糖原，经苯丙酸转变为乳酸，在这期间还可产生ATP，将能量贮存起来。这一过程是在体内无氧状态下进行的，当氧供给充分时，乳酸经三羧酸循环水解成CO_2并产生能量。ATP、CP、糖原在体内的贮存量与肌肉量成正比，因此，若能使运动员肌肉量增加，则体能也会增加。

若要使运动员的肌肉有所增加，必须有适当的运动刺激和充分的蛋白质补充。因此在运动前、运动中及运动后增加蛋白质的供给量，均可以补充体内消耗的蛋白质。而且肽易于被机体吸收，并能迅速被利用，因此抑制或降低了体内“负氮平衡”的副作用。尤其在运动前和运动中，肽的添加还可以减慢肌蛋白的降解，维持体内正常蛋白质的合成，减轻或延缓由运动引发的其他生理功能的改变，达到抗疲劳效果。另外，大豆多肽能刺激蛋白质合成的生长激素的分泌，在运动后15～30min及睡眠后30min时达到顶峰。若能在这段时间内适时提供消化吸收性良好的多肽作为肌肉蛋白的原料将是非常有效的。

6）促进脂肪代谢的作用　摄食蛋白质比摄食脂肪、糖类更易促进能量代谢，而大豆多肽促进能量代谢的效果比蛋白质更强。对于进行减肥的儿童肥胖症患者，采取低能量膳食的同时以大豆多肽作为补充食品，结果发现比单纯用低能量膳食更能加速皮下脂肪的代谢。

7）促进人体肠道内双歧杆菌、乳酸菌增殖　大豆多肽对肠道内双歧杆菌有促进生长、强化稳定性的功能，能预防老年性便秘；大豆多肽还可预防某些关节炎、应激症及促进具有免疫活性的乳酸菌的增殖。

8）其他作用　大豆多肽还能促进酵母菌、霉菌及其他菌类的增殖，增强面包酵母的产气作用，并能增加发酵产品的风味，改善产品的品质。此外，大豆多肽对α-葡萄糖苷酶有抑制作用，对蔗糖、淀粉、低聚糖等糖类的消化有延缓作用，能够控制机体内血糖的急剧上升，具有降低血糖的作用。

二、花生蛋白

花生俗称香果、地果、落花生，为豆科植物花生的种子，主要生长在热带和亚热带及地中海沿岸，我国主要产地在黄河流域中下游。历史资料表明，花生起源于约 3500 年前现今巴西或秘鲁的位置。花生最早的用途是猪饲料，最早为人类食用，是在美国国内战争时为士兵提供食品。乔治·华盛顿·卡尔文博士被许多人尊称为“花生之父”，他在 1903 年开始研究花生，最终发现花生的 300 多种用途，包括用于制作奶酪、调味剂、干酱、漂白剂和冰淇淋等。

花生营养丰富而全面，根据科学分析，花生含有优质的蛋白质，种仁中含油脂可高达 54%，稍低于芝麻，其脂肪酸组成也较合理，并具有怡人的香味；花生中还含有卵磷脂、嘌呤、花生碱、维生素 A、维生素 B、维生素 C、维生素 K、生育酚及钙、钾、铁、镁等多种元素；花生衣中提取的止血物质、花生壳中含有的降低胆固醇和抗氧化物质及大量的膳食纤维等都使花生的使用价值大增。花生还含有稀有元素硒（Se），具有防癌作用。民间将花生的医疗药用价值更是发挥到极致。关于花生滋养补气，治疗内冷肚痛、脾胃失调等症的作用，《本草纲目》《滇南本草》《药性考》中都有专门论述。现代医学也证实，花生对各种出血性疾病、降低血清中胆固醇、延缓人体细胞衰老、增强记忆力等都有明显的改善作用。花生的真正发展是作为重要的油料作物，在世界油脂生产中具有举足轻重的地位。作为世界第三位的重要油料作物，花生产量最多的是印度、中国、美国。但花生的研究已从制油逐步向食用花生制品方向发展。在美国，用于直接食用的花生占 58%，出口外销的占 23%，榨油的仅占 19%。今后若干年内世界食用花生比重将会迅速上升，制油将不再是花生生产的主要目的，花生将作为高蛋白质植物源服务于人类。花生是一种重要的油料蛋白资源，它的营养价值与动物蛋白相近，其蛋白质含量比鲫鱼、瘦猪肉、鸡蛋都高，仅次于大豆，而高于芝麻和油菜籽，占蛋白质总量的 11%，是较理想的食用蛋白资源。在欧美等发达国家，花生主要被用来制作花生酱、花生蛋白制品及糖果糕点、休闲食品等。近年来一些研究机构相继开发出各种高蛋白食品、减肥食品及蛋白膜等花生深加工产品。花生蛋白中含有大量的人体必需氨基酸，是一种高营养的植物蛋白资源，不含胆固醇，可消化性高，对维护人体健康和幼儿发育有重要作用。

（一）花生蛋白的营养价值

在植物蛋白资源利用中，花生在数量和营养方面仅次于大豆，是较理想的食用蛋白资源。通过对不同地区8个不同品种的花生的研究表明，花生球蛋白的氨基酸质量分数为31%～38%，伴花生球蛋白的氨基酸质量分数为68%～82%。花生蛋白中含有大量人体必需氨基酸，谷氨酸和天冬氨酸含量较高，赖氨酸含量比大米、面粉、玉米高，其有效利用率高达98.94%。如表1-6所示，在人体必需氨基酸中，花生蛋白除甲硫氨酸含量较低外，赖氨酸、色氨酸和苏氨酸含量接近FAO规定标准，苯丙氨酸、亮氨酸、异亮氨酸、缬氨酸含量超过FAO规定标准。此外，花生蛋白具有花生的天然香味，适口性好，易于接受，含有比大豆中更少的抗营养因子且在加工中易被去除，是一种优质的植物蛋白。

表1-6 花生蛋白氨基酸组成（%）

氨基酸	含量	氨基酸	含量	氨基酸	含量
天冬氨酸	5.72	亮氨酸	9.30	甲硫氨酸	0.35
苏氨酸	1.41	酪氨酸	8.64	色氨酸	0.15
脯氨酸	1.34	苯丙氨酸	4.71	异亮氨酸	9.76
谷氨酸	10.42	赖氨酸	2.16	丙氨酸	1.87

国外对花生蛋白的研究较早，20世纪初就有大量关于花生蛋白的过敏问题，以及在成熟、加工过程中蛋白质的变化对花生风味产生影响等的报道。美国对花生研究十分重视，国家级的花生科研机构有4个，即美国农业部国家花生委员会、美国国家花生研究实验室、美国花生学会和美国花生研究与教育协会；此外，许多著名大学的研究项目选择与花生相关的研究课题。发达国家已相继开发出各种花生高蛋白食品、减肥食品、保健食品等深加工产品。美国、日本生产出乳化、凝胶、分散、肉粉等80多种类型的花生蛋白产品，并广泛应用于肉制品、乳制品、焙烤食品等。

此外，脱脂后的花生饼蛋白质含量更高，用浸出法脱脂，蛋白质含量可达55%；水溶法脱脂，蛋白质含量可达70%，比瘦牛肉的高3.5倍，比瘦猪肉的高3.9倍，比脱脂后的大豆高1.4倍，比鸡蛋的高5.8倍，比牛奶的高23倍。然而，花生蛋白的营养也存在弱点，从必需氨基酸组成模式看，花生蛋白的营养价值不如大豆蛋白。大豆蛋白中只有甲硫氨酸含量低，而花生蛋白中必需氨基酸组成不均衡，限制氨基酸较多，赖氨酸是第一限制氨基酸，氨基酸评分64；苏氨酸是第二限制氨基酸，评分65；含硫氨基酸是第三限制氨基酸，评分69；第二、三限制氨基酸的限制值较大，与赖氨酸的限制程度相同，为花生蛋白营养的一个缺陷。

经生物法测定，全粒花生蛋白的营养价：蛋白质生物学效价（BV）为58，蛋白净利用率（NPU）为48%，蛋白质功效比值（PER）为1.7（酪蛋白为2.5），真实消化率（TD）为87%，易被人体消化和吸收。花生分离蛋白的营养价：BV为58、NPU为55%、PER为1.6、TD为95%。一般来说，优质蛋白的NPU必须在70%以上，花生蛋白的NPU较低，成为花生蛋白营养的第二缺陷。因此对花生蛋白单一补充某一种限制性氨基酸，其营养价值改善不明显，在开发利用时，一般不宜将花生蛋白与谷物等植物性食物配合利用。

（二）花生蛋白活性肽

花生蛋白活性肽是短链多肽混合物，具有重要的生理功能，其溶解性、耐热性、稳定性、可吸收性都优于花生蛋白粉，在脱色、脱味和增加适口性方面也有突破，食品安全性高，可应用于婴儿和儿童配方食品、减肥食品、运动员食品和医疗食品，被视为“极具发展潜力的功能因子”。

1. 花生蛋白活性肽的组成及性质

花生蛋白活性肽的生产主要有合成法与蛋白质水解法两种方法。合成法主要有化学合成、DNA重组技术合成、酶法合成3种方法，由于合成法成本高、副反应物多及残留物等问题，其发展受到制约。

蛋白质水解法包括酸水解、碱水解及酶水解法。由于酶水解法能在一定的条件下进行定位水解产生特定的肽，且易于控制水解进程，并具有高度的专一性，因而花生蛋白活性肽的生产目前普遍采用酶水解法。花生蛋白经酶水解得到的多肽混合物，属于易消化吸收型的功能性短链活性多肽，主要是二肽、三肽等低肽，分子质量已经达到寡肽的水平，平均在1kDa以下，含有18种氨基酸，包括人体必需的8种氨基酸，属于完全蛋白质。

花生蛋白活性肽在高浓度下黏度依然较低，能在较宽的pH范围内保持溶解状态；具有较高的吸湿性和保湿性；渗透压比氨基酸低得多；能抑制蛋白质形成凝胶，有调节产品质构的功能。

2. 花生蛋白活性肽的生物活性

1）抗衰老、抗氧化性　花生蛋白活性肽具有抗氧化性。有研究结果表明，由酶水解得到的肽溶液的抗氧化性能均优于维生素C，碱性酶所得肽的过氧化物（AOV）值总体大于复合蛋白酶所得肽的AOV值；花生蛋白活性肽具有一定的羟基自由基（·OH）清除能力，特别对于碱性酶水解度达25%时，清除率可高达80%左右，这充分表明花生蛋白活性肽具有抗衰老、抗氧化的功能。

2）提高人体免疫功能　人体免疫系统只有获得充分营养特别是蛋白质，才能防止90%以上的入侵细菌和病毒，起到预防疾病的作用。花生蛋白活性肽能够为人体提供丰富的氨基酸，促进蛋白质合成，抑制核糖核酸酶活性下降，清除人体内的自由基与重金属，改善细胞代谢，增强巨噬细胞吞噬、消化病毒的能力，促进细胞繁殖，为免疫系统制造对抗细菌和感染的抗体，提高人体免疫功能。

3）增强肌肉运动力、降低胆固醇　多肽是运动员迅速消除疲劳和增强肌肉力量的理想蛋白质源。它能够增强肌肉运动力，加速肌红细胞的恢复，刺激生长激素分泌，促使蛋白质合成为肌肉。动物试验发现，花生蛋白活性肽能有效降低血清的总胆固醇，还能升高高密度脂蛋白，减少肥胖大鼠的腹部脂肪。花生中还富含白藜芦醇、β-谷固醇及γ-氨基-α-亚甲丁酸等活性物质，也有助于降低血液中胆固醇和甘油三酯的含量，加快体内耗能、燃烧脂肪，同时使骨骼肌重量不变、抵抗肥胖，这对增强老年人体质、预防老年性疾病有重要作用。

目前，花生蛋白活性肽产品已在市场上大量销售。按照目前销售市场的价值，其加工前后的价格比为1∶20。

（三）影响花生蛋白品质的成分

黄曲霉毒素是影响花生蛋白品质的主要因素之一。通过监测分析表明，曲霉菌种（如黄曲霉）在花生里产生的黄曲霉毒素比其他任何油籽中都多，这种毒素能引起动物的肝脏病变而致癌，在美国花生产品中允许的黄曲霉毒素限量是20mg/kg，带有过多黄曲霉毒素的花生制品是不能食用的。研究表明用气态氨处理，在减少黄曲霉含量方面的效率达到99%。

影响花生蛋白品质的另一因素是胰蛋白酶抑制剂、血细胞凝集素和甲状腺素等抗营养因子。在生花生中胰蛋白酶抑制剂只相当于大豆中的20%，但足够引起动物的胰腺肿大。利用高压消毒和干热法均能大大减少胰蛋白酶抑制剂的活性。

另外，花生中的棉子糖、水苏糖等产肠胀气因子也是影响花生蛋白品质的因素。

三、芝麻蛋白

芝麻属胡麻科（属），是我国四大油料作物之一，2000年我国芝麻产量高达81万t，近几年大幅度下降，到2014年芝麻产量降低到62.99万t。芝麻是一种高含油量和高蛋白质量的作物，其含油量和含蛋白质量因品种及产地的不同而差异显著，一般油脂含量为46%～62%，蛋白质含量为20%～22%。芝麻的氨基酸含量丰富，具有较高的营养保健功效和药用价值。芝麻蛋白中必需氨基酸含量占氨基酸总量的30%，其中除赖氨酸和异亮氨酸含量低以外，其余与牛肉蛋白或酪蛋白相比，接近或达到FAO/WHO建议优质蛋白的标准。此外，芝麻蛋白中富含含硫氨基酸，尤其是甲硫氨酸含量高于其他植物蛋白。

（一）芝麻蛋白的营养价值

芝麻榨油后副产品麻渣或饼粕含蛋白质38%～50%。芝麻蛋白的蛋白净利用率（NPU）为56%，若添加赖氨酸，则NPU可提高到81%。芝麻蛋白氨基酸含量如表1-7所示。

表1-7 芝麻蛋白氨基酸含量（%）

氨基酸	含量	FAO推荐值	氨基酸	含量	FAO推荐值
甲硫氨酸	3.7	2.2	组氨酸	2.3	2.4
半胱氨酸	2.2	2.0	精氨酸	9.3	2.0
赖氨酸	3.8	4.2	丙氨酸	5.1	—
苏氨酸	4.0	2.8	谷氨酸	14.0	—
亮氨酸	7.1	4.8	甘氨酸	7.3	—
异亮氨酸	4.1	4.2	丝氨酸	4.0	—
缬氨酸	4.7	4.2	酪氨酸	5.1	—
苯丙氨酸	6.0	2.8	天冬氨酸	7.3	—

注：“—”表示无推荐值

（二）芝麻蛋白的生理功能

芝麻蛋白中氨基酸含量丰富，且必需氨基酸充足，具有重要的生理功能。

1. 具有抗氧化性，可延缓衰老

对芝麻蛋白酶解物进行非油体系及油体系的体外抗氧化活性研究，结果表明：芝麻蛋白酶解物总还原能力、对羟基自由基（·OH）的清除能力、对超氧阴离子自由基（$\cdot O^{2-}$）的清除能力随蛋白酶解物质量浓度的增大而变强；芝麻蛋白酶解物可以有效地抑制猪油、亚油酸和卵黄脂蛋白体系的氧化，可延长亚油酸体系的氧化诱导期。这说明芝麻蛋白具有抗氧化活性，可以清除人体内的羟基自由基、超氧阴离子自由基，延缓人体衰老。

2. 预防现代“文明病”

甲硫氨酸和苏氨酸可稳定与促进氮平衡，防止脂肪肝发生，增加食欲，保持神经正常功能，促进胰岛素合成，防治糖尿病。

3. 调整脑机能

芝麻中富含的缬氨酸可调整小脑，防止脊髓退化、行动失调；色氨酸能够消除失眠，缓解偏头痛或焦躁紧张情绪，增强记忆力；酪氨酸可使人精力充沛，提高大脑的灵活性与创造力。谷氨酸可促进脑细胞发育，增强记忆力，防止肝性昏迷。

4. 美容美发

芝麻中富含的亮氨酸和异亮氨酸与缬氨酸共构氨基酸支链，使肌肉壮实，减少表皮皱纹；酪氨酸可促进黑色素细胞形成黑色素，使白发变黑；胱氨酸和半胱氨酸能有效地防止头发脱落。

此外，通常情况下，由于氨基酸经过一定的化学处理和反应后，可用于调味，因此芝麻蛋白也具有良好的改良食品风味的功能。

四、菜籽蛋白

油菜是十字花科芸薹属的一年生草本植物，它不是单一的物种，包括芸薹属中许多种。根据我国油菜的植物形态特征，遗传亲缘关系，结合农艺性状、栽培利用特点等，将油菜分为 3 个类型，即白菜型油菜、芥菜型油菜和甘蓝型油菜。白菜型油菜原产于中国，主要集中于长江流域和西北高原各地；芥菜型油菜主要集中于西北和西南地区；甘蓝型油菜则是 20 世纪三四十年代流入我国，主要集中于黄淮和长江流域各地。油菜籽是世界上第三大油料作物，是我国大面积生产的一种油料作物，2015 年上半年我国油菜籽产量为 1388 万 t，菜籽油也是我国居民的主要食用植物油，油脂加工过程中产生的副产品量巨大，仅菜籽粕的量每年就超过 1000 万 t。菜籽粕作为油脂加工业的主要副产品，是一种植物蛋白来源。油菜籽中蛋白质含量丰富，含量为 20%～25%，而菜籽粕中蛋白质含量则为 30%～40%，可以作为获取植物蛋白的原料。

（一）菜籽蛋白的营养价值

菜籽蛋白为全价蛋白质，是优质的植物蛋白，具有必需氨基酸平衡性强组成模式，与大多数植物蛋白不同，菜籽蛋白富含赖氨酸和甲硫氨酸，菜籽蛋白的氨基酸组成甚至比 FAO/WHO 推荐的必需氨基酸结构对成人更有利。国内外学者研究了不同方法处理的菜籽，所得菜籽粕的氨基酸组成与含量见表 1-8。就营养价值而言，菜籽蛋白甚至可与酪蛋白相媲美而优于其他植物蛋白，见表 1-9。动物试验表明其适口性好于酪蛋白，仅次于牛排。因此，菜籽蛋白是一种非常优良的蛋白质。

菜籽蛋白功能特性取决于生化及疏水特性，此外，氨基酸组成也是影响菜籽蛋白理化特征的一个主要因素。热加工易降低其可溶性，控制加工温度可提高菜籽蛋白可溶性。菜籽蛋白吸水能力及持水能力较好，与大豆蛋白相当，其产品吸油性比大豆粉和大豆浓缩蛋白高，而浓缩产品吸油性更高，且菜籽分离蛋白泡沫稳定性和凝胶性较大豆蛋白要好。但榨油时高温预榨工艺造成蛋白质变性，同时从菜籽粕中分离得到的菜籽粗蛋白或多或少存在一些抗营养因子，如硫代葡萄糖苷（4%～6%）、植酸（2%）、粗纤维（10%）等，使其开发利用受到一定限制，只能作为低价的饲用蛋白。

表 1-8 菜籽粕中氨基酸组成与含量（%）

氨基酸	低温己烷粕	高温预榨粕	两相萃取粕	高温粕	FAO 标准
赖氨酸	5.89	3.80	5.87	6.60	5.50
苏氨酸	3.86	4.10	3.82	3.20	4.00
胱氨酸+甲硫氨酸	3.74	1.70（甲硫）	3.70	1.40（甲硫）	3.50
缬氨酸	4.05	5.00	4.10	5.40	5.00
异亮氨酸	3.19	4.40	3.42	5.40	4.00
亮氨酸	6.49	6.90	6.67	7.70	7.00
酪氨酸+苯丙氨酸	6.29	6.40	6.85	5.00	6.00
右旋色氨酸	未测定	1.30	未测定	1.40	1.00

表 1-9 不同来源蛋白质质量比较

蛋白质源	PER	RPER/%	NPR	RNPR/%
酪蛋白+甲硫氨酸	4.04	100	5.30	100
鸡蛋白	3.71	91	5.08	95
碎牛肉	3.36	83	4.83	91
菜籽蛋白	3.29	81	4.59	87
酪蛋白	3.13	78	4.55	86
豌豆粉	1.56	39	2.88	54
大豆蛋白	1.60	40	2.74	51
全麦粉	0.95	23	2.35	44

注：PER=增重（g）/消耗蛋白质（g）；RPER=（实验动物 PER/参考动物 PER）×100%；NPR=（试验动物增重−零蛋白质控制动物失重）/试验动物消耗动物蛋白；RNPR=（试验动物 NPR/参考动物 NPR）×100%

（二）菜籽活性肽

菜籽蛋白的酶水解是一种不完全、不彻底的水解，其产物不是单纯的氨基酸而是肽，具有多种生理活性作用。

1. 菜籽抗氧化肽

氧自由基广泛存在于人体中，在正常情况下，处于一种动态平衡状态。然而，随着年龄的增长或在某些病理状态下及机体受到创伤时，体内抗氧化酶活性下降，过多的氧自由基不能被及时清除而堆积在细胞内，致使它们与机体内的一些生物大分子如蛋白质、核酸等发生反应，生成大量氧化物或过氧化物，影响细胞物质和能量代谢的正常进行。研究表明，菜籽蛋白的酶水解产物表现出一定的抗氧化活性，且枯草杆菌中性蛋白酶水解产物的抗氧化活性大于枯草杆菌碱性蛋白酶水解产物的抗氧化活性，并随酶水解产物添加量的增加而增大。测定菜籽蛋白水解产物对 DPPH 自由基的清除能力，结果表明，菜籽蛋白经胃蛋白酶和胰蛋白酶水解后，其抗氧化能力显著增强，对 DPPH 的半有效剂量 ED_{50} 为 13.1mg/mL，且半有效剂量随着菜籽蛋白水解度的升高而降低。

目前对菜籽蛋白水解产物和菜籽肽的抗氧化作用机制，还没有完全弄清楚。有学者认为，菜籽蛋白水解产物中所含有的多酚类物质具有抗氧化活性。另有研究认为，菜籽肽可能富含供氢体，具有提供氢质子的能力，可使具有高度氧化性的自由基还原，从而能终止自由基连锁反应，起到清除或抑制自由基的目的。菜籽肽具有的抗氧化作用，还可能与菜籽肽共价结合的糖类物质有关。

2. 菜籽抗肿瘤肽

菜籽肽对肿瘤细胞的增殖有抑制作用，同时可明显增强小鼠免疫能力。菜籽肽对肿瘤细胞的影响主要表现如下：①菜籽肽可以降低细胞膜上的花生四烯酸；②菜籽肽具有抑制肿瘤细胞的唾液酸产生的能力；③菜籽肽具有升高肿瘤细胞膜流动性的作用，细胞膜流动性的改变会影响细胞膜上蛋白质的位置，影响膜上抗原决定簇的暴露或掩盖，引起细胞免疫原性的增强，诱发机体的抗瘤免疫反应，降低肿瘤的转移能力。

3. 菜籽降血压肽

血管紧张素转化酶（ACE）是一种二肽羧基肽酶，它通过两种反应途径参与血压的调节：①ACE 作用于血管紧张素Ⅰ（十肽）的 C 末端，脱去组氨酰亮氨酸（His-Leu），形成具有强增压作用的血管紧张素Ⅱ（八肽）。血管紧张素Ⅱ是已知最强的收缩血管的物质之一，具有收缩小动脉，兴奋交感神经，刺激肾上腺皮质分泌醛固酮，从而产生强升压作用。②降解缓激肽。缓激肽具有强大的血管扩张作用并使毛细血管的通透性增加。因此，抑制 ACE 的活性，减少血管紧张素Ⅱ的生物合成，就能起到降低血压的效果。用蛋白酶水解菜籽分离蛋白可获得具有降血压活性的菜籽肽，且酶水解 30min 的产物对高血压抑制活性最大。从枯草杆菌蛋白酶水解的菜籽蛋白中已分离出 4 种强效抑制肽，IY（“异亮氨酸-酪氨酸”序列）、RIY（“精氨酸-异亮氨酸-酪氨酸”序列）、VW（“缬氨酸-色氨酸”序列）和 VWIS（“缬氨酸-色氨酸-异亮氨酸-丝氨酸”序列），其中 RIY 和 VWIS 是新的多肽，它们的半抑制浓度（IC_{50}）分别为 28μmol/L 和 30μmol/L。经口腔内给药后，所有分离出的菜籽多肽都能降低自发性高血压大鼠的血压。

五、其他油料蛋白

（一）棉籽蛋白

我国是产棉大国，据资料不完全统计，2013 年我国棉籽产量为 1182.48 万 t，其中可用于榨油的棉籽产量为 1051.55 万 t，棉粕产量为 473.17 万 t。棉籽是一种很好的油料资源，而且是一种有待开发的重要的蛋白质资源。“棉籽蛋白”是指棉籽经溶剂浸出油脂，并同时降低了棉酚等毒性物质的棉籽粕，是一种浅黄色的片状或粉状物，有温和的香味，没有胰蛋白酶抑制剂等抗营养因子，其营养价值比谷类蛋白高。棉籽蛋白的主要成分是球蛋白（含 90%左右），其次是谷蛋白，从表 1-10 可发现，除赖氨酸、甲硫氨酸含量稍低外，其余 6 种人体必需氨基酸含量均达到 FAO 推荐标准。因此，它是一种很好的蛋白质食物或饲料资源。

表 1-10　棉籽蛋白的氨基酸组成（%）

氨基酸	棉籽饼	脱酚棉籽蛋白	棉籽分离蛋白	FAO 标准
赖氨酸	4.2	5.2	5.2	4.2
甲硫氨酸	1.5	1.6	2.3	2.2

续表

氨基酸	棉籽饼	脱酚棉籽蛋白	棉籽分离蛋白	FAO标准
苯丙氨酸	5.2	4.2	7.9	2.8
色氨酸	1.6		1.5	1.4
亮氨酸	6.2	4.7	8.0	4.8
异亮氨酸	4.0	3.1	2.2	4.2
苏氨酸	3.5	3.5	2.7	2.8
缬氨酸	5.0	5.3	6.1	4.2
总含硫氨基酸		4.2	3.3	3.4

注：空白处的含义为未检测

尽管棉籽蛋白的氨基酸组成合理、营养价值较高，又有一系列的应用功能特性，但棉籽蛋白至今未作为人类膳食营养物质广泛应用到食品中，主要原因是普通棉籽中含有一类有毒物质——棉酚，使得它在食品和饲料的利用方面受到限制。棉酚是一类多酚类色素物质，主要存在于棉籽色素腺体中。色素腺体为深褐色颗粒，直径为 100～400μm，色素腺体中棉酚含量为 20.6%～50%。棉酚是一种姜黄色的结晶，熔点为 181～185℃，为多元酚类化合物。它有 3 种异构体，有的可以互变。棉酚既是醛又是酚，其中醛基邻位上的羟基最活泼，易发生反应，具有较强的酸性，能与碱性物质如碳酸氢钠反应，生成酚盐。酚盐能溶于水，不溶于有机溶剂及油脂中。在棉籽和棉籽粕中，至少有 15 种棉酚色素或者棉酚的衍生物。这种物质受热后一部分分解，一部分浸出到溶剂中。但由于不能完全去除，所以在饲料中的用量受到了限制。

棉酚一般以游离态和结合态两种形式存在。“游离棉酚”是具有活性醛基和活性羟基的棉酚，其毒性较大，含量超过安全界限，将导致生长迟缓、中毒及死亡。“结合棉酚”是棉酚在高温蒸炒过程中，游离棉酚与棉仁中的蛋白质、糖类化合而成的，它在消化系统中不被吸收，可很快随粪便排出体外，毒性很低。由于棉酚能与蛋白质中游离的ε-氨基结合，而使棉籽中赖氨酸成分大大降低，也大大降低了棉籽蛋白的营养价值。

但棉酚也有其值得开发和利用的价值。棉酚最主要的用途是用于医药，可以用来做抗肿瘤药物，已发现棉酚可有效医治肝癌、胃癌、结肠癌等病症，也可用作制造防艾滋病和愈合伤口的软膏，此外，棉酚还是一种有效的男性避孕药。棉籽饼粕中的环丙烯脂肪酸，能使贮存的鸡蛋蛋白颜色变粉红，使蛋白和蛋黄的 pH 改变，还可以降低鸡蛋的孵化率，延缓鸡的性成熟期。

1. 棉籽蛋白的脱毒

为了获得可食用的棉籽蛋白，需将其中的有毒物质除去或降低到允许的程度。世界卫生组织、联合国粮食及农业组织和联合国儿童基金会规定棉籽中游离棉酚的最大含量为 450mg/kg，且经脱酚处理的棉籽蛋白中游离的棉酚不得超过 0.06%，总棉酚不得超过 1.2%。我国从第 6 个五年计划开始，已把棉籽蛋白的利用项目列入科研攻关计划，国内许多科研单位也对棉籽饼粕的脱酚做了大量研究工作，目前棉粕脱酚的处理方法主要有以下几种。

1）化学法　热榨法。传统的棉籽加工一般采用热榨法，在热榨过程中，色素腺体破裂，一部分棉酚混入毛棉油，加碱精炼时，同氢氧化钠化合成变性棉酚，毒性基本消失；另一部分棉酚在热榨时同蛋白质中的赖氨酸等氨基酸相结合，变成结合棉酚，毒性也会下降。但这样加工出的棉籽饼一般仍含游离棉酚 0.08%左右，必须经过进一步去毒处理，使游离棉酚含量下降到 0.04%以下才能用作饲料或食品。

混合溶剂法。溶剂萃取法中，国内研究较多的是混合溶剂法，即采用轻汽油和醇或丙酮同时提取油和棉酚。该法的优点是避免了蛋白质的热变性和蛋白质氨基酸与游离棉酚的结合。但存在的问题是两种溶剂的互溶性好，造成溶剂分离困难（共沸现象严重），溶剂消耗大；且混合溶剂对提取油的质量造成不良影响，使油品质量下降。

硫酸亚铁法。利用硫酸亚铁（$FeSO_4 \cdot 7H_2O$）中的二价铁离子（Fe^{2+}）能与棉酚结合的特点，使棉酚的醛基与羟基失去活性，达到去毒的目的。使用剂量以 $FeSO_4 \cdot 7H_2O$：棉酚约为 5∶1 为宜。该法效果好，成本低，操作简便，且剩余离子（Fe^{2+}、Fe^{3+}、SO_4^{2-}）对猪、鸡均无毒害。

氧化脱酚法。Mirzakarimov 等（1983）用 33%的 H_2O_2 处理棉籽粕，添加量为 4～7kg/t，在 105～110℃下反应 30～60min。该法可使棉籽粕中的游离棉酚含量在 0.02%以下，粗蛋白含量可维持在 50%左右，其中所含水溶蛋白约 70%。

2）微生物发酵法　该法主要是将棉籽饼粉控制在一定的温度下，通过微生物发酵作用，使棉酚发生分解，生成无毒物质，从而降低毒害作用。该法最大的优点是棉籽饼的营养没有破坏，反而可使蛋白质含量增加 3%～5%。但由于转化机制不明，工艺条件的控制难度大，脱毒效果无法保证；此外，投资大也是该法的一个缺陷。

3）物理法　利用有机溶剂乙烷与脱壳、轧碎后的棉仁混合调成浆状，用乙烷提取油脂，然后送进旋液分离器，借助离心力的作用分离出含蛋白质 65%～70%的脱脂棉仁粉和未被破坏的棉酚。

2. 棉籽蛋白在食品中的应用

棉籽蛋白是一种新型的优质蛋白，通过脱酚技术成为低酚蛋白，已广泛应用于食品工业。

1）焙烤制品　棉籽蛋白具有较好的起泡性和泡沫稳定性，可用作蛋类代用品作为发泡剂，以改善烘焙食品的品质，使产品松软可口；其良好的吸水作用可改进面团的加工特性，并可维持食品中的水分，延长食品的货架期。另据报道，美国生产出一种棉籽蛋白面包，提供的蛋白质比一般面包多 60%，而脂肪含量却比普通面包低很多，能降低血脂和胆固醇。在饼干生产中，棉籽蛋白可代替 12%～20%的小麦面粉，在炸面包圈中可代替 13%的小麦蛋白，并可以提高产品的味道、焦黄色，保持水分和香味。

2）挤压组织化产品　棉籽蛋白有极好的膨胀性能，经挤压膨化可生产组织化蛋白。把大米蛋白、玉米蛋白和棉籽蛋白在一起膨化，可生产快速膨化食品。采用两次挤压法可以增加产品的密实度，提高组织化程度，产品复水后更类似于肉的质构、风味，且无异味。挤压之前，原料水分可调整到 30%～40%；第一次挤压采用 100～110℃的温度，先生产出能流动的、尚未有定向组织化的半成品，再进入第二道高剪切力挤压机，在 150～160℃条件下进行第二次挤压，挤出的产品组织化程度、口感、质构好，可作为肉类替代物。

3）肉制品　棉籽蛋白具有良好的吸油性。在肉制品加工过程中加入棉籽蛋白，可以减少脂肪和汁液的损失，从而有助于维持其外形的稳定。在牛肉馅饼中使用 8%的棉籽蛋白，能降低油煎时的损失，并可得到满意的味道和品质。新鲜肉丸子中加入棉籽蛋白，能提高原有的脂肪和水分含量，改善制品的品质和味道。

4）乳制品　棉籽蛋白的乳化性及乳化稳定性较佳，可作为乳化剂，以提高制品的稳定性，并有助于牛乳、干酪等食品的品质控制。由于其良好的乳化性和乳化稳定性，也可以用于生产冰淇淋。

（二）葵花籽蛋白

葵花籽蛋白中氨基酸的组成除赖氨酸的含量较低外，其他的各种氨基酸具有良好的平衡性。表 1-11 列出了葵花籽粕及葵花籽分离蛋白中的氨基酸组成，以及成人对氨基酸的需要量。

表 1-11　葵花籽蛋白的氨基酸组成（%）

氨基酸	葵花籽粕	葵花籽分离蛋白	成人需要量
异亮氨酸	5.2	5.2	4.2
亮氨酸	7.0	7.1	4.8
赖氨酸	3.9	4.0	4.2
甲硫氨酸	2.6	3.0	2.2
胱氨酸	1.3	1.6	3.5
苏氨酸	4.0	3.6	2.8
缬氨酸	5.2	5.0	4.2
苯丙氨酸	5.4	5.1	2.8
精氨酸	8.0	8.0	2.0
组氨酸	2.5	2.6	2.4

由表 1-11 可见，葵花籽粕和葵花籽分离蛋白中，赖氨酸的含量较低，但其他必需氨基酸均高于或与 FAO 值相似，可以满足成人的需要量。与大多数植物蛋白相比，葵花籽蛋白中，甲硫氨酸的含量较高，若把甲硫氨酸含量较高的葵花籽蛋白与赖氨酸含量高的大豆蛋白混合使用，可以弥补大豆蛋白甲硫氨酸及葵花籽蛋白中赖氨酸含量的不足。与大多数植物蛋白相比，葵花籽蛋白具有良好的消化率（90%）和较高的生物学效价（60）。

葵花籽仁中含有绿原酸、咖啡酸等抗营养因子，它们经氧化后生成绿色的产物，影响蛋白质的颜色，且绿原酸可抑制胃蛋白酶，会引起人体消化不良及胃胀现象，需要在提取蛋白质过程中将其除去，以保证产品质量。此外，葵花籽蛋白中，不含有其他抗营养因子，同时它又是钙、磷及烟酸、核黄素等维生素的重要来源。因此，葵花籽蛋白用于人类食品的添加剂具有较高的营养价值。

葵花籽蛋白制品具有良好的功能特性，特别是吸水性、吸油性、乳化性、起泡性等，是其在食品工业得到广泛应用的基础。

1. 婴儿食品的良好添加剂

葵花籽蛋白与大豆蛋白相比赖氨酸含量较低，而且甲硫氨酸含量较高，把葵花籽蛋白和含赖氨酸较高、甲硫氨酸较低的大豆蛋白相混合，添加到婴儿食品中，可以促进儿童的正常发育。

2. 肉制品中的添加剂

把葵花籽蛋白添加在香肠等肉制品中，不仅可以防止油脂分离，还可以增加香肠的嫩性，使制品更富有良好的适口感。把葵花籽组织化蛋白（30%）掺入馅饼、包子、饺子等食品的馅料中代替猪肉、牛肉和羊肉，不仅能减少食品中动物脂肪、胆固醇含量，提高蛋白质含量，而且还使其成本降低。

3. 制作人造牛奶等饮料

葵花籽蛋白气味柔和，无豆腥味等异味，是高级饮料和人造牛奶的良好原料。将葵花籽蛋白浓浆经 80℃热处理，并经机械搅拌后加乳化剂，可使 80%含氮化合物在 pH 为 2.7 时增溶，最后将含 3%的蛋白乳浊液与牛奶以 1∶1 的比例混合，可得到具有较好香味和色泽的混合乳。

4. 用于一般食品

把 1%～2%的脱脂葵花籽蛋白粉，经湿热蒸煮 1h 后，加入面包等食品中，不仅可以强化营养，弥补面粉中某些必需氨基酸含量的不足，而且还可以增加面包瓤的弹性，起到防止面粉中的淀粉老化的效果。

（三）亚麻籽蛋白

亚麻是世界上最古老的纤维作物之一，品种较多，但大致可分为 3 类：纤维用亚麻、油用亚麻和油纤两用亚麻，其种子均可以榨油，已经成为世界十大油料作物之一。2014 年全球亚麻籽产量为 256 万 t，亚洲和美洲是全球亚麻籽主要产区，其中亚洲产量为总产量的 30.8%，美洲产量占全球产量的 46.2%。

亚麻籽（flaxseed 或 linseed）是亚麻（俗称胡麻）的种子，亚麻科亚麻属的一年生或多年生草本植物。我国亚麻籽是在公元前 2 世纪由汉代张骞出使西域时带回的，在陕西、山西等地开始种植，早期亚麻籽主要作药用，直到 16 世纪才用其种子榨油，目前是我国主要经济作物之一，也是我国华北、西北高寒地区种植的主要油料作物。亚麻籽包含外壳和籽仁，籽仁由种皮、胚（含胚芽）、薄薄的胚乳和两片子叶组成。外壳占整籽质量的 41.4%，籽仁占整籽质量的 58.6%。亚麻籽含有油脂和蛋白质等营养成分，通常脂肪含量为 31.9%～37.8%，蛋白质含量为 10.5%～31.6%。

1. 亚麻籽蛋白的组成与特性

亚麻籽中蛋白质含量为 10%～30%，蛋白质含量的变化受基因和环境的影响较大，子叶中蛋白质含量高达 56%～70%，种皮和胚乳的蛋白质含量为 30%。亚麻籽蛋白含有一种相对分子质量为 252 000～298 000 的大分子成分，占亚麻籽蛋白总量的 66%。亚麻籽蛋白的等电点在 4.2～4.5，它以球蛋白和清蛋白为主，主要由 4 种亚基组成，其相对分子质量分别为 14 000、24 000、25 000 和 34 000。

亚麻籽蛋白具有良好的功能特性，在乳化性、起泡性、泡沫稳定性等方面优于大豆蛋白。亚麻籽蛋白的乳化性与 pH 有关，并受 NaCl 的影响。亚麻籽中的胶能够提高亚麻籽蛋白制品的黏度、持水性、乳化性和起泡性。表 1-12 列出了亚麻籽分离蛋白的部分物性与功能性参数。

表 1-12 亚麻籽分离蛋白的部分物性与功能性参数

项目	分离蛋白Ⅰ	分离蛋白Ⅱ
变性温度/℃	107.5～109.2	96.6～101.8
吸水性/（g/100g）	487	363
吸油性/（g/100g）	425	284
乳化性/%	75.8	94.5
乳化稳定性/%	75.4	65.5
起泡性/%	139	124
泡沫稳定性/%	72.7	62.5

pH、亚麻籽脱脂粕与溶剂的比例、溶剂的组成、盐的浓度、热处理等均影响脱脂亚麻粕中氮的提取。从脱脂亚麻籽粉中提取的蛋白质，有 42%～52%是水溶性的，34%～47%可溶于 5%的 NaCl 溶液，1%～2%可溶于 70%的乙醇溶液，3.0%～3.5%可溶于 0.2%的 NaOH 溶液。亚麻籽中的蛋白质主要由 12S 组分组成，它含 3%左右的 α 螺旋、17%左右的 β 折叠、80%左右的无规则卷曲，此外还含一定量的 2S 组分。由于亚麻籽壳中富含多糖胶，能阻碍蛋白质的沉淀和分离，因此会对采取碱提、酸沉、分离及干燥的工艺提取亚麻籽蛋白有一定的影响，如果在加工工艺中适当脱皮壳（采用筛分和风选脱除亚麻籽皮壳），可改进蛋白质的提取得率。

亚麻籽蛋白中赖氨酸、色氨酸和酪氨酸是限制性氨基酸，但甲硫氨酸和胱氨酸含量较高。亚麻仁中必需氨基酸含量为 69%，而大豆和油菜仁中必需氨基酸含量分别为 79%和 75%。亚麻籽蛋白产品中氨基酸的组成见表 1-13。

表 1-13 亚麻籽蛋白产品中氨基酸的组成（%）

氨基酸	亚麻籽仁	亚麻籽饼	亚麻籽粕	亚麻籽分离蛋白Ⅰ	亚麻籽分离蛋白Ⅱ	亚麻籽 11S 球蛋白
天冬氨酸	10.359	10.133	10.023	11.644	10.780	12.4
谷氨酸	20.427	23.391	21.524	22.269	24.006	24.3
丝氨酸	5.199	5.087	5.467	4.826	4.152	3.1
组氨酸	2.144	2.268	2.147	2.234	2.231	2.4
甘氨酸	6.055	6.352	6.136	5.116	6.019	5.4
苏氨酸	4.056	4.157	4.166	3.545	3.488	3.6
丙氨酸	5.150	4.380	5.057	6.093	5.587	5.5
精氨酸	9.463	10.645	9.581	10.140	9.640	12.6
酪氨酸	2.464	2.575	2.278	2.518	2.322	2.4
胱氨酸	1.036	2.648	0.918	0.615	0.531	0.9
缬氨酸	5.712	5.551	5.445	6.047	6.150	5.1
甲硫氨酸	1.907	1.805	1.606	1.301	1.331	1.3
苯丙氨酸	5.387	5.575	5.183	6.194	5.573	6.3
异亮氨酸	4.589	4.314	4.356	5.325	5.127	5.6
亮氨酸	6.588	7.133	6.620	6.093	6.314	5.9
赖氨酸	4.221	1.889	4.334	2.104	2.383	3.1
脯氨酸	5.596	4.467	5.159	3.934	4.365	0.0

2. 影响亚麻籽蛋白品质的成分

亚麻籽中也含有一些抗营养的有毒有害成分，包括氰苷（在适宜条件下释放 HCN）、亚麻亭（一种维生素 B_6 抑制剂）、亚麻胶等，这些抗营养因子对亚麻籽蛋白制品的品质均有一定的影响，其中影响最大的是氰苷类物质。

（1）亚麻籽氰苷水解会释放出 HCN（图 1-2），口服 HCN 的小致死剂量是 0.5～3.5mg/kg。大剂量的 HCN 将导致服用者几分钟内死亡，而较小剂量的服用 3h 左右可救活，存活者初期症状是末梢麻木和轻微头疼，随后头脑不清、麻木、抽搐，最后昏迷。小的非致死剂量会导致头疼，感觉嗓子和胸部憋闷、心悸及肌肉虚弱。

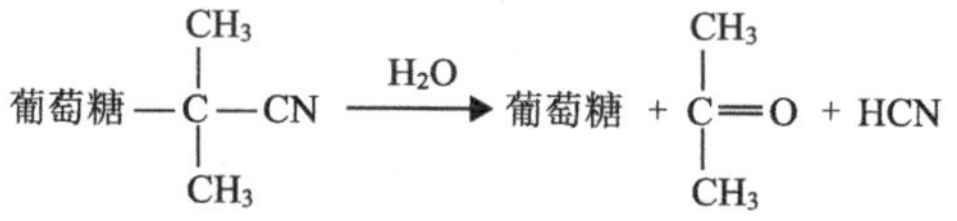

图 1-2 亚麻籽氰苷结构和水解产物

植物氰苷在水中浸泡会发生水解，游离出 HCN 随后在煮沸时挥发。若要阻止中毒发生，必须采取预防措施，保证在食品加工过程中形成的 HCN 完全除去。亚麻籽饼中亚麻苦苷的含量因榨油方法不同而有很大差异。用溶剂浸出法或在低温条件下进行机械冷榨时，亚麻籽中的亚麻苦苷和亚麻苦苷酶可完全地残留在饼粕中，一旦条件适合就分解产生氢氰酸。采用机械热榨法提油时（亚麻籽在榨油前经过蒸炒，温度一般在 100℃以上，往往高达 125～130℃），其亚麻苦苷和亚麻苦苷酶绝大部分遭到破坏。我国目前一般采用机械热榨法提油，其亚麻籽饼中氢氰酸产生量较低。

（2）亚麻亭（linatine）是亚麻籽中一种抗维生素 B_6 的物质，它是 D-脯氨酸的衍生物，为 1-氨基-D-脯氨酸。1-氨基-D-脯氨酸以肽键和谷氨酸结合成二肽的形式自然存在，此结合物称为亚麻素。亚麻素可经过水解形成 1-氨基-D-脯氨酸。据估计，1-氨基-D-脯氨酸对抗维生素 B_6 的作用为亚麻素的 4 倍。维生素 B_6 在体内经磷酸化后转变为磷酸吡哆醛，它是氨基酸代谢中的重要辅酶。而亚麻亭可与磷酸吡哆醛结合，使后者失去生理作用，从而影响体内氨基酸代谢，引起中枢神经系统功能的紊乱。

（3）亚麻胶存在于亚麻籽种皮中，是一种黏性胶质，其含量是干燥籽粒质量的 2%～7%，在亚麻籽饼中占 3%～10%。这种胶质是一种易溶于水的糖类，主要成分由非还原糖（L-阿拉伯糖、D-木糖、L-半乳糖、D-半乳糖和 L-鼠李糖）和乙醛酸组成。亚麻胶虽溶于水，但却完全不能被单胃动物和禽类消化利用，因此在日粮中饲喂量太多时会影响动物的食欲。用其粉料饲喂幼禽时，可胶黏禽喙，长期下去可使幼禽的喙发生畸形并影响采食。近年来，亚麻胶被国家绿色食品发展中心认定为绿色食品添加剂，并被列入《食品化学品药典》和《美国药典》，可广泛应用于食品、制药、日用化工等行业。

（四）油茶籽蛋白

油茶属山茶科山茶属，别名茶子树、茶油树，为茶科多年生灌木或小乔木植物，是我国南方重要的油料之一，适宜生长在温暖湿润的丘陵山区。油茶主要分布在中国、印度、越南、印度尼西亚、马来西亚等国。我国油茶主要集中分布在湖南、江西、广西等省（自治区），其产量占到全国产量的七成以上。我国现有油茶林面积约 400 万 hm^2，占我国木本食用油料树种栽培面积的 80%以上。2013 年我国油茶籽产量约 177.65 万 t，同比 2012 年的 172.77 万 t 增长了 2.82%。2014 年我国油茶产业油茶籽产量约 182.2 万 t，近几年我国油茶籽产量情况如表 1-14 所示。

表 1-14　2010～2014 年中国油茶籽产量情况（国家统计局，2014）

年份	产量/万 t
2010	109.22
2011	148.00
2012	172.77
2013	177.65
2014	182.20

成熟的油茶果为卵圆形，表面生有长绒毛，由油茶蒲（或称茶包）和油茶籽构成，油茶籽占油茶果重量的 38.7%～40.0%。油茶籽的外形呈椭圆形或圆球形，背圆腹扁，长约 2.5cm，由种皮（茶籽壳）和种仁（茶籽仁）两部分组成，茶籽壳占茶果重的 30%～34%，含较多色素，呈棕黑色，极其坚硬，主要由半纤维素（多缩戊糖）、纤维素和木质素组成，含油极少，含较多的皂素（达 5.4%左右）。

1. 油茶籽蛋白和氨基酸

油茶籽中的蛋白质含量为 9%～12%，主要存在于子叶细胞中的亚细胞蛋白体中。茶籽蛋白氨基酸组成如表 1-15 所示。

表 1-15　油茶籽蛋白氨基酸组成（%）

氨基酸	含量	氨基酸	含量
天冬氨酸	0.16	甲硫氨酸	4.82
苏氨酸	0.377	异亮氨酸	4.85
丝氨酸	5.12	亮氨酸	7.82
谷氨酸	16.98	酪氨酸	6.44
脯氨酸	0.81	苯丙氨酸	6.47
甘氨酸	5.39	组氨酸	6.20
丙氨酸	5.93	赖氨酸	8.89
胱氨酸	0.02	精氨酸	6.20
缬氨酸	5.93		

脱壳榨油后的油茶籽饼粕经过脱毒后，含有较高的蛋白质、糖类、脂肪等营养物质，是一种优良的畜禽蛋白饲料资源。据报道，利用未脱壳的脱毒油茶籽饼粕配成日粮做喂鸡试验，鸡的采食量、饲料转化率正常，且无生理反应。因油茶籽饼粕含纤维素高（30%），导致其消化率不高，从而影响了营养成分的吸收。另有报道，采用目前国际上常用的瘘管技术，用脱壳脱毒油茶籽饼粕配成饲料喂养猪，并研究其营养吸收利用情况，并对其饲用价值进行了初步评价，结果说明油茶籽饼粕是一种优良的蛋白质饲料资源，具有良好的开发利用价值。

2. 油茶籽多肽

油茶籽多肽是油茶籽蛋白经酸、碱或酶水解得到的由不同氨基酸组成的多肽链的通称。据研究脱脂处理后的油茶籽粕中，含水分4.82%、粗脂肪1.58%、灰分5.21%、粗纤维14.65%、粗蛋白13.6%、糖类38.17%、茶皂素14.8%、其他7.17%。但是，人们对油茶籽粕的开发利用却未加以重视。龚吉军等（2006）采用酶法以茶籽饼粕为原料制备的油茶籽活性多肽，其对超氧阴离子自由基和羟基自由基具有强烈的清除作用，清除率分别高达52.3%和82.4%。采用油茶籽蛋白为原料生产具有保健功能的生理活性多肽产品，将大大提高油茶生产的经济效益。

3. 油茶籽粕生物肥料和饲料添加剂

油茶籽粕在去除茶皂苷和单宁酸后，与氨基酸、碳、氮、磷、钾等复配成茶粕生物肥料系列产品。茶粕在去除茶皂苷和单宁酸后，经两段式固态发酵（第一段为酵母培养，第二段为曲霉培养），可生产饲料蛋白添加剂。

4. 饼粕饲料

油茶籽榨油后的饼粕中含有较多的蛋白质和维生素，脱除茶皂苷的茶籽饼作为饲料，营养价值高，牲畜不拒食且生长良好，是优良的畜禽饲料。

第二节 主要谷物蛋白资源

全世界蛋白质产量的80%为植物蛋白，谷物蛋白的产量约占植物蛋白的70%，相当于世界蛋白质总产量的半数以上，这些谷物蛋白中目前已经或正在利用的主要有小麦蛋白、稻米蛋白和玉米蛋白。

谷物蛋白主要是指从谷物的胚乳及胚中分离提取出来的蛋白质。谷物种子是多种化学成分的复合体，它的主要有效成分是淀粉、蛋白质、脂肪等。随着食品科学的发展，对谷物的加工已由物理性加工进入了化学加工和生物加工，由颗粒状的研磨，进入到有效成分的分离提取，因而大大地提高了谷物的经济价值。

蛋白质是人类赖以生存和发展的物质基础。世界大多数人口的食物蛋白质，绝大部分来源于谷物蛋白，因此开发利用谷物蛋白，对解决人类食用蛋白质缺乏问题将产生积极的影响。目前，在谷物的加工过程中，随着加工精度的提高，把表层和胚部的高效蛋白质去掉了，这些蛋白质往往作为副产品流失，而剩下来的胚乳蛋白的营养价值则比较低，因此把在加工中去掉的蛋白质利用起来，补充人类的营养是很有意义的。另外，在利用谷物加工淀粉时，回收其蛋白质对提高谷物的经济效益有着重要的作用。

一、小麦蛋白

小麦中含有较多的蛋白质，一般来说，春小麦蛋白质含量高于冬小麦，小麦中蛋白质的含量是禾谷类作物中最高的，是人们获取蛋白质的重要来源之一。它除了在营养上起重要作用外，其功能特性在食品加工过程和最终制品中所起到的结构及组织作用更为重要。

小麦的蛋白质含量因其品种不同而异，一般为11%～16%。70%的蛋白质集中在小麦胚乳中，根据溶解特性将其分为清蛋白（albumin，溶于水）、球蛋白（globulin，溶于10%的NaCl溶液）、醇溶蛋白（gliadin，溶于70%乙醇溶液）和麦谷蛋白（glutenin，溶于稀酸或稀碱溶液）。小麦中的清蛋白和球蛋白含量少。醇溶蛋白不溶于水，占小麦总蛋白的40%左右，它使小麦粉在加水后形成松软、有弹性、黏结在一起的面团。麦谷蛋白在面筋中与醇溶蛋白很难分离，占小麦总蛋白的46%左右，麦谷蛋白完全不溶于水和乙醇，只稍溶于热的稀乙醇溶液中，但冷却时便成絮状而沉淀。该分类是关于小麦蛋白分类最早的报道之一，为研究小麦蛋白的功能特性及与加工品质之间的关系奠定了理论基础。提取出清蛋白、球蛋白、醇溶蛋白和麦谷蛋白后，剩下一些不溶于这些溶剂的蛋白质称为残渣蛋白，也称为剩余蛋白。清蛋白和球蛋白统称为小麦种子可溶性蛋白，沉积在胚和糊粉层中，少部分存在于胚乳中，分别占种子蛋白的9%和5%左右。可溶性蛋白中富含赖氨酸，是细胞质中的酶蛋白，其主要功能是作为各种代谢的酶。

（一）小麦面筋蛋白

小麦面筋蛋白，又称为活性小麦谷朊粉，是生产小麦淀粉时得到的一种副产物，含有70%～80%的蛋白质。从化学组成上看，小麦面筋蛋白主要由醇溶蛋白和麦谷蛋白组成，醇溶蛋白分子质量较小、呈球状、具有较好延伸性；麦谷蛋白分子质量较大、呈纤维状、具有较强弹性。不同品种小麦蛋白的醇溶蛋白和麦谷蛋白含量及结构不同，所以面筋的质地也不同。小麦蛋白的质和量与小麦烘焙品质密切相关，尤其是贮藏蛋白（即面筋蛋白）的组成和结构是影响小麦粉面团黏弹性及烘焙品质的主要因素。

（二）小麦面筋蛋白的化学改性

由于小麦面筋蛋白肽链中含有较多的疏水性氨基酸，分子内疏水作用区域较大，溶解性低，限制了其在实际生产和应用中许多功能性质的发挥。因此，采用化学和物理的方法对小麦面筋蛋白进行改性来提高蛋白质的溶解性，进而改善面筋蛋白的功能性质（如起泡性、乳化性等），以满足不同的食品加工和营养需求。植物蛋白的改性方法有物理法、化学法、生物技术酶法和基因工程法等，但主要以化学改性方法为主。

1. 脱酰胺作用

从小麦面筋蛋白氨基酸组成来看，谷氨酰胺（Gln）和天冬酰胺（Asn）含量占氨基酸总量的 1/3，对面筋蛋白的性质有重要影响。对面筋蛋白进行脱酰胺作用，增大了蛋白质分子内静电排斥作用，降低了分子中形成氢键的能力，其溶解度、乳化性能及流变性质等大为改善。

脱酰胺化学法改性可通过酸法和碱法进行，酸、碱脱酰胺改性是在比较温和的条件下进行的。酸性条件下，脱酰胺反应是直接水解蛋白质酰胺键中的氨，脱氨形成羧酸。用碱催化脱酰胺改性虽然速度快，但使得蛋白质中的氨基酸发生消旋作用，使必需氨基酸的L-对映体减少和消化率降低，并产生具有毒性的赖丙氨酸。有研究表明，即使很小的脱酰胺作用，也能使面筋蛋白的功能性质发生显著提高。

2. 磷酸化作用

蛋白质的磷酸化是有选择性地利用蛋白质侧链的活性基团，如丝氨酸、苏氨酸、酪氨酸的—OH 及赖氨酸的 ε-氨基，分别接上一个磷酸根基团。磷酸化改性蛋白中由于引入了磷酸根基团，增加了蛋白质体系的电负性，提高了蛋白质分子之间的静电斥力，使之在食品体系中更易分散，因而提高了蛋白质的溶解度。此外，负电荷的引入也大大降低了乳化液的表面张力，使之更易形成乳状液滴；同时也增加了液滴之间的斥力，从而更易分散，使改性蛋白质的乳化性能和乳化稳定性都有较大的改善。

磷酸化小麦面筋蛋白的溶解度、乳化性、乳化稳定性及起泡性等都较改性前有显著提高，其中乳化度（改性蛋白和大豆色拉油等量混合搅打后乳化层体积与总体积之比）高达100%，说明小麦面筋蛋白经磷酸化改性后，可成为一种高乳化性能的蛋白质。

3. 糖基化作用

糖基化作用是在一定条件下使糖与蛋白质发生羰氨缩合反应，即美拉德（Maillard）反应，生成蛋白质-糖共价化合物。它的形成是基于蛋白质分子中氨基酸侧链的自由氨基和糖分子还原末端的羰基之间的反应，该化合物在溶解性、乳化性、抗氧化性、抗菌性及热稳定性等方面比原始蛋白质有明显改善。这种大分子复合物对于外界环境条件具有较高的适应性，不会受热或pH的变化而遭到破坏。

4. 酰化作用

蛋白质的酰化作用是在碱性介质中，用乙酸酐或琥珀酸酐完成的。酰化试剂不仅要选择性地与一种功能基团反应，而且要与所有亲核基团反应，这些基团包括氨基（N端的α-氨基和赖氨酸的ε-氨基）、酪氨酸的苯环、丝氨酸和苏氨酸的羟基、组氨酸的咪唑基等，其中赖氨酸的 ε-氨基具有较高的相对活性，更容易参加反应，是一种最容易酰化的基团。此时，中性的乙酰基或阴离子型的琥珀酸酐结合到蛋白质分子中，亲核的残基上引入大体积的乙酰基或琥珀酸根后，增加了蛋白质的静电荷，分子伸展，解离为亚单位趋势增强，蛋白质等电点降低，最终使蛋白质在弱酸、中性和碱性溶液中的溶解度增加，乳化能力也都获得了改善。随着酰化试剂量的改变，蛋白质的功能特性也将发生改变。蛋白质的品种不同，酰化条件也发生变化。

经乙酰化和琥珀酰化改性后的面筋蛋白，溶解度、乳化性和起泡性均得到显著提高，乙酰化小麦面筋蛋白对弱筋粉粉质特性的改性效果强于普通谷朊粉；在相同的反应条件下，面筋蛋白的乙酰化改性程度大于琥珀酰化改性程度，两者对小麦面筋蛋白功能性的提高程度是不同的，琥珀酰化改性明显优于乙酰化改性。

酰化改性在改善食品蛋白质的功能特性的同时，可提高蛋白质的营养特性。具体表现在性质不稳定的赖氨酸经过酰化改性被保护起来，从而减少赖氨酸在加工过程中的损失。酰化作用是可逆的，在消化过程中经过脱酰化作用，赖氨酸可以被复原。

此外，利用不同的化学改性方法对面筋蛋白进行复合改性，可以产生协同增效作用，较单独化学改性进一步提升了面筋蛋白的功能性质。

二、稻米蛋白

（一）大米蛋白

大米蛋白是指米粒中的蛋白质部分，相对于其他谷物资源而言，大米蛋白含量较低，但是营养价值却高于小麦蛋白。其第一限制性氨基酸——赖氨酸含量高于其他谷类，氨基酸配比较为合理；其生物学效价（BV）和蛋白质功效比值（PER）较高，大米蛋白的低过敏性使之非常适合作为婴儿或是特殊人群的食品。大米蛋白还具有潜在的医疗保健作用，利用碱提取或是高温淀粉酶处理后高度纯化的大米蛋白与酪蛋白相比，前者有较显著的降低血清胆固醇的作用。大米分离蛋白（RPI）具有抵抗二甲基苯并蒽（DMBA）诱导的癌变作用，从米糠中提取的RPI也表现出同样的效果。

大米中蛋白质的含量虽低于小麦粉及大多数粮食品种，但其必需氨基酸构成比较完整。

大米蛋白与理想蛋白质相比，赖氨酸、异亮氨酸、苏氨酸略为不足，但与小麦蛋白相比，除了异亮氨酸较少之外，各种必需氨基酸都较丰富。因此，大米蛋白的营养价值高于小麦而接近于完全蛋白质。大米蛋白的生物学效价为 77，不但在各种粮食中居于第一位（包括大豆），而且可以与白鱼（生物学效价 76）、虾及牛肉相媲美。

1. 大米中的贮藏性蛋白

大米中贮藏性蛋白主要分为低分子质量的醇溶蛋白（prolamin）和高分子质量的谷蛋白（glutelin）。醇溶蛋白氨基酸分析表明：赖氨酸和色氨酸含量比较低，而谷氨酸含量相对较高。纯化的醇溶蛋白显示出非常大的疏水性。N 端和 C 端区域具有一定的亲水性。但中心区域有大量的疏水性氨基酸残基。因此，其水可提取性较差。

2. 代谢活性蛋白

代谢活性蛋白主要包括清蛋白、球蛋白及一些酶类和酶抑制剂等，就氨基酸成分而言，清蛋白含有最高的赖氨酸和最低的谷氨酸；球蛋白含有较高的谷氨酸、精氨酸和相对高的甲硫氨酸。该类蛋白质具有一定的营养价值且容易提取，但是含量偏低。

（二）米糠蛋白

米糠蛋白（rice bran protein）是从米糠中提取分离出来的一类蛋白质，外观为白色固体粉末。米糠是大米加工过程中产生的副产品，由谷糠、米皮、珠心层、糊粉层、米胚芽、碎米屑等组成，占糙米总量的 8%～10%。米糠中有极丰富的营养成分，蛋白质为 12%～18%、总碳水化合物约 50%（包括淀粉、纤维素、半纤维素）、水分为 6%～14%、灰分为 8%～12%，还含有各种生物活性物质等。米糠蛋白是一种清蛋白、球蛋白、谷蛋白和醇溶蛋白的混合物。

米糠中含有 14%～17%的蛋白质。米胚芽是米糠中的一部分，占米糠质量的 20%左右。米胚芽的蛋白质含量较高，一般在 17.3%～26.4%。米糠和米胚芽蛋白中的氨基酸含量有所差别，如表 1-16 所示。

表 1-16　米糠蛋白和米胚芽蛋白的氨基酸组成（%）

氨基酸	米糠蛋白	米胚芽蛋白	氨基酸	米糠蛋白	米胚芽蛋白
异亮氨酸	4.7	3.49	酪氨酸	4.73	4.70
亮氨酸	8.72	7.70	甘氨酸	3.93	4.33
赖氨酸	4.11	4.27	丙氨酸	6.72	5.27
甲硫氨酸	2.55	2.88	丝氨酸	4.98	4.96
胱氨酸	1.15	1.19	精氨酸	5.83	6.23
苏氨酸	3.50	3.50	组氨酸	1.34	1.48
色氨酸	1.34	1.47	天冬氨酸	9.15	9.01
缬氨酸	5.34	5.26	谷氨酸	16.03	14.56
苯丙氨酸	5.57	4.93	脯氨酸	5.25	7.70

米糠蛋白的营养特性可根据蛋白质中必需氨基酸的含量和比例进行评价，表 1-17 列出了几种蛋白质的必需氨基酸含量。米糠蛋白的必需氨基酸结构较合理，与 FAO/WHO 推荐的模式接近。

表 1-17　米糠蛋白的必需氨基酸含量（%）

名称	赖氨酸	苏氨酸	色氨酸	甲硫氨酸+半胱氨酸	缬氨酸	亮氨酸	异亮氨酸	苯丙氨酸+酪氨酸
米糠蛋白	5.8	3.9	1.6	3.9	5.5	8.4	4.5	11.1
鸡蛋蛋白	5.6	5.2	1.6	6.3	6.8	9.3	5.0	5.6
FAO/WHO	5.5	4.0	1.0	≥3.5	5.0	7.0	4.0	≥6.0

从米糠用碱提取的浓缩蛋白质生物学效价（BV）和蛋白质功效比值（PER）与其他种类的蛋白质对比，米糠蛋白的营养价值高于其他谷物蛋白，可与牛奶、鸡蛋相媲美。米糠蛋白经提取后营养价值相对提高，消化率达 90%（天然米糠蛋白功效比值为 1.6～1.9，消化率为 73%）。

米糠蛋白与大米蛋白所含过敏成分对人类过敏性反应很低，适合于幼儿使用，这也是米糠蛋白的一大优点。

（三）稻米蛋白的应用

1. 制酱

据日本特许公报报道，将豆腐渣 10kg 和米糠 16kg 混合，把水分调到 40%，在 110℃下加热 30min，冷却至 40～45℃，再用制团机制成直径 20～30mm、长 40～50mm 的圆柱状酱团。然后添加种曲，经 40h 发酵制成团曲。此时，豆渣和米糠的臭味已被消除 50%。把团曲切开，添加 40kg 水和 6kg 盐，充分混合后装入桶内，按常规方法制酱，经过 2～3 个月成熟，酿造成酱，其风味和外观与普通酱相似，而且成本较低。

2. 制作饮料

米糠中含有蛋白质、脂肪、糖、维生素、矿物质等多种营养物质。高温处理米糠，然后用木瓜蛋白酶使米糠蛋白成为可溶性物质，经添加酸味剂，分离出固体物质，即能制成一种呈透明状的材料。

3. 作为添加剂

利用淀粉工业的水溶性副产品改良面包的品质，这在国外已经引起重视。例如，将以湿法粉碎产生的玉米糠、米糠及米的浸渍液添加到做面包的生面团中，对未经发酵的生面团的韧性、吸水性，以及对搅拌的阻抗性等物理性质都有所改善。

4. 制烘焙食品

在小麦面粉中加入 1/3 的米糠，并加入发酵粉或酵母菌混捏，再加上鸡蛋、砂糖、蜂蜜、少量大蒜液、牛乳等，经充分搅拌后即可烘烤成面包。这种面包有利于人体内毒素的排泄，能增进健康。

混合麸面包的制法是在麸或米糠等粉中，添加有黏性的辅料及甜味剂，然后搓成小的团状或用赤豆、甜味剂、盐制成馅，放到麸或米糠中，做成小的豆馅年糕或馒头。把这些豆馅年糕等散放在面包的面团中，经烘烤后，即成美味麸糠面包。

此外，米糠还可制出低热量饼干、小松糕、薄型蛋糕、小甜饼，脱脂米糠可以制作方便食品和早餐谷物食品。在糖果、蜜饯及香料载体中也可作为添加剂。

5. 米糠饼粕作为饲料

新鲜米糠中由于含脂肪酶，能使米糠中的脂肪迅速分解为游离脂肪酸。因此米糠极不易保管，有时几天以后米糠的酸价可以提高几十倍。酸败变质的米糠味苦，作为饲料还能损害牲畜的消化器官，引起痢疾、腹泻等病症；此外米糠中的脂肪氧化酶也较多，若保管不妥，常会使脂肪氧化酶氧化分解产生有害成分，并有恶臭。所以用米糠直接喂猪，可能会影响猪的生长发育。而米糠经过榨油后，由于加温蒸煮破坏了米糠中存在的脂肪酶和脂肪氧化酶，使糠饼中的脂肪不易被氧化分解，而且经过加温蒸煮，糠饼中粗纤维软化，淀粉糊化，利于猪的消化。与米糠相比，虽然其脂肪含量较低，但蛋白质含量相对较高，所以米糠饼是一种良好的饲料，一般精饲料中可以搭配30%～50%的米糠饼。

三、玉米蛋白

（一）玉米蛋白的组成

蛋白质是玉米籽粒的重要成分，在一定的意义上决定了玉米籽粒品质的特点。玉米籽粒蛋白大部分集中在胚乳层。正常胚乳蛋白中，球蛋白占3%，清蛋白占3%，醇溶蛋白和谷蛋白各占60%和34%。胚蛋白中则是清蛋白占优势，占胚蛋白的60%以上，醇溶蛋白只占5%～10%。全籽粒蛋白中，醇溶蛋白占总蛋白的50%～60%，谷蛋白占40%左右，球蛋白占10%～20%，清蛋白占2%～10%。醇溶蛋白是谷类粮食的主要蛋白质，一般谷类粮食的醇溶蛋白仅溶于70%～80%的乙醇溶液，但玉米的醇溶蛋白例外，它在90%～93%的乙醇中溶解度最大。

胚乳蛋白中的醇溶蛋白，赖氨酸含量较低，每100g蛋白质仅含0.1g赖氨酸，色氨酸含量也较低；谷蛋白中，赖氨酸含量相对较高，每100g蛋白质含2～3g赖氨酸或者更高。玉米的氨基酸平衡性比豆粕和大多数的动物蛋白要差，特别是赖氨酸、甲硫氨酸、色氨酸等必需氨基酸的含量和组成；清蛋白和球蛋白含有较少量的谷氨酸和脯氨酸、较多的赖氨酸和精氨酸，具有较高的生物学价值，其中赖氨酸的最高含量为0.47%，最低含量为0.17%。与此相反，胚中赖氨酸的含量较高。糊粉层的蛋白质含赖氨酸、色氨酸和苏氨酸较多，其他氨基酸的平衡性也较好。有研究表明，各蛋白质组分含量与总蛋白含量均表现为极显著的正相关，但是蛋白质各组分含量间，除谷蛋白分别与球蛋白和醇溶蛋白含量间成正相关外，其他各组分含量两两负相关。这表明籽粒蛋白质含量有保持相对稳定的趋势，并非任一组分含量的增加都会提高籽粒总蛋白的含量。

（二）玉米蛋白的生理功能

玉米蛋白的含量虽然较其他谷物粮食低，但也有其独特的功能作用。

玉米蛋白谷氨酸含量高，能帮助和促进细胞呼吸，有健脑的作用。玉米中含有一种能够延缓衰老、防御疾病、保护健康的特殊因子——谷胱甘肽。它在硒的参与下，生成谷胱甘肽过氧化物酶，具有很强的抗氧化作用，其作用比维生素E高500倍。谷胱甘肽的主要功能：作为解毒剂，可用于丙烯腈、氟化物、一氧化碳、重金属及有机溶剂等中毒治疗；作为抗氧化剂，可保护细胞膜，使之免遭氧化破坏，防止红细胞溶血及促进高铁血红蛋白的还原；对放射线、放射性药物或者由于肿瘤药物所引起的白细胞减少等能起到保护作用；能够纠正乙酰胆碱、胆碱酯酶的不平衡，起到抗过敏的作用；对缺氧血症、恶心及肝脏疾病所引起的不适具有缓解作用；可以防止皮肤老化及色素沉着，减少黑色素的形成，改善皮肤抗氧化能力并使皮肤产生光泽；可治疗眼角膜病；具有恢复青春、延缓衰老的功效；具有抗癌的作用，特别是能减少结肠癌和直肠癌的发病率。

四、其他谷类蛋白

（一）黑豆蛋白

黑豆为豆科植物大豆的种子，又名橹豆、菜豆等，是药食两用的食材。黑豆已成为世界黑色食品的主要来源，美国、法国、日本的一系列黑色食品都是以黑豆为主。我国各地均有地区栽培，以东北产量最多。黑豆营养丰富，含有蛋白质、脂肪、人体必需的维生素 B_1、维生素 B_2、维生素 C、烟酸和微量元素铁、锰、锌、铜、钼、硒等，同时又含有多种生物活性物质，如黑豆色素、黑豆多糖和异黄酮等。

黑豆具有高蛋白、低热量的特性，每百克含蛋白质 36.1g、脂肪 15.9g、膳食纤维 10.2g、碳水化合物 23.3g、蛋白质含量高达 36%～40%，优质蛋白比黄豆高出 1/4 左右，居各种豆类之首。黑豆中含有 18 种氨基酸，特别是人体必需的 8 种氨基酸，占氨基酸总量的 40%以上，富含亮氨酸、赖氨酸、异亮氨酸、缬氨酸，含有较多的丙氨酸、精氨酸等，与蛋白质丰富的肉类相比，其蛋白质含量相当于肉类（猪肉、鸡肉）的 2 倍、鸡蛋的 3 倍、牛奶的 12 倍，因此又被誉为“植物蛋白肉”。

黑豆蛋白的溶解度为 29.04%，乳化活力指数为 3.772m^2/g，乳化稳定性为 26.01%，黑豆的水溶蛋白含量比黄豆多，溶解性好的蛋白质功能性较好，一般都会具有较好的凝胶性、乳化性和脂肪氧化酶活性等；黑豆蛋白中 7S 含量高，蛋白质的乳化性好，黑豆蛋白的乳化活力和乳化稳定性高于黄豆蛋白；由于黑豆蛋白中 11S 球蛋白的含量低于黄豆蛋白，因此其起泡性低于黄豆蛋白。

黑豆含有色素物质和多种生物活性肽，其中的抗氧化黑豆肽主要是一些相对分子质量在 450～920 的小肽，可延缓自由基引发的疲劳，清除自由基，缓解疲劳；利用高效液相色谱分离可得到一种具有降胆固醇活性的肽，同时可辅助降血脂。另外，黑豆还含有丰富的异黄酮类、皂苷、花青素及维生素，可提高机体免疫力，起到保健功效。常食黑豆，能软化血管、滋润皮肤、延缓衰老，特别是对高血压、心脏病等患者有益。在食品业中，由于其功能特性和成本低廉等，添加一些酶制剂，提高凝胶强度和流动性，可代替其他的营养产品；黑豆的发酵产品如黑豆发酵酸奶、黑豆酱油、黑纳豆等被人们广泛开发。在饲料工业中，黑豆的茎叶、黑豆籽及其加工中的副产品的蛋白质、氨基酸、矿物质元素及维生素含量丰富，是饲料工业中制作配合饲料与膨化饲料的重要原料。

（二）绿豆蛋白

绿豆又名青豆、植豆，在我国已有两千余年的栽培史，我国主要产区在黄河、淮河流域及东北地区。绿豆营养丰富，有较高的药用价值，可加工制作成许多产品。其籽粒中含有蛋白质 22%～26%，是小麦的 2.3 倍、小米的 2.7 倍、玉米的 3.0 倍。绿豆蛋白的功效比值、生物学效价和消化率分别为 0.5、47.7 和 84.9%，各种豆类的蛋白质功效比值以绿豆为最高，加热处理可显著改善蛋白质的营养价值。绿豆蛋白富含赖氨酸、亮氨酸、苏氨酸等 17 种氨基酸，总含量为 18.41%，但甲硫氨酸、色氨酸、酪氨酸含量较少，其具体氨基酸化学评分见表 1-18。

表 1-18　绿豆蛋白必需氨基酸化学评分

氨基酸种类	FAO/WHO 拟定的标准蛋白质/（mg/g）	绿豆蛋白/（mg/g）	化学评分
赖氨酸	55	64.5	117
异亮氨酸	40	39.5	99
亮氨酸	70	74.7	107
甲硫氨酸+半胱氨酸	35	25.2	72
苯丙氨酸+酪氨酸	60	83.3	139
苏氨酸	40	30.8	77
缬氨酸	50	48.7	97

从氨基酸组成分析表明，总蛋白、球蛋白氨基酸组成相似，富含赖氨酸，缺乏含硫氨基酸；清蛋白氨基酸组成基本平衡，含硫氨基酸丰富，谷蛋白和醇溶蛋白中赖氨酸含量很低，其中清蛋白溶解性和起泡性较好，谷蛋白的持水与持油能力较好，醇溶蛋白颜色最好。绿豆籽粒中含淀粉 50%左右，仅次于禾谷类，其中直链淀粉 29%、支链淀粉 71%；绿豆中纤维素含量较高，一般在 3%～4%。绿豆中脂肪含量较低，在 1%以下，主要是软脂酸、亚油酸和亚麻酸，所含磷脂中有磷脂酰胆碱、磷脂酰乙醇胺、磷脂酰肌醇、磷脂酰甘油、磷脂酰丝氨酸等成分。绿豆富含矿物质，其灰分为 3.5%～4.7%，钾、钙含量最高，大多集中在种皮中，其次为胚，最少是子叶；磷则主要集中于胚中，其次为子叶，铁大多数分布于种皮和胚中。

绿豆可降血脂、降胆固醇、抗过敏、抗菌、抗肿瘤、增强食欲、保肝护肾。此外，绿豆蛋白可与有机磷农药、汞、砷、铅化合物结合形成沉淀物，使之减少或失去毒性，起到解毒的功效。此外绿豆对治疗烫伤、皮肤瘙痒、溃疡等常见症状效果显著。

（三）高粱蛋白

高粱的主要利用部位有籽粒、米糠、茎秆等。其中籽粒中主要营养成分含量：粗脂肪 3%、粗蛋白 8%～11%、粗纤维 2%～3%、淀粉 65%～70%。蛋白质中约有 0.28%的赖氨酸、0.11%的甲硫氨酸、0.18%的胱氨酸、0.56%的异亮氨酸、0.48%的苯丙氨酸、0.30%的苏氨酸、0.10%的色氨酸、0.37%的精氨酸、0.24%的组氨酸、1.42%的亮氨酸、0.58%的缬氨酸。高粱籽粒中亮氨酸和缬氨酸的含量略高于玉米，而精氨酸的含量又略低于玉米。其他各种氨基酸的含量与玉米大致相等。高粱糠中粗蛋白含量达 10%左右，在鲜高粱酒糟中为 9.3%，在鲜高粱醋渣中是 8.5%左右。高粱秆及高粱壳的蛋白质含量较少，分别为 3.2%及 2.2%左右。

高粱的蛋白质大部分是醇溶蛋白，其含量约为高粱种子干物质的 7.9%，蛋白质消化率低，人体不易消化吸收。原因是高粱醇溶蛋白的分子间交联较多，而且蛋白质与淀粉间存在很强的结合键，致使酶难以进入分解。高粱蛋白中赖氨酸含量较少，并缺少苏氨酸和含硫氨基酸，在营养上属于不完全蛋白质。高粱醇溶蛋白的氨基酸组成见表 1-19。

表 1-19　几种谷类种子蛋白质的氨基酸组成（%）

氨基酸	高粱醇溶蛋白	大麦胶蛋白	燕麦蛋白	小米蛋白
异亮氨酸	0.56	—	5.2	3.64
亮氨酸	15.40	7.00	7.5	14.40

续表

氨基酸	高粱醇溶蛋白	大麦胶蛋白	燕麦蛋白	小米蛋白
赖氨酸	1.00	—	3.7	2.21
甲硫氨酸	0.11	—	1.5	2.90
胱氨酸	0.60	2.50	—	1.64
苏氨酸	0.30	—	3.3	4.52
色氨酸	0.90	1.60	1.3	1.95
缬氨酸	4.30	1.40	6.0	5.30
苯丙氨酸	2.30	5.03	5.3	5.44
酪氨酸	5.50	1.67	—	—
甘氨酸	—	—	—	—
丙氨酸	8.10	1.84	—	—
丝氨酸	—	—	—	—
精氨酸	1.60	0.90	—	—
组氨酸	1.10	0.70	—	3.75
天冬氨酸	2.30	1.32	—	2.16
谷氨酸	21.20	42.20	—	—
脯氨酸	7.80	13.73	—	—

注：“—”表示此蛋白质不含该氨基酸

（四）大麦蛋白

大麦是我国一些地区，特别是青藏高原等海拔寒冷地区的主要口粮，含有较丰富的维生素 B_1、维生素 B_2 和少量的维生素 E、钙、磷、铁、核黄素及禾谷类作物中独有的皂苷，可降低血液中胰岛素的水平，减缓物质吸收、脂肪吸收和其他能量物质吸收，增加人体的饱腹感。大麦的蛋白质含量占整个籽粒质量的 9%～10%，其主要成分是醇溶蛋白（胶蛋白）和谷蛋白。

大麦胶蛋白主要存在于麦粒糊粉层，等电点为 6.5，它的氨基酸组成不如麦谷蛋白和小麦胶蛋白，其中苏氨酸、赖氨酸、缬氨酸、亮氨酸、酪氨酸和天冬氨酸的含量都很低，但是含有大量的谷氨酸和脯氨酸，这两种氨基酸是造成啤酒冷凝混浊和氧化物混浊的重要成分。对大麦醇溶蛋白的 N 端序列进行的研究表明，大麦醇溶蛋白与其他谷物醇溶蛋白具有高度的同源性。不同品种的大麦醇溶蛋白氨基酸中的甘氨酸所占比例为 14.6%～26.9%。谷蛋白和醇溶蛋白是构成麦糟蛋白的主要成分。清蛋白等电点为 4.6～5.8，球蛋白在 90℃左右能凝结析出，等电点为 4.9～5.7，其在麦汁制备过程中不能完全析出沉淀，当啤酒的 pH 持续下降、温度降低时，它就会析出而引起啤酒混浊。与整粒大麦蛋白的平均氨基酸组成相比，清蛋白含高比例的赖氨酸、苏氨酸、缬氨酸，以及低比例的苯丙氨酸、谷氨酸和脯氨酸。大麦蛋白是一种不完全蛋白质，其含量比大米、玉米等略高些，由于含量高可以弥补质的不足，因此，大麦蛋白仍是一种较好的粮食，但是以大麦为主食的地区，最好同时补充一些其他的优质蛋白质，以弥补大麦蛋白不足的一些必需氨基酸。大麦胶蛋白的氨基酸组成见表 1-19。

（五）荞麦蛋白

荞麦属于蓼科荞麦属双子叶植物，在中国分布甚广，以北方为多。荞麦具有较高的营养价值和药用价值，被现代营养学家誉为“21世纪有前途的、最风行的绿色食品”，国外将之视为“高级营养保健品”。随着人类的饮食结构逐渐向纯天然型和保健型发展，有着“药食兼用”美誉的荞麦因具有调节血糖、血脂、降压等功效，其系列食品越来越受到人们的青睐，大力开发和研制荞麦保健食品有着广阔的市场前景、较高的经济价值和社会价值。

荞麦中蛋白质的含量为15%～17%，主要由4种蛋白质构成，分别为球蛋白（64.5%）、清蛋白（12.5%）、谷蛋白（8.0%）和醇溶蛋白（2.9%）。荞麦作为优良的植物蛋白，其蛋白质中含有大量的可溶性蛋白质和少量的醇溶蛋白，并且含有丰富的19种氨基酸，人体必需的8种氨基酸组成合理、配比适宜，符合或超过联合国粮食及农业组织和世界卫生组织对食物蛋白质中必需氨基酸含量规定的指标，与鸡蛋蛋白的营养相似，化学评分甜荞为63，苦荞为55，明显都高于小麦（38）、大米（49）和玉米（40）；同时包含一些特殊蛋白如蛋白酶抑制剂、过敏原、硫胺素结合蛋白。荞麦还含有淀粉、膳食纤维、多种维生素、矿物质和大量烟碱及芦丁。

荞麦蛋白的功能特性与大豆蛋白相似，表现出较高的持水性、乳化性、起泡性和咀嚼性。荞麦蛋白在强酸性和偏碱性环境中具有最大的溶解度，在等电点pI为3.8附近溶解度最低，其乳化能力和乳化稳定性随着蛋白质浓度的增加而增加，同时起泡能力和泡沫稳定性也随蛋白质浓度的升高而增大，蔗糖和NaCl的加入都会影响荞麦蛋白的这些功能特性，这使得荞麦蛋白在食品加工业中具有重要的意义。

荞麦蛋白具有独特的生理功能，对于人体内一些慢性疾病具有治疗作用。例如，荞麦蛋白能显著降低血液胆固醇浓度，抑制脂肪蓄积，改善便秘，抑制有害物质的吸收，抵抗衰老等，其效果优于大豆蛋白。

（六）燕麦蛋白

燕麦是人类八大粮食作物之一。燕麦分为有稃（颖）型和裸粒型两大类，世界各国以有稃型为主。世界最大的燕麦生产国是俄罗斯，其燕麦产量占世界的40%以上，其他主要生产国有美国、加拿大、中国、澳大利亚及欧盟各国等。这些国家所产的燕麦既用作加工食品也用作动物饲料。由于医学专家和营养专家研究证明燕麦具有降低机体胆固醇的功效，所以近几年，欧盟、俄罗斯、日本对燕麦都有专题研究。

燕麦不仅蛋白质含量丰富（15%），而且氨基酸构成比例平衡（表1-19）。燕麦粉的蛋白质中，各种必需氨基酸的含量略高于或接近于世界卫生组织推荐值，所以，其营养价值比大米、小麦、玉米、高粱都高。不过燕麦蛋白质中缺少麦胶蛋白和麦谷蛋白，洗不出面筋质，不能像小麦粉那样制成松软的面包和馒头。

（七）小米蛋白

小米是深受我国北方人喜爱的粮食，其蛋白质含量为9.28%，消化率为83.4%，高于大米和小麦、玉米。但小米蛋白的氨基酸构成不平衡（表1-19），属于不完全蛋白质。小米蛋白中赖氨酸含量较低，而亮氨酸和色氨酸含量较高。由于小米蛋白的氨基酸构成不平衡，所以生物学效价仅为57，在各种粮食中属于生物学效价较低的品种。小米蛋白中含有特别丰富的亮氨酸、色氨酸和较丰富的甲硫氨酸，这是米谷类粮食所少有的。若将小米与大豆、赤豆、绿豆等豆类（均缺少甲硫氨酸而富含赖氨酸）混合食用，其营养价值可大大提高。

同时，小米蛋白是一种低过敏性蛋白，可谓是一种安全性较高的食品基料，特别适宜于孕产妇和婴幼儿食用。到目前为止，只有1998年Olivieri报道了一位患者在食用了含有小米的曲奇后发生了过敏性反应，皮试显示该患者对小米特定IgE呈阳性。有趣的是，该患者对小麦和大麦均呈阳性反应，但是他对这些食品还是可以接受的。

第三节　新植物蛋白资源

一、藻类蛋白

（一）概述

藻类植物是植物界中一群最原始的低等类群。其构造简单，没有真正的根、茎、叶的分化，多为单细胞、多细胞群体、丝状体、叶状体和枝状体等，仅少数具有组织分化和类似根、茎、叶的构造，是一种分布广泛、蛋白质含量很高的微型光合水生生物。藻类分11个门，有3万多种，全世界已开发利用研究较多的主要是螺旋藻和鱼腥藻。

藻类主要用途为合成蛋白质、液体燃料、精制化学药品的潜在来源。目前世界上进行螺旋藻研究和生产的已有墨西哥、法国、日本、德国、菲律宾、印度、泰国、丹麦、荷兰、意大利、以色列、中国等10多个国家和地区。

目前，我国已有多家工厂能大规模人工养殖螺旋藻并生产螺旋藻干粉，1990～1994年，我国螺旋藻干粉年产量达到了400t，占世界总产量的40%。螺旋藻含有极为丰富和全面的营养成分，并且含有多种生理活性物质，是目前所知食物中营养成分最充分、最全面、最均衡的食品，因而被联合国世界食品协会誉为“明天最理想的食品”，被联合国教育、科学及文化组织（简称联合国教科文组织）推荐为“21世纪最好的食品”，在我国也被学生营养促进会推荐为5种营养品之一。

（二）螺旋藻蛋白

螺旋藻（spirulina）是一种深青色、由多细胞单列构成的纤细螺旋状藻体，其营养丰富，蛋白质含量高达60%～70%。它含有人体所需的所有基本氨基酸，包括8种人体不能合成的必需氨基酸，其中苏氨酸、赖氨酸、甲硫氨酸、胱氨酸又是谷物所缺乏的（表1-20）。螺旋藻在提供蛋白质的同时，又很少有与蛋白质相伴而来的副产品——脂肪、热量、胆固醇。所以FDA认定：螺旋藻是“最佳蛋白质来源之一”。螺旋藻除可作食品、食品添加剂、饲料外，还可作为医药原料。现在市场上有许多螺旋藻保健品和添加了螺旋藻的食品。

表1-20　螺旋藻粉中的氮、粗蛋白和氨基酸含量（%）

成分	墨西哥产品	法国产品	FDA标准
总有机氮	12.09	13.35	—
蛋白质氮	10.48	11.62	—
粗蛋白质	65.50	72.63	—

续表

成分	墨西哥产品	法国产品	FDA 标准
必需氨基酸	24.81	29.32	26.6
异亮氨酸	3.37	4.52	4.2
亮氨酸	5.56	6.45	4.8
赖氨酸	2.92	3.32	4.2
甲硫氨酸	1.59	1.92	2.2
苯丙氨酸	2.83	3.28	2.8
苏氨酸	3.31	3.79	2.8
色氨酸	1.04	1.16	1.4
缬氨酸	4.22	4.88	4.2
非必需氨基酸	34.07	37.72	—
丙氨酸	4.85	5.72	—
精氨酸	4.15	4.65	2.0
天冬氨酸	5.98	6.46	—
胱氨酸	0.62	0.68	3.5
谷氨酸	8.54	9.09	—
甘氨酸	3.17	3.53	—
组氨酸	1.02	1.10	2.4
脯氨酸	2.34	2.52	—
丝氨酸	3.40	3.97	—

注："—"表示没有标准

二、叶蛋白

（一）叶蛋白的分类及来源

叶蛋白（leaf protein concentrate，LPC）又称为绿色蛋白浓缩物，泛指从植物青嫩茎叶中，经榨汁、絮凝、浓缩、干燥等工艺提取出的一种富含蛋白质的浓缩物。叶蛋白是一种多聚物，除含有大量的蛋白质外，还含有多种氨基酸和维生素，不含胆固醇，是畜、禽的优良饲料，也是人类膳食中蛋白质的重要补充物。用于生产叶蛋白的原料植物包括豆类、薯类、蔬菜、向日葵、甜菜的茎叶，各种乔灌木如槐、桑、榆、胡枝子、苜蓿、三叶草等全草也是提取叶蛋白的原料。

绿色的植物茎叶中的蛋白质可以分为两类。一类为固态蛋白，它存在于经粉碎、压榨后分离出的绿色沉淀物中，主要包括不溶性的叶绿体及线粒体构造蛋白、核蛋白、细胞壁蛋白，这类蛋白质一般难溶于水。另一类为可溶性蛋白，它存在于经离心分离出的上清液中，包括细胞质蛋白、线粒体蛋白的可溶性部分，以及叶绿体基质蛋白。叶蛋白就是可溶性蛋白的凝聚物。可溶性蛋白可以进一步分为大分子质量和小分子质量两种蛋白质。前者经分析确认是核酮糖-1,5-二磷酸羧化酶，分子质量为 52～560kDa，它仅存在于含有叶绿素的组织中。这种蛋白质在加热凝集时首先固化，因此又称馏分Ⅰ。小分子质量蛋白质是由脱氢酶、过氧化物酶、多酚氧化酶组成的蛋白质复合体。由于在加热时需要较高的温度才能凝集，故称为馏分Ⅱ。

在叶蛋白生产过程中，经粉碎（捣烂）、压榨过滤后，固态蛋白随同残渣被分离出去，其余的可溶性蛋白则分散在上清液中。对上清液施行加温，或是溶剂抽提、加酸、加碱，可使可溶性蛋白由溶解状态变为凝集状态，成为叶蛋白。叶蛋白主要由细胞蛋白与叶绿体基质蛋白组成。

（二）叶蛋白的营养价值

叶蛋白的营养价值极为丰富。植物叶蛋白中，一般蛋白质含量为45%～65%，叶蛋白的可消化率为62%～72%，能量代谢率为69%～90%，蛋白质的生物学效价为73～79。每千克叶蛋白代谢能力为11.7～13.4MJ、有效磷为0.31%、胡萝卜素为560～1200mg、叶黄素为1000～1800mg、碳水化合物为5%～10%、矿质元素为3%～8%、高度不饱和脂肪酸为3%～7%，还含有脂溶性维生素E和维生素K等。叶蛋白胆固醇含量很低，食用叶蛋白能降低动物蛋白高胆固醇对人体的危害。叶蛋白中一般含有17～18种氨基酸，并且从不同植物所得到的叶蛋白氨基酸组成极为相似（表1-21）。植物叶蛋白氨基酸组成齐全且配比合理，与联合国粮食及农业组织推荐的成人氨基酸模式基本相符，可以弥补粮谷食物在这方面的不足。

表1-21　几种植物叶蛋白的氨基酸含量（%）

氨基酸	花生	紫云英	甘薯	葛藤
天冬氨酸	5.33	4.83	5.25	4.90
丝氨酸	2.05	2.55	2.40	2.53
谷氨酸	6.13	6.08	7.65	6.85
甘氨酸	2.48	2.70	3.13	2.88
丙氨酸	2.98	3.28	3.85	3.88
胱氨酸	0.35	0.35	0.43	0.43
缬氨酸	2.33	2.73	2.98	2.88
甲硫氨酸	0.45	0.55	0.75	0.78
苏氨酸	2.08	2.45	2.80	2.60
异亮氨酸	1.85	2.10	2.28	2.30
亮氨酸	4.10	4.80	5.53	5.08
酪氨酸	1.75	1.85	10.00	2.03
苯丙氨酸	2.48	2.70	3.48	2.80
赖氨酸	2.55	2.53	2.03	3.10
组氨酸	0.98	0.95	0.93	1.15
精氨酸	2.75	2.78	3.25	3.10
色氨酸	0.38	0.50	0.45	0.43
脯氨酸	3.88	2.83	2.95	2.85

叶蛋白的脂类、糖类含量都很低，高蛋白、低糖、低脂肪的叶蛋白符合当今人们的食品消费心理，特别是对于需要限制脂肪摄入量的患者是较理想的食品。叶蛋白中镁的含量很高，

镁是人体软组织和骨骼的组分，是维持骨骼和神经组织功能所需的Ca/Mg平衡、磷酸盐转移酶的基本活化剂，具有重要的作用。叶蛋白中锌、铜的含量较高，用作食品时，每天摄入量应小于100g，以防锌、铜摄入量过多。此外，铅的含量为0.6316mg/kg，小于1mg/kg，符合我国食品卫生标准。

（三）几种叶蛋白资源

1. 苜蓿叶蛋白

苜蓿的蛋白质含量高，不含毒性成分、含黏性成分少，具有良好的生物学特性，因此是提取植物叶蛋白的首选材料。

苜蓿叶蛋白是一种高蛋白、低脂肪，还含有丰富的矿质元素及微量元素的蛋白质。蛋白质含量高达43%～60%，各类氨基酸的含量和组成优于其他植物蛋白，接近动物蛋白。苜蓿叶蛋白中氨基酸种类齐全，必需氨基酸含量占氨基酸总含量的40.0%～40.6%，必需氨基酸与非必需氨基酸含量的比值为0.663～0.683，分别高于FAO/WHO标准规定的40%和0.6，同时苜蓿叶蛋白中的第一限制氨基酸与全鸡蛋蛋白的第一限制氨基酸不同，根据蛋白质互补法，将苜蓿叶蛋白以添加剂的形式加入到食品中可以取长补短，充分利用其营养价值。大鼠生物试验表明，苜蓿叶蛋白的生物学效价很高，约为80，可以与牛奶、肉类相媲美（牛奶83、肉类80）。此外，苜蓿中的不良成分皂素，往往伴随蛋白质而残留在叶蛋白中，影响叶蛋白的品质。苜蓿中皂素的含量与品种有关，因此，生产苜蓿叶蛋白时，除应选择低皂素的苜蓿品种外，在凝聚分离叶蛋白时，调整pH为8.0～8.5，可降低皂素含量。若采用乳酸发酵凝聚叶蛋白，也可分解皂苷。

有研究表明，10kg体重的儿童每天摄入10g叶蛋白，就可满足对铁100%的需求、对叶酸50%的需求、对蛋白质40%的需求、对维生素A 3倍的需求量。对营养严重不良的2～6岁的儿童每天加食10g叶蛋白，可使体表水肿消失、食欲增强、行动活泼。此外，食用叶蛋白对儿童的生长状况也有较好的促进作用。

2. 水生植物叶蛋白

水生植物是一类具有很大开发潜力的食物和饲料的蛋白质资源。常见水生植物有喜旱莲子草（*Alternanthera philoxeroides*）、满江红（*Azolla imbricata*）、小浮萍（*Lemna minor*）、荇菜（*Limnanthemum nymphoides*）、水浮莲（*Eichhornia crassipes*）等，其叶蛋白组成如表1-22所示。由表1-22可以看出，各种叶蛋白的粗脂肪都在8%以上，而粗纤维低于5%；热值为10～18kJ/g；叶蛋白灰分为4.1%～7.3%；与陆生植物相比，水生植物具有较低的脂肪及较高的灰分。另外，β-胡萝卜素的含量也相对较高，其中4种都高于600μg/g。β-胡萝卜素是维生素A原，具有抗癌、抗呼吸道疾病等功效，在许多饲料中往往需以添加剂的形式专门补充，但在水生植物中却大量含有，这一点很值得利用。

表1-22　水生植物的叶蛋白化学组成

化学组分	喜旱莲子草	满江红	小浮萍	荇菜	水浮莲
氮/%	7.7	6.3	6.1	8.7	8.2
粗脂肪/%	11.0	9.9	11.4	8.4	14.4
粗纤维/%	4.6	2.8	2.7	3.4	1.5

续表

化学组分	喜旱莲子草	满江红	小浮萍	荇菜	水浮莲
灰分/%	7.3	4.1	6.0	4.4	5.8
热值/（kJ/g）	10.45	17.56	11.70	17.97	15.05
β-胡萝卜/（μg/g）	462.5	632.8	627.2	674.7	653.7
消化率/%	71.5	77.7	77.9	78.1	80.7
粗蛋白/%	45.8	40.5	38.3	54.2	50.6

5 种水生植物的氨基酸组成没有太大差别，差别最大的是赖氨酸和脯氨酸。粗蛋白含量为 38.3%～54.2%。与紫花苜蓿叶蛋白的氨基酸组成相比，这 5 种水生植物的氨基酸组成无明显变化。由此可以断定，水生植物具有与陆生植物近似的、稳定的氨基酸组成。蛋白质的生物学效价取决于它的氨基酸组成，5 种水生植物的叶蛋白氨基酸组成都能基本满足人、鸡、鱼的需要量，水生植物叶蛋白完全可以作为人类食物及动物饲料的蛋白质来源。

3. 紫云英叶蛋白

紫云英叶片含丰富的维生素、蛋白质、胡萝卜素、叶绿素等，从其中提取所得的粗蛋白含有蛋白质（50%～60%）、脂肪（20%～25%）、维生素、叶绿素、胡萝卜素等。紫云英叶蛋白是一种营养价值很高的植物蛋白，它的氨基酸组成比较平稳，具体种类和含量见表 1-23。

表 1-23　紫云英叶蛋白氨基酸种类和含量（mg/100mg）

种类	含量	种类	含量	种类	含量
天冬氨酸	5.6059	苏氨酸	2.6426	丝氨酸	2.5737
谷氨酸	8.3841	甘氨酸	2.8356	丙氨酸	3.3304
胱氨酸	0.8434	缬氨酸	3.2841	甲硫氨酸	1.3853
异亮氨酸	2.9924	亮氨酸	5.3443	酪氨酸	2.4066
苯丙氨酸	3.4205	赖氨酸	2.9054	组氨酸	1.3031
精氨酸	3.3450	脯氨酸	3.0030		

紫云英叶蛋白的生物学效价为 70～90，并含有丰富的叶黄素、维生素及微量元素，用于饲喂鸡和猪的效果接近鱼粉。紫云英提取叶蛋白工艺的产物分为白色蛋白和绿色蛋白两种，两者真蛋白含量均在 50%以上，并含有丰富的维生素和矿物质。前者所含必需氨基酸为 51.72%，可直接用作营养蛋白添加剂；后者既可作营养添加剂，又可作天然叶绿素，少量添加于食品中即可改变食品的风味，使之成为人们喜爱的“绿色食品”。

第二章　植物蛋白的结构与特征

第一节　蛋白质的基本结构

蛋白质的分子结构极为复杂，一般将其分为一级、二级、三级、四级结构，其中一级结构为低级结构，而二级结构、三级结构和四级结构称为高级结构。四级结构描述复杂多肽链蛋白质分子的亚基结构。随着大量天然蛋白质的结构测定及以此为基础的综合分析，在二级结构与三级结构之间又发现了结构模体（超二级结构）和结构域，从而揭示了蛋白质结构的丰富层次体系。图 2-1 为现在已知的蛋白质结构的层次及其相互关系。这种层次划分简明地概括了蛋白质结构的主要内容，反映了蛋白质多层次和错综复杂的基本特点，并显示了蛋白质结构的特殊组织方式。

一、一级结构

蛋白质分子的基本化学结构，即一级结构（primary structure），研究的是肽链中氨基酸的连接方式及排列顺序。蛋白质一级结构包括：组成蛋白质的多肽链数目，多肽链的氨基酸数目、种类和序列，多肽链内或链间二硫键的数目和位置，其中最重要的是多肽链的氨基酸顺序，它是蛋白质生物功能的基础。一级结构决定蛋白质的高级结构和蛋白质的基本性质，是蛋白质结构层次体系的基础。一级结构决定高级结构，这就是蛋白质结构组织的基本原理，如大豆蛋白是由至少 18 种氨基酸为单体构成的高分子化合物。

蛋白质的构成单元氨基酸通过酰胺键（又称为肽键）共价地连接成线性序列，在线性序列中，游离的 α-氨基端称为 N 端；游离的 α-羧基端称为 C 端。按惯例用 N 表示多肽链的始端，C 表示多肽链的末端。许多蛋白质如胰岛素、血红蛋白、酪蛋白的一级结构已经确定。维持蛋白质一级结构的键为肽键，它是指一个氨基酸的 α-羧基与另一个氨基酸的 α-氨基之间脱水缩合而形成的酰胺键，其缩合与解析的形式如图 2-2 所示。

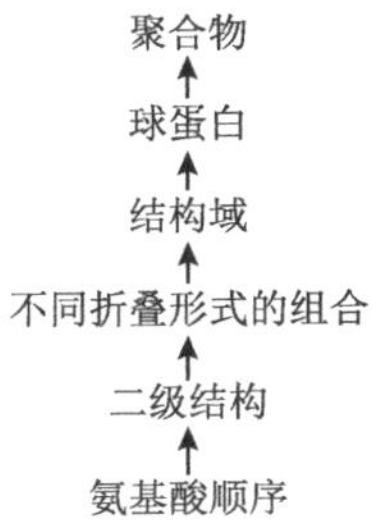

图 2-1　蛋白质结构的层次关系（阎隆飞，1988）

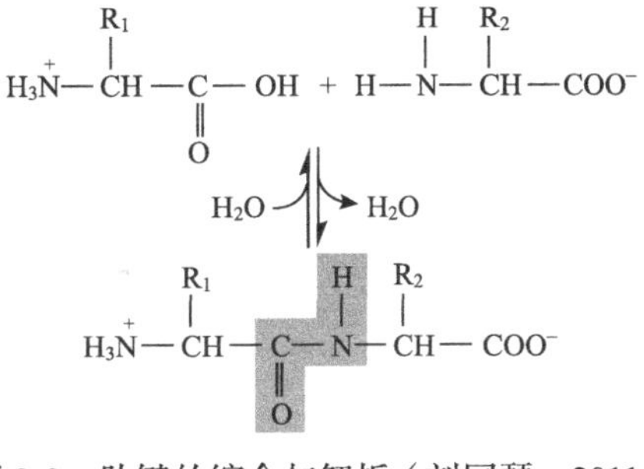

图 2-2　肽键的缩合与解析（刘国琴，2011）

肽键虽然被描述为一个共价键，但它具有部分双键的性质，因此多肽链的 6 个原子片段（—C_α—CO—NH—C_α—）处在一个平面中。

由两个氨基酸组成的肽称为二肽，二肽分子的一端为游离氨基，另一端为游离羧基，这两个基团又可分别与另外的氨基酸的游离氨基或羧基作用，形成三肽、四肽，以至高分子多肽和蛋白质。对于某一种蛋白质来说，构成它的氨基酸的种类、数目和顺序都是一定的。至今已有近千种蛋白质的氨基酸排列顺序被排出来了，已测出的最长肽链由 1000 多个氨基酸组成。

目前只有鲍曼-贝尔克（Bowman-Birk）和库尼兹（Kunitz）两种胰蛋白酶抑制剂的大豆蛋白的一级结构已经明确。其他大豆蛋白仅知道其末端氨基酸（表 2-1）。

从 N 端氨基酸分析结果看，大豆 7S 球蛋白和 11S 球蛋白分子至少由 9 条和 12 条肽链组成。血细胞凝集素和 7S 球蛋白是糖蛋白，因此较其他大豆蛋白的一级结构更为复杂。

表 2-1　大豆蛋白的末端氨基酸残基

大豆蛋白种类	大豆蛋白分子末端氨基酸残基种类与数量		文献
	N 端	C 端	
Kunitz 胰蛋白酶抑制剂	1①天冬氨酸	亮氨酸	Yamamoto and Ikenaka（1967）
Bowman-Birk 胰蛋白酶抑制剂	1 天冬氨酸②		Yamamoto and Ikenaka（1976）
	0.2 赖氨酸③		Vaintraub and Shutov（1969）
2.3S 球蛋白	1 天冬氨酸		Vaintraub and Shutov（1969）
2S 球蛋白	1 谷氨酸	甘氨酸	Gertler and Birk（1965）
β-蛋白酶（淀粉酶）	1 丙氨酸	丝氨酸	Wada et al.（1958）
血细胞凝集素		天冬氨酸④	
		谷氨酸④	
		丙氨酸④	
7S 球蛋白	1 天冬氨酸		Koshiyama（1968b）
	1 丙氨酸		
	1 甘氨酸		
	1 缬氨酸		
	2 丝氨酸		
	1 酪氨酸		
	1 谷氨酸		
	1 亮氨酸		
11S 球蛋白	8 甘氨酸		
	2 亮氨酸（异亮氨酸）		
	2 丙氨酸		

注：①氨基酸前的数字代表 1 个蛋白质分子的末端氨基酸残基数；②假定 1.9S 抑制素与 Bowman-Birk 胰蛋白酶抑制剂相同；③其他的 N 端氨基酸未指出，该蛋白质为非均一蛋白质；④与其说是末端氨基酸，不如说是从末端起第二个氨基酸

二、维持蛋白质构象的作用力

蛋白质的构型（configuration）是指立体异构体分子中取代原子或基团在空间的取向，如几何异构体和光学异构体。构型互变需要共价键的断裂。

蛋白质的构象（conformation）是指蛋白质分子中原子和基团在三维空间上的排列、分布

及肽链的走向。蛋白质分子的构象可分为二级、三级、四级结构。构象是当单键旋转时取代基团形成不同的立体结构，这种空间位置的改变不涉及共价键的断裂。例如，乙烷分子中 C—C 单键旋转时，它们上面的 H 原子相对空间位置随之改变，产生无数种构象，其中交叉型构象最稳定，重叠型构象最不稳定（图 2-3）。

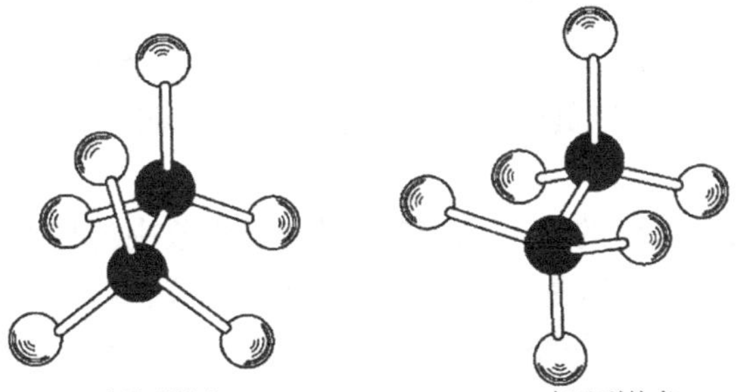

图 2-3　蛋白质的构象结构示意图（周莹和赖桂春，2011）

多肽链主链中的肽键及 C_α—N 和 C—C_α 都是单键，有形成无数不同构象的可能性，而且任何一种构象还将随环境的改变和热运动不断改变。事实上天然蛋白质在生物体内只保持一种或几种构象，从而保证其特有的性质与功能。蛋白质天然构象的稳定性主要是靠一系列弱作用力维持的，这些弱作用力主要有氢键、范德华力、疏水键、盐键，此外还有二硫键、配位键和酯键。

1. 氢键

氢键（hydrogen bond）是与电负性原子（N、O 和 S）共价相连的氢原子和另一电负性原子（N、O 和 S）间的相互作用。氢键作用的强弱与形成氢键的电负性原子对（键长）和键盘角有关，键能是 8.4～33kJ/mol。

一方面，氢键多发生在多肽链中负电性很强的氮原子或氧原子与 N—H 或 O—H 的氢原子之间；另一方面，水分子的氢原子和羟基基团也能和多肽链的有关原子或基团形成氢键，蛋白质表面的侧链通常倾向于形成这类氢键。氢键虽是弱键，但在蛋白质分子中数量极大，在维系和促进蛋白质构象形成，特别是二级结构形成中起着极其重要的作用（在 α 螺旋和 β 折叠结构的肽链中，N—H 和羰基氧间形成的氢键数量最多）。

2. 范德华力

一般是指范德华引力，其实质也是静电引力。这种力总的趋势是互相吸引，但不相碰，因为当羟基基团和多肽链的有关基团靠近时，电子云之间的排斥力就增大，使二者不能相碰。当两个非键合原子处于一定距离时，这种力才能达到最大，此距离称为接触距离，它等于两个原子的范德华半径之和。范德华引力是很弱的力，但在蛋白质分子中它的数量也较大，且多有加和性，因此也是形成和稳定蛋白质构象的一种不可忽视的作用力。范德华引力键长为 0.3～0.5nm，键能为 4.18～12.56kJ/mol，它对维持蛋白质的三级结构、四级结构也有一定贡献。其中，维持蛋白质作用的氢键就是一种特殊的范德华引力。

3. 疏水键

疏水键又称为疏水作用，是指两个非极性基团（疏水集团）为了避开水相而群集在一起的作用力。在蛋白质分子的多肽链中，氨基酸残基的疏水侧链有一种自然的趋势，即避开水相，互相黏附，藏于蛋白质分子的内部。所以疏水作用实际上不是疏水基团之间相互吸引，主要是介质水分子对疏水基团的推斥所致，或者说是由于疏水基团为了避开水分子而被迫靠近。疏水作用在维持蛋白质三级结构的稳定和四级结构的形成中占有突出的地位。很显然，疏水键对于维持蛋白质分子的三级结构、四级结构起着主要作用。

4. 盐键

盐键又称为离子键或盐桥，是由于正负离子之间的静电引力所形成的化学键，在蛋白质分子中往往有带正电荷的基团。其中，带正电荷的基团有N端的自由α-氨基、赖氨酸残基的ε-氨基和精氨酸残基的胍基。带负电荷的基团主要有C端的自由α-羧基、天冬氨酸残基的β-羧基和谷氨酸残基的λ-羧基。

过高或过低的pH及高浓度的盐，可以破坏蛋白质构象中的盐键。如果溶液的pH比羧基p*K*低1～2个pH单位，或者比氨基p*K*高1～2个pH单位，那么这些基团就不能生成盐键。

α螺旋蛋白质分子中的某些氨基酸，如赖氨酸、精氨酸、天冬氨酸、谷氨酸和组氨酸在生理pH条件下，其侧链是带电荷基团，它们之间可以形成离子键。蛋白质分子中离子键数量较少，主要在R侧链间起作用。

5. 二硫键

二硫键又称为二硫桥—S—S—，是次级键中两个硫原子之间形成的共价键，其键能很大（30～100kcal[①]/mol），是很强的化学键，它可以把不同的肽链或同一条肽链的不同部分连接起来，对稳定蛋白质的构象起到重要作用。在某些蛋白质中，二硫键一旦破坏，蛋白质的生物活性即丧失，二硫键的数目增多，则蛋白质分子抗拒外界因素的能力就越强，即蛋白质分子的稳定性增加，如在毛、发、角、甲壳等中的角蛋白，含有很多的二硫键，对外界的大多物理化学因素都非常稳定。多链内或不同链间的两个半胱氨酸残基的巯基，在氧化条件下形成二硫键。它将不同的肽链或同一条链的不同部分连接起来，对蛋白质高级结构的形成与稳定有重要作用。在绝大多数情况下，二硫键形成于β转角附近。实验表明，有些二硫键是蛋白质维持天然构象和生物活性所必需的，有些则不是必需的。如果蛋白质中所有的二硫键相继被还原，必将导致其天然构象的破坏和生物活性丧失。

6. 配位键

配位键就是指在两个原子之间，由单方面提供电子对所形成的共价键。不少蛋白质分子含有金属离子（Fe^{2+}、Cu^{2+}、Mn^{2+}、Zn^{2+}），如铁氧蛋白、固氮酶铁蛋白及细胞色素c含有铁离子，胰岛素含有锌原子等。金属离子与蛋白质的连接往往是配位键，在一些金属蛋白分子中，金属离子通过配位键参与维持蛋白质的三级结构、四级结构，当用螯合剂从蛋白质中除去金属离子时，蛋白质分子便解离成亚单位，或者是三级结构遭到破坏，以致活力丧失。例如，血红蛋白有4个亚基，每一个亚基含有一个色素辅基——血红素。血红素中含有一个Fe^{2+}，和氧发生可逆结合，并且保持铁的价数不变。

综上所述，维持蛋白质高级结构的主要有氢键、范德华力、疏水键和盐键等次级键，虽然它们单独存在时是弱的作用力，但大量的次级键加在一起，就产生了足以维持蛋白质天然构象的作用力。在部分蛋白质分子中，离子键、二硫键、配位键也参与维持蛋白质的空间结构。这些键是构成蛋白质空间结构的维持力，对蛋白质的生理活性很重要。如果这些键有所损害，蛋白质的构象就会随机改变，失去蛋白质原有的生理活性。

---

① 1cal=4.1868J

三、二级结构

蛋白质的二级结构（secondary structure）是指多肽链的主链在空间的排列，或规则的几何走向、旋转及折叠。它只涉及肽链主链的构象及链内或链间形成的氢键。二级结构是多肽主链不同肽段通过自身的相互作用形成氢键，沿某一主轴盘旋折叠而形成的局部空间结构，因此是蛋白质结构的构象单元，主要有 α 螺旋、β 折叠、β 转角和无规则卷曲等。这些主链构象的结构单元的形成必须遵循肽链折叠的立体化学原理。

（一）多肽链折叠的空间限制

肽键的部分双键性质和非键合原子之间的最小接触距离造成了多肽链折叠的空间限制。肽键（—CO—NH—）形式上是单键，但 X 射线衍射分析表明，它具有部分双键的性质，并由此影响构象。已知在顺式结构中，C—N 单键的键长为 0.147nm，在反式结构中 C—N 单键的键长为 0.146nm，C═N 双键的键长为 0.127nm，而肽键中 C—N 的键长介于两者之间，为 0.132nm（图 2-4），这是由于肽键中酰胺氮上的孤对电子与相邻羰基的共振相互作用。由于肽键具有部分双键的性质，因此不能自由旋转，—CO—NH—及与之相连的两个 α 碳原子（C_α）都处在同一个平面内。这个刚性平面称为肽平面或酰胺平面，其中 C═O 与 N—H 及两个 C_α 通常均呈反式构型，其各个键长及夹角见图 2-5。

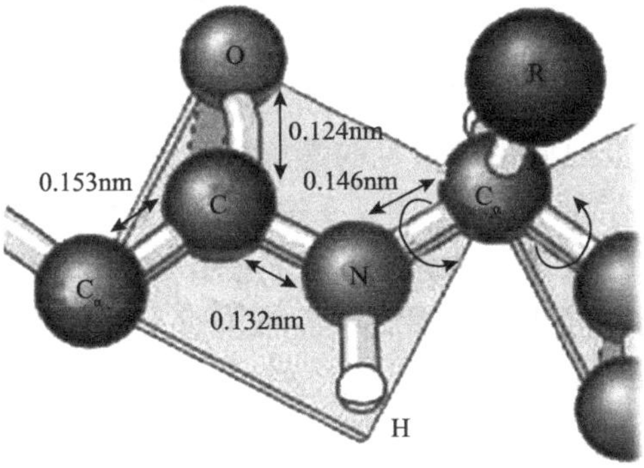

图 2-4　反式构型肽单位的球棍模型图（吴梧桐，2015）

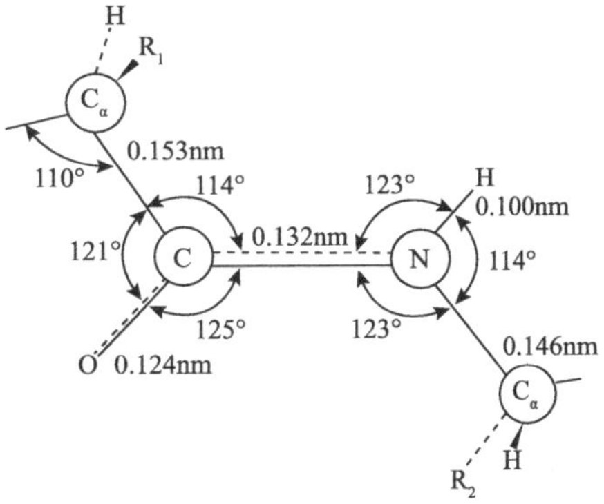

图 2-5　反式构型的肽键（吴梧桐，2015）

肽链主链上的重复结构肽单位实际上就是肽平面，多肽链的主链就是由许多多肽平面通过其间的 C_α 相互连接而成的（图 2-6）。

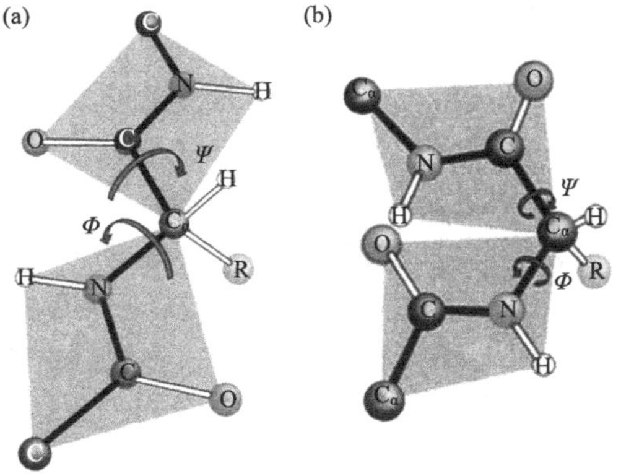

图 2-6　两种酰胺平面围绕 C_α 的旋转情况（张楚富，2011）

（a）中Φ=180°，Ψ=180°；（b）中Φ=0°，Ψ=0°

肽平面之间的 C_α 分别以两个单键（C_α—N_1 和 C_α—C_2）与两个肽平面相连。绕 C_α—N_1 键旋转的角度称为 Φ 角，绕 C_α—C_2 键旋转的角度称为 Ψ 角，这两个旋转角度称为二面角，可表现出相邻的两个肽平面的相对位置。当 C_α 的一对二面角 Φ=180°、Ψ=180°时，C_α 的两个相邻肽平面呈充分伸展的构象［图 2-6（a）］。而 Φ=0°、Ψ=0°的构象［图 2-6（b）］实际上不存在，因为一个肽平面上酰胺基的 H 原子与相邻的另一个肽平面上羰基 O 原子之间的距离小于其最小接触距离，因而将发生空间重叠。虽然 Φ 角和 Ψ 角理论上可以取–180°～+180°的任何值，但是立体化学允许出现的角度只是其中很少一部分，加上侧链 R 基团之间空间位阻的限制，肽所取构象的范围是很有限的。实际上在肽链中因其他原子均相同，最终影响构象的主要是 R 侧链基团。

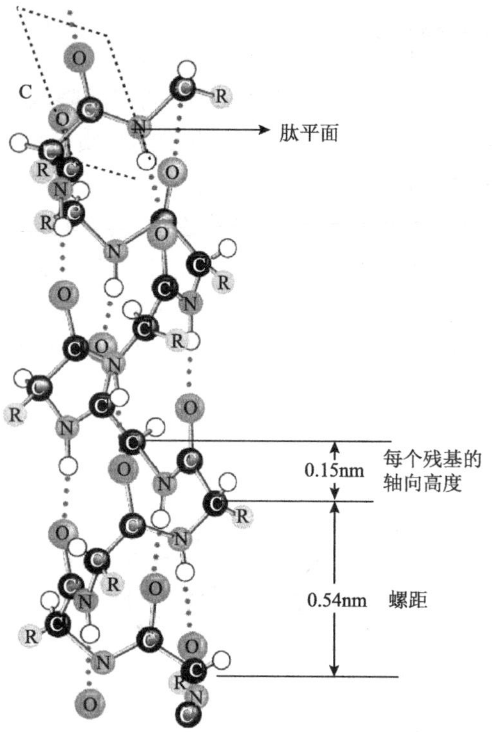

图 2-7　α 螺旋（Haggis et al.，1964）

（二）蛋白质的构象单元

1. α螺旋

当某一段肽链中所有的 C_α 的扭角分别相等时，则这一段肽链的主链就会围绕一个中心轴形成规则的螺旋构象。螺旋构象中每一圈包含的氨基酸残基数可以是整数或非整数，主链旋转的方向可以是右手螺旋也可以是左手螺旋。天然蛋白质中最常见的螺旋构象是 α 螺旋，它广泛存在于球蛋白中。α 螺旋每一圈含有 3.6 个氨基酸残基，沿螺旋轴方向上升 0.54nm，即每个氨基酸残基沿螺旋中心轴垂直上升的距离为 0.15nm（图 2-7）。

相邻的螺圈之间形成链内氢键，氢键的取向几乎与中心轴平行。氢键由每个氨基酸残基的 N—H 与前面隔 3 个氨基酸残基的 C═O 形成。α 螺旋中氨基酸残基的侧链基团伸向外侧。

多肽链能否形成 α 螺旋及形成的螺旋是否稳定，与其氨基酸序列直接有关。由于脯氨酸的亚氨基参与形成肽键之后，氮原子上已没有氢原子，无法充当氢键供体，致使 α 螺旋在该处中断，并产生了一个“结节”。此外，如果一个肽段内带有相同电荷的残基过于密集，彼此间因静电排斥而不能形成链内氢键，也会妨碍 α 螺旋的形成。

2. β折叠

β 折叠又称为 β 片层，是一种肽链相当伸展的结构，由两条或多条（或一条肽链的若干肽段）多肽链侧向聚集，通过相邻多肽链主链上的 N—H 与 C═O 之间有规则的氢键形成 β 折叠。这种构象可分为平行式和反平行式两种类型，前者所有肽链的 N 端在同一方向，后者的 N 端一顺一反地交替排列（图 2-8）。在 β 折叠中，多肽链主链呈锯齿状折叠构象。侧链基团与 C_α 间的键几乎垂直于折叠平面，R 基团交替地分布于片层平面两侧。在平行式中所有肽链的 N 端都在同一端，二面角 Φ=–119°，Ψ=+113°；在反平行式中肽链的 N 端按正反方向交替排列，二面角 Φ=–139°，Ψ=+135°，因此后者的肽链更为伸展。从能量的角度来看，反平行式的β折叠片更为稳定。纤维状蛋白质的β折叠主要为反平行式，而球状蛋白质中这两种类型的β折叠几乎同样广泛存在。此外，在蛋白质中还发现有平行与反平行、相互交替的β折叠形式，以及只有一段充分伸展的锯齿形肽链。

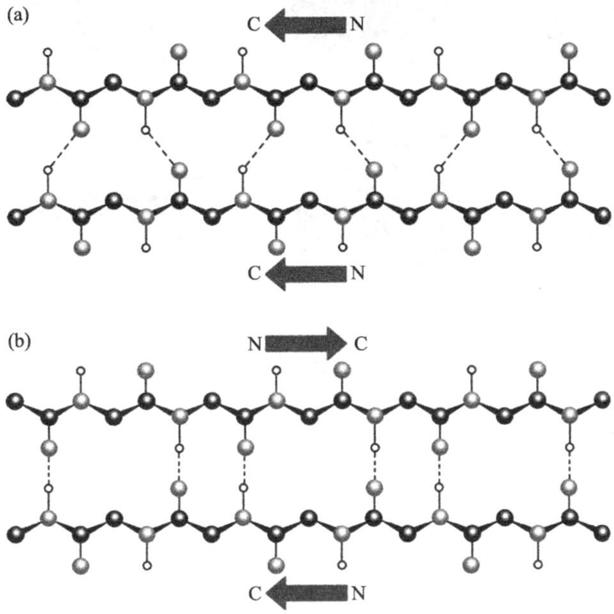

图 2-8　β折叠平行式和反平行式两种类型（Damodaran et al.，2007）

（a）为β折叠平行式；（b）为β折叠反平行式

3. β转角

蛋白质分子的多肽链在形成空间构象时，经常会出现 180°的回折，回折处的结构就称为β转角。这是一种球蛋白中广泛存在的结构，大多数蛋白质具有密集的球形，这是由于β转角结构使得肽链不时扭转走向。在β转角中第一个残基的 C═O 与第四个残基的 N—H 氢键键合，形成一个紧密的环，使一个多肽链急剧地扭转它的走向（图 2-9）。

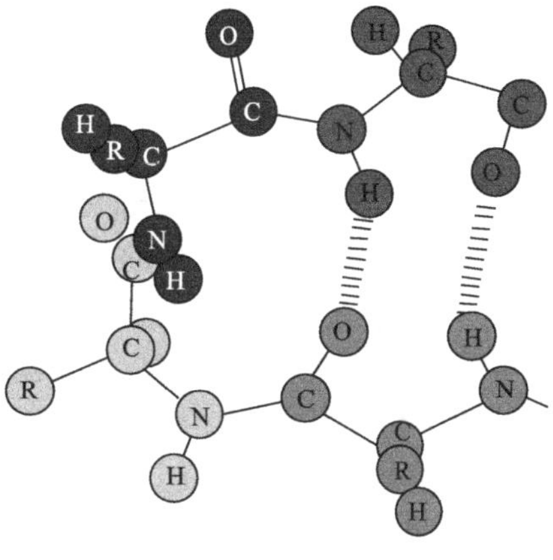

图 2-9　β转角（谢明勇，2011）

4. 无规则卷曲

无规则卷曲又称为自由回转，是指没有一定规律的松散肽链结构。蛋白质二级结构的决定因子是肽键间氢键，即附于一肽键 N 上的 H 与另一肽键的羧基的 O 之间的作用。氢键吸引力虽低，但数量很多，故吸引力还是可观的，易为热、酸、碱等所影响。

四、超二级结构和结构域

在二级结构和三级结构之间还有两个结构层次：超二级结构（supersecondary structure）和结构域（structural domain）。超二级结构指的是多肽链上若干相邻的构象单元（如α螺旋、

β 折叠、β 转角等）彼此作用，进一步组合成有规则的结构组合体（图 2-10）。

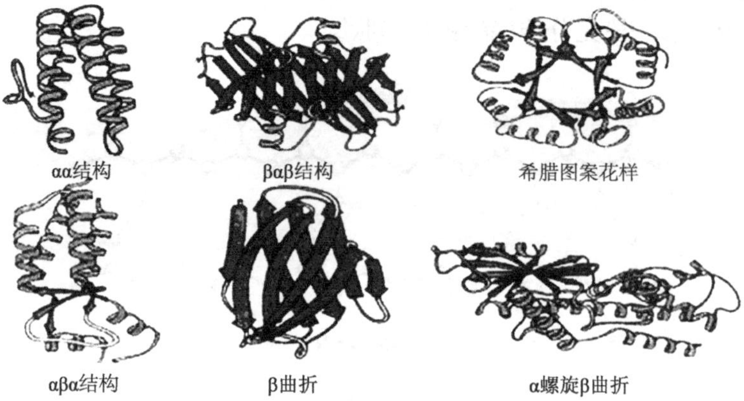

图 2-10　超二级结构（汪世华，2008）

结构域是存在于球状蛋白质分子中的两个或多个相对独立的、在空间上能辨认的三维实体，每个由二级结构组合而成，充当三级结构的构件，其间由单肽链连接。结构域的组织层次介于超二级结构和三级结构之间，它是蛋白质三级结构的基本单位。一般来说，较大的蛋白质都有多个结构域存在，它们以非常不同的方式结合，从而以有限类型的结构域组合成为极为复杂多样的蛋白质整体结构。正是在结构域的基础上，才有可能对蛋白质进行结构分类。同时，结构域也是功能单位，不同的结构常常与蛋白质的不同功能相关联。

蛋白质可以由一个结构域构成，也可以由多达 10 个以上的结构域构成。

由结构模体构成结构域区的组合类型是有限的，一些组合具有明显的优势，因此相似的结构域常可出现在功能和序列都不相同的蛋白质中。这构成了可以在结构域水平对蛋白质进行结构分类的重要基础。

五、三级结构

三级结构（tertiary structure）是指多肽链在二级结构的基础上，通过侧链基团的相互作用进一步卷曲、折叠，借助次级键维系使 α 螺旋、β 折叠、β 转角等二级结构相互配置而形成的特定构象。三级结构就是整条肽链中全部氨基酸残基的相对空间位置，即肽链中所有原子在三维空间的排布位置。三级结构的形成使肽链中所有的原子都达到空间上的重新排布，原来在一级结构的顺序排列上相距甚远的氨基酸残基可能在特定区域内彼此靠近。对于多球状蛋白质分子的研究表明，通过三级结构的形成，在分子内部往往集中着大量的疏水氨基酸残基，它们之间的疏水作用维系并稳定已经形成的三级结构；极性氨基酸残基则多分布于分子表面，并赋予蛋白质以亲水性质。许多具有特定生物学活性的球状蛋白质分子的表面有明显的凹陷或裂隙，其中以特定方式排布的某些极性氨基酸残基参与和决定着该蛋白质的生理活性。

蛋白质的亚基和结构域是具有三级结构的蛋白质分子的亚单位。对于无亚基而且只有单结构域的蛋白质，三级结构就是它的完整三维结构。对于大多数较大的蛋白质，它们具有多个结构域或亚基，需要通过这些三级结构单位的进一步组织才能形成完整的分子。

多肽链的侧链，即氨基酸残基 R 基团，相互作用所形成的弱键是稳定蛋白质三级结构的主要因素。根据 R 基团的性质可将氨基酸分为两类。

极性 R 基团的氨基酸：丝氨酸、苏氨酸、天冬氨酸、谷氨酸、组氨酸、精氨酸、酪氨酸、羟脯氨酸。

非极性 R 基团的氨基酸：甘氨酸、丙氨酸、缬氨酸、亮氨酸、异亮氨酸、脯氨酸、苯丙氨酸、色氨酸、甲硫氨酸、胱氨酸、半胱氨酸。

在大豆蛋白的三级结构中，极性基团或者转向分子内部，或者转向分子表面，形成亲水的分子外壳，而非极性的基团则被埋在分子内部，不与水接触，对稳定球状蛋白的三级结构起着重要作用。

稳定蛋白质三级结构的键包括离子键、氢键、疏水键（憎水键）、范德华力及二硫键（图 2-11）。

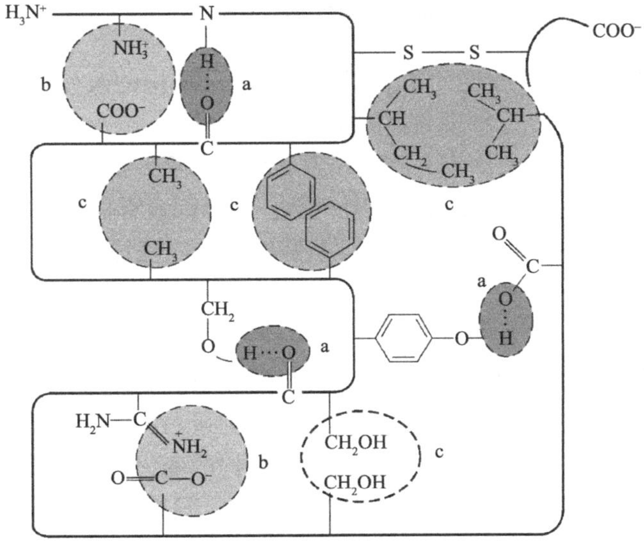

图 2-11　稳定蛋白质三级结构的键（董晓燕，2010）

a. 氢键；b. 离子键；c. 疏水键

大豆蛋白在蛋白体内以凝胶状态存在，与蛋白质分子接触的介质是水。极性基团转向分子内部的，相互作用形成氢键和盐键；转向分子表面的，可与极性水分子相互作用。非极性基团转向分子内部，形成疏水键。

六、四级结构

一些较大的球蛋白分子，往往由几个称为亚基（subunit）的亚单位组成，每个亚基本身都具有球状三级结构。有些蛋白质分子含有两条或多条多肽链，每一条多肽链都有完整的三级结构，称为蛋白质的亚基。其一般只包含一条多肽链，也有的由两条或两条以上二硫键连接的肽链组成。由几个亚基组成的蛋白质称为寡聚蛋白（oligomeric protein）。四级结构是指由相同或不同亚基按照一定排布方式聚合而成的蛋白质结构，维持四级结构稳定的作用力是疏水键、离子键、氢键、范德华力。亚基虽然具备三级结构，但单独存在时通常没有生物学活性或活性低，只有缔合形成特定的四级结构时才具有生理功能。

蛋白质的高级结构是蛋白质表现其生物活性所必需的，研究蛋白质的高级结构具有十分重要的意义。也就是说，只有当蛋白质具有二级、三级或四级结构时，才具有其特有的生物功能及物化特性。一旦维系这种高级结构的键遭到破坏，原有的生物功能及物化特性也会随之改变或消失。蛋白质高级结构的改变，可以大大改善食品的可消化性，从而提高人们对膳食中营养素的吸收率。这是因为食物经加工后，其中的蛋白质复杂结构被打开而形成一条直链，那些原来在分子内部包藏而易与酶发生作用的部位，由于分子结构的松散而暴露出来，从而使蛋白水解酶的作用点大大增加，加快了蛋白质的降解。

综上所述，球状蛋白三维结构的形成可概括为：多肽链的主链首先折叠成一系列二级结构（构象单元），相邻的构象单元随即组合成规则的超二级结构，若干超二级结构进一步盘旋产生结构域，两个或多个结构域形成具有独立三级结构的单体或亚基，最后，若干亚基组装成具有特定四级结构的寡聚体。

七、蛋白质变性

由于物理的和化学的条件改变而引起了蛋白质内部结构的改变，从而导致蛋白质的物理、化学和功能特性的改变，这种现象称为蛋白质的变性。

能够导致蛋白质变性的主要因素有物理因素和化学因素。物理因素有过度加热、剧烈振荡、冷冻、高压、辐射、过分干燥、超声波处理等。化学因素有极端的pH、与水混溶的某些有机溶剂、重金属盐、尿素、β-巯基乙醇、亚硫酸钠、十二烷基磺酸钠等。

（一）变性的机制

从分子结构来看，变性作用是蛋白质分子多肽链特有的有规则排列发生了变化，成为较混乱的排列。变性作用不包括蛋白质的分解。变性前后蛋白质的化学组成及氨基酸的排列顺序并未改变，它仅涉及蛋白质的二级、三级、四级结构的变化。

蛋白质在变性因素影响下，原来维持蛋白质分子空间构象的二级、三级、四级结构的次级键被破坏，二硫键转化为巯基，使紧缩的肽键充分舒展，形成新的构型。大豆蛋白的许多特性都是由它特殊的空间构象决定的，因此发生变性作用后，蛋白质的许多性质发生了改变，包括溶解度降低、发生凝结、形成不可逆凝胶、巯基等反应基团暴露、对酶水解的敏感性提高、失去生理活性等。在某些情况下，变性过程是可逆的，当变性因素被除去之后，蛋白质可恢复原状。一般说来，在温和条件下，比较容易发生可逆的变性；而在比较强烈的条件下，如高温、强酸、强碱等，蛋白质分子的三维结构改变大时，结构和性质难于恢复，趋向于不可逆变性。可逆变性一般只涉及蛋白质分子的四级结构和三级结构，不可逆变性则包括二级结构的变化。

（二）影响蛋白质变性的因素

1. 热变性

对大豆进行加工时，几乎都需要加热，大豆中所含的蛋白质自然也就发生了变性。因此，热变性是大豆和大豆制品加工中最常见的一种变性形式。这种变性的机制目前仍在继续研究中，还没有确切和完整的理论解释。有资料介绍，热变性主要是在较高温度下，肽链受过分的热振荡，保持蛋白质空间结构的次级键（主要是氢键）受到破坏，蛋白质分子内部的有序排列被解除，原来在分子内部的一些非极性基团暴露于分子的表面，因而改变了大豆蛋白的一些物化特性及生物活性。

尿素酶、脂肪氧化酶、胰蛋白酶阻碍因子、血细胞凝集素等具有生理活性的蛋白质，变性以后表现为活性下降，而大豆蛋白的主要成分变性后溶解度降低。所以，在实际应用中，常常通过测定产品（或原料）中蛋白质的溶解度[如氮溶解指数（NSI）或蛋白质分散度指数（PDI）]来考察其变性程度。

1）时间　大豆或低温脱脂大豆粉中的蛋白质在水或碱性溶液中溶出量为80%～90%。若将低温脱脂大豆粉利用蒸汽进行加热，可发现大豆蛋白的溶出率会随加热时间的延长而迅速降低，仅10min，可溶性氮从原来的80%左右降到20%～25%（图2-12）。

2）温度　一般认为，大豆蛋白的开始变性温度为55～60℃，在此基础上，每提高10℃时，变性作用的速度提高600倍左右。

3）水量　若用干空气代替蒸汽加热脱脂豆粉，可以发现，虽经较长时间加热，蛋白质不会发生明显的变性。必须注意的是，大豆粉含水量应相当低，否则，即使干热处理，蛋白质也会发生较大程度的变性。对于整粒大豆（含水量在13%），水分的影响也是类似的（图2-13）。

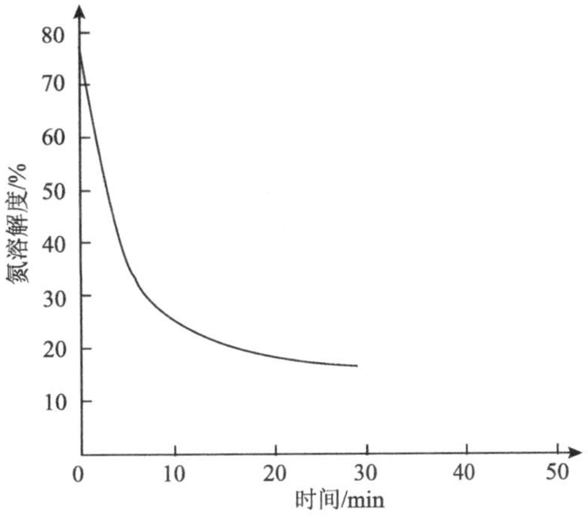

图2-12　蒸汽加热豆粕时间对于水溶蛋白溶解度的变化曲线

加热大豆粉时，只要有少量水存在，蛋白质的溶解度就会显著降低。但当水量增多时，蛋白质可在水中溶出一部分。

当水量充足时，大部分蛋白质溶出，看不到不溶现象，不过这种蛋白质已发生了热变性。在高浓度下加热，发生变性的同时，蛋白质分子间进行相互反应，导致不溶化；而在低浓度下加热时，由于分子间相互反应的可能性小，因此即使蛋白质变性仍能保持其分散性。

上面所说的大豆加热，指粉末状态下。整粒大豆即使与水混合加热，蛋白质也不溶出，水溶性的降低与水量无关。生产发酵豆时，将大豆在水中浸泡加热，这时大部分蛋白质已经丧失了水溶性，即使将其粉碎，用水萃取，也不能使蛋白质溶出。水量对于压扁或粗碎的大豆影响是中等程度的（图2-14）。

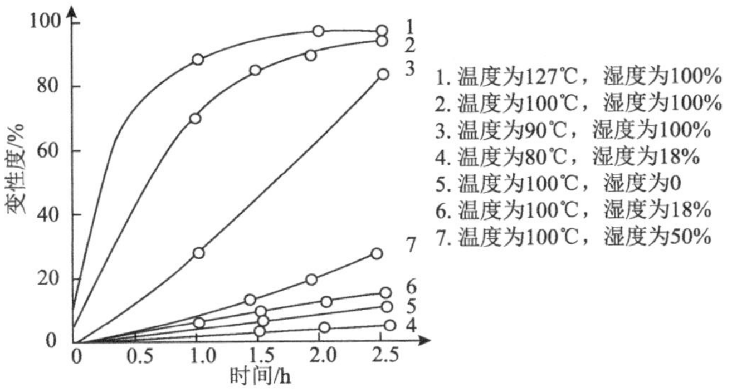

图2-13　加热对脱脂大豆中蛋白质的影响（由蛋白质溶出率算出）

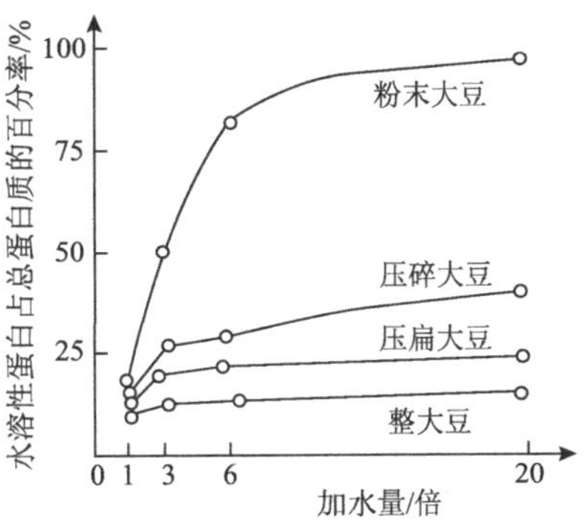

图2-14　加水量对蛋白质水溶性的变化

2. 冷冻变性

生产冻豆腐时，可以观察到大豆蛋白冷冻变性。将由氯化钙凝固的蛋白质进行冷冻，再于−1～3℃条件下放置 3 周，解冻后成海绵状，容易脱水。冻豆腐解冻后用一定的离心力进行脱水后，测定残余水分和对氢氧化钠的溶解度与冷藏期限关系的试验表明，随着冷藏时间的延长，脱水性变好，但对氢氧化钠的溶解度下降，这表明蛋白质在继续发生变性。将大豆的加热萃取液或大豆蛋白的加热溶液进行冷冻，并在−3～−1℃下进行冷藏时，解冻后，一部分蛋白质变得不溶解，并有聚合体存在。不溶解的程度受溶液的蛋白质浓度、加热条件、冷藏时间的影响。蛋白质浓度越高，加热条件越激烈，冷藏时间越长，不溶程度越显著。尿素、巯基乙醇等解离剂则有缓解冷冻变性的作用（图 2-15）。

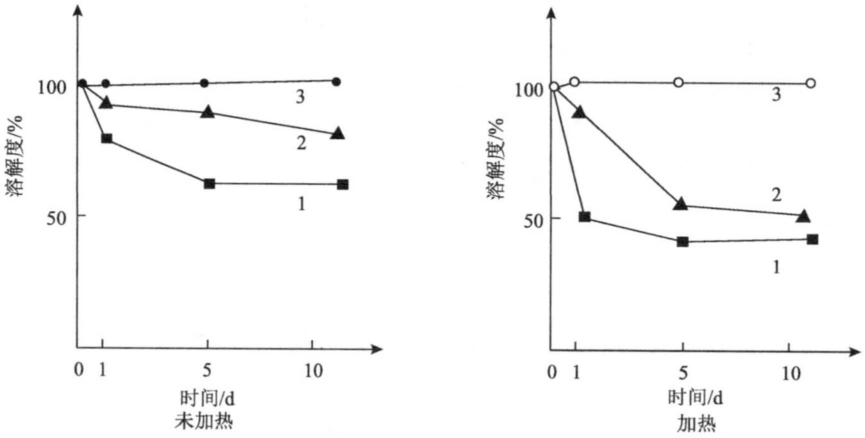

图 2-15　巯基乙醇及尿素对蛋白质冷冻变性的影响

1. 标准缓冲液（pH为7.6，离子强度为0.5）；2. 标准缓冲液+1.5mol/L尿素；3. 标准缓冲液+1.5mol/L尿素+0.1mol/L巯基乙醇

冷冻变性主要是分子间二硫键的形成；在不太低的温度下，水慢慢地结成冰，蛋白质随着冰晶的成长慢慢地被浓缩，这种高度浓缩的蛋白质分子有更多的机会将分子内的二硫键转换为分子间的二硫键，从而发生结聚；解冻后，增加了不溶性。但有巯基乙醇等存在时，二硫键被破坏，故解冻时显示不出不溶性，也可以认为没有发生冷冻变性。

上述蛋白质溶液在−20℃冷存；解冻后，蛋白质冷冻变性并不明显，这很可能是由于在此条件下分子几乎处于干燥状态，这种状态不利于反应进行。

3. 化学因素与蛋白质变性

许多化学因素能引起大豆蛋白的变性。最常见的有酸碱变性和有机溶剂变性。

1）酸碱变性　常温下，蛋白质在一定的 pH 范围内保持天然状态，超出这一范围，将促使蛋白质发生变性。酸碱变性可为可逆变性，也可为不可逆变性。在强酸、强碱条件下发生不可逆变性，在较温和的酸碱条件下则可引起可逆变性。在极端 pH 下，能使 7S 球蛋白、11S 球蛋白和其他球蛋白的次单体结构被破坏，大分子蛋白质分裂为较低分子质量的蛋白质，即使加热或将 pH 调到中性，其过程也不会逆转。在碱性情况下，大豆蛋白黏度会增加，而且随着溶液中蛋白质浓度的增高，黏度也增大，甚至使大豆蛋白溶液逐渐转变形成凝胶。

2）有机溶剂变性　用各种溶剂处理大豆或未变性脱脂大豆粉，除掉溶剂后观察蛋白质的水溶性，发现用醇类等亲水性溶剂，蛋白质的水溶性降低，蛋白质发生变性，并受温度的影响显著；而用疏水性溶剂，如正己烷、苯、三氯乙烯、三氯甲烷、四氯化碳等，即使在高温下，变性的影响也很小（表 2-2）。亲水性溶剂，如甲醇、乙醇、丙醇等醇类和丙酮、二氧杂环乙烷等对蛋白质变性影响较大。按容量百分比，以甲醇 70%～90%、乙醇 40%～60%、异丙醇 30%～60%影响尤为显著。这种情况主要是由于在蛋白质分子的内部存在由疏水性氨基酸残基紧密聚集的疏水性区域，其周围被亲水性的氨基酸残基包围；在醇类分子内部，疏水基和亲水基两者都存在。因此，一方面，亲水性溶剂不仅能侵入分子外侧，也能侵入到内部的疏水性区域，从而破坏其结构；另一方面，由于大豆蛋白的外侧有亲水基，所以疏水性溶剂不能侵入到内部，因此不能使其发生变性。

表 2-2　用各种溶剂处理大豆后水溶性氮的变化

溶剂	处理温度/℃	处理时间/min	水溶性氮占总氮/%
汽油	13～23	30	84.2
	60	5	75.9
苯	13～23	30	79.9
	60	5	60.3
乙醇	13～23	30	75.8
	60	5	49.9
甲醇	13～23	30	76.1
	60	5	15.1
三氯乙醇	13～23	30	81.2
	60	5	76.0
四氯化碳	13～23	30	81.1
	60	5	75.0

第二节　油料蛋白的结构与特征

一、大豆蛋白的结构与特征

由于研究蛋白质的出发点不同，其分类方法也不同。关于大豆蛋白的分类，一般有 4 种分类方法，分别按溶解度、构成蛋白质的最基本单位、结构和生理功能分类。

大豆球蛋白是由奥斯本（Osborn）和丹皮鲍尔（Dampball）首先用食盐溶液萃取，经反复透析沉淀而得到的一种蛋白质。由于该蛋白质的长轴和短轴之比小于 10∶1，因而命名为大豆球蛋白。球蛋白外形接近球形或椭圆形，溶解性较好，能形成结晶。这种蛋白质也溶于水或碱溶液，加酸调 pH 至等电点 4.5 或加硫酸铵（55%）至饱和，则沉淀析出，故又称为酸沉蛋白。而清蛋白因无此特性，故又称为非酸沉蛋白。

根据构成蛋白质的最基本单位来分类，大豆蛋白基本上都属于结合蛋白，此种蛋白质由简单蛋白与其他非蛋白成分结合而成，即水解后所得产物不只是氨基酸，还含有一些配体，如糖等。可以说大豆蛋白绝大部分都是糖蛋白，只是含糖多少不同。大豆蛋白是具有四级结构的蛋白质。

植物蛋白按其在一系列溶剂里的溶解性分类（此方法至今仍被沿用）：溶于水的清蛋白

（albumin）；不溶于水但溶于盐的球蛋白（globulin）；不溶于水但溶于 70%～80%乙醇的醇溶蛋白（prolamine）；不溶于水、醇，但溶于稀酸或稀碱的谷蛋白（glutelin）。因此，根据蛋白质组分在不同溶剂中的溶解性，可按顺序用蒸馏水、稀盐、乙醇、稀碱分别提取清蛋白、球蛋白、醇溶蛋白和谷蛋白，分别收集提取液来测定蛋白质组分含量。根据生理功能分类法，大豆蛋白可分为贮藏蛋白和生物活性蛋白两类。贮藏蛋白是主体，占总蛋白的 70%左右，其中 7S 球蛋白约占 37%，11S 球蛋白约占 31%。这种蛋白质没有生物活性，但它与大豆的加工性关系密切。生物活性蛋白包括得较多，如胰蛋白酶抑制剂、β-淀粉酶、血细胞凝集素、脂肪氧化酶等，它们在总蛋白中所占比例不多，但对大豆制品的质量却有非常大的影响。

（一）蛋白体

蛋白体表面有一层膜，使之接近球形。大豆蛋白直径为 5～20μm，但大多数在 5～8μm 这个狭小范围内。以蛋白质单体而言，蛋白体中的蛋白质主要为大豆球蛋白和伴大豆球蛋白，还有其他的如外源凝集素、胰蛋白酶抑制剂和许多未确定的多肽类物质。

如前所述，大豆蛋白是一系列高分子化合物的总称，其组成极为复杂，相对分子质量很难测定。目前已应用于大豆蛋白相对分子质量测定的方法有超离心沉降法、凝胶电泳法、光散色法等。由 Svedberg 等发展出的超高速离心机分离的方法是测定蛋白质相对分子质量方法中最令人满意的一种。蛋白质在离心机中沉降的速率取决于蛋白质相对分子质量、形状、密度、分散介质的密度与黏度，以及超速离心机的离心力。

大豆蛋白大约有 90%是以脱水蛋白贮积形式存在的，其中多半是球朊、各种酶、凝集素、隔膜脱朊等。它主要存在于细胞中的蛋白体内，其直径为 1～5μm，根据蛋白质分子大小不同，用超离心沉降法对水解浸出脱脂粕所得的蛋白质进行测定。按照溶液在离心机中沉降速率来分，可分为 4 个组分，即 2S、7S、11S 和 15S。每一组分是一些质量接近的分子混合物，如果将每个组分的蛋白质进一步分离，可以获得蛋白质单体或相类似的蛋白质。大豆蛋白的分级组分如表 2-3 所示。

表 2-3　大豆蛋白分级组分

沉降组分	占水溶蛋白比例/%	构成组分	分子质量/Da
2S	22	胰蛋白酶抑制剂	8 000～21 500
		细胞色素 c	12 000
7S	37	血细胞凝集素	110 000
		脂肪氧化酶	102 000
		β-淀粉酶	61 700
	—①	7S 球蛋白	180 000～210 000
11S		11S 球蛋白	350 000～600 000
15S	11	—②	600 000

注：①没有数据；②目前不知其构成组分

从表 2-3 不难看出，大豆蛋白的分子质量分布非常广，为 8～600kDa，而且是非均匀分布的。这个分子质量分布用凝胶电泳分析法也得到了证实。大豆蛋白的分级组分中，7S 和 11S 是主要的，约占大豆球蛋白总量的 70%，约有 80%的蛋白质分子质量在 100kDa 以上。

豆科的贮藏蛋白是多分子，与代谢蛋白的平均数相比含有较多的酰胺、精氨酸和较少的含硫氨基酸，且具有酸性等电点。

（二）分离程序

可应用许多技术，包括硫酸铵分级沉淀法、羟基磷色谱法、凝胶过滤法、球蛋白亲和色谱法、二乙基氨基（DEAE）阴离子交换色谱和蔗糖浓度梯度离心法，将蛋白质中的粗大豆球蛋白或β-伴大豆球蛋白分离出来。不同的研究者由于运用的研究方法不同，所得出的有关大豆蛋白结构的报道有时会存在争议。此外，不同实验条件下得出的相关和不相关现象说明了大豆蛋白的分离和特性的复杂性。

Naismith（1996）首次报道了以稀盐溶液浸提大豆蛋白和以超速离心法对之分离。之后又有许多研究者运用凝胶电泳、柱层析及它们之间相结合的分离技术对大豆蛋白的提取、分离和特性进行了深入的研究。

由 Thanh 和 Shibasaki（1976）提出的同时制备 7S 和 11S 大豆球蛋白的方法是应用最普遍的方法（图 2-16）。简言之，室温下，以 pH 为 8.0，浓度为 0.03mol/L，并含有 0.01mol/L 巯基乙醇的三羟甲基氨基甲烷缓冲液（Tris-HCl），在室温下对脱脂大豆粉提取 1h。提取时，用 2mol/L HCl 调节 pH 为 6.4。在此酸碱度（pH6.4）冷冻 3h 的条件下，通过离心与渗析可收集到 11S 大豆球蛋白。把 pH 调节为 4.8 时，可从上清液 1 中分离出粗 7S 组分（沉淀 2），用配成 pH6.2 的 Tris 缓冲液对之进行冲洗，得到 7S 球蛋白，分离的沉淀 1（11S 组分）分散于标准缓冲液中（蛋白质浓度 2%～3%），向此溶液中滴加 2mol/L 的 NaOH，使 pH 由 6.2 升至 7.6，在 3～5℃条件下，放置此溶液过夜。最后以离心法去除出现的微量沉淀后，得到粗 11S 大豆球蛋白研究者发现粗 11S 大豆球蛋白的纯度为 90%～95%。这种方法被称为等电点分级沉淀法。

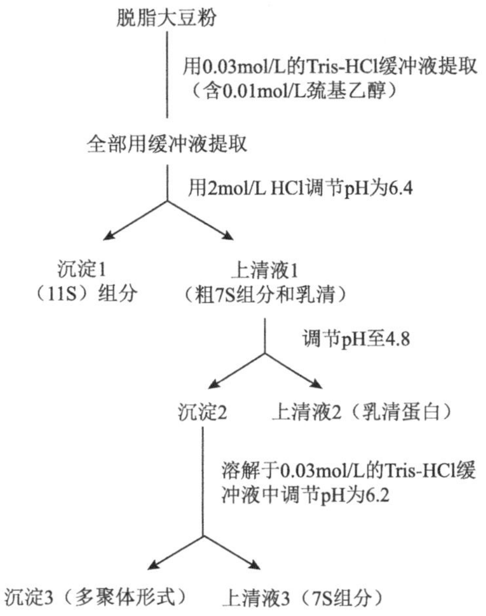

图 2-16　大豆中 7S 和 11S 大豆球蛋白的同时分离

（三）大豆蛋白的分级组分

1. 2S组分

低分子质量的 2S 组分，占大豆蛋白的 10%左右，分子质量为 8～21.5kDa，其含有胰蛋白酶抑制剂、细胞色素 c、尿素酶、2S 球蛋白和两种局部检定的球蛋白等，其中的 2S 球蛋白即为α-伴大豆球蛋白。研究 2S 组分的比较少。在酸沉蛋白中，分离出了分子质量为 26kDa 的 2S 蛋白，其 N 端结合有天冬氨酸。这些低分子质量的蛋白质通常存在于乳清中，常常需要进行加热以消除不良作用而有利于消化。

圆偏光二色性测定结果表明，Bowman-Birk 胰蛋白酶抑制剂即使存在α螺旋结构，也是极微量的。但是，由于其分子中胱氨酸含量较高，因此能形成较多的二硫键，进而形成有限的三级结构。另外，当蛋白质含量为0.1%以上时，Bowman-Birk 胰蛋白酶抑制剂具有四级结构，也就是说，可缔合成二聚体或三聚体。另外，根据沉降平衡试验可以推定，当含量为1%时，在同单体等量的二聚体中，约含有 7%的三聚体。进一步的渗透压研究结果表明，即使将含量提高到0.3%，虽然三聚体不存在，但单体与二聚体仍然是等量存在的。

Kunitz 胰蛋白酶抑制剂由 1 条多肽链构成，有 2 个二硫键。其固有黏度、荧光旋光等物理性质测定结果显示，该抑制剂具有对称的致密而坚实的结构。由圆偏光二色性测定结果可见，该蛋白质处于未变性状态时，均未见到 α 螺旋或 β 折叠结构。但是，二硫键断开后，圆偏光二色性的光谱发生较大变化。如果将 2 个二硫键还原，则胰蛋白酶抑制剂活性消失；再氧化后，活性又恢复。但是，如果将 1 个二硫键选择性还原，则活性并不消失；如果将 2 个二硫键均还原，则分子被打开，并且在缓冲溶液中其固有黏度增加。在二硫键还原后，使已还原的巯基（—SH）烷基化，再用 8mol/L 的尿素溶液处理，则分子进一步被打开。

2. 7S组分

7S 组分占大豆蛋白 42%左右，分子质量为 61～210kDa，由几种不同种类的蛋白质组成，即血细胞凝集素、脂肪氧化酶、β-淀粉酶及 7S 球蛋白，其中 7S 球蛋白所占比例最大，约占 7S 组分的 1/3，占大豆蛋白总量的 1/4。7S 球蛋白是一种糖蛋白，含糖量约为 5.0%，其中甘露糖为 3.8%、氨基葡萄糖为 1.2%。与 11S 球蛋白相比，7S 球蛋白中色氨酸、甲硫氨酸、胱氨酸含量略低，而赖氨酸含量则较高。因此可以说 7S 球蛋白更能代表大豆蛋白的氨基酸组成。

血细胞凝集素是一种糖蛋白，其分子结构尚不清楚。如果从其分子中无胱氨酸桥这一点来看，其高级结构不会致密坚实。它有 2 个 N 端残基，表明它有 2 个多肽链，即有 2 个次级单位。如果用酚-乙酸-巯基乙醇-尿素溶剂破坏其四级结构，则用圆盘电泳检测，可得到 2 个次级单位。

脂肪氧化酶可能是由两个分子质量为 58kDa 的次级单位构成的。用盐酸胍或十二烷基磺酸钠可使其向次级单位解离。

从粗伴大豆球蛋白中分离出来的不同免疫性组分包括 α-伴大豆球蛋白、β-伴大豆球蛋白和 τ-伴大豆球蛋白。α-伴大豆球蛋白具有 2S 组分的酶活特性，而 β-伴大豆球蛋白和 τ-伴大豆球蛋白都不具有酶活性。在高离子强度下，β-伴大豆球蛋白表现出 7S 的沉降系数，在低离子强度下表现出的又为 9S～10S 的沉降系数，而 τ-伴大豆球蛋白不会出现此种变化。另外，据 Thanh 和 Shibasaki（1976）报道，以分级等电点沉淀法为基础，β-伴大豆球蛋白在 pH4.3 时沉淀，而 τ-伴大豆球蛋白仍是可溶的。β-伴大豆球蛋白由于是 7S 组分的最大组成部分，故被研究得较多，而另两种（即 α-大豆球蛋白和 τ-大豆球蛋白）则没引起人们足够的重视。

7S 球蛋白即 β-伴大豆球蛋白，目前，人们普遍认为 7S 球蛋白具有 1 种三聚体结构，分子质量约为 180kDa。它通常有 3 种亚单位结构，称为 α′亚基、α 亚基和 β 亚基。用尿素使这种亚基结构复杂的天然结构变性之后，通过离子交换色谱或十二烷基硫酸钠（SDS）聚丙烯酰胺凝胶电泳（PAGE）可使它们其中一种亚基结构从另一种中溶出。基于第二种方法中的电泳运动性，测得 α′亚基、α 亚基和 β 亚基的分子质量分别为 57kDa、57kDa 和 42kDa。

这 3 种亚基结构都富含天冬氨酸/天冬酰胺、谷氨酸/谷氨酰胺和亮氨酸/精氨酸。α 亚基和 α′亚基具有非常相似的氨基酸组成，两者都不含胱氨酸但含有低量的甲硫氨酸，相比之下，β 亚基则不含甲硫氨酸，此外，所有的 β-伴大豆球蛋白的亚基结构都是糖蛋白，且含有 4%～5%的碳水化合物。因此可以认为，7S 球蛋白是糖基化结构。

随亚基结构组成的不同，β-伴大豆球蛋白的结构也不同。理论上，β-伴大豆球蛋白存在

10 种结构形式，其中已有 6 种（B_1～B_6）被证明是存在的。这 6 种结构的亚基组成如下：B_1 由 1 个 α′亚基和 2 个 β′亚基组成；B_2 由 1 个 α 亚基和 2 个 β 亚基组成；B_3 由 1 个 α 亚基、1 个 α′亚基和 1 个 β 亚基组成；B_4 由 2 个 α 亚基和 1 个 β 亚基组成；B_5 由 2 个 α 亚基和 1 个 α′亚基组成；B_6 由 3 个 α 亚基组成。

另一种名为 β′的亚基结构仅存在于某些大豆品种中。有关 β′亚基的基本结构目前仍不清楚，但其中的氨基酸成分说明它富含含硫氨基酸。从大豆蛋白的营养价值和由大豆制成的食品的理化特性这两点来看，这些特性是非常有意义的，其中食品的生化特性与 β′亚基通过二硫键的聚合作用有关。

3. 11S组分

11S 组分占大豆蛋白的 31%左右，分子质量约为 360kDa，其组分比较单一，到目前为止仅发现一种 11S 球蛋白，它可谓种子中的巨型球蛋白。11S 球蛋白是大豆中含量最多的蛋白质成分，等电点为 5.0。

11S 球蛋白是大豆种子中的主要贮藏蛋白，是由 12 个亚基构成的寡聚蛋白，聚合度在 2000 左右。每一个亚基也是一个球状分子。在这些亚基中，呈酸性的亚基（分离后带羧基）共有 6 种，命名为 A 亚基，即分子质量为 34～44kDa 的酸式多肽；呈碱性的亚基有两种，命名为 B 亚基，即分子质量约为 20kDa 的碱式多肽。每种 A 亚基与另一种 B 亚基通过二硫键连接，形成比较稳定的中间亚基，即 AB 亚基。这些中间亚基共有 6 种。联合应用尿素和一种二硫化物还原剂，如 β-巯基乙醇（β-ME）就可使这些亚基和多肽分解（图 2-17）。可利用 DEAE-葡聚糖凝胶层析对还原和变性的酸式多肽进行分析，而碱式多肽则可利用 CM-Sephadex 层析分离得到。

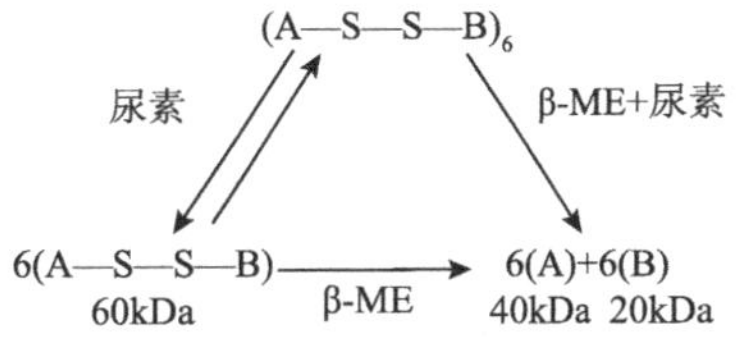

图 2-17　大豆球蛋白分解成亚基和进一步分解成多肽的机制

已有 5 种主要的亚基结构被定性，即 $A_{1a}B_2$、$A_{1b}B_{1b}$、A_2B_{1a}、A_3B_4 和 $A_5A_4B_3$。以物理性质为基础，这些亚基可被分成两个不同的组：Ⅰ组包括前 3 种亚基，而Ⅱ组则包括另外 2 种亚基。Ⅰ组中的亚基的分子质量更趋于一致且比Ⅱ组中的亚基含有更多的甲硫氨酸（表 2-4）。后面这两个特征对于致力于提高种子甲硫氨酸含量的育种人员来说尤为重要。

表 2-4　大豆球蛋白的 5 种主要的亚基及它们的酸式与碱式多肽

组	亚基	亚基结构	分子质量/kDa	甲硫氨酸数量/个
Ⅰ	G_1	$A_{1a}b_2$	58	5～6
Ⅰ	G_2	$A_{1b}B_{1b}$	58	5～6
Ⅰ	G_3	A_2B_{1a}	58	7～8
Ⅱ	G_4	A_3B_4	62	3
Ⅱ	G_5	$A_5A_4B_3$	69	3

在这 5 种主要的亚基中，G_5 是一个例外，它的酸式结构由两种多肽（即 A_5A_4）组成，并在距其前驱多肽的—NH_2 端约 100 个氨基酸处有一蛋白质溶解分裂键，因此在变性时，A_4 结构就从与连接有 A_5B_3 结构的二硫化物中分离出来。

11S 球蛋白也是一种糖蛋白，只不过糖的含量要比 7S 组分少得多，只有 0.8%。11S 球蛋白含有较多的谷氨酸、天冬酰胺，以及少量的组氨酸、色氨酸和胱氨酸。旋光色散和红外吸收光谱测定表明，11S 球蛋白的二级结构、三级结构与 7S 球蛋白相类似。11S 球蛋白分子中，α 螺旋结构为数很少，主要是逆平行 β 折叠结构和不规则结构。紫外光谱研究表明，在 11S 球蛋白三级结构中有 86 个酪氨酸残基侧链和 23 个色氨酸残基侧链，其中有 34～37 个酪氨酸、10 个色氨酸处于分子立体结构的表面，其余的则处于分子内部的疏水区域。另外，在 1 个分子中，大约有 44 个胱氨酸残基侧链，其中一部分以巯基形式存在，一部分以二硫键形式存在。由于疏水键和二硫键的作用，使其具有稳定和坚实的结构。

11S 球蛋白的一个分子中共有 12 个末端氨基酸残基，其中有 8 个甘氨酸、2 个苯丙氨酸、2 个异亮氨酸。由此可以推测，每一个 11S 球蛋白至少有 12 条多肽链。但一个 11S 大豆球蛋白分子究竟有几个亚单位？目前有两种观点，其一认为，一个 11S 大豆球蛋白分子有 6 个亚单位，每个亚单位是各由两个完全相同的单体（肽链）形成的二聚体。其根据是在尿素、巯基乙醇体系中进行等电点聚焦电泳时，最多只能分离出 6 种亚基。第二种观点认为，每一个 11S 大豆球蛋白具有 12 个亚单位，而 12 个亚单位又分别属于两个相同的“单一体”，每个“单一体”含 6 个亚单位。11S 球蛋白的等电点是 5，但在其“单一体”中有 3 个亚单位是酸性的，等电点分别为 4.75、5.15 和 5.40，另 3 个亚单位则是碱性的，其等电点分别为 8.00、8.25 和 8.50，酸性亚单位和碱性亚单位的分子质量分别为 37.2kDa 和 22.3kDa，11S 分子的稳定性则取决于酸、碱两性亚单位之间的相互作用。

11S 组分有一个特性，即冷沉性。脱脂大豆的水浸出蛋白液在 0～2℃水中放置后，约有 86%的 11S 组分沉淀出来。利用这一特征，可以分离浓缩 11S 组分（纯度可达 80%～85%）。

4. 7S球蛋白和 11S球蛋白之间的差异

由于成分与结构方面的不同，球蛋白的这两种主要形式，即 β-伴大豆球蛋白（7S）和 11S 球蛋白，表现出不同的营养价值和功能特性。通常，在每单位蛋白质中，11S 球蛋白所含有的甲硫氨酸和半胱氨酸比 7S 球蛋白多 3～4 倍。因为大豆蛋白常常缺乏这些含硫氨基酸，所以从营养学观点来看，11S 球蛋白具有更高的价值。

11S 球蛋白与 7S 球蛋白在食品加工性方面有很大的不同，包括凝胶形成能力、热稳定性和乳化能力。一方面，11S 球蛋白的凝胶形成能力要比 7S 球蛋白强；另一方面，7S 球蛋白的乳化能力与乳化稳定性又要比 11S 球蛋白的强。此外，在大豆蛋白中，$A_5A_4B_3$ 亚基的存在与否对豆浆的凝胶特性和豆腐的凝胶硬度具有重大影响，用缺乏此亚基的豆浆制作出的卤水豆腐更滑嫩、均匀。在没有 NaCl 的情况下加热，11S 球蛋白凝胶在 80℃时获得最大的硬度，而在高离子浓度下，在 90℃时才能获得最大的凝胶硬度。11S 球蛋白对低离子浓度是很敏感的，它能解离成亚基，低离子浓度在 70℃下产生解离作用，在 80℃时全部解离。高离子浓度的解离作用在 90℃时开始，100℃时完成，所以凝胶硬度与蛋白质构型变化有密切关系。为获得凝胶，可在 80℃时加热 30min。大豆 11S 球蛋白要求的盐浓度，比 7S 球蛋白要求的要高 2%。把盐加到 11S 球蛋白中，即使在高蛋白浓度中，也能抑制凝胶的形成；但把盐加到 7S 球蛋白中，反而会促进凝胶的形成。大豆 11S 球蛋白比 7S 球蛋白能形成较多的氢键和疏水键，从而使疏水作用增强。11S 球蛋白在 100℃时，形成凝胶的最低蛋白质浓度是 2.5%。增加蛋白质浓度和加热时间，凝胶可以变硬一些。

11S 球蛋白制造的由热和钙引起的凝胶（豆腐凝胶），比 7S 球蛋白制造的要硬一些。这种差别是由于前者比后者有较多的二硫键，由于加热或用尿素处理而引起巯基数目上的变化，在 11S 球蛋白中比在 7S 球蛋白中更快。由钙形成的 11S 球蛋白凝胶比 7S 的硬度要大、黏结性强。在豆制品加工中，7S 球蛋白和 11S 球蛋白加热后（≥80℃）均能形成冻胶或钙质诱导冻胶，但由 11S 球蛋白形成的冻胶呈乳酪状，有较高的拉应力和剪切力及较大的持水性，而由 7S 组分形成的均较低。所以，用 11S 球蛋白相对较高的大豆制得的豆腐，结构坚实，有韧性。此外，由 11S 球蛋白制得的碱性亚基，在酸性饮料的 pH 范围内极易溶解。

当水从大豆乳表面挥发时就形成表面膜。11S 球蛋白膜有弹性，但 7S 球蛋白膜硬而脆。不过，在 pH 为 2～10 时，11S 球蛋白比 7S 球蛋白有较低的乳化能力、乳化稳定性和溶解度。

在豆腐的制作过程中，通过加热或添加凝固剂的方式，可使 11S 球蛋白和 7S 球蛋白都形成凝胶。在加热形成凝胶的过程中，据 Utsumi 和 Kinsella（1985）报道，在 80℃加热 30min 条件下所形成的凝胶中，7S 球蛋白凝胶比 11S 球蛋白凝胶硬，也就是说，11S 球蛋白比 7S 球蛋白需要更高的加热温度来形成凝胶。因此 80℃的加热温度对 11S 球蛋白来说可能太低，不足以形成均匀的凝胶，致使 7S 球蛋白形成的凝胶过硬而 11S 球蛋白形成的凝胶偏软。Nakamura 等（1997）也发现，由 7S 球蛋白和 11S 球蛋白制得的凝胶的硬度随加热时间而变化。当蛋白质溶液在 100℃进行短时间（<5min）加热时，7S 凝胶会比 11S 凝胶硬，但长时间加热，则出现相反的结果。

此外，在凝胶的热作用形成过程中，二硫化物的转换发挥着重要的作用。形成凝胶后残余的自由巯基数目和分布与蛋白质的热作用凝胶形成能力及凝胶特性密切相关，但与其乳化特性无关。对这些关系的了解有助于人们利用蛋白质工程技术和基因改良技术提高大豆蛋白的功能特性和营养价值。

5. 15S组分

15S 蛋白体由多种成分构成，分子质量达 600kDa，占蛋白质总量的 1/10。它不是单纯的某种蛋白质，而是由多种蛋白质分子构成的，用酸沉淀或用透析法沉淀时，15S 组分首先沉淀出来。沃尔夫博士于 1962 年、1967 年观察到 15S 的分提物为 11S 聚合物类似蛋白。目前，对这一组分研究得还很不透彻，未能单独提取其组成。

二、花生蛋白的结构与特征

（一）花生蛋白的结构组成

花生仁中的蛋白质含量为 24%~36%，花生蛋白由清蛋白、球蛋白、谷蛋白和其他蛋白质组成，其中球蛋白由 63%花生球蛋白和 33%伴花生球蛋白组成。花生蛋白的等电点为 4.5 左右，在该 pH 条件下，花生蛋白的溶解度最小，当花生蛋白水溶液的 pH 上升时，其黏度增加，搅拌实验时，pH 为 6.6 时的发泡黏度是 pH 为 4.0 时的 5 倍。

花生蛋白为贮藏蛋白，也称为种子蛋白，其蛋白质含量为 24%～36%，含氮量为 13.99%，含碳水化合物 3.89%，含磷 0.19%。根据其溶解特性，花生蛋白分为水溶蛋白和盐溶蛋白，其中水溶蛋白约 10%，称为乳清蛋白，其余 90%左右为盐溶蛋白，如表 2-5 所示。

表 2-5　花生蛋白的特性

蛋白质种类	含量	溶解特性	等电点	近似相对分子质量
清蛋白	15%	溶于水和稀酸碱盐	4.6	1×10^4
球蛋白	70%	不溶于水，溶于稀酸碱盐	5.2	$3\times10^4\sim1\times10^5$

续表

蛋白质种类	含量	溶解特性	等电点	近似相对分子质量
谷蛋白	10%	不溶于水乙醇，溶于稀酸碱	6.5	4×10^4～1×10^5
其他蛋白	5%	不溶于水，溶于酸	—	1×10^5～1×10^6

凝胶层析法分析表明：水溶蛋白相对分子质量比较小（15 000、19 000），酸溶蛋白（97 000、77 000、20 000）和碱溶蛋白（97 000、30 000、17 000）的相对较大。另外，酸溶蛋白还包括一个相对分子质量为30 000左右的蛋白质；碱溶蛋白还包括一个相对分子质量为77 000的蛋白质。碱溶蛋白链间二硫键最多，其次是酸溶蛋白（虽然胱氨酸含量最少），而水溶蛋白中的胱氨酸二硫键则可能贡献于肽链内。盐溶蛋白主要包括花生球蛋白（14S，类似于11S大豆球蛋白）、伴花生球蛋白Ⅱ（7.8S，类似于7S豌豆球蛋白）和伴花生球蛋白Ⅰ（2S），它们之间的比例为73∶6∶21。经蔗糖梯度密度离心及电泳分析表明（Yamada et al., 1980），花生蛋白主要包含5种组分，分别为2S组分、5S组分、9S组分、14S组分、19S组分，其中2S组分和5S组分含多种蛋白质，但不包括花生球蛋白（Arachin）和伴花生球蛋白Ⅱ（ConarachinⅡ），9S组分主要由ConarachinⅡ组成，14S组分主要由ArachinⅠ和ArachinⅡ组成，19S蛋白由可溶性Arachin聚合物组成。

（二）花生蛋白组分的亚基组成

花生蛋白采用十二烷基磺酸钠-聚丙烯酰胺凝胶电泳（SDS-PAGE）分析，结果显示出约15条谱带，分子质量为14～97kDa。大多报道认为盐溶蛋白的主要成分包括花生球蛋白和伴花生球蛋白，花生球蛋白为两个亚基组成的二聚体，伴花生球蛋白由6～7个亚基所组成，但是，随着研究的进行，得到的结果也是不同的。

1. 花生球蛋白的亚基组成

印度学者Krishna等（1986）提出另一种分类方法，将花生球蛋白多肽按种类和遗传性分类如下：①组分A和组分B，都含有3个花生球蛋白酸性亚基和1个碱性亚基，只是在分子质量上有差异；②组分C，一种组分A和组分B的附加模式；③组分D，由2个酸性亚基和1个碱性亚基组成。黎茵等（1998）通过对46个花生品种蛋白质进行SDS-PAGE和2D-PAGE，得出四大类型的蛋白质组成模式。花生蛋白组成的主要差异在于花生球蛋白亚基组成的不同，其中类型Ⅰ花生球蛋白主要含有41kDa、38.5kDa和2个18kDa亚基；类型Ⅱ主要含41kDa、38.5kDa、37.5kDa和3个18kDa亚基；类型Ⅲ主要含41kDa、38.5kDa、36.5kDa和3个18kDa亚基；类型Ⅳ主要含41kDa、38.5kDa、37.5kDa、36.5kDa和3个18kDa亚基。与印度学者Krishna等（1986）总结的4种蛋白质组成模式分类方法相符，其报道了在某些花生种子中，存在α-花生球蛋白的一种组分B的变体，只含有β、γ和δ多肽链。Cherry等（1977）也研究表明，通过聚丙烯酰胺凝胶电泳从野生花生品种中分离出的花生球蛋白，存在某些变异类型的多肽链。

Mouécoucou等（2004）采用β-巯基乙醇处理后进行SDS-PAGE对花生球蛋白分析，得到6个条带（72.4 kDa、60.3 kDa、39.8 kDa、33.1 kDa、29.0 kDa、21.0kDa）。Yamada等（2015）研究花生球蛋白的亚基组成，证实花生球蛋白由3个分子质量较大的酸性亚基和3个分子质量较小的碱性亚基组成。杨晓泉等（2001）通过双向聚丙烯酰胺凝胶电泳

（2D-PAGE）显示花生球蛋白由两个酸性亚基（40.5kDa、pI5.5，37.5kDa、pI5.0）和3个碱性亚基（pI6.3，pI7.0，pI8.2）组成，通过SDS-PAGE显示花生球蛋白分子质量为40.5kDa、37.5kDa及19.5kDa。

不同的研究人员关于花生球蛋白研究较多，但结果不一致，主要表现在以下几个方面：花生球蛋白的亚基数量究竟是12个还是6个；花生球蛋白组分的离解-缔合是否可逆（Johnson and Shooter，1950），在二聚体和单体之间是否存在不同的离解-缔合方式；分别含有4种不同亚基（根据其分子质量大小）和含有6种不同亚基（根据其等电点大小）的两类组分的亚基组成是否相同，或者所有的6个亚基在聚丙烯酰胺凝胶电泳图谱上可以清晰地分离出来。在花生球蛋白中添加SDS，可将其解离为大约1/6分子质量的组分，然后形成几种不同的亚基。Bhushan等（1990）从花生品种‘G-201’（Kaushal）和‘Type-25’（生长在印度西部）中分离得到花生球蛋白，并测定了其亚基的氨基酸序列，同时报道了分离出的亚基重构为伴花生球蛋白。

2. 伴花生球蛋白的亚基组成

杨晓泉等（2001）通过SDS-PAGE显示伴花生球蛋白Ⅱ（61kDa）和伴花生球蛋白Ⅰ（15.5kDa、17kDa及18kDa）。伴花生球蛋白Ⅱ仅有一个亚基（61kDa、pI7.0），而伴花生球蛋白Ⅰ含有15.5kDa、17kDa及18kDa亚基各两个，这6个组分共用两个等电点（pI5.0与PI5.5）。激光质谱法测定伴花生球蛋白Ⅰ各组分的分子质量，表明伴花生球蛋白Ⅰ的6个主要多肽是以解离形式而非亚基形式存在。林鹿等（1995）研究表明伴花生球蛋白Ⅰ主要由6个亚基组成，分子质量分别为12.5kDa、13kDa、14kDa、15.5kDa、16.5kDa、17kDa，与杨晓泉等研究结果有差异。伴花生球蛋白Ⅰ主要影响蛋白质的吸水性、起泡性、凝胶性和乳化性，该组分具有很强的耐热性。

综上，关于花生球蛋白、伴花生球蛋白Ⅰ和伴花生球蛋白Ⅱ的亚基组成及分子质量分布，不同研究人员结果有所差异，可能是由于实验条件的差异所导致的。相比大豆蛋白组分及亚基组成的研究还不够深入，需进一步探讨。目前比较普遍认可的是，根据超速离心分析时的沉降系数，花生蛋白主要包括：花生球蛋白（14S）、伴花生球蛋白Ⅱ（7.8S）和伴花生球蛋白Ⅰ（2S）。

（三）花生蛋白的特征

花生球蛋白不含半胱氨酸，不存在二硫键，这一点与大豆11S球蛋白的情况相反。花生球蛋白相当于大豆的11S球蛋白，但大豆11S球蛋白的二硫键较7S球蛋白多，因而其热稳定性、凝胶性较7S球蛋白好。花生2S蛋白具有很强的耐热性，这与其富含甲硫氨酸及半胱氨酸等含硫氨基酸有关。半胱氨酸可在蛋白质亚基间及亚基内形成多个二硫键，而二硫键在维持蛋白质构象的稳定性方面起十分重要的作用。由于二硫键的多寡与植物蛋白的起泡性、凝胶性及乳化性有密切的关系，因此富含2S蛋白的花生分离蛋白在起泡性和凝胶性上优于大豆分离蛋白。此外，研究还发现花生2S蛋白是一种高度亲水的蛋白质，吸湿性和保湿性很强，等量的花生2S蛋白要比花生球蛋白多吸附3～4倍的水分。花生球蛋白的吸湿性较差，溶解性也明显低于2S蛋白，这与花生球蛋白碱性亚基具有很强的疏水结构有关。

三、芝麻蛋白的结构与特征

芝麻蛋白内主要是球蛋白，其中 α-球蛋白含量为 80%，其等电点为 3.8～4.0。芝麻种子中大部分蛋白质以贮藏蛋白的形式存在，其中球蛋白（67.3%）、清蛋白（8.9%）、谷蛋白（6.9%）和醇溶蛋白（1.3%）均为可溶性蛋白。根据沉降系数不同可分为 3 种组分，分别是 2S 组分、5S 组分、13S 组分，含量分别约为 20%、10%、70%。13S 球蛋白分子质量约为 399kDa，由酸性亚基（AS）和碱性亚基（BS）在二硫键连接下形成 A-B 型中间体，且酸性亚基和碱性亚基的组成是等量的，6 对 A-B 型中间体形成一个完整的 13S 球蛋白。用 1mol/L NaCl 提取蛋白质，并严格控制温度在 4℃或冷冻状态下，发现 13S 球蛋白可解离成两个 7S 亚基组分。也有报道称，13S 球蛋白可解离成 2S 亚基、4S 亚基、7S 亚基。用 N 端氨基酸分析 13S 球蛋白氨基酸，发现酸性亚基中谷氨酸（21%）含量高于碱性亚基中谷氨酸（11%）；而碱性亚基甲硫氨酸、缬氨酸、赖氨酸含量高于酸性亚基相应的氨基酸，尤其是甲硫氨酸含量，碱性亚基（甲硫氨酸含 4.48%）为酸性亚基（甲硫氨酸含 1.86%）的 2.4 倍。而且碱性氨基酸和酸性氨基酸的氨基酸平均含量与 13S 球蛋白相应氨基酸值相近，说明酸性亚基和碱性亚基是等量组成。蛋白质或肽 N 端氨基酸是甘氨酸或者缬氨酸。

四、菜籽蛋白的结构与特征

菜籽蛋白包括两类主要的种子贮藏蛋白：一类为 12S 球蛋白（cruciferin），占菜籽蛋白的 25%～65%；另一类为 2S 清蛋白（napin），同时含有一些较小的蛋白质，如胰岛素抑制剂和脂质转移蛋白（LTP）。根据种子蛋白在不同溶剂中的溶解性不同，熊志勇等（2001）测得‘中双 119’甘蓝型油菜脱壳脱脂风干菜籽粕中水溶蛋白含量占总蛋白的 40%，其次为盐溶蛋白（34.9%），碱溶蛋白（23.1%）、醇溶蛋白含量较少（1.9%）。SDS-PAGE 测得水溶蛋白和盐溶蛋白含蛋白质条带较多，分别为 7 条和 6 条主带，且蛋白质条带分子质量分布较广；碱溶蛋白有 3 条主带，而醇溶蛋白只有 1 条分子质量较小的主带，由此可见菜籽蛋白组分较为复杂。薛照辉等（2006）测得双低油菜品种‘华杂 3 号’菜籽饼粕蛋白中清蛋白（水溶）占 36.8%、球蛋白（盐溶）占 31.6%、谷蛋白（碱溶）占 29.1%、醇溶蛋白占 2.5%。不同的菜籽品种中各组分蛋白质含量可能不尽相同。

12S 球蛋白具有像大豆球蛋白一样的结构特征，其结晶体为六聚体，平均分子质量约为 300kDa，等电点约为 7.2，其天然构象在中性 pH 和高离子强度下较稳定，而在极端 pH 和尿素溶液中则完全离解成 6 个亚基，每个亚基由 2 条约 30kDa 和 20kDa 的多肽链组成，多肽链间由二硫键连接。

2S 清蛋白是高度碱性的蛋白质（等电点在 11 左右），其分子质量在 12.5kDa 和 14.5kDa 之间，由 2 个多肽链靠 2 个二硫键连接成，小的多肽链分子质量为 4.5kDa，大的为 10kDa。

脂转移蛋白（LTP）具有应用于化妆品或食品添加剂的前景，如大麦 LTP1 可稳定啤酒酿造之后的泡沫。LTP 是碱性蛋白质，其等电点为 9～10，具有两类不同的分子质量：LTP1（9kDa）和 LTP2（7kDa）。然而在油菜籽中只有 9kDa 组分被发现。与其他植物 LTP 一样，油菜籽 LTP 包含 8 个半胱氨酸残基，全部参与 4 个二硫键的形成。

综上所述，12S 球蛋白呈现出与其他蛋白质非常不同的特性：高分子质量、中性 pI，但在纯化过程中可发生聚合。相反，2S 清蛋白和 LTP 的分子质量及等电点非常相近，从而使纯化分离过程变得复杂。

五、其他油料蛋白的结构与特征

（一）棉籽蛋白的结构与特征

棉籽由壳和仁（种胚）两部分组成。棉籽的壳非常坚硬，主要成分是纤维素和木质素。棉籽壳占棉籽总重的25%～40%，壳中含油约为1%，蛋白质为3%。棉籽（cotton seed）是棉花加工脱去棉绒后的产物。脱脂后的棉籽含蛋白质40%、纤维11%、灰分6%～7%。棉籽中有50%～55%的棉籽仁，棉籽仁含35%～38%的蛋白质，棉籽蛋白是一种氨基酸比较平衡、营养丰富的蛋白质。棉籽仁是棉籽的主要营养成分聚集地方，因此，棉籽不仅是一种很好的油源，而且也是一种有待开发利用的重要的蛋白质资源。

棉籽中的蛋白质按超速离心方法可以分成低分子质量2S清蛋白、中分子质量7S球蛋白、高分子质量11S球蛋白和多聚分子质量18S蛋白组分。分子质量较小的清蛋白富含生物活性物质和短肽，球蛋白的分子质量为220～240kDa，18S蛋白组分是分子质量大于500kDa的多聚蛋白。棉籽高分子质量蛋白质含有约0.5%的糖分，这些糖均是多聚糖蛋白。约1/2的糖在蛋白质亚基间起连接作用，在蛋白质分子折叠紧密的结构中，能够阻抗蛋白质水解作用。

棉籽蛋白的等电点（pI）为5.0，变性温度为67.2℃，SDS-PAGE电泳图谱中主要有9条谱带，对应亚基的相对分子质量，从上至下依次约为55 400、46 600、36 400、29 100、27 300、24 200、18 200、16 300和14 600。棉籽球蛋白的变性温度为78.7℃，其相对分子质量分布与棉籽粗蛋白的基本一致，但所含每种亚基的含量与棉籽粗蛋白的不同，相对分子质量为55 400和46 600的亚基含量较高，而相对分子质量较小的几种亚基的含量均较低。棉籽高分子质量蛋白质有6个亚基，亚基的分子质量为2.5～7kDa，通过肽链连接，以非共价键如氢键和其他弱性疏水作用形成稳定的分子结构。

对于商品棉籽蛋白，无论是分离蛋白或浓缩蛋白，在生产过程中都需分离除去低分子质量2S清蛋白。因此，商品棉籽分离蛋白中的蛋白质，主要是中分子质量7S球蛋白、高分子质量11S球蛋白。酸法浓缩棉籽蛋白产品中，还多一种18S多聚蛋白。棉籽蛋白产品的商业应用价值是它在食品中的应用功能特性。由于高分子质量棉籽蛋白种类繁多、结构复杂、在加工生产过程中变化多样，给稳定生产、提高产品质量增加了许多难度。同其他植物蛋白一样，在生产和应用棉籽蛋白时，应根据棉籽蛋白结构性质，诸如溶解性、凝胶性、持油性、持水性、营养性等特性变化规律进行生产加工和食（饲）用应用。

（二）葵花籽蛋白的结构与特征

1. 葵花籽蛋白的组成成分

国产的葵花籽仁中含蛋白质21%～30%，提取油脂后的葵花籽饼粕一般含蛋白质35%以上。葵花籽的蛋白质中球蛋白含量为55%～60%，清蛋白为17%～23%，醇溶蛋白为1%～4%，谷蛋白为11%～17%。结合的非蛋白氮和不溶性剩余物低于总氮含量的11%。葵花籽蛋白在水溶液、盐溶液和乙醇溶液中溶解度分别为20%、50%～60%和3%。Kabirullah（2007）依据葵花籽蛋白在碱、水、NaCl盐溶液中的溶解性制备各分离体，分析蛋白质近似组成。用凝胶色谱法、超滤法、电泳法等定性发现葵花籽蛋白分子质量为10～450kDa，主要成分的分子质量为125kDa，而平均分子质量为180kDa，它含有6～7种蛋白质成分。经研究发现，葵花籽蛋白主要由两种成分为7S～8S和11S～12S的组分组成。

葵花籽仁中含有绿原酸、咖啡酸等抗营养因子，它们经氧化后生成绿色的产物，影响蛋白质的颜色，且绿原酸可抑制胃蛋白酶，会引起人体消化不良及胃胀现象，需要在提取蛋白质过程中将其除去，以保证产品质量。

2. 葵花籽蛋白制品营养及功能特性

葵花籽的蛋白质含量高。其在味道和气味上比大豆、棉籽和花生蛋白温和得多，不存在豆腥味、苦味、涩味及抗营养因子。同时它又是钙、磷及烟酸、核黄素等维生素的重要来源。所以葵花籽用于食品添加物，具有较高的营养价值。葵花籽蛋白的特征是清蛋白含量低（20%，水溶蛋白），而球蛋白含量高（55%，易溶于盐溶液的蛋白质），这样的蛋白质成分使葵花籽蛋白制品微溶于中性纯水和酸性水中，这些蛋白质的成分可能很适于用作工艺助剂和碾碎肉类制品的增量剂，也可用于添加奶制品和仿奶制品。

当混合物中添加葵花籽蛋白浓缩物时，材料的拉丝性增加。而且只要葵花籽蛋白能保持良好的再水化比率，则成形性能也增加，这一韧化效应显示了葵花籽蛋白的一项重要性质。因为不同于挤压的大豆粉，葵花籽蛋白的组织化不受蒸煮的影响，而且组织化蛋白“可嚼性”“可口性”均可以与肉食相比，所以也作肉类代用品或肉食添加剂使用。

葵花籽粉及葵花籽蛋白制品具有良好的功能性质。葵花籽粉除吸水率低于大豆粉外，其吸油率及乳化性方面都好于大豆粉。葵花籽蛋白制品比大豆蛋白制品更能吸附脂肪，而对于水的吸附则相反。葵花籽蛋白浓缩物具有显著的发泡能力和乳化能力，特别适合在肉类制品中使用。

（三）亚麻籽蛋白的结构与特征

亚麻籽中蛋白质含量变化为 10.5%～31.6%，蛋白质含量的变化受基因和环境的影响较大，子叶中蛋白质含量达到56%～70%，种皮和胚乳的蛋白质含量为30%。亚麻籽蛋白含有一种相对分子质量为252 000～298 000 的大分子成分，占亚麻籽蛋白总量的 66%。

亚麻籽蛋白具有高支链氨基酸（缬氨酸、亮氨酸、异亮氨酸）和低芳香族氨基酸，可为特殊患者如癌症、烧伤、外伤和肝炎等营养不良的患者，提供特殊生理功能的食品。赖氨酸/精氨酸是血液胆固醇和动脉粥样硬化的影响因子，亚麻籽蛋白的这种比率最低，而大豆蛋白的比率为 0.8 比较高。亚麻籽也是一种极好的赖氨酸、谷氨酰胺和组氨酸的来源，这 3 种氨基酸对提高人体的免疫功能具有很强的效果。亚麻籽蛋白的半胱氨酸和甲硫氨酸，能提高人体抗氧化水平，在细胞分裂中能稳定 DNA，减少结肠癌形成的危险。亚麻籽蛋白也影响血液葡萄糖量，因为它与植物胶相结合，能刺激胰岛素的分泌，从而防止肿瘤产生氨的影响。

亚麻籽蛋白的二级结构中，α 螺旋占 3%～4%，β 折叠占 17%，约 80%是不规则结构，与葵花籽中高分子质量蛋白质相似。对亚麻籽中低分子质量蛋白质进行研究发现，这部分蛋白质占蛋白质总量的 4%，沉降系数为 1.6S，二级结构中 β 折叠结构和 α 螺旋结构比较多，分别达到了 51%和 26%～32%。

由于亚麻籽蛋白中含有多糖胶，可用于食品加工，如罐藏鱼子酱、肉制品及冰淇淋中。添加 3%的亚麻籽蛋白产品，能制成光滑的、奶油色的鱼子酱，并具有掩蔽异味的效果。在冰淇淋中添加亚麻籽蛋白制品（添加量 0.5%～1%），可提高产品的黏度、相对密度、膨胀率，但降低了融化时间。因此，亚麻籽蛋白制品在食品工业中可作为潜在的乳化剂和稳定剂使用。

脱皮亚麻籽仁的蛋白质、脂肪含量高，纤维素、亚麻胶含量低，脱脂后可以采用其他油料蛋白加工方式加工成可满足不同需要的亚麻籽蛋白产品。

（四）油茶籽蛋白的结构与特性

油茶籽粕为油茶籽脱脂后产物，含有很高比例的蛋白质，由 17 种氨基酸组成，其中苏氨酸、苯丙氨酸、亮氨酸、赖氨酸、色氨酸、缬氨酸、异亮氨酸等 7 种是人体必需的氨基酸，研究表明油茶籽蛋白的 α 螺旋占 80.3%、β 折叠占 1%、β 转角占 6.4%、无规则卷曲占 15.8%，而且油茶籽蛋白具有较强的乳化性和较强的吸油性，可用在冰激凌、烘焙产品、肉制品、仿肉制品中，也可用作蛋白质饮料、焙烤食品、冲调食品的蛋白质强化剂，以及酱油等发酵产品的蛋白质原料，是一种良好的具有开发潜力的蛋白质资源。用电子显微镜观察油茶籽的子叶细胞发现，油茶籽的油脂、蛋白质、淀粉等都以油体、蛋白体和淀粉粒亚细胞的形式，存在于油茶籽仁子叶细胞壁围成的细胞内。油茶籽中的蛋白质含量为 9%～12%，主要的蛋白质含于油茶籽子叶细胞中的亚细胞蛋白体中。

第三节 谷物蛋白的结构与特征

谷物蛋白依据生物功能，可以分为两种：细胞质蛋白（有代谢活性的蛋白质）和贮藏蛋白，这种分类方法得到了广泛认可，其中细胞质蛋白包括清蛋白和球蛋白，贮藏蛋白包括醇溶蛋白和谷蛋白。细胞质蛋白是重要的具有代谢活性的蛋白质，贮藏蛋白是典型的胚乳蛋白，糊粉层中也发现少量的贮藏蛋白，而糊粉层和胚中的蛋白质主要是细胞质蛋白。

蛋白质在谷类作物的不同形态学部位的积累具有很大的变异性。细胞质蛋白和贮藏蛋白在形态组成和氨基酸成分上有很大差异。一般来说，细胞质蛋白易溶于水或盐的缓冲溶液，分子质量相对较小，分子外形是球状。胚乳中的贮藏蛋白，一般不溶于水，也不溶于盐溶液，具有这种特性的贮藏蛋白包括两种类型的蛋白质：一种是低分子质量蛋白质；另一种是高分子质量蛋白质。细胞质蛋白和贮藏蛋白的氨基酸组成差异相当大，并且影响到这两种蛋白质的营养价值。贮藏蛋白中含有大量的谷氨酸和脯氨酸及较多的赖氨酸和精氨酸，具有较高的生物学价值（营养价值）。

从谷类作物形态学角度出发，可把蛋白质分为 3 类：胚乳蛋白、糊粉层蛋白、胚蛋白。目前的工艺技术已经可以精确提纯和分离胚、糊粉层和胚乳中的蛋白质。胚中的蛋白质含量最高（约 30%），胚乳中的蛋白质含量最低。许多研究者发现，胚乳内、外部分的蛋白质含量不同。必需氨基酸总含量取决于主要形态学部位与籽粒的质量比。糊粉层越发达，胚也越发达，同时意味着必需氨基酸的含量也越高。胚中的蛋白质比胚乳中的蛋白质品质要好，但是胚乳所占的比例大，所以主要的蛋白质还是存在于胚乳中。

一、小麦蛋白的结构与特征

小麦是当今世界上人类重要的食粮之一，小麦面粉一般含有 9%～14%的蛋白质，构成面筋的醇溶蛋白（胶原蛋白、胶蛋白）和麦谷蛋白是小麦籽粒中的主要蛋白质，作为小麦种子贮藏蛋白，分别占小麦种子蛋白质的 40%和 46%左右，此外还有少量的麦清蛋白。醇溶蛋白为单体蛋白，分子质量较小，约 35kDa，分子无亚基结构，无肽链间二硫键，单肽链间依靠氢键、疏水键及分子内二硫键连接，形成较紧密的三维结构，呈球形。醇溶蛋白多由非极性氨基酸组成，故富于黏性和膨胀性，主要为面团提供延展性。麦谷蛋白是一种非均质的大分子聚合体，分子质量为 40～300kDa，有的聚合体分子质量高达数百万。每个小麦品种的麦谷蛋白由17～20 种不同的多肽亚基组成，靠分子内和分子间的二硫键连接，呈纤维状，其氨基酸组成多为极性氨基酸，容易发生聚集作用。肽链间的二硫键和极性氨基酸是决定面团强度的主要因素，它赋予面团以弹性。醇溶蛋白所具有的延展性和麦谷蛋白所具有的弹性与面团的流变学特性有着密切的关系。

1. 麦胶蛋白

麦胶蛋白是粮食中最重要的蛋白质之一。它与麦谷蛋白一起构成面粉中的面筋质，其分子质量为 27～28kDa，是一种多聚物。它占小麦蛋白总量的 40%～50%，是小麦的主要蛋白质，不溶于水及中性盐溶液，溶解于中等浓度的乙醇水溶液（在 70%～80%的乙醇中溶解度最大），在无水乙醇中不溶解。其在稀的甲醇、丙醇、苯、醇溶液和酚、对甲苯、冰醋酸溶液中都能溶解，也能溶解在弱酸和弱碱的溶液中。一般认为，麦胶蛋白的等电点为 6.4～7.1。

麦胶蛋白含有 17.7%的氮素，水解时生成氨、谷氨酸、脯氨酸和少量的组氨酸和精氨酸。其氨基酸组成见表 2-6。从表 2-6 中可知，麦胶蛋白的氨基酸组成相当完全，其中谷氨酸的含量高达 40%，因此，人们常用小麦面筋制取味精（谷氨酸钠）。

表 2-6　麦胶蛋白氨基酸组成（%）

氨基酸	丙氨酸	精氨酸	天冬氨酸	胱氨酸	谷氨酸	甘氨酸	组氨酸	异亮氨酸	亮氨酸
含量	2.3	2.7	3.0	3.1	40.0	1.8	2.3	4.5	7.2
氨基酸	赖氨酸	甲硫氨酸	苯丙氨酸	脯氨酸	丝氨酸	苏氨酸	色氨酸	酪氨酸	缬氨酸
含量	0.7	1.5	5.6	14.7	5.1	2.3	0.7	2.6	4.4

2. 麦谷蛋白

麦谷蛋白是小麦蛋白的主要成分，其含量为小麦总质量的 0～40%，不溶于水、稀盐溶液和乙醇溶液，但能溶于稀酸溶液和稀碱溶液。麦谷蛋白稍溶于热的稀乙醇中，但冷却后便成絮状而沉淀；只有新制得的、尚未干燥的麦谷蛋白才非常容易溶解于弱碱和弱酸中，并在中和时又沉淀出来。

麦谷蛋白与麦胶蛋白的氨基酸组成非常相似（表 2-7），麦谷蛋白含较多的赖氨酸、甘氨酸、色氨酸、天冬氨酸、丝氨酸和丙氨酸。麦胶蛋白的脯氨酸、胱氨酸、苯丙氨酸、异亮氨酸、谷氨酸含量均比麦谷蛋白高，甲硫氨酸、缬氨酸、亮氨酸及组氨酸的含量无太大差异。此外，在麦谷蛋白中还含有 1.8%的羟基氨基酸。在面筋蛋白中，麦胶蛋白赋予面筋以黏性，麦谷蛋白赋予面筋以弹性和抗延伸性，这两种蛋白质之间的比例只有达到最佳时才能形成理想的面团质量和良好的小麦加工品质。

表 2-7　麦谷蛋白氨基酸组成（%）

氨基酸	丙氨酸	精氨酸	天冬氨酸	胱氨酸	谷氨酸	甘氨酸	组氨酸	异亮氨酸	亮氨酸
含量	3.1	4.2	3.9	2.5	34.1	4.5	2.4	3.9	6.9
氨基酸	赖氨酸	甲硫氨酸	苯丙氨酸	脯氨酸	丝氨酸	苏氨酸	色氨酸	酪氨酸	缬氨酸
含量	2.3	1.7	4.8	11	5.9	3.3	2.1	2.6	4.5

3. 麦清蛋白

小麦麦清蛋白为籽粒质量的0.3%～0.4%，占小麦蛋白总量的3%～5%，能溶于水和稀盐酸，热稳定性差，温度达到60℃时就会变性。虽然麦清蛋白在整个籽粒中的含量不多，但它在胚里的含量则占干物质10%以上。其物理性质和水解产物有些类似于动物蛋白。麦清蛋白的等电点为4.5～4.6。

麦清蛋白的主要氨基酸组成见表2-8。

表 2-8　麦清蛋白氨基酸组成（%）

氨基酸	丙氨酸	精氨酸	天冬氨酸	胱氨酸	谷氨酸	甘氨酸	组氨酸	异亮氨酸	亮氨酸
含量	5.6	7.5	7.9	6.7	17.7	3.1	4.3	4.1	10.7
氨基酸	赖氨酸	甲硫氨酸	苯丙氨酸	脯氨酸	丝氨酸	苏氨酸	色氨酸	酪氨酸	缬氨酸
含量	11.0	0	5.0	8.4	4.7	2.9	—	3.4	8.1

注：“—”表示没有检测到

4. 面筋

当小麦的面团在水中揉洗时，一部分淀粉粒和麸皮微粒脱离面团成为悬浮状态，另一部分溶解于水中，剩余部分为块状的胶皮状物称为面筋。对洗净的小麦面筋的化学分析证明，面筋是一种水化的蛋白质形成物，另外还有少量的淀粉、纤维素、脂肪和矿物质。面筋的干物质按面粉品质的不同含70%～80%的蛋白质，其成分见表2-9。

表 2-9　面筋组成（%）

成分	含量	成分	含量
麦胶蛋白	43.02	脂肪	2.80
麦谷蛋白	39.10	糖	2.13
其他蛋白质	4.41	淀粉	6.45

面筋蛋白氨基酸的分析表明其含有较多的谷氨酰胺、半胱氨酸、非极性氨基酸，这些氨基酸以多种形式把蛋白质键合在一起。谷氨酰胺和非极性氨基酸是以氢键、半胱氨酸以二硫键、极性氨基酸则以静电作用结合在一起。这些键合方式对面筋结构的形成很重要，其中二硫键尤为突出。就像分解高分子聚合物一样，断开面筋蛋白中的二硫键，面筋黏度会急剧下降。面筋蛋白中产生的巯基在不同条件下有可能氧化成二硫键，生成分子大小和性质不同的蛋白质。在制作面包时，混合面团并加入面团品质改良剂，面筋蛋白中的二硫键在氧化还原作用下发生了重排和重组。面筋蛋白还原与氧化结构变化见图2-18。

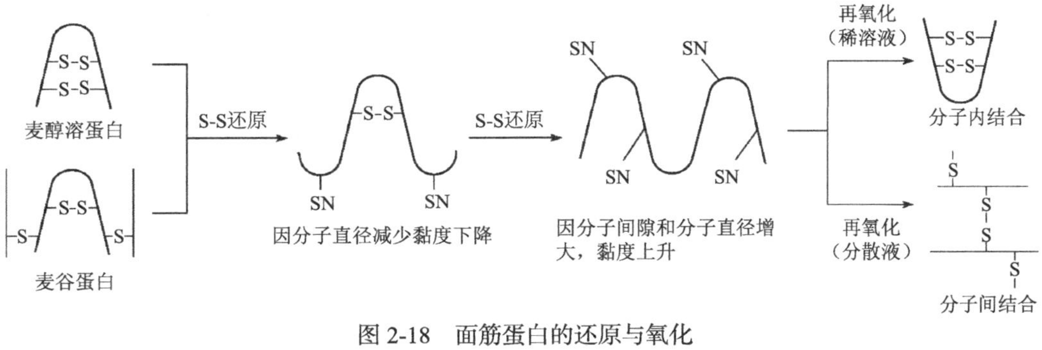

图2-18　面筋蛋白的还原与氧化

二、稻米蛋白的结构与特征

大米蛋白根据溶解性的不同分为 4 种类型：水溶性清蛋白、盐溶性球蛋白、碱溶性谷蛋白和醇溶蛋白。其中谷蛋白和球蛋白为主要成分，各占 80%和 12%，醇溶蛋白占 3%。大米谷蛋白分子质量大（超过 2×10^4～3×10^4kDa），与之相反，大米球蛋白分子质量小，为 12～30kDa。

相对醇溶蛋白而言，碱溶性谷蛋白更为重要。大米谷蛋白由二硫键连接的多个亚基组成，具有很大的不均匀性，其亚基非常有限，同时，谷蛋白中的二硫键含量随贮藏时间增加而增加，相应的巯基含量有所减少。氨基酸分析显示，大米谷蛋白赖氨酸、甲硫氨酸、半胱氨酸、组氨酸的含量较高，分子内和分子间广泛存在的二硫键及分子内存在的巯基，对大米蛋白加工工艺特性有着极其重要的影响。开发利用大米蛋白时，尤其要注意大米原料陈化、加热和二硫键的氧化、还原，以及巯基-二硫键交换对蛋白质性质的影响，亚基间广泛的二硫键交联必然造成较低的水溶解性。

谷蛋白和醇溶蛋白也称为贮藏蛋白，是大米中的主要蛋白质成分，含量较高。而清蛋白、球蛋白含量极少，是大米中的生理活性蛋白，在稻谷发芽早期，它们起着重要的生理作用。

不同蛋白质氨基酸组成各有特点。清蛋白中不带电荷的疏水性氨基酸含量较高，酸性氨基酸较低；球蛋白中碱性氨基酸含量较高，达 15%以上，而醇溶蛋白的碱性氨基酸含量只有球蛋白中的一半左右，但其疏水性氨基酸含量却远高于其他类蛋白质。蛋白质的溶解性不仅与其氨基酸组成有关，还与其存在状态有关。研究表明，在胚乳中蛋白质主要以两种聚集体形式存在，即 PB-Ⅰ和 PB-Ⅱ。电子显微镜观察表明，PB-Ⅰ聚集体呈片层结构，致密颗粒直径为 0.5～2μm，醇溶蛋白即存在于 PB-Ⅰ中；而 PB-Ⅱ呈椭球形，不分层，质地均匀，颗粒直径约为 4μm，其外周膜不明显，谷蛋白和球蛋白存在于 PB-Ⅱ中。两种聚集体常相伴存在。在大米发芽过程中，两种蛋白质聚集体发生解体，但二者的可消化性明显不同，PB-Ⅱ因没有致密的硬核更容易被消化水解，而 PB-Ⅰ在发芽后 9 天时仍保持着片层结构。用 SDS-PAGE 技术研究证明，PB-Ⅱ不断有新的电泳谱带，即新的蛋白质组分出现，而 PB-Ⅰ的组分稳定。这说明二者的蛋白质分子在代谢方面是有差异的。

大米蛋白中的胱氨酸含量较高，含有较多的二硫键。这些链内或链间二硫键使蛋白质多肽链聚集成致密分子，也可能是形成蛋白聚合体的重要原因。聚丙烯酰胺凝胶电泳（PAGE）分析结果显示，在 PB-Ⅱ聚集体中的蛋白质含有分子质量为 64kDa、140kDa、240kDa、320kDa、380kDa 和 500kDa，甚至超过 2000kDa 的组分。分子生物学的研究表明，大米贮藏蛋白的基因表达时首先合成的是分子质量为 57kDa 的蛋白质分子，它再裂解成 22kDa 和 37kDa 两个亚基。谷蛋白中大小不等的蛋白质分子由这两个亚基通过二硫键装配而成。

SDS 可以破坏二硫键的连接，改变 SDS 的用量，可以发现分子质量为 22～23kDa 和 37～39kDa 的组分存在，因此这两个组分实际上是大分子聚集体的基本组成单位。清蛋白中也有分子质量高达 100kDa 的蛋白质组分存在，但由于清蛋白中胱氨酸含量很低，不易形成二硫键，因而清蛋白更容易溶于水，这说明二硫键的存在对稳定蛋白质聚合体是非常重要的。将蛋白质提取后对其氨基酸组成进行分析发现，大米中的某些蛋白质并非是完全由氨基酸组成的简单蛋白质，而是含有糖（鼠李糖）或脂类成分的结合蛋白。这些非氨基酸成分不仅影响蛋白质的性质，同时也赋予蛋白质特殊的生理功能。

此外，大量的研究表明，大米中的蛋白质种类并不是固定不变的。在大米陈化过程中，虽然总蛋白含量不变，但其结构、类型会发生变化，进而也影响了米饭的流变特性，突出的变化是二硫键数量增多，蛋白质分子质量增大，蛋白聚合体更加致密，蒸煮后蛋白质与淀粉的网络结构致密，限制了淀粉粒的吸水膨胀和柔润，因而米饭的黏性下降而硬度增加。此时若加入适量的还原剂破坏二硫键，则米饭的黏性提高。任顺成等（2001）用 SDS-PAGE 方法也证明了大米陈化前后蛋白质分子质量的这种变化；Teo 等（2009）也证明大米中的蛋白质的变化是导致大米流变学性质变化的重要因素。上述试验均说明了二硫键对蛋白质性质的重要性。

大米蛋白不仅在陈化中有更大分子的形成，在加热时也有明显的蛋白质分子的聚合。Mujoo（1998）指出，爆炒大米花时，分子质量为 24kDa、34kDa、68kDa 的分子可以聚集成 4×10^4kDa 的特大聚合体，但分子质量为 13～16kDa 的醇溶蛋白不参与这种蛋白体的形成。由此可见，开发利用大米蛋白尤其要注意大米陈化、加热和二硫键的氧化、还原对蛋白质性质的影响。

米糠中 4 类蛋白质的含量与大米中的明显不同。依次用水、盐、醇、酸、碱溶液提取米糠所得到的清蛋白、球蛋白、醇溶蛋白、酸溶蛋白和碱溶蛋白的含量分别为 34%、15%、6%、11%和 32%，其中酸溶蛋白和碱溶蛋白均为谷蛋白，也就是说，米糠中水溶蛋白含量很高。色谱分析表明，前 4 种蛋白质的分子质量范围分别为 10～100kDa、10～150kDa、33～150kDa 和 25～100kDa。碱溶蛋白在提取过程中有二硫键的断裂，其主要组分的分子质量仍然分布在 45～150kDa，所以这类谷蛋白分子质量更大，更难溶于水。但如果打破二硫键，也可以使 98%以上的米糠蛋白溶解出来。需要指出，米糠经稳定化处理（一般是加热灭酶）前后，其各种蛋白质成分含量变化很大，主要表现在清蛋白含量降低（变性所致）、谷蛋白含量明显增加。

三、玉米蛋白的结构与特征

玉米含碳水化合物 70%以上，含蛋白质 10%左右，含脂肪 4.5%左右，还含有多种维生素和矿物质。玉米随着品种的不同，其营养成分存在着一定的差异。一般玉米蛋白中，氨基酸含量不平衡，营养价值较低。玉米蛋白在玉米籽粒中的含量仅次于淀粉，玉米中的蛋白质含量一般为 8%～12%。而这些蛋白质约 75%分布于胚乳中。玉米蛋白按其溶解性质不同可分为 4 类，即醇溶蛋白、谷蛋白、清蛋白和球蛋白。

1. 玉米醇溶蛋白

玉米醇溶蛋白是玉米中的主要蛋白质，也称为玉米胶蛋白（zein）。玉米籽粒中的蛋白质 50%～60%为醇溶蛋白。据 Mckinney 分类，玉米醇溶蛋白分为 α-zein 和 β-zein 两类。α-zein 可溶于 95%乙醇，β-zein 溶于 60%乙醇而不溶于 95%乙醇。α-zein 的组氨酸、精氨酸、脯氨酸和甲硫氨酸含量少于 β-zein，但 β-zein 相对不稳定，易沉淀和凝固。玉米醇溶蛋白具有独特的溶解性，它不溶于水，也不溶于无水醇类，但可溶于 60%～95%的醇类水溶液，还可溶于强碱（pH>11）、十二烷基磺酸钠（SDS）等有机溶剂。

玉米胶蛋白含有大量的谷氨酸和亮氨酸，但赖氨酸和甘氨酸含量较少，有些类似于麦胶蛋白。玉米胶蛋白的等电点为 5.6～6.4。营养学家认为，玉米胶蛋白中的氨基酸不完全，是造成癞皮病的主要原因。这些疾病常流行在以玉米为主要粮食的地区。现已证明，癞皮病的发生是由于缺少一种称为烟酸的维生素，而烟酸的形成又与氨基酸有关。

2. 玉米谷蛋白

玉米谷蛋白占玉米籽粒中全部蛋白质的40%左右，其氨基酸组成与玉米胶蛋白不同。玉米谷蛋白都是由不同多肽链组成，这些多肽链由二硫键连接，形成不溶复合物，甚至在二硫键不存在的情况下，有些还原蛋白仍然是难溶的，需用醇溶液、强碱溶液、强离解剂或洗涤剂使之溶解。一般玉米谷蛋白的等电点为6.45。

3. 玉米清蛋白及球蛋白

玉米清蛋白能溶于水中，受热易凝固；玉米球蛋白能溶于盐水。玉米中的清蛋白、球蛋白及非蛋白氮仅占20%。玉米清蛋白所含天冬氨酸、苏氨酸、脯氨酸、甘氨酸及丙氨酸比球蛋白多，而谷氨酸及精氨酸较少。

普通玉米的蛋白质含量较低，一般只有 8%左右，且玉米蛋白中必需氨基酸的构成不平衡。玉米蛋白中严重缺乏赖氨酸，同时色氨酸和甲硫氨酸也较少，而亮氨酸的含量极高。因此，玉米蛋白的氨基酸构成很不平衡，其生物学效价仅为60，均低于一般粮食的水平。

四、其他谷类蛋白的结构与特征

（一）黑豆蛋白的结构与特征

黑豆中富含蛋白质，居豆类之首。黑豆蛋白的蛋白质含量比大豆分离蛋白高 2.38%，且其溶解性、乳化性和乳化稳定性也优于大豆蛋白，但起泡性及泡沫稳定性则较大豆分离蛋白差。

经膜技术分离纯化后得到黑豆乳清蛋白，利用单酶水解和双酶复合酶水解法制备小分子乳清多肽，其分子质量为6.0～10.0kDa的占50.3%，大于10.0kDa的约占45%。黑豆分离蛋白的11S组分与7S组分的比值明显高于商品大豆分离蛋白，且晚熟黑豆蛋白的11S组分含量高于早熟黑豆蛋白。黑豆蛋白中的β亚基和碱性/B亚基含量要比大豆蛋白含量高，而且黑豆分离蛋白的11S组分（AB）与7S（α+α′+β）组分的比值分别为1.79和1.68，明显高于普通大豆分离蛋白（1.20和1.34）。氨基酸种类与普通大豆蛋白一致，且含硫氨基酸、总必需氨基酸和疏水氨基酸均明显高于普通大豆分离蛋白，说明黑豆蛋白氨基酸组成与普通大豆蛋白有一定差异并具有营养价值优势。

（二）绿豆蛋白的结构与特征

绿豆主要含有球蛋白、清蛋白、醇溶蛋白、谷蛋白4种蛋白质，其中清蛋白占4种蛋白质总量的50%以上，其次是球蛋白、谷蛋白，分别占23.58%和19.42%，醇溶蛋白含量最少，只有7.0%左右。绿豆蛋白主要由5个亚基组成，分子质量分别为23.4kDa、28.9kDa、31.4kDa、52.9kDa及63.0kDa。绿豆蛋白的二级结构中含有较低的α螺旋和无规则卷曲，含有相对较高的β折叠和β转角结构。

绿豆的功能性质与蛋白质的组成及影响因素有关，梁丽琴等（2005）对于绿豆中蛋白质的性质进行了进一步研究。一般而言，蛋白质的溶解性越好，其持水能力越差，但由于谷蛋白的容积密度较小，其持水能力较好，其次是清蛋白、球蛋白和醇溶蛋白的持油性较差。此外，蛋白质在不同的pH下的溶解度不同，对于同一pH下这4种蛋白质的溶解度有较小的差异，清蛋白最大，而醇溶蛋白最小。同时，温度对于蛋白质的溶解度影响较大，随着温度的升高，蛋白质的溶解度均呈现先增加后降低的趋势，这是因为适当地升高温度有利于蛋白质分子的溶解，当温度过高时，则会发生蛋白质热变性，使得溶解度降低。对于蛋白质的起泡性和乳化性而言，清蛋白具有较好的起泡性，谷蛋白具有优良的泡沫稳定性，而乳化性随着pH的增加逐渐增强。

（三）高粱蛋白的结构与特征

高粱含6%～8%的蛋白质，蛋白质分布状态见表2-10。其中高粱贮藏蛋白（醇溶蛋白和谷蛋白）占高粱总蛋白的70%～90%。清蛋白和球蛋白含量非常低接近痕量，但富含人类必需的赖氨酸（Lys）、色氨酸（Try）、精氨酸（Arg）、甲硫氨酸（Met）及天冬酰胺（Asn）等氨基酸；醇溶蛋白比率虽较高，但缺乏上述重要必需氨基酸；在高粱蛋白中谷蛋白比率稍高于醇溶蛋白，而其上述几种必需氨基酸含量介于二者之间。因此，4种蛋白质组分比例及赖氨酸、色氨酸的多少是影响高粱品质的重要因素。

表2-10　高粱不同蛋白质的含量（g/100g）

	球蛋白和清蛋白	醇溶蛋白	交联醇溶蛋白	谷蛋白类似物	谷蛋白	剩余物	总计
平均量	17.4	6.4	18.8	4.0	35.7	10.6	92.9

高粱的低分子质量贮藏蛋白和玉米醇溶蛋白很相似，即贮藏蛋白可用70%的热乙醇溶液或60%的叔丁基乙醇溶液提取。且可溶于6mol/L的盐酸胍、8mol/L的尿素溶液及二甲基亚砜、50%乙酸、甲基酰胺等。醇溶蛋白是不同蛋白质的混合物，可以用不同的技术进行分离。

高粱蛋白消化率低，且必需氨基酸组成成分不合理。许多因素对高粱蛋白消化率都有影响。单宁酸是最早被认为能与蛋白质结合而使高粱蛋白不被酶所消化的一种物质。然而，即使在单宁酸含量较低或不含单宁酸高粱中，蛋白质效价和消化率低的情况仍然存在；Oria等（2000）研究表明，高粱在生长过程中环境条件也会影响高粱蛋白消化率。

另外，加工方法也会对高粱蛋白消化率有影响，如高粱是否被加工成高粱粥、是否经过发酵、剥皮、挤压或发芽等工艺处理。有研究表明，蛋白质在高粱蛋白体内固有状态是造成高粱蛋白消化率低的主要原因。同时也揭示高粱醇溶蛋白是最后被消化的蛋白质，添加还原剂则会提高蒸煮高粱蛋白的消化率。研究表明，高粱籽粒成熟度不同，蒸煮过和未蒸煮过高粱蛋白消化率会随着高粱醇溶蛋白中所形成二硫键增加而降低，特别是在α-醇溶蛋白、β-醇溶蛋白和γ-醇溶蛋白中尤其明显。目前也有研究证实这一点，蛋白质结构特征，特别是二硫键存在会影响蛋白质水解。虽然当醇溶蛋白从蛋白体中以固有形式被分离时很容易消化，但经高粱粉体外消化试验表明，α-醇溶蛋白消化比β-醇溶蛋白和γ-醇溶蛋白慢。结合扫描电镜研究表明，贮藏蛋白分解是从蛋白质体外部开始向内部进行。α-醇溶蛋白低消化率可能是因为α-醇溶蛋白在蛋白质体的内部特定结构，因在蛋白质体的外部，β-醇溶蛋白和γ-醇溶蛋白内二硫键会形成一种能抵抗酶的结构，会阻止醇溶蛋白消化。对于高粱蛋白消化率低现象，可通过加工方法如通过发芽和发酵方式或制成高粱粥和其他类型高粱发酵食品等方式提高蛋白质消化率。

（四）大麦蛋白的结构与特征

大麦蛋白含量为15.6%，包括清蛋白、球蛋白、醇溶蛋白和谷蛋白（各含量见表2-11），是小麦粉、大米的1.6～2.3倍，是大米、小麦粉的6～10倍，赖氨酸含量很高。大麦颗粒是由外皮层包被的糊粉层、淀粉化的胚乳和胚芽组成。大麦皮重占谷粒的7%～25%，以皮重13%计，胚芽和胚乳分别占谷粒的3%和77%。蛋白质在胚芽中可达30%以上，而在胚乳中含量很少。大麦的糊粉层至少有两层细胞构成，而其他谷物由一层细胞组成。糊粉层中含有蛋白质颗粒，比胚乳细胞的蛋白质含量要高。在胚乳中可以发现单独的蛋白质体，但胚乳的主要成分却是淀粉。醇溶蛋白和谷蛋白是在谷物成熟后期合成并沉淀于蛋白体和包被在淀粉颗粒外的。清蛋白是在谷物成长的早期合成的，球蛋白在谷物成长的中期合成。部分盐溶蛋白也可能是由贮藏蛋白转化而来的。

表2-11　大麦中蛋白质的主要组成百分比

成分	清蛋白	球蛋白	醇溶蛋白	谷蛋白
含量/%	5～10	50～60	10～16	5～20

从大麦中提取的醇溶蛋白和多种蛋白质的混合物，分离和鉴定它的组分和亚基的手段主要是采用电泳、双向电泳和反相色谱。通过这些方法，大体可以将乙醇可溶的胚乳蛋白分为15～20个明显不同的带。蛋白质按照分子质量的大小分成不同的类，如A大麦醇溶蛋白、B大麦醇溶蛋白、C大麦醇溶蛋白等。通常SDS-PAGE将大麦醇溶蛋白分为清晰的B、C两个大分子组分，而一个低分子质量的组分也可以分离出来，那就是大麦醇溶蛋白A组。谷蛋白是高分子的大麦贮藏蛋白。高分子的大麦贮藏蛋白是由通过二硫键连接的多组单体组成，它不溶于乙醇，但可以被稀释的强酸、强碱溶解，富含谷氨酸和脯氨酸，并含有较多的甘氨酸，其氨基酸组成与黑麦、小麦的谷蛋白的氨基酸组成相似。而对于清蛋白和球蛋白而言，清蛋白含高比例的赖氨酸、苏氨酸、缬氨酸和低比例的苯丙氨酸、谷氨酸和脯氨酸。球蛋白比清蛋白含更高比例的赖氨酸、亮氨酸和苯丙氨酸和更低比例的苏氨酸、甲硫氨酸、谷氨酸、脯氨酸。

（五）荞麦蛋白的结构与特征

荞麦蛋白是荞麦主要的生物活性成分，它不同于谷类作物蛋白。小麦蛋白是以麦谷蛋白和麦胶蛋白为主，这两种蛋白质与水作用可以形成面筋，赋予小麦面团特有的流变学特性，而荞麦蛋白主要是谷蛋白、水溶性清蛋白和盐溶性球蛋白等。这类蛋白质的黏性差，无面筋性，近似于豆类植物蛋白，其蛋白质质量优于大米、小麦和玉米。

荞麦蛋白的结构是荞麦生物功能特性的物质基础。荞麦蛋白的研究主要集中于荞麦的球蛋白和清蛋白。荞麦中（清蛋白+球蛋白）：醇溶蛋白：谷蛋白：其余蛋白质为（38～44）：（2～5）：（21～29）：（28～37）。研究人员通过酶联免疫吸附试验（ELISA）也证实了荞麦籽粒和粉中醇溶蛋白含量较低这一结论，认为荞麦适用于加工成腹腔疾病患者的饮食。通过化学、电泳、免疫学研究及流变学测试表明，荞麦蛋白不具有小麦面筋的性质。

荞麦蛋白的清蛋白和球蛋白都含有一个表观分子质量为25kDa的多肽链亚基，其多肽链模式与电泳分析前处理有关。在这些可溶组分中，含硫氨基酸和脯氨酸的含量显著不同，而天冬氨酸、酪氨酸、甘氨酸和赖氨酸含量差别不大。不同浓度的醇溶蛋白均含有一个分子质量为30～40kDa的窄带多肽链，与其他成分相比，这些醇溶蛋白富含谷氨酸和脯氨酸，而赖氨酸和天冬氨酸含量较少。碱溶蛋白显示分子质量为 80～90kDa 的单一多肽链带，其氨基酸组成介于球蛋白和清蛋白之间。

通过对苦荞球蛋白进行电泳显带分析，认为苦荞球蛋白由分子质量为 430kDa 和 20kDa 两种亚基组成（王兴，2009）。Manoj 等（1997）纯化了 13S 球蛋白的一条 26kDa 的碱性亚基，其氨基酸组成与 WHO 推荐模式一致，属营养平衡的蛋白质。此蛋白质 N 端的 17 个氨基酸序列，表明了它与大豆 11S 球蛋白和豌豆蛋白分别有 73.3%和 66.7%的同源性。Radovic 等（1996）用蔗糖密度梯度离心法分离得到了占荞麦种子蛋白总量 30%的 2S 清蛋白。它们主要由分子质量为 8～16kDa 的多肽链构成，多肽链间没有二硫键。此类清蛋白占全部盐溶蛋白的 25%；但在缺硫条件下生长的荞麦，其所占比例显著下降。对清蛋白的氨基酸组成分析表明，其内含有较高的甲硫氨酸（9.2%）和赖氨酸（5.6%）。

（六）燕麦蛋白的结构与特征

燕麦籽粒中蛋白质含量丰富，含量为 13%～20%，是小麦粉、大米的 1.6～2.3 倍，在谷物中居于首位。燕麦蛋白可分为清蛋白、球蛋白、醇溶蛋白和谷蛋白四大类。与其他大多数谷物蛋白不同，在燕麦籽粒中，球蛋白含量最高，占总蛋白含量的 56%，谷蛋白占 23%，清蛋白占 11%，醇溶蛋白占 9%。燕麦麸中的蛋白质组分仍以球蛋白和谷蛋白为主，它们共占总蛋白的 74%左右，醇溶蛋白和清蛋白含量较低，均少于 10%。红外光谱结果表明燕麦球蛋白的多肽分子质量为 10.0～70.0kDa，谷氨酸和精氨酸含量分别高达 24.2%和 9.0%，燕麦球蛋白含有大约 8.5% β 转角、10.2% α 螺旋、81.3% β 折叠。燕麦分离蛋白中 OPI 的多肽分子质量为 14.0～66.0kDa，谷氨酸和亮氨酸含量分别高达 24.7%、8.1%；燕麦分离蛋白含有大约 7%β 转角、19%α 螺旋、和 74%β 折叠。

燕麦蛋白的人体利用率高，蛋白质功效比值超过 2.0，而小麦和玉米还不足 1.5。燕麦蛋白生物学效价为 72～75，在植物蛋白中也处于优势地位。燕麦蛋白具有来源丰富、口味平和等优点；燕麦球蛋白相对于谷蛋白更易被人体消化吸收，特别是球蛋白还具有免疫作用。

与其他几种谷物相比，赖氨酸的含量更接近 FAO/WHO 推荐标准。此外，燕麦蛋白中的色氨酸具有防贫血和毛发脱落作用，含量也高于大米和小麦粉。但缺点是燕麦中的蛋白质不能像小麦蛋白那样形成面筋，因此在燕麦食品的开发中存在着一定问题。燕麦主要用于加工燕麦片、燕麦粥、燕麦饼干等食品，在制作面条、面包时需要经过特殊处理或添加一定量的小麦面粉。此外，随着人们保健意识的增强，燕麦蛋白具有免疫球蛋白的功能特性，食品的研究与开发将得到进一步发展。因此，进一步研究燕麦球蛋白的功能特性，尤其是免疫活性，有望为免疫球蛋白的开发提供更广阔的空间。

（七）小米蛋白的结构与特征

在小米蛋白中清蛋白和球蛋白含量很少，其中 45.6%为醇溶蛋白，21.1%为碱溶蛋白，纯化后的小米淀粉含有 0.36%的蛋白质，其分子质量为 60kDa，属淀粉粒内部蛋白。小米蛋白中的清蛋白和球蛋白存在差异，清蛋白主要集中在高分子质量范围内，球蛋白的谱带主要集中在低分子质量范围内，谷蛋白也有多个高分子质量和低分子质量的蛋白质。谷蛋白在高分子质量范围内与醇溶蛋白相似，在低分子质量范围与醇溶蛋白相似。

小米蛋白属于谷物类蛋白，可以称为淀粉粒蛋白，分为表面蛋白和内部蛋白。淀粉粒表面蛋白的分子质量较低，一般为 5kDa、8.15kDa、19kDa、30kDa；淀粉粒内部蛋白分子质量较高，一般为 60kDa、77kDa、86kDa、95kDa、149kDa，研究中发现的 60kDa 的淀粉粒蛋白应当属于淀粉粒内部蛋白。已经在小麦、玉米、大米、大麦等多种谷物淀粉中发现有淀粉粒蛋白。

第四节　新植物蛋白的结构与特征

一、藻类蛋白的结构与特征

（一）螺旋藻蛋白的组成

螺旋藻蛋白以藻胆蛋白（phycobiliprotein，PBP）的含量为最高，达细胞干重的 25%～28%，高于一般的蓝藻。藻胆蛋白是存在于某些藻类（主要是红藻、蓝藻）的藻胆体（phycobilisome，PBS）中的一类色素复合蛋白。藻胆体是红藻和蓝藻所特有的一种超分子捕光色素复合体，通过锚定蛋白固着在类囊体膜外表面。藻胆蛋白具有强烈的荧光性，发橙红色荧光，而其本身则呈红色、紫色或蓝色等，故称为有色多肽。它和连接多肽一起构成藻胆体，两者分别占藻胆体的 80%和 20%。按光谱特性，可把藻胆蛋白分成四类：藻红蛋白（phycoerythrin，PE）、藻蓝蛋白（phycocyanin，PC）、藻红蓝蛋白（phycoerythrocyanin，PEC）和别藻蓝蛋白（allophycocyanin，APC）。经提纯的螺旋藻 PC 和 APC 的可见吸收峰分别在 620nm 和 650nm 处，室温荧光发射峰分别在 646nm 和 657nm 左右。

藻胆蛋白是由脱辅基蛋白（apoprotein）和藻胆素（phycobilin，PB）通过一个或两个硫醚键共价连接而成。在螺旋藻藻胆蛋白中，只发现有一种藻胆素，即藻蓝素（phycocyanobilin，PCB）。每种藻胆蛋白由等物质量的 α 亚基和 β 亚基构成，α 亚基的大小为 13～20kDa，β 亚基的大小为 14～24kDa。PC 的 α 亚基含 1 个 PCB，β 亚基含 2 个 PCB，而 APC 的每个亚基中皆只含有 1 个 PCB。在藻胆体内，PC 以 $(\alpha\beta)_3$ 和 $(\alpha\beta)_6$ 存在，APC 以 $(\alpha\beta)_3$ 存在。螺旋藻藻胆蛋白呈圆盘状叠垛在一起，中间有一个空穴，连接多肽即结合于此，它对维持藻胆体和藻胆蛋白聚合体的结构起着重要的作用。由 PC 构成藻胆体的“棒”亚结构，APC 构成藻胆体的“核”亚结构，“棒”呈辐射状排列在“核”的外周。在光合作用过程中，光量子的传递路线是从 PC 到 APC，然后，再传给类囊体膜上的叶绿素 α 蛋白（Glazer，1994）。

（二）螺旋藻蛋白特性

螺旋藻中蛋白质含量高达 60%～70%，含有人体所需的全部必需氨基酸，其氨基酸组成种类齐全，除甲硫氨酸含量略低以外，其他氨基酸均超过 FAO 的标准模式含量。螺旋藻蛋白在是螺旋藻细胞中重要的光合作用的天然色素，在光合作用中能以近乎 100%的高效率把光能优先地传递给光系统。螺旋藻蛋白可以作为天然色素广泛应用于食品、化妆品、染料等工业。作为一种重要的生理活性成分，又可制成药品用于医疗保健。螺旋藻蛋白具有较好的功能特性，最易被人吸收，消化率高达 93%。螺旋藻蛋白在水溶液中有较好的溶解性；以液体或固体状态存在时，性能极为稳定。

二、叶蛋白结构与特征

叶蛋白在绿叶中的作用，是促进叶片吸收二氧化碳进行光合作用产生碳水化合物。它具有酶的功能，同样具备由氨基酸组成的蛋白质的物理性质。许多禾谷类、豆类作物的叶片中含 2%～4%的蛋白质。叶蛋白含有 18 种氨基酸，天冬氨酸和谷氨酸残基与碱性的组氨酸、精氨酸和赖氨酸残基的比例，接近 1.25∶1，使叶蛋白具有微酸性。另外，叶蛋白在 pH 接近中性时仍具有较高的可分散特性。叶蛋白分子结构中极性氨基酸残基都分布在蛋白质分子的表面，而非极性氨基酸的侧链包埋在分子内部，这成为叶蛋白可溶性高的理论依据。叶蛋白又称为叶蛋白浓缩物，是从新鲜植物叶片液汁中提取的高质量浓缩蛋白质，不仅是畜禽生长发育和生产畜产品的主要营养物质，而且也是人类，特别是青少年的保健营养理想食品。

绿叶被称为最丰富的叶蛋白资源，也是人类获取蛋白质最廉价、最有效的途径之一。植物绿叶中的蛋白质含量较为丰富。据测定，植物绿叶中蛋白质等其他营养物质和有用成分的含量比植物茎秆部分要高 50%～500%，大多数植物的叶蛋白含量要比植物的块根、果实等部位的含量高许多。对比动物蛋白资源，叶蛋白具有氨基酸组成相似，含酚量低、凝集颗粒大及易分离等特点，而且具有更好的持水性、乳化性、胶质形成性，深加工中也表现较好的功能特性。

第三章 植物蛋白的功能特性及应用

第一节 概 述

植物蛋白不但营养价值高、资源丰富、原料成本低，而且蛋白质还具有与食品的嗜好性、加工性等相关联的各种功能特性。所谓功能特性，就是指蛋白质在食品加工和贮藏过程中对食品能产生影响的那些物理化学性质，如乳化性、吸油性、吸水性、持水性和凝胶性等，它们是植物蛋白本身固有的物化性质（成分、氨基酸序列、形态结构）的反映，它们的发挥受与其共存的某些食物组分（水、盐、蛋白质、糖、脂肪等）的影响，同时还受所接触环境（如温度等加工条件）的影响，因此，蛋白质的功能特性是由多个因素决定的。

决定蛋白质的功能特性的物理和化学因素包括大小、形状、氨基酸组成和顺序、静电荷的分布、疏水性和亲水性之比、二级结构、三级结构、四级结构、分子柔性和刚性，以及蛋白质分子间相互作用和同其他组分作用的能力。由于蛋白质具有很多物理和化学性质，因此很难描述这些性质中的每一种在指定的功能性质中所起的作用。

关于植物蛋白功能特性的测试方法，目前仍无标准可寻。现有一些实验方法，使用范围也十分有限，而且所得数据往往与生产实践难以符合。在功能特性与蛋白质的溶解度之间，曾经发现了一个相近的相互关系。因此，在生产某些产品（如大豆粉）时，常常通过测定氮溶解指数（NSI）法或蛋白质分散度指数（PDI）法来控制产品质量。然而，使用不同的加工条件生产的两种不同豆粉，即使得出同样的 NSI 和 PDI，其功能特性也不相同。所以，对于一定的功能特性，唯一可靠的实验，就是把植物蛋白掺到食品中，通过工艺操作和最终产品质量来鉴定。

此外，还应注意，即使对于同一蛋白质产品，在应用于食品时，尽管是同一种类的食品，或者由于配料的调整，或者由于工序的不同，甚至由于原料的批次不同，都可能显示出不同的功能特性。

植物蛋白的功能特性是多种多样的。各种不同的功能特性对于不同用途，其重要程度是不相同的，如凝胶作用对于制肉糜很重要；乳化作用对于制咖啡乳脂很重要；起泡性对于制甜点很重要。在某些用途中又需要一系列的特性，如饮料的溶解度、黏度、清晰度和混浊度等都很重要；熟肉制品中的含水率、乳化稳定性及凝胶性都很重要。除了以上物理、化学性能之外，植物蛋白还有生物化学的作用，如大豆中的脂肪氧化酶具有生物活性。

可见，尽管人们不能在食品的各个方面都利用蛋白质的功能特性，但只要充分掌握了蛋白质的功能性质，对于植物蛋白在食品中的利用，以及进行蛋白质食品的开发，将是大有益处的。

一、溶解性

当将植物蛋白用于流质食品的生产时，其溶解性，即在各种各样的条件下的溶解度和溶解稳定性，便理所当然地成为加工中的首要问题。但植物蛋白的溶解性的重要性还不仅限于此，蛋白质所具有的各种物理机能，如乳化性、起泡性、黏稠性及其他功能，多以蛋白质溶解操作为前提。

通常，提到某一物质的溶解度，就应该理解为该物质在某一特定溶剂中的最大可溶百分比。而在生产实践中经常提到的植物蛋白的溶解度，是指处于特定环境下的植物蛋白中可溶蛋白所占的百分比，即可以理解为处于特定环境下的百克植物蛋白能够溶于特定溶剂中的最大克数。

在实践中，主要采用 NSI 和 PDI 表示溶解度的大小。其表达式如下

NSI＝（水溶解氮/总氮）×100%

PDI＝（水分散蛋白/总蛋白）×100%

从表达式来看二者区别很小，测定原理也相同，但实际上由于测定方法不同，即使测定同一样品，所测定的 NSI 和 PDI 也略有差异。通常 PDI 要略大于 NSI，如图 3-1 所示。

高溶解度的蛋白质有较好的功能性质，也就是说具有良好的凝胶性、乳化性、起泡性，脂肪氧化酶活性也较高，比较容易掺和到食品中，而低溶解度的蛋白质的功能性和使用范围则受到限制。在一定条件下蛋白质的溶解性是由那些影响蛋白质-蛋白质及蛋白质-水之间反应平衡的因素决定的。蛋白质自身的因素包括疏水性、亲水性、颗粒大小、电荷数及质子的空间排列，外部因素如 pH 及各种盐的离子强度和类型都会影响蛋白质的溶解性。下面以大豆蛋白为例，了解影响植物蛋白溶解性的一些主要因素。

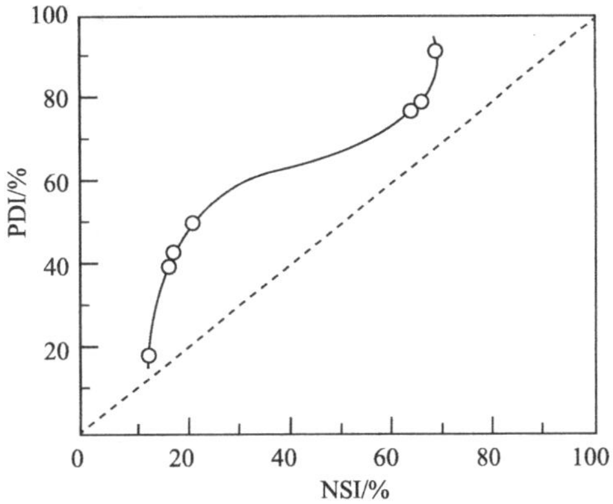

图 3-1　PDI/NSI 关系

1. 大豆蛋白溶解度与抽提液pH的关系

将大豆或低温脱脂大豆粉碎后，用足量的溶剂溶出可溶物质，并将不溶物滤掉，定量滤液中的含氮量，就可以知道它的溶出程度。用水可以溶出原料中氮含量的 80%～90%，但用酸或用碱溶出时，与用水溶出时的情况有很大差异。以横轴为溶出液的 pH，纵轴为氮的溶出率，可绘出一条大豆蛋白溶解度与 pH 的关系曲线（图 3-2）。

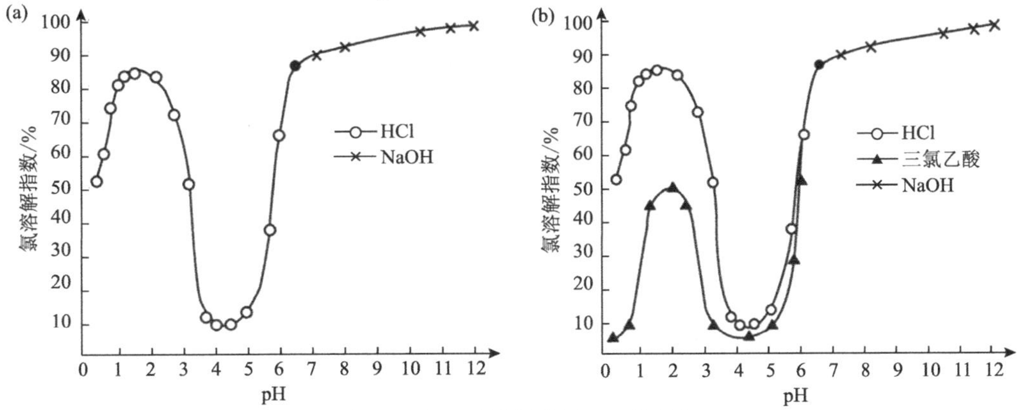

图 3-2　蛋白质溶解度随 pH 的变化

（a）调节剂为HCl和NaOH；（b）调节剂为三氯乙酸、HCl和NaOH

从图 3-2（a）中可以看出，当溶液 pH 为 0.5 时，有 50%左右的蛋白质被溶解，当溶液的 pH 为 2.0 时，约 80%的蛋白质被溶解。其后，随着 pH 的增加，蛋白质溶解度降低，直至 pH 为 4～5 时，蛋白质溶解度趋于最小值，约为 10%，大豆蛋白这时基本不溶解，分离蛋白的制取就是依据此原理进行的。随着溶液 pH 的逐渐增加，蛋白质的溶解度再次迅速增加，在 pH 为 6.5 时，蛋白质的溶解度可达 80%以上，而在 pH 为 12 时，达到最大值，可达到 90%以上。

上述情况是以盐酸和氢氧化钠为酸碱剂调节溶液的 pH 而得到的，不过若以其他酸、碱来调节溶液的 pH，所得曲线也是极为相似的。但若以三氯乙酸代替盐酸，当 pH 小于 4.3 时，大豆蛋白的溶解度则要低得多[图 3-2（b）]。在测定非蛋白态氮时，可利用这一特性先除去蛋白态氮。而以硫酸、磷酸或草酸代替盐酸，则蛋白质的溶解差异性不大。

大豆蛋白的内在因素决定了这种溶解特性。大豆蛋白是由一系列氨基酸通过肽键组成的。尽管在蛋白质内部氨基酸残基的 α-羧基与 α-氨基的电离性在形成肽键时消除，但天冬氨酸与谷氨酸残基的支链羧基、赖氨酸与精氨酸残基的氨基仍可电离，使得蛋白质分子所带净电荷可随环境的 pH 而变化。在较低 pH 时，碱性氨基酸的支链功能基及酸性氨基酸的羧基质子化，因而使蛋白质带正电荷。在较高 pH 时，质子从碱性与酸性功能基被移除，因而使蛋白质带负电荷。在某一特定 pH 时，蛋白质为电中性，此时它具有相等数目的正负电荷，此特定电荷时的 pH 即为等电点，大豆蛋白的等电点约为 4.3。蛋白质所带电荷的多少及性质不同，其在溶液中的三维结构也不同，因而溶解程度及稳定性也就不同。

2. 大豆蛋白的溶解度与共存盐的关系

大豆中存在植酸钙镁，其对大豆蛋白的溶出曲线有所影响。若预先将其除去，全部溶解曲线稍向碱性方向移动，而且在 pH 为 4 时，不溶解的部分大部分都能溶解。此外，溶解度最低的 pH 向碱性方面移动 0.8 左右 pH 单位（图 3-3）。

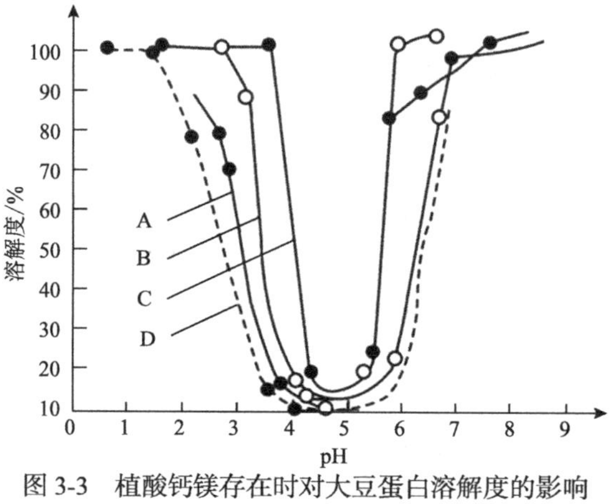

图 3-3　植酸钙镁存在时对大豆蛋白溶解度的影响

A. 未处理；B. 24h透析；C. Dowax-1×10处理后24h透析；D. C中添加植酸钠

除了可以采用透析法除去植酸盐外，还可以根据蛋白质和植酸盐的溶解差异性将植酸盐有效地除去。溶液 pH 对蛋白质和植酸盐溶解度的影响见图 3-4。

从图 3-4 中可以看出，当 pH 为 4～5.5 时，蛋白质的溶解度变化不大，而植酸盐的溶解度在 pH4.0 时为 25%，pH5.0 时为 45%，溶解度差异较大。当 pH 为 10 时，蛋白质溶解度继续增加，而植酸盐的溶解度则下降。当 pH 为 4.0 时，大部分植酸盐与蛋白质由于产生较强的电吸引力的影响而不易分离；当 pH 为 5.0 时，则比较容易分离。因此，可以在 pH 为 9.0 时浸提，而在 pH 为 4.0、5.0、5.5 时沉析，其蛋白质中含植酸盐的量分别为 6.5%、0.4%、0.6%，可利用这种特性除去植酸盐。

大豆粉中蛋白质在水中 pH 为 6.5～7.0 时可溶出 85%左右，若在水中加入一定浓度的中性盐，如 NaCl、K_2SO_4、$CaCl_2$，其氮的溶解情况随盐的种类和浓度而有差异，如图 3-5、图 3-6 所示。

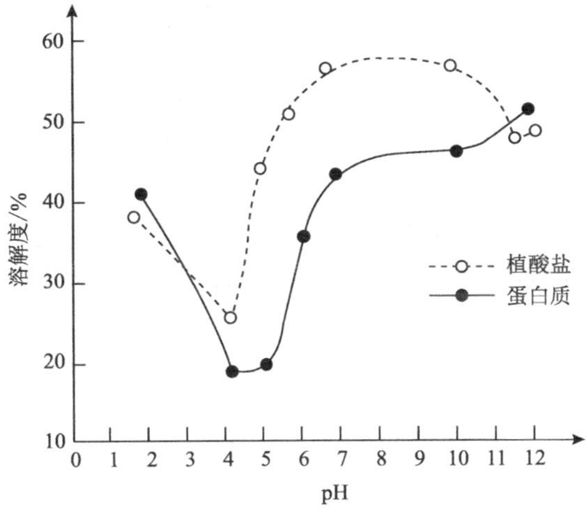

图 3-4　溶液 pH 对蛋白质和植酸盐溶解度的影响

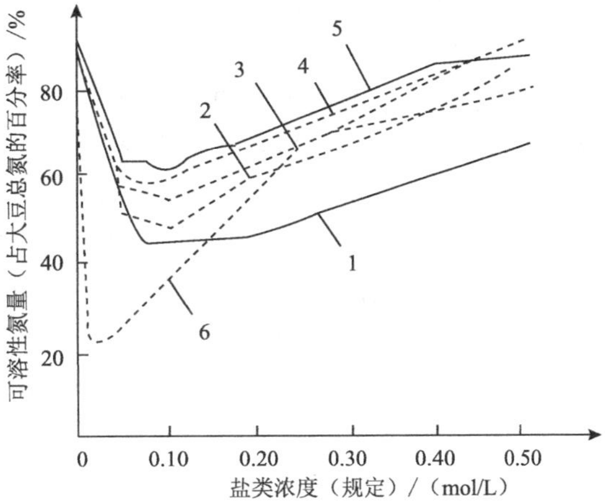

图 3-5　用中性盐从大豆粉中溶出的氮量

1. NaF；2. NaCl；3. NaBr；4. NaI；5. Na_2SO_4；6. $CaCl_2$

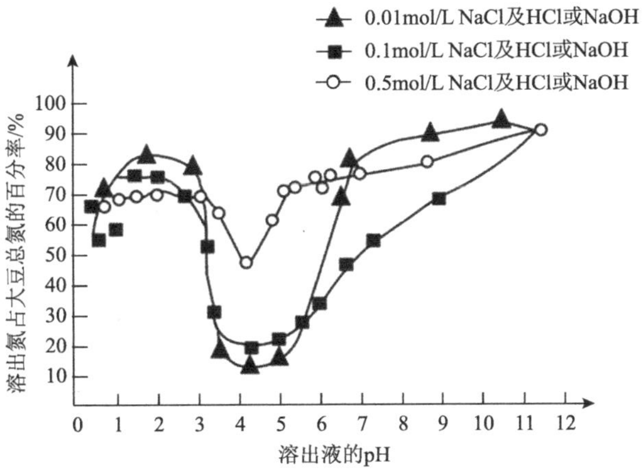

图 3-6　食盐存在下各种 pH 的大豆粉溶出的氮量

一般情况下，不论何种盐类，当浓度达到某种程度时，溶解度逐渐下降；浓度再增高时，随着浓度的增高，溶解度接近于对水的溶解度，pH 的影响减小。溶解度的数值，$CaCl_2$ 为最低，但与酸比较则稍高。由盐类溶出所产生的溶解度曲线，与用水溶出的溶液中加入盐类时所显示的盐类浓度与沉淀蛋白质量的关系曲线相似。从图 3-6 可以看出，当 NaCl 浓度为 0.01mol/L 时，对蛋白质的溶解度影响较小；在 0.5mol/L，pH 为 4～5 时，与 0.01mol/L、0.1mol/L NaCl 相比，溶解度明显增高，这说明 NaCl 的存在可以促进蛋白质的溶解。但 $CaCl_2$ 的存在则有所不同。当 $CaCl_2$ 的浓度为 0.005mol/L 时，几乎没影响；当 $CaCl_2$ 浓度为 0.009mol/L 时，在很宽的 pH 范围内溶解被抑制，即使 pH 为 9 时，溶解度也相当低；相反，当 $CaCl_2$ 的浓度提高至 0.25mol/L 时，大豆蛋白的溶解几乎不受 pH 的影响。

3. 大豆蛋白溶解度与温度的关系

在大豆蛋白食品加工中，为了灭菌，或钝化抗营养因子，或改善风味与去臭，必须对大豆蛋白进行加热处理。为了达到上述加工目的，同时又要防止经过过热会导致蛋白质溶解度降低，可采用瞬间超高温进行处理，即在高于 100℃的温度下对蛋白质溶液进行数秒钟处理，如 135℃下处理 2s。

大豆蛋白的溶解性也受加工过程的影响。在蛋白质热变性温度以内，适当提高温度可提高蛋白质的溶解度，但当温度达到蛋白质变性区域温度后，大豆蛋白的溶解度则随着温度的升高和加热时间的延长而迅速下降，特别是湿热处理大豆蛋白变性更为剧烈。例如，为使脂肪氧化酶和胰蛋白酶抑制剂失活而对大豆蛋白进行的湿热处理会导致大豆蛋白的溶解度降低。根据不同食品体系的要求，大豆蛋白可提供多种溶解度范围，要获得理想的功能特性，大豆蛋白的溶解度应高于 90%。

最近的实验表明，脂类部分是构成磷脂的主要成分，它们的物理化学性质与植物球蛋白-脂质体相似，能够使巯基和蛋白质氧化，结果导致蛋白质溶解度降低。若在蛋白质提取之前用甘油和丙醇将这些极性脂类除去，制得的分离蛋白的溶解度就会大大提高。另外，也可以使用特丁基对苯二酚（TBHQ）或丁基羟基茴香醚（BHA）与 TBHQ 的混合物（浓度为 200mg/L），在提取分离蛋白之前对豆粉进行脱脂抗氧化处理，也可以提高蛋白质的溶解性。在 pH 为 6.8 时，用抗氧化处理及一定分离度的蛋白质制得的大豆分离蛋白的溶解度分别为 55%和 34%。抗氧化处理使溶解度增大，是因为它阻滞了自由巯基和蛋白质的氧化。

二、水化作用

所谓水化作用就是指蛋白质分子通过直接吸附及松散结合，被水分子层层包围起来。蛋白质分子的形态并非规则的，极性基团在表面的分布也很难均一，因此蛋白质分子表面的水化膜也不是均一的，在极性基团较集中的表面吸附着较多的水分子，在极性基团分散的表面吸附水分子就少。加工处理大豆蛋白的条件不同，所得蛋白质分子表面的结构特征也必有差异，蛋白质的水化作用就可能不同。蛋白质水化作用的直接表现是蛋白质的吸水性、持水性和膨胀性。

1. 吸水性与持水性

吸水性就是指干燥蛋白质在一定湿度中达到水分平衡时的水分含量。结合水包括所有水化作用的水及离心后一些与蛋白质分子松散结合的水。一般每 100g 蛋白质含结合水 30～50g。影响吸水性的因素有氨基酸的组成、蛋白质的结构和形态、表面电荷和极性、离子强度、pH、温度。例如，大豆分离蛋白是大豆蛋白产品中蛋白质含量较高的，所以它的吸水能力也是较强的（大约 35g/100g），如图 3-7 所示。尽管蛋白质结构的打开将隐藏的氨基酸一侧的链暴露出来可以增加吸水性，但实际上由于变性蛋白质的聚合，它的吸水能力是下降的。因此，在加工过程中热处理、挤压、组织化都会使吸水能力下降。

植物蛋白除能吸收水分外，也能在食品中保持水分，即具有持水性。持水性是指离心分离后，蛋白质中残留的水分含量。影响植物蛋白持水性的因素很多，除植物蛋白自身的结构基础外，温度、pH、离子强度等都是非常重要的因素。图 3-8 所示为一种大豆分离蛋白在不同的温度和环境下的持水性。从图 3-8 中可以看出，当 pH 为 7、温度为 35～55℃时，大豆分离蛋白的持水能力可达 1400%，也就是说，每克大豆分离蛋白最高可保持 14g 水。

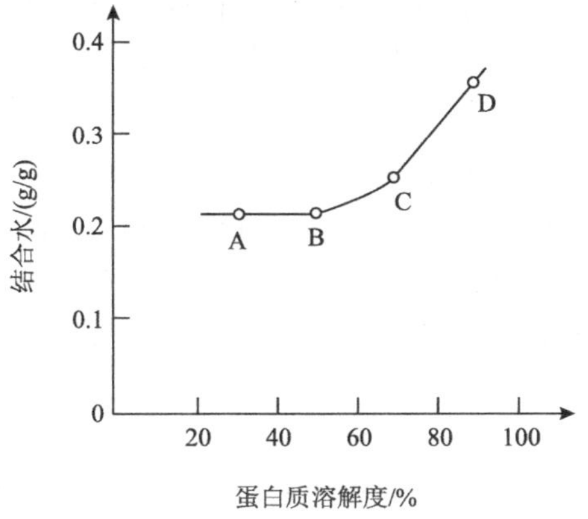

图 3-7 不同蛋白质制品结合水能力

A.加糖浓缩蛋白；B.大豆粉；C.浓缩蛋白；D.分离蛋白

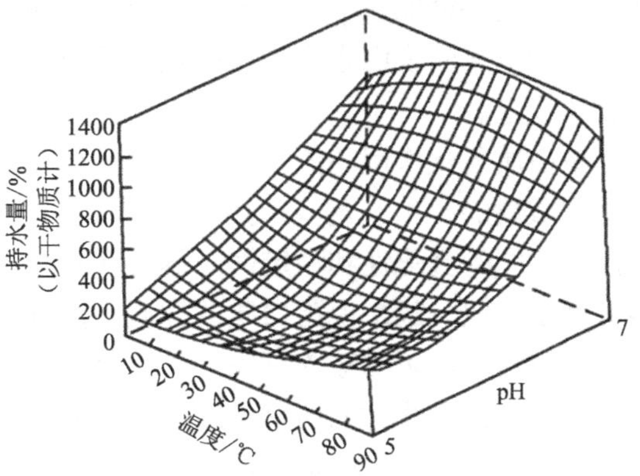

图 3-8　大豆分离蛋白不同温度和 pH 下的持水性

了解植物蛋白的吸水性和持水性，对于改善食品质量、改进生产工艺是非常有益的。植物蛋白的吸水性和持水性常应用于肉制品及焙烤制品加工中，用于肉制品加工，可保持肉汁，保留肉制品良好的口感和风味；用于焙烤食品中，可增加面包产量，改进面包加工特性，减少糕点收缩，延长面包、糕点的货架期。

2. 膨胀性

蛋白质吸收水分后会膨胀起来，即蛋白质具有扩张作用。以一种大豆分离蛋白和在 80℃、100℃烘过 30min 的大豆样品做试验，测得它们的溶解度分别为 53%、24%、15%。它们的自然吸水量分别为每克分离蛋白吸收 9.6mL、15mL 和 20mL 水，说明加热处理可以增加蛋白质的膨胀率。NaCl（0～0.4mol/L）能显著降低分离蛋白的膨胀率（约降低 60%）。膨胀率随 pH 的增加而加大，如 pH 从 5 上升至 9 时，蛋白质膨胀率增加 2 倍。表 3-1 显示了温度与大豆膨胀性的关系。

表 3-1　温度与大豆膨胀性的关系

温度/℃	溶解度/%	膨胀性/（mL/g）	黏度/（Pa·s）
25	53	10	
70	67	17	3.62
80	68	20	7.49
90	71	17	5.28
100	81	14	1.41

三、蛋白质与油、水之间的关系

1. 乳化性

乳化就是油滴不断地水化扩散。乳化性是指蛋白质能帮助油滴在水中形成乳化液，并使之保持稳定的特性。蛋白质为两亲结构，其分子中同时含有亲水基团和亲油基团，能够降低水和油的表面张力。在油水混合液中，分散蛋白有扩散到油-水界面的趋势，并且使疏水多肽部分展开朝向脂质，极性部分朝向水相。植物蛋白用于食品加工时，聚集于油-水界面，使其表面张力降低，促进形成油-水乳化液。形成乳化液后，乳化的油滴被聚集在表面的蛋白质所稳定，形成一种保护层。这个保护层可以防止油滴聚积和乳化状态破坏。同时，蛋白质还能降低水和空气的表面张力，这就是通常所说的植物蛋白的乳化稳定性，使蛋白质、水和脂肪乳胶体稳定。

蛋白质乳化作用的能力在许多食品加工如咖啡乳、柠檬蛋黄酱、沙拉酱、冰点、碎肉中都是很重要的。由于这些产品的组成及生产和贮藏的分裂强度（disrupting stress）不同，因此需要不同的乳化性和稳定性。尽管在复合食品体系中表面活性剂与乳化性的相互关系已经很清楚了，但一般来说蛋白质的性质不能预示乳化性能，因为蛋白质的乳化性也与机械过程及加工过程中能量的输入有关。

大豆蛋白乳化性的研究已经广泛开展。一般大豆蛋白的乳化能力随着蛋白质溶解度的增加而增加。尽管乳化稳定性随蛋白质浓度的增加而增加，但乳化性却是降低的。pH、离子强度、温度也影响大豆蛋白的乳化性。乳化性在碱性条件下是理想的，pH 为 5～6 时乳化性不好，当温度增加到 50℃以上时，乳化能力降低；在 pH 为 7 时，蛋白质（分散）离子强度从 0.03mol/L 增加到 0.05mol/L 时，大豆蛋白的乳化能力增加到了 42%。

图 3-9 是某厂大豆分离蛋白乳化能力与 pH、盐浓度的关系。由图可知，含盐量越低，分离蛋白的乳化能力越高；低盐量（离子强度越小）、高 pH 情况下，乳化能力较强。就大豆蛋白本身而言，变性前后的乳化性相差很大，变性蛋白质乳化性往往较低，不同的蛋白质组分，乳化性也不一样，7S 组分比 11S 组分的乳化稳定性稍好，而乳化活性则明显得高，总体来说，7S 组分比 11S 组分的乳化性好。

用酶或酸使蛋白质水解时，在某些条件下乳化性上升。部分酶水解的植物蛋白乳化活性容易增加，但稳定性降低。

在实际应用中，不同的植物蛋白制品具有不同的乳化效果。就加工肉类制品而言，醇提浓缩蛋白的溶解度低，作为加工香肠用乳化剂不理想，而分离大豆蛋白的作用则要好得多。

2. 吸油性

天然植物蛋白和卵磷脂之间只有微弱作用，但当植物蛋白解离成次单元后通过超声波作用就会和磷脂及甘油三酯形成脂蛋白络合物。豆浆加热生成的浆膜就是一种脂蛋白络合物。

植物蛋白能吸收自由脂肪和结合脂肪，表现出吸油性。植物蛋白在肉制品中能形成乳化液和凝胶基质，防止脂肪的表面移动，促进脂肪吸收和结合，从而减少蒸煮时脂肪的损失。减少肉制品加工过程中脂肪和肉汁的损失，有助于维持外形的稳定性。在油炸食品中，植物蛋白可以防止过多地吸收脂肪，起到控制脂肪吸收的作用，植物蛋白受热变性影响，使油炸食品表面形成油层。植物蛋白制品的吸油性与蛋白质含量有密切关系，大豆粉、浓缩蛋白和分离蛋白的吸油率分别为 84%、133%、154%；组织大豆粉的吸油率为 60%～130%，并在 15～20min 达到吸收最大值，而且粉越细吸油率越高。植物蛋白制品的吸油率主要受 pH 的影响，吸油率随 pH 的增大而减小（图 3-10）。

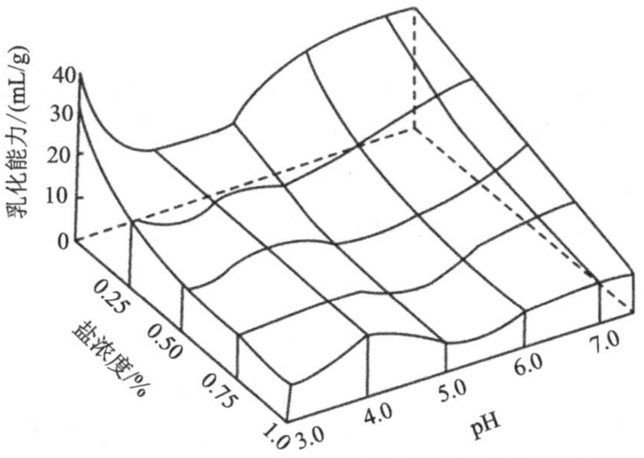

图 3-9　pH 和盐浓度对蛋白质乳化能力的影响

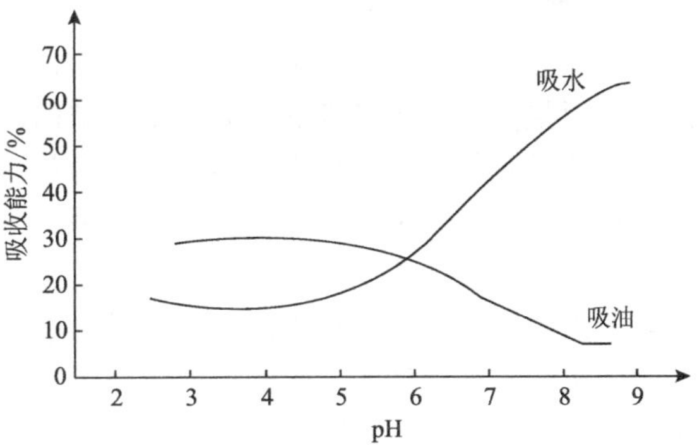

图 3-10　大豆分离蛋白吸油、吸水能力与 pH 的关系

3. 起泡性

小气泡由一层薄的液膜包围，液膜上吸附着溶解的蛋白质，这就构成了蛋白质泡沫。对于泡沫的形成来说，蛋白质应该是可溶的，并且易于在空气和水之间形成有附着力的薄膜。对于薄膜的稳定性来说，它们应有足够的机械强度和黏性以阻止破裂和结合。因此柔韧性与分子间附着力之间的平衡对于产生稳定的泡沫是非常重要的。所谓“稳定”，就是指泡沫形成以后能保持一定的时间，并具有一定的抗破坏能力，这是实际应用的先决条件。

植物蛋白表现出的起泡性与它的溶解性是紧密相关的，有研究表明不同的大豆蛋白产品有着不同的起泡性，大豆分离蛋白的起泡性就比豆粉和浓缩大豆蛋白的好。天然未变性的植物蛋白具有一定的起泡性和泡沫稳定性，但若将植物蛋白进行适当的水解，其起泡性和泡沫稳定性会大幅度提高，这种方法可应用于糖果和蛋白甜饼的生产。用木瓜蛋白酶水解大豆蛋白可产生与鸡蛋蛋白一样的发泡效果，还可用巯基乙醇断开二硫键来提高起泡性。可见，对植物蛋白进行修饰可以提高其起泡性。

不同的方法水解的蛋白质，最佳发泡 pH 不同，通常利于蛋白质溶解的 pH，大多也都有利于发泡，但以偏碱性最佳。糖类可以提高黏度，增加泡沫的稳定性。大豆粉和浓缩大豆蛋白中的酯类具有消泡作用。用乙烷除去中性酯类，用乙醇的水溶液除去极性酯类，这样处理后可显著地提高起泡性。温度也影响植物蛋白的起泡性，通过影响蛋白质在溶液中的分布状态影响起泡。温度过高，蛋白质变性，不利起泡；温度过低，溶液黏度小，吸附速度慢，也不离于泡沫的形成与稳定。将大豆分离蛋白加热到 75～85℃，可提高蛋白质的起泡性。

四、凝胶性

植物蛋白分散于水中形成溶胶体，这种溶胶在一定条件下可以转变为凝胶。溶胶是蛋白质分子分散在水中的分散体系，它具有流动性。蛋白胶体是由内部包水的三维网状结构组成的，影响植物蛋白凝胶性的基本因素有蛋白质浓度、比率、耐热情况和冷却条件。大豆粉和浓缩蛋白形成的胶体软且薄，而分离蛋白形成的胶体坚硬且有弹性。蛋白质的凝胶性是与浓度有关的，大豆分离蛋白形成凝胶，浓度就要小于 8%。通常制备大豆蛋白凝胶是将溶解的蛋白质加热到 80～90℃保持 30min，然后在 4℃下冷却。要制得最大黏性的凝胶所需的温度随浓度的不同而不同。

Catsimpoolas 和 Mcyer（1984）研究了二硫键对大豆蛋白凝胶性的影响。在低浓度下，二硫键的断裂会降低凝胶性；而在高浓度下，则可增强凝胶性。断裂了二硫键的凝胶强度是未修饰过的蛋白质凝胶的2倍。

传统豆腐的生产就是利用这一特性。香肠、午餐肉等碎肉制品也可利用这一特性，通过加入大豆蛋白，赋予其良好的凝胶组织结构，增加咀嚼感。凝胶结构为基质提供了持水、持油、风味及其他食品添加剂的能力，这对各种食品的加工生产是非常重要的。

在蛋白质溶胶中，蛋白质分子呈一种卷曲的紧密结构，表面被水化膜包围着，具有相对的稳定性。通过加热，蛋白质分子就从卷曲状态舒展开来，原来包在卷曲结构内部的疏水基团就暴露出来，而原来在蛋白质分子卷曲结构外部的亲水性基团都相应减少。同时蛋白质分子吸收热能，运动加剧，所以蛋白质分子间的接触、交联机会增加。随着加热过程的继续，蛋白质分子间通过疏水键、硫键的结合，形成中间留有空隙的立体网络结构。这便是凝胶态，也就是大豆蛋白包水的一种胶体形式。凝胶的坚实性随着蛋白质浓度的增加而提高。但是无论多大浓度的溶胶，加热都是胶凝的必备条件。当蛋白质溶液浓度高于8%时，加热可以使蛋白质出现大范围的交联，形成真正的凝胶体。大豆蛋白溶胶的浓度低于8%时，加热以后只能发生小范围的交联，即仅仅用加热的方法是不能形成凝胶的，而是形成所谓的“前凝胶”，这种前凝胶只有通过调节pH或离子强度才能进一步形成凝胶，但这种前凝胶的形成也是必需的，而且在这种情况下形成的凝胶强度也要比前一种情况低得多。利用加热的方法使溶胶转变成凝胶，这个过程是不可逆的。

五、黏度

蛋白质分散液的黏度和流动性问题具有一定的重要性。大豆蛋白分散液的黏度受蛋白质组分的流体力学性质的影响，而这些性质又受到下列因素的影响——温度、pH、电离强度，以及那些能影响分子结构、聚集状态、水化性和膨胀性的加工方法。

图3-11所示为一种分离蛋白的黏度曲线。由图3-11可知，分离蛋白A和分离蛋白B在水中含量低于6%时，黏度很低，且变化不大；分离蛋白C浓度超过8%时，黏度显著增加；分离蛋白D、分离蛋白E在含量高于12%时，才开始显著增加。

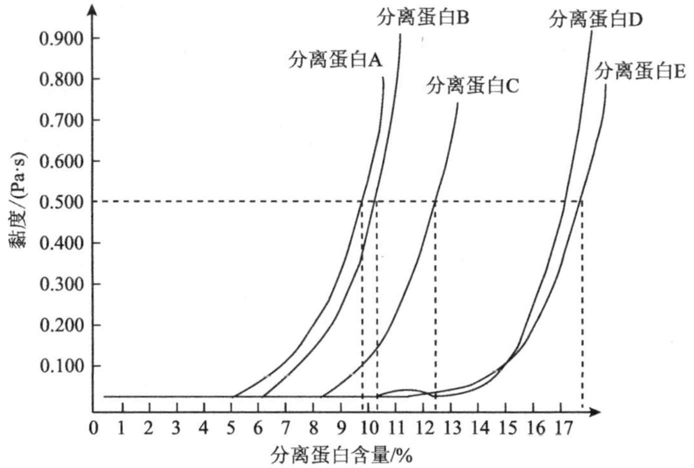

图3-11　A. E. Statev公司分离蛋白黏度曲线

NaCl稳定蛋白质的四级结构，降低植物蛋白分散体的表观黏度。电离强度对蛋白粉分散体的黏度影响不规则。钙能帮助植物蛋白形成一定浓度的悬浊液，在浓度为10mmol/L时，钙可使大豆蛋白分散体的黏度快速增加，从 0.015Pa·s 增加到 1.5Pa·s，高于此浓度，黏度下降。

第二节　油料蛋白的功能特性及应用

一、大豆蛋白的功能特性及应用

近年来，随着大豆蛋白营养价值及经济价值研究的深入，大豆制品在食品中的应用范围也越来越广。大豆蛋白制品不但因为它蛋白质含量高，氨基酸组成丰富，富含钙、磷、铁等矿物质，而且还因为它具有很多功能特性，如与水分子、脂肪的结合能力，乳化作用及泡沫形成能力，以及薄膜形成、凝胶作用、黏合作用等，所以被广泛地应用于多种食品加工体系。大豆蛋白可以做成婴儿食品、代乳粉、饮料、油炸面圈、肉肠黏合剂，也可以作为肉、乳、蛋、鱼等动物性食品的部分代用物和全部代用物。由于世界各国饮食习惯的不同，对大豆蛋白在食品中的使用习惯及形式也不同。

美国将大豆浓缩蛋白高温高压处理，制成类似于肉样的组织化蛋白，利用分离蛋白经过配料在禽类、鱼类、蟹类制品中制成各种各样菜肴，其品质风味与原食品极为接近或更好。大豆浓缩蛋白和大豆分离蛋白在乳制品中的应用极为广泛，可用于制备人造奶酪、人造奶、无奶甜食、酸奶及各种豆奶。

日本将浓缩或分离大豆蛋白加入肉制品，起持水、保脂、防止肉汁分离、提高品质、改进口感的作用。将粉状大豆蛋白加入碎肉烹调食品中，如丸子、饺子等；把大豆浓缩或分离蛋白加入水产熟制品中，如鱼糕、鱼松等，可保持产品的鲜嫩；将大豆蛋白粉或含卵磷脂的大豆蛋白粉加入焙烤类食品中，如面包、蛋糕，可提高营养，改良起泡性、吸水性，改善色泽，防止老化；将大豆蛋白加入面条中，可防止煮糟和老化，增强黏度和持水性。

大豆蛋白功能性在食品加工领域具有广泛的应用前景，如表 3-2 所示。

表 3-2　大豆蛋白的应用

项目	用途	利用功能
粉末状分离蛋白	火腿	持水性、凝胶性
	熏制香肠	黏结性、黏弹性、持水性
	肉灌肠	乳化性、黏结性、黏弹性
	鱼肉膏	黏弹性、持水性
	蟹肉膏	黏弹性、持水性
	汉堡包、烧麦	黏结性、持水性
	饺子、杂酱面	黏结性、持水性
	油炸食品	黏结性、持水性
	调味汁	乳化性
	冰点心	乳化性、持油性
	面类	黏弹性、补充蛋白
	鱼肉肠	黏结性、乳化性
	液体饮料	乳化性

续表

项目	用途	利用功能
粉状蛋白	汉堡包	持水性、保型性、咀嚼性
	烧麦、饺子	持水性、保型性、咀嚼性、持油性
	中华汤圆	持水性、保型性、持油性、咀嚼性
纤维蛋白	肉干	咀嚼性、复原性
	腊肠	持油性、干燥性
	汉堡包	持水性、持油性、咀嚼性
	仿牛肉	纤维性
	植物性火腿	纤维性

（一）大豆蛋白的功能特性

由于大豆蛋白的营养价值高，资源丰富，原料成本低，容易加工，因而大豆蛋白制品越来越广泛地应用于食品加工的各个领域。大豆蛋白的功能特性有很多种，不同的功能特性有不同的用途，只有充分掌握蛋白质的功能特性，才能更好地利用和开发大豆蛋白。

1. 乳化性

大豆蛋白在乳化作用中，起着促进油-水型乳胶液形成的作用，一旦形成，它可以起着稳定乳状液的作用。由于蛋白质是表面活性剂，它聚集在油-水界面，使其表面张力降低，因而容易形成乳状液。乳化的油滴被聚集在油表面的蛋白质所稳定，形成一种保护层，这个保护层就可以防止油滴聚积和乳化状态的破坏。

在实际应用中，大豆粉、浓缩大豆蛋白和分离大豆蛋白在碎肉制品中，广泛地用作乳化剂，醇提大豆浓缩蛋白的溶解度低，作为香肠乳化剂不理想，而分离蛋白作用则好得多。分离蛋白的乳化作用，取决于它的 NSI，分离蛋白的 NSI 为 32%时，对午餐肉不能起稳定乳化作用，只有当它的 NSI 接近 80%时，才能起到良好的乳化作用。表 3-3 中两种大豆分离蛋白，能使大约 42%的油分离，可以用于香肠制造中，而用酪蛋白或浓缩蛋白时，使油分离的数值较高，作为稳定剂的效果不好。

表 3-3 模拟肉制品中蛋白质添加剂的乳化稳定性

蛋白质添加剂	NSI/%	香肠中的脂肪	乳化试验的油
一点不加	0	8.2	0
大豆分离蛋白 A	85.2	0.3	42.4
大豆分离蛋白 E	82.7	0.4	42.7
酪蛋白钠盐	97.8	2.3	54.5
大豆浓缩蛋白	10.7	7.9	96.8

注：NSI 为氮溶解指数（nitrogen solubility index）

2. 吸油性

使用大豆蛋白加工食品时，对肉类制品的吸油性表现在促进脂肪吸收及脂肪结合，从而可以减少蒸煮时脂肪的损失，并且在蒸煮食品中有助于维持外形稳定。

大豆蛋白制品的吸油性与蛋白质含量有密切关系，大豆粉、浓缩蛋白和分离蛋白的吸油率分别为84%、133%、154%。组织大豆粉的吸油率为60%～130%，最大吸油率发生在15～20min，而且粉越细吸油率越高。

在其他食品，如薄煎饼和面包中添加大豆粉，可以帮助煎炸时防止过多地吸收油脂，但大豆粉添加过多，会使油炸面包中出现大豆气味，因此添加量应适当。高NSI豆粉比低NSI豆粉好用，这是由于低NSI豆粉中的蛋白质已经变性。表3-4列出了油炸面食时，大豆粉对脂肪的吸收作用。

表3-4　大豆粉对脂肪的吸收作用

项目	大豆粉的NSI/%	煎炸时脂肪吸收作用/（g脂肪/100g干混合物）
小麦粉混合物	0	27.6
加4%大豆粉的小麦粉混合物	60	22.8
加6%大豆粉的小麦粉混合物	80	11.1

3. 吸水性与持水性

在加工肉制品时，添加大豆蛋白后，即使加热肉制品，也能保持水分，只有保持肉汁，肉制品才有良好的口感和风味。在烤制食品和糕点中添加大豆蛋白，可以提高吸水性，维持食品中的水分，减少糕点收缩，使食品的保鲜时间延长。但要注意相应调整工序及吸水量，否则大豆蛋白会从其他成分中夺取水分，从而影响面团的工艺性能和产品质量。

一般来说，每100g分离蛋白可吸收水分约35g。蛋白质的吸水性能与水的活度A_w有关，水活度越高，吸水能力越强。蛋白质的吸水性与温度无关。

大豆蛋白具有持水能力。它与黏度、pH、电离强度和温度有关。每克大豆粉、浓缩蛋白、分离蛋白分别结合1.3g水、2.2g水和4.4g水。水分保持能力随蛋白质浓度增大而增加，随pH增高而增大，保持水分的最佳温度为35～55℃，5%的NaCl能增进大豆粉持水能力而削弱分离蛋白的持水作用。

4. 黏度

几种不同蛋白制品的黏度中，分离大豆蛋白的黏度大于浓缩蛋白，浓缩蛋白大于大豆粉。固体浓度增高，黏度增大。当pH从5上升到10.5时，黏度增加；超过11时，由于出现大豆蛋白的解聚作用，黏度大幅度降低。表3-5列出了几种蛋白制品的黏度。

表3-5　大豆蛋白在不同含量下的黏度

大豆蛋白制品	黏度/cP			
	蛋白质浓度5%	蛋白质浓度10%	蛋白质浓度15%	蛋白质浓度20%
浓缩蛋白A	0	25	230	2 000
浓缩蛋白B	10	200	330	28 300
分离蛋白A	160	10 500	783 000	783 000
分离蛋白B	1 300	3 200	7 000	25 000

注：1cP＝1×10^{-3}Pa·s

温度与大豆分散体的黏度成正比，从80℃开始，黏度随温度增加；超过90℃时，黏度反而下降，这种变化可能与蛋白质的解离-缔合反应有关。经研究发现，大豆蛋白的这种黏度变化主要是 7S 组分的贡献，而 11S 组分几乎无作用。这种加热以后的蛋白质分散液，冷却时黏度会迅速增大，这是由于形成了凝胶。

5. 凝胶性

大豆蛋白的凝胶性，以及通过胶体结构来保持水分、风味和糖分，对于食品制造很有利。大豆蛋白凝胶的形成，受固体物浓度、速度、温度和加热时间、制冷情况，以及无机盐类、巯基化合物、亚硫酸盐或脂类含量等因素影响。

用大豆分离蛋白可制成结实强韧性的、有弹性的硬质凝胶；而用蛋白质含量小于 70%的大豆制品只能制成软质脆弱的凝胶，如豆腐。蛋白质分散体至少应有 8%以上蛋白质含量才有胶凝作用。蛋白质浓度增加后，就需要提高温度才能达到最大黏度，浓度从 8%升高到 16%，温度就需要从 75℃提高到 100℃以达到最高凝胶性能。

凝胶的坚实性是随着蛋白质浓度而提高的。无论多大浓度的溶胶，加热可以说是胶凝的必备条件，如果加热温度达不到，同样得不到最高性能的凝胶。

6. 起泡性

大豆蛋白具有起泡性，而分离蛋白则具有最高的起泡性。脱脂大豆粉经乙醇处理后会有良好起泡性，天然未变性的大豆蛋白具有一定的起泡性和泡沫稳定性。若将大豆蛋白进行适当水解，其起泡性和泡沫稳定性会大大提高，尤以胃蛋白酶水解物的起泡性为佳。

蛋白质的起泡性与浓度、pH、温度有关。一般在浓度为 22%时，其起泡性及泡沫稳定性较好；有利于蛋白质水解的 pH，大多也有利于起泡，以偏碱性的 pH 最为有利；一般大豆蛋白的最佳起泡温度为 30℃左右。

制品中存有脂质时，对起泡极为有害，它使薄膜不稳定；糖类可提高黏度，增加泡沫的稳定性。一些乳制品、糖果、糕点的加工就是利用这一特性进行生产的。不同蛋白制品的功能性见表 3-6。

表 3-6　不同蛋白制品的功能性

大豆制品	溶解度/%	水分保持率/%	脂肪吸收/%	乳化能力/%	起泡性					
					容量增加/%	容量（mL/kg）				
						1min	10min	30min	60min	120min
大豆粉	21	130	84	18	70	160	131	108	61	120
浓缩蛋白 A	2.3	227	133		170	404	28	13	8	5
浓缩蛋白 B	6.0	196	92	319	135	370	265	142	30	24
分离蛋白 A	16.4	447	154	25	235	670	620	572	545	532
分离蛋白 B	71.1	416	119	22	230	660	603	564	535	515

7. 调色性

大豆蛋白制品在食品加工中的调色作用，表现在两个方面，一是漂白，二是增色。在面包加工过程中添加活性大豆粉能起增白作用，这是因为大豆粉中的脂肪氧化酶能氧化多种不饱和脂肪酸，产生氧化脂质，氧化脂质对小麦粉中的类胡萝卜素有漂白作用，使之由黄变白，结果形成内瓤很白的面包。不过，最近有人对这种解释提出异议，他们认为大豆中的脂肪氧化酶对胡萝卜素并无漂白作用，而是另一种对热敏感的酶有这种作用。

另外，在加工面包时添加大豆粉，可以增加其表皮的颜色。这是大豆蛋白与面粉中的糖类发生美拉德反应的结果。

大豆蛋白的功能性，除上述这些外，还有一些如结膜性、附着性、结团性、组织性等。这些特性从机制上看，都可归结为上述特性的某种表现形式。

（二）影响大豆蛋白品质的成分

影响大豆蛋白品质的成分研究得比较多的有胰蛋白酶抑制剂、脂肪氧化酶、血细胞凝集素、尿素酶、植酸。

大多数酶是一种具有特殊功能的蛋白质，是一种独特的生物催化剂。任何使蛋白质变性的因子，也会同时破坏酶的活性。酶的主要特性是热钝化作用，在80℃时，合适的湿度只要几分钟，就可以使大部分酶失去催化作用。

1. 胰蛋白酶抑制剂

胰蛋白酶抑制剂是一种蛋白质。生大豆中含有1.4%的库尼兹（Kunitz）胰蛋白酶抑制剂和0.6%的鲍曼-贝尔克（Bowman-Birk）胰蛋白酶抑制剂。它们的性能见表3-7。

表3-7　库尼兹胰蛋白酶抑制剂和鲍曼-贝尔克胰蛋白酶抑制剂的特性

特性	库尼兹胰蛋白酶抑制剂	鲍曼-贝尔克胰蛋白酶抑制剂
等电点	4.5	4.2
相对分子质量	21 500	7 975
氨基酸残基/个	197	72
胱氨酸残基数/（个/mol）	2	7
对热、酸、胃蛋白酶的稳定性	不稳定	稳定
胰凝乳蛋白酶的抑制作用	低	高
胰的扩大	+	+

由表3-7可以看出，两种胰蛋白酶抑制剂的等电点都处在偏酸性范围内，Kunitz胰蛋白酶抑制剂的相对分子质量约为Bowman-Birk胰蛋白酶抑制剂的3倍，Bowman-Birk胰蛋白酶抑制剂对热、酸、胃蛋白酶的稳定性及对胰凝乳蛋白酶的抑制作用均强于Kunitz胰蛋白酶抑制剂，这是因为前者每克分子具有7个胱氨酸残基，而后者只有2个，其中7个二硫化物有效地起着稳定分子结构的作用。据报道，这两种抑制剂均能使老鼠和小鸡的胰脏肿大，但对猪的胰脏无明显影响。迄今为止，尚未明确这两种抑制剂是否有导致人体胰脏肿大的作用。

大豆胰蛋白酶抑制剂的热稳定性是大豆加工中较为关注的问题之一。胰蛋白酶抑制剂的热稳定性比较高，在80℃时，其残存活性仍然较高。如果要进一步降低胰蛋白酶抑制剂的活性，就必须提高温度。试验时将提取的胰蛋白酶抑制剂置于沸水中，调节pH为2～10，经加热到121℃观察胰蛋白酶抑制剂钝化后的效果。

当pH为3.0时，虽然经过加热40min，仍保留有70%胰蛋白酶抑制剂的活力，但当pH为9.0时，胰蛋白酶抑制剂经10min加热，可以说全部钝化了。破坏胰蛋白酶抑制剂的活力，增加蛋白质的吸收效率，一般认为直接蒸汽加热比干热效果要好，直接蒸汽加热 100℃、20min 即可。胰蛋白酶抑制剂活性及蛋白质的吸收率的变化情况见图 3-12。对于大多数的大豆食品及其生产工艺来说，胰蛋白酶抑制剂通过蒸汽加热大都失去了活性，从而使大豆食品的营养价值达到令人满意的程度。

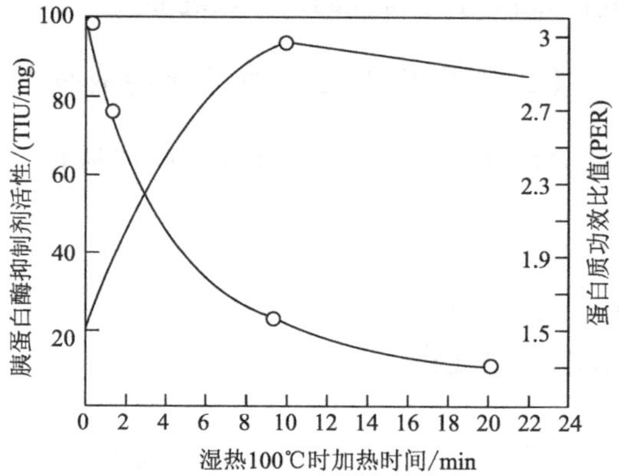

图 3-12　蒸汽加热对于胰蛋白酶抑制剂活性及蛋白质效率的影响（豆粕）

2. 脂肪氧化酶

大豆中脂肪氧化酶具有很大的活性，当大豆籽粒破碎后，只需有少量水分存在，脂肪氧化酶就可以与大豆中的亚油酸、亚麻酸等底物反应，发生氧化降解。用现代分析手段已鉴定出近百种氧化降解产物，其中许多成分与大豆的腥味有关。正己醛是具有代表性的挥发性化合物。

在焙烤食品中，在面粉中加入 1%（按面粉质量计）含脂肪氧化酶活力的大豆粉，能改进面粉的颜色和质量。这是由于脂肪氧化酶催化反应的中间产物——脂肪氢过氧化物，对胡萝卜素有漂白作用，因而可使面包瓤增白，这种作用不仅仅限于面包和面粉，对许多食品加工都可以发生。

大豆粉脂肪氧化酶在漂白面粉的同时，还能氧化面筋蛋白，从而改善面团的流动性，以及面包的体积和软度。

上述作用对于食品加工都是有利的。但在其他情况下，由于脂肪氧化酶的作用，产生一些不良风味，导致食品的质量下降。因此，破坏食品材料中脂肪氧化酶在许多情况下就显得十分必要。使脂肪氧化酶失活的主要方法有加热、调节 pH、使用化学抑制剂。加热灭酶，在食品加工中简单易行。图 3-13 显示了热处理条件对脂肪氧化酶活性的影响。从图 3-13 中可以看出热处理温度和时间与大豆脂肪氧化酶活性的关系，温度大于 84℃时，脂肪氧化酶彻底失活；温度低于 80℃时，脂肪氧化酶活性虽有降低，但仍能保持一定值。加热灭酶的原理就是通过热变性使脂肪氧化酶失活。

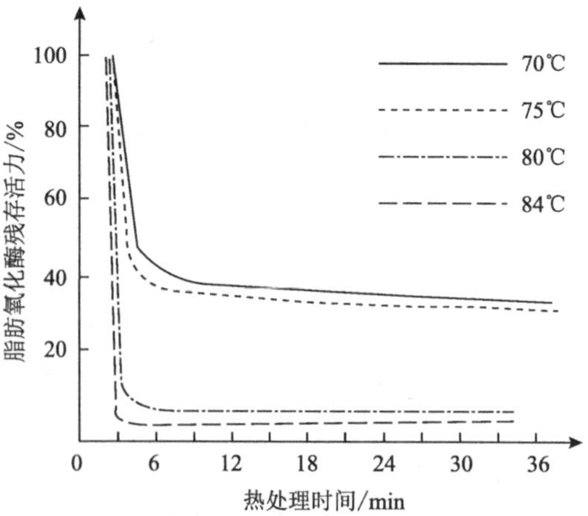

图 3-13　热处理条件对脂肪氧化酶活性的影响

加热钝化脂肪氧化酶的方法虽然简单易

行，且被生产者广泛应用，但这种方法在使脂肪氧化酶钝化的同时，其他蛋白质也随之发生变性，使大豆蛋白的功能特性降低，结果导致一系列产品质量问题，如豆乳生产中蛋白质溶出率低、产品易分层沉淀等。所以探寻一种温和的、只抑制脂肪氧化酶的方法是十分必要的。经研究发现半胱氨酸与柠檬酸联用作为抑制剂，可以使大豆脂肪氧化酶钝化。

脂肪氧化酶在 pH 低于 4 时活性极低，pH 为 7～8 时活性最高。因此可以将含有抑制剂的浸泡液的 pH 调至 3.5 左右，用浸泡液浸泡大豆或大豆粉，使抑制剂浸入大豆内部与酶长时间接触，导致酶失活，而在这期间没有酶促反应发生，腥味强度不会增加，此后再将 pH 调到所需值，这样操作，可以使腥味显著降低。实际上，应用半胱氨酸和柠檬酸的组合，由于它们都是有机酸，加入后能使体系的 pH 降低到 3.5 以下，因此在浸泡过程中可使酶处于钝化状态，没有新的氢过氧化物生成，进而不会有新的挥发性致腥物质生成。半胱氨酸不仅可以抑制脂肪氧化酶的活性，而且还可以与已经生成的挥发性物质，如醛等羰基化合物或环氧化物反应，以减弱已形成物质的致腥程度。半胱氨酸也可以与生成的脂肪酸氢过氧化物相互作用，阻断其进一步分解成致腥物质。另外，半胱氨酸的加入还可以补充大豆蛋白中含硫氨基酸的不足，提高了蛋白质的效价。

3. 血细胞凝集素

血细胞凝集素是一种能使动物血液中红细胞凝集的物质。已发现大豆中至少有 4 种蛋白质能使兔、鼠的红细胞凝集，这些蛋白质称为血细胞凝集素。4 种血细胞凝集素都是糖蛋白，包含有甘露糖和葡糖胺，主要的血细胞凝集素含有 4.5%甘露糖和 1%葡糖胺。

4 种血细胞凝集素所含氨基酸基本相同，其不相同的部分主要是碳水化合物的含量，以不同等电点法可以有效地提取这几种蛋白体，这些血细胞凝集素一般都是浓缩于乳清中。

脱脂大豆粉含有约 3%的血细胞凝集素，这种血细胞凝集素的分子质量为 110kDa。胃蛋白酶很容易使血细胞凝集素失去活性，它经过胃很难幸存下来，即使未消化的血细胞凝集素，由于它的分子质量很高，也不可能在大肠中被吸收并与红细胞接触。至今仍无证据证明摄入血细胞凝集素后有红细胞的凝集作用发生。曾报道过，血细胞凝集素的腹腔注射可使老鼠致死；在加热过的大豆膳食中添加 1%的纯血细胞凝集素，用它喂老鼠，老鼠就停止生长，其毒性机制尚不清楚。

大豆血细胞凝集素受热很快失去活性，甚至活性完全消失。因此，若在大豆食品的生产过程中进行加热处理，血细胞凝集素就不会对人体有什么不良影响。

4. 尿素酶

大豆中的尿素酶能对尿素转化为氨及二氧化碳的反应起催化作用，因此当反刍动物需要添加尿素以强化饲料时，对尿素酶的钝化很必要。尿素酶钝化后对动物的营养吸收有明显的好处。

尿素酶易受热失活（图 3-14），且易准确测定，所以尿素酶活性常作为确认大豆制品湿热处理程度的指标。图 3-14 采用的是 pH 增值法测定尿素酶活性，随着温度的升高，碱性降低，说明尿素酶催化水解产生的氨的含量减少，酶活性降低。

大豆蛋白是热敏性物质，而尿素酶也是水溶蛋白，受到湿热处理时会失去活性。当尿素酶遭到破坏时，也将导致 NSI 的变化和蛋白质中某些氨基酸的损失，使得大豆的营养价值降低。因此，利用测定 NSI 的方法也可以确定大豆制品的湿热处理程度。图 3-15 表示了尿素酶活性与 NSI 的关系，随着尿素酶活性的降低，其 NSI 也随之降低；用 105℃湿热处理，尿素酶活性从 50mL/g 降低至 20mL/g，NSI 从 45%降至 13%，而用 110℃湿热处理时，尿素酶活性从 38mL/g 降低至 2mL/g，NSI 由 22%降至 10%，说明尿素酶的活性与 NSI 的关系会由于湿热处理条件的不同而略有变化。

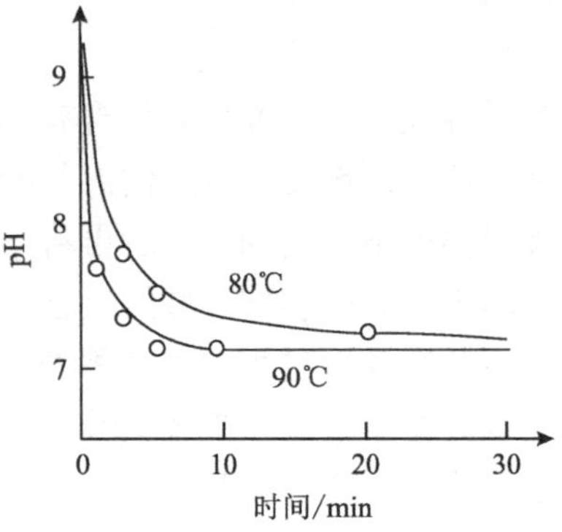

图 3-14　加热对尿素酶活性的影响

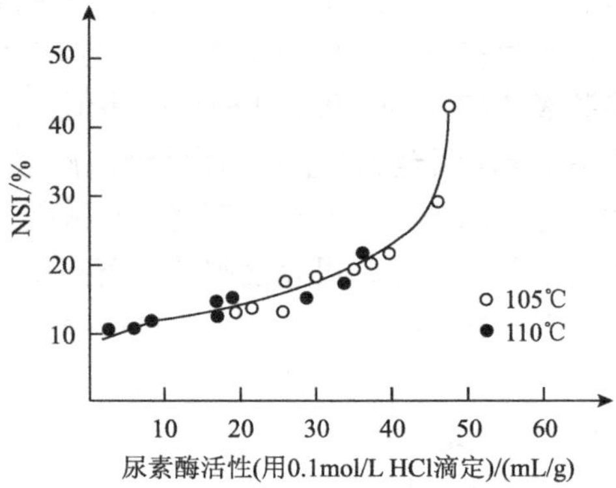

图 3-15　尿素酶活性与 NSI 的关系

5. 植酸

植酸比较普遍地存在于一般植物中，当用大豆或大豆制品进行喂养试验时，观察到试料中植酸对于微量金属元素锌吸收的影响，锌在人体及动物食品中含量比较小，但是它在生化功能方面的作用是不可忽视的。

用分离蛋白作饲料时，因锌的影响其效果比其他饲料要差，这主要是由于形成了植酸-蛋白质-微量金属的复杂络合物。有人提出了用植酸：锌的化学比值，来断定在高含量植酸中锌的生化活力。分子比值超过 20：1 时，显示出锌的活力很差。而钙、铁和其他金属物质对锌会产生重大的影响。有人研究了在人类食物中增加铁与锌的比值[（0～3）：1]，当在溶液中含有 25mg 锌时，加入相当的 $FeSO_4$ 时，就可以降低锌的络合程度。

蛋白质和植酸的结合也能降低锌的生化活性。由于植酸、蛋白质与锌等形成络合物，从而降低了锌在人和动物营养中的生化功能，因此应设法在蛋白质制取过程中减少和除去植酸。

（三）大豆蛋白制品中气味的产生及防止

大豆蛋白是一种很好的营养食品，但大豆固有的豆腥味及苦涩味限制了它在食品加工中的广泛应用。多年来，一些科学工作者做了不少的研究，在不良气味产生的原因、防止及改善大豆食品涩味等方面取得一定的进展。

1. 蛋白质制品产生气味的根源

1）*挥发性风味组分*　　科学工作者从大豆挥发性物质中测出一系列组分，在这些组分中，正己醛、异戊醛及正庚醛散发有大豆的青草豆腥味。二甲氨散发鱼腥味，但含量甚少，仅有 1.5μL/L。正己酸、异己酸、正辛酸三者略有青豆气味，含量也甚少。

2）*不挥发性的风味组分*　　Arai（2001）曾用乙醇溶液（1：1）浸提大豆粕粉，浸出液用乙醚处理，乙醚溶解部分有强烈的酚味，目前已知有 7 种酚酸：丁香酸、香草酸、龙胆酸、水杨酸、P-羟基苯酸、阿魏酸、香豆酸。

水溶液浸提部分包括有绿原酸、异绿原酸、新绿原酸、隐绿原酸等。

脱脂大豆磷脂经紫外线照射时可产生强烈的苦味，大豆磷脂酰胆碱（SPC）的苦味强度随氧化强度而加强，当氧化 SPC 达到 6μg/g 时，就感到苦涩味。一般来说，脱脂豆粕中至少含有 0.08%的 SPC，氧化 SPC 可达到 80μg/g。

3）氧化多不饱和酸带来的风味　大豆中含有脂肪氧化酶，当这些氧化酶作用于游离的或酯化的多不饱和脂肪酸时会产生不良的气味。这是因为脂肪的氧化作用会产生一种氢过氧化物，这种过氧化物一经分解又会转化成为易挥发的和不挥发的化合物。在全脂和脱脂的大豆片及变质豆油中，这些化合物已被分离和鉴定出来。在这些化合物中，最可能产生青豆腥味的是正己醛、3-顺己醛、正戊基呋喃、顺式-2-呋喃、反式-2-呋喃、乙基乙烯酮。

美国北方研究所中心通过对大豆及大豆蛋白制品的研究指出，大豆中亚麻酸、亚油酸经脂肪氧化酶促进氧化形成氢过氧化物，其分裂物有青草及豆腥味。亚麻酸氢过氧化物 10μg/g、亚油酸氢过氧化物 50μg/g 即有青草豆腥味及霉变的苦味。

2. 蛋白质制品气味的改善及防止

无论气味来自何种根源，最根本的一点是，大豆含有较多的亚麻酸，存在有大量的脂肪氧化酶，如果对这两种因子进行处理和控制，将改善和防止不良气味的产生。

1）钝化脂肪氧化酶　将粗碎大豆或大豆粉通以蒸汽，使脂肪氧化酶钝化而失去活性，并使一部分有味物质随蒸汽而挥发。脂肪氧化酶活力与加热温度、时间和大豆含水率有关。利用蒸汽加热、控制大豆含水率和加热时间对整粒大豆进行钝化试验的结果见图 3-16。

从图 3-16 中可以看出，含水率越高，钝化速度越快，一般用直接蒸汽温度 100℃、钝化 3min 即可使酶活力降至 0.1 以下。

在进行加热处理后的大豆中添加酸碱，可使钝化脂肪氧化酶作用显著加快。

利用乙醇溶液浸泡大豆也能钝化及破坏脂肪氧化酶的活力。此法的缺点是不能完全破坏脂肪氧化酶的活力。另外，处理过的大豆如果再用水浸 24h 又可恢复脂肪氧化酶的活力。

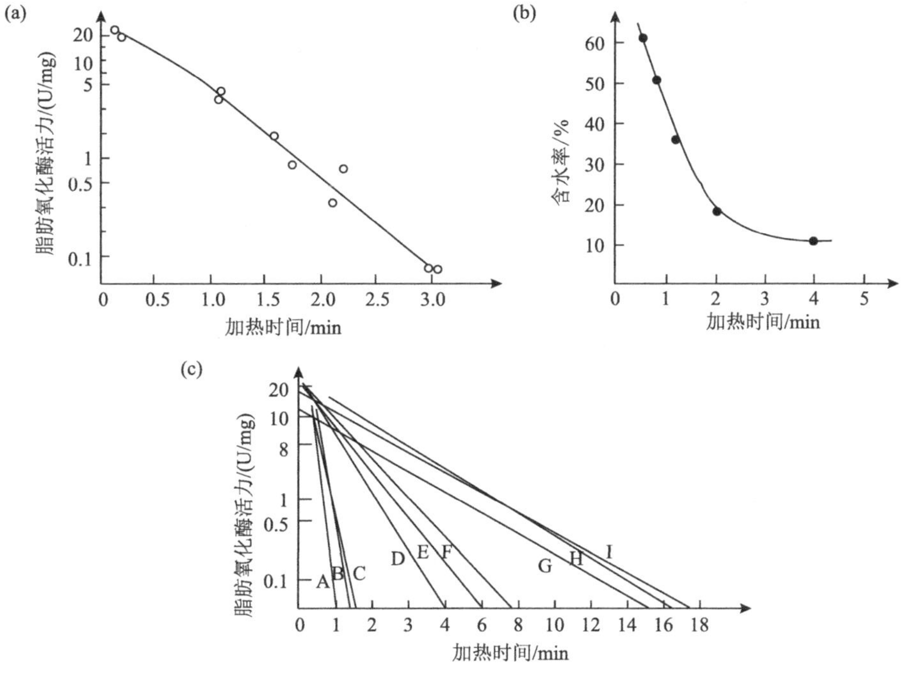

图 3-16　大豆钝化试验结果

（a）加热时间与酶活力关系；（b）加热时间与大豆含水率的关系；（c）大豆含水率和加热时间的钝化效率，其中，A、B、C的含水率为14%～20%；D、E、F的含水率为8.0%；G、H、I的含水率为5.5%～6.0%

2）化学添加剂　采用化学添加剂可以使大豆有味成分分解，从而除掉气味。所采用药剂有过氧化氢、亚硫酸还原剂，在处理后用离子交换树脂将残存的多数药剂除去。

3）气味掩盖　由于大豆食品有不良气味，在大豆食品中添加适量的香料，如谷氨酸、酱油等，可适当掩盖豆腥味，改善风味。

（四）大豆蛋白制品的应用

1. 大豆蛋白在肉制品中的应用

大豆蛋白制品包括脱脂大豆粉、浓缩大豆蛋白、分离大豆蛋白及组织化大豆蛋白等，均可以用于肉制品，既可作为非功能性填充料，也可作为功能性添加剂，改善肉制品的质构和增加风味，充分利用不理想或不完整的边角原料肉。大豆蛋白的应用应该着眼于经济性和营养性，其次才是功能性。从经济性角度讲，就是价格较低，替代一些肉可以降低产品成本。从营养性角度讲，将大豆蛋白制品用于肉制品可以使产品具有低脂肪、低热能、低胆固醇、低糖、高蛋白、强化维生素和矿物质等特点。

近年来，对加工食品已严格限制使用防腐剂，因此，加工食品杀菌时的加热条件变得更加严格。高温加热会使肉的组织遭到破坏，变得很柔软，失去了肉的触感，但组织化大豆蛋白不会因加热而出现以上问题，其口感使人感到仍有肉的特点。此外，在加工处理工艺中，用泵输送原料时，肉的组织易遭到破坏，从而使成品的口感遭到破坏。但如果添加机械耐性强的组织化大豆蛋白，便可以保证制品品质的稳定。由此看来，组织化大豆蛋白在碎肉制品加工中，不仅是肉的代用品，而且是一种必需的原料。

脱脂大豆粉、组织化大豆蛋白可以替代一些肉，应用于碎肉制品（如汉堡牛肉饼、肉丸子、肉汤、灌肠类）中，从而降低产品的成本。其发挥的主要功能是吸水和吸油。这样做不但可减少加工中的损失，降低油腻感，还可以降低成本。这些营养价值较高的大豆制品添加到肉制品中，不仅可以提高产品蛋白质的含量，而且可以降低动物脂肪及胆固醇的含量。对于浓缩蛋白和分离蛋白，由于它们本身价格较高，在使用时可以利用它们的功能性（如乳化性、吸油性、吸水性、凝胶性和黏着性）来改善制品品质。

利用大豆蛋白的加工特性，有助于提高肉禽产品的感官、质地和风味，采用大豆蛋白盐水注射整块肌肉后，可提高产品的嫩度和减少蒸煮损失。一些资料报道，已经开发了多种防止火腿类加工和流通过程中肉汁损失的方法并开始广泛利用，即将分离蛋白分散液注入像火腿那样的肉块而不破坏肌肉组织的制品中。罐装肉制品中加入大豆蛋白，可改变产品的汁液吸收和减少脂肪沉淀。

在传统的中国食品（如馅饼、肉包子、饺子等）中添加适量的（30%左右）组织化蛋白代替部分猪肉、牛肉、羊肉，其大豆制品不损害食品的营养性及适口性。在档次较高的肉制品中加入成本较高的浓缩大豆蛋白、分离大豆蛋白，由于其功能性较强，使用量为2%～5%时，就可以起到持水、保脂、防止肉汁离析、提高品质、改善口感的作用。在美国，分离蛋白还被用于牛肉、鸡肉、鱼或虾制品中，据说可以使这些商品在流通领域中的损失减少15%～30%。

以上都是强调大豆蛋白在肉中作为添加剂而代替部分肉来使用。其实目前大豆蛋白还被直接制成仿真肉，如植物“牛肉”等。美国的华盛顿食品公司、鲍卡汉堡（包）公司、拉伊特拉伊夫公司和耶布公司等许多企业现在都在市场上供应以大豆为基础材料的肉类替代制品，它们在味道、组织结构和外观上近似于肉、家禽或鱼肉制品。最早的肉替代品用大豆粉制成，现在已改由组织化大豆粉、大豆浓缩蛋白、大豆分离蛋白或者由它们按比例组合处理加工而成。

2. 大豆蛋白在面包及其他焙烤食品中的应用

在面包中添加大豆蛋白制品主要目的有两个：一是提高营养价值，二是改善加工性能。利用大豆蛋白的加工特性，提高了面制品的质量，增加了面制品的色、香、味。如果预先在面粉中添加一定量的大豆蛋白粉，由于它有吸水性、持水性，不但生产出的面包质地柔软，蛋白质的营养价值较高，而且可以防止面包老化，延长货架期。

小麦粉的重要特征是它含有面筋蛋白，其面筋的形成决定着面团的质量及面包的体积。由于大豆蛋白粉不含面筋蛋白，因而面团中添加大豆蛋白粉会直接影响面筋的形成。一般如果面粉中添加的大豆蛋白粉不超过 3%，不需添加改良剂，只需增加一些水，即可保证面包体积不缩小；如果添加大豆蛋白粉达到了 5%，可按面粉质量加入 $1/10^5$～$3/10^5$ 的溴酸钾，使面包有正常的体积，否则面包就会体积变小、组织变硬；如果小麦粉添加了 16%的大豆蛋白粉，可加一些蔗糖酯，生产出的面包质量会令人满意；在主食面包中，如果大豆蛋白粉添加量增加到 24%，则同时添加 0.5%的硬脂酸钠-2-乳酰酯，有助于面筋和络合物的形成，强化面团的网状结构，不会对面包容积产生不良影响，并可制出优质面包。添加适量（5%以下）的大豆蛋白粉生产的面包可获得以下质量改观：容易制成光滑的面团，使面团的机械耐性得到改观；面包体积增大；表皮的色泽好；表皮薄而柔软；通过测定压缩度表明，面包可保鲜 2 天；风味变好。

加工面包所用豆粉以非活性豆粉为好，而全脂大豆粉的添加量可以比脱脂大豆粉相对高一些。

在生产饼干时，在面粉中添加 15%～30%的大豆蛋白粉，可以提高蛋白质的含量，增加其营养价值，并且能够增加饼干酥性，还有保鲜作用。在炸面圈时，加入一些脱脂大豆蛋白粉，可以防止透油，这样可以省油。另外，由于其吸水性，可以调节混合面的水量，使其改善风味和色泽及组织状态。

3. 大豆蛋白在挂面及方便面加工中的应用

加工面条时，加入适量的大豆蛋白粉在面粉中，面团吸水性好，面条水煮后断条少，煮的时间长。由于吸水量大，可以提高面条的得率，而且面条色泽好，口感与强力粉面条相似。面条中大豆粉的添加量以 2%～3%为宜，添加量过多时，豆腥味加重，容易煮断条，且煮后面条颜色过深。

添加活性大豆蛋白粉的方便面口感好，有咬劲，爽滑，面条的脆性明显下降，复水快，这是因为大豆蛋白具有凝胶性等特点。添加大豆蛋白粉后，大豆蛋白充分吸水产生一定的黏度，并呈胶体状，使得面条致密光亮，但添加量达到 6%时，反而会影响面条的烹调性。另外，随着大豆蛋白粉添加量增加，方便面中含油量会有不同程度下降，这是因为蛋白质遇热变性，在油炸面食的表面形成油层。添加量为 3%时，含油量降低 4.3%；添加量为 4%时，含油量降低 5.7%；添加量为 5%，含油量降低 6.7%；添加量为 6%时，含油量降低 7.75%。

4. 大豆蛋白在其他食品中的应用

1）在乳制品中的应用 大豆蛋白制品，尤其是粉末状分离蛋白，具有与脱脂奶粉极相似的机能特性，因此，很久以前就有人开始探讨大豆蛋白在除奶油外的几乎所有乳制品中的利用问题。例如，在冷饮（如冰淇淋）、咖啡乳、小吃食品、糖果中，可直接利用大豆蛋

白的乳化性、起泡性、黏稠性等性质。在国外，实用化进展最迅速的是咖啡乳，美国咖啡乳总产量的 70%～80%是利用植物性脂肪或蛋白质制成的组合食品。国外一些外包装上印着“植物性蛋白”的高级食品在市场上已经出现。

分离大豆蛋白和乳清结合起来使用，其乳化作用比脱脂奶粉好，且价格也较便宜，因此在许多糖果的配方中，可部分代替脱脂奶粉。另外，在巧克力制品中，加入了分离大豆蛋白和乳清的混合物后，可以减少巧克力黏附在加工设备上的情况，且这种巧克力食品感官性状及物理性能俱佳。

利用大豆蛋白制品代替乳制品制作食品时，出现的共同缺点是风味和色泽的变化，即乳制品特有的乳味变淡，代之而来的是豆腥味，色泽也有由明快的乳白色变成灰白色的倾向。此外，干酪和酸奶发酵过程中所产生的风味会出现差异，同时组织或口感也出现变化，这些都是有待今后解决的问题。分离蛋白用于生产冰淇淋时，可用来代替脱脂奶粉，由于陈化使黏度显著增加，对冷冻时气泡的稳定有效果，此外还可以起到改善冰淇淋乳化性质、推迟冰淇淋中乳糖结晶的作用，防止起砂现象发生。

2）在婴儿食品中的应用　大豆蛋白可以以不同的形式存在于很多婴儿食品中，如可用谷类和脱脂大豆粉为主要的配料形式与蔬菜、肉食一起制成食品，也可用浓缩大豆蛋白和分离蛋白添加到配制食品中，如含大豆粉的小甜饼、煨牛肉、鸡肉食品等。对吃牛乳不适应的婴儿，可用脱脂豆粉生产的高蛋白乳代替一部分牛乳，或用含有分离蛋白、维生素和甲硫氨酸的其他食品喂养婴儿。

3）在饮料生产中的应用　近年来，在美国以大豆为主要原料或以大豆蛋白作为添加剂的食品中，饮料已达数万种。美国消费者逐渐接受用豆奶替代牛乳，越来越多的人喜欢豆奶的风味和口感。各种各样的大豆蛋白饮料都得到很大的发展，以大豆蛋白为原料可制作人造乳、咖啡、豆奶、豆奶酪、果汁豆奶等，并可添加一系列调味香精如果汁、巧克力、植物油、糖、柠檬酸等，味道及营养成分都良好。酸豆乳饮料又称为发酵豆乳饮料，它是以豆乳为主要原料，经乳酸菌共生发酵产生乳酸，再配以酸味剂、甜味剂及果蔬汁之类调制而成具有浓缩乳风味的豆类饮料。根据其中乳酸的来源不同，可分为发酵型和调酸型。

乳酸发酵豆乳，使原料豆中的有害酶类被破坏，消除了豆腥味，减少了胀气成分的含量，具有清新的乳酸发酵风味，并含有乳酸菌体及其代谢产物，对人体的肠胃功能有良好的调节作用，可以增进消化机能，促进食欲，加速胃肠蠕动和机体代谢。此外，一些乳酸菌还能形成 B 族维生素。因此，乳酸菌饮料是一种营养保健饮料。

4）用作蛋黄代用品　用浓缩蛋白、分离蛋白制成的蛋黄填充剂，产品质量令人满意。蛋黄填充剂的制备是把大豆蛋白与小麦粉混合，然后添加保湿剂、卵磷脂、乳化剂和香料，混合后磨碎而成的。

5）用于发酵食品　用大豆或脱脂豆粉生产发酵食品已有很久的历史，主要应用在生产酱油、豆酱等方面。有关酱油和豆酱的生产，将在第四章介绍。

6）制罐头　组织化大豆蛋白又称为素肉，其蛋白质含量在 50%以上，含有人体所必需的 8 种氨基酸，是一种高蛋白营养食品。将它加工成四鲜植物蛋白肉罐头，就可以成为可随身携带、方便食用、具有高营养价值的食品。

7）早餐谷物中的应用　大豆蛋白和异黄酮也可作为早餐谷物等食品具有特色的原料、辅料。一般大豆异黄酮在食品加工的加热处理时很稳定，十分适用于以挤压制品为主的许多食品中。

焙烤制品是极适合添加大豆异黄酮的食品，在此类制品中可以直接以功能性粉状原料的形式添加异黄酮。使用浓缩提取物型大豆异黄酮时，其用量受到一定的限制。虽然异黄酮的添加对产品的功能特性无不利影响，但在添加使用浓缩型大豆异黄酮时，只限于供成年人用的食物复原制品、饮料及快餐营养棒。

各种大豆蛋白制品已被广泛应用于营养棒和谷物早餐制品中，它们包括大豆粉、大豆颗粒、组织化大豆蛋白粉及颗粒状的大豆浓缩蛋白、组织化大豆浓缩蛋白和大豆分离蛋白等各种产品形式。

目前已有的方法是将大豆浓缩蛋白和分离蛋白材料与大米粉和其他原料混合均匀后，一起进行挤压加工处理，制成用作谷物早餐的高蛋白米松脆饼和西式小甜饼。

8）*用于起泡剂*　用胃蛋白酶使蛋白质水解，蛋白质在等电点区的不可溶性即可消失。水解大豆蛋白可用作糖蜜和发泡糕点的起泡剂，这种水解物也可加到食品、糕饼的混合料中去，以增加鸡蛋蛋白发泡时的体积。大豆蛋白又可作为泡沫稳定剂，如啤酒中的泡沫稳定剂。大豆蛋白用酸进行水解制得的产物可作为酱油和与肉相似的香料，这种与肉相似的香料是这样制成的：先用盐酸将浓缩大豆蛋白进行水解一直到35%～38%的总氮转变成为α-氨基酸或54%～89%的肽键断裂为止；然后，用氢氧化钠调节水解物pH至4.5～7.0，并进行喷雾干燥。这种水解产物赋予性能温和的材料一种与肉相似的风味，这些材料可加到肉中作为增补剂或胶黏剂，也可加到人造肉中以增添风味。

二、花生蛋白的功能特性及应用

（一）花生蛋白的功能特性

花生中蛋白质的含量为24%～36%，与几种主要油料作物相比，仅次于大豆而高于芝麻和油菜。长期以来，花生主要用于榨油，留在饼粕中的蛋白质含量高达50%以上，由于变性或有机溶剂污染，难以分离食用，多用作饲料或肥料，致使花生蛋白资源未能得到合理的利用。因此，探索分离花生油和花生蛋白的新工艺，以达到油脂和蛋白质双重利用的效果，已引起国际的普遍关注。花生蛋白是一种营养价值较高的植物蛋白，它含有人体必需的8种氨基酸，易被人体消化和吸收。其中，谷氨酸和天冬氨酸的含量高于大米、面粉和玉米，其有效利用率高达98.4%。花生中含有比大豆更少的抗营养因子，被认为是一种极具开发潜力的乳糖不耐症消费者的蛋白质基料和牛乳等动物奶类的替代品。

花生蛋白能溶于稀碱溶液中，也能溶于10% NaCl或KCl溶液，作为一种植物蛋白资源被广泛应用于食品工业，除了作为食品添加剂外，更重要的是利用其功能特性。花生蛋白的功能特性主要包括持水性、湿润性、膨胀性、黏着性、分散性、溶解度、黏度、凝胶性、乳化性、起泡性等。这些功能特性不仅仅与蛋白质的氨基酸组成、分子大小及结构形态等固有属性有关，而且还与其他蛋白质相互作用的食物组分如水、离子、脂肪等，以及所处的环境如温度、pH、电离强度等有关。在等电点4.5，其溶解性、起泡性和持水性都最低。当温度达到55℃时溶解度开始下降，但随着温度的升高，起泡性增加、持水性下降，在蛋白质浓度约为35%时，其起泡性最好。

利用花生蛋白的吸水性、持水性、吸油性、乳化性等特性，可将其用作肉制品的黏合剂，也可添加到香肠、鱼肉肠、火腿、法兰克福肠、午餐肉等畜禽肉制品中，可有效保持肉汁水分不流失，加工中风味物质不损失，促进脂肪吸收，制品不产生走油现象。通过添加花生蛋白粉，使制品组织细腻、质地良好、风味诱人、富有弹性。

花生蛋白可以大大改善食品的加工特性，是一种广泛应用于食品工业中的食品添加剂。花生蛋白的抗乳化性和保湿性强，成膜性和抗氧化性好，是制备可食性食品保鲜膜的理想基料。

为了进一步拓宽花生蛋白的应用领域，目前有关花生蛋白改性的研究越来越受到人们的关注。改性后花生蛋白的抗乳化性、保湿性、成膜性、抗氧化性及持水性等均有提高，因此在食品工业中有较好的应用前景。利用疏水双官能团试剂（如2, 4-甲苯二异氰酸酯）对植物蛋白进行改性，其产品可用来对疏水性合成纤维进行整理，赋予其吸湿性、透湿性和自然手感。花生蛋白还可用于植物蛋白纤维的开发利用，意大利、英国等多家公司曾探讨从花生饼粕中提取蛋白质进行纺丝。利用酶法改性后的花生蛋白抗氧化性明显提高的特点，可将其作为日用化学品的抗氧化剂。此外，改性花生蛋白还可作为木材的胶黏剂、涂料或油漆中的胶黏剂，以及油墨、防火泡沫材料和胶状橡胶产品的乳化剂。

（二）花生蛋白的应用

在欧美等发达国家，花生主要被用来制作花生酱、花生蛋白制品及各种糖果糕点、休闲食品。由于花生蛋白良好的功能性质和营养特性及花生的良好风味，花生蛋白已经被应用于许多食品加工中。发达国家的一些研究机构，相继开发出各种高蛋白食品、减肥食品等花生深加工产品。美国、日本在花生分离蛋白技术方面研究居世界领先地位，他们可以生产注射、乳化、凝胶、分散、肉粒、肉粉等80多种类型的产品，广泛应用于肉食品、乳制品、焙烤食品和保健食品等行业。在我国主要有以下应用。

1. 用作食品的添加物

利用花生蛋白的香味和溶解特性，即溶解度大、水解程度高，可生产代乳品、饮料等强化食品，或单独冲调，或与奶粉等混合冲调饮用，可形成稳定的胶体溶液，产生令人易于接受的愉快风味。另外，在面包原料中加入含氨基酸丰富的花生蛋白粉5%，在饼干中掺10%的花生蛋白粉，生产出来的面包、饼干口感、风味好，营养丰富。

花生蛋白代替15%～20%的面粉用于面包的烤制品中，不仅能使花生蛋白和小麦蛋白的氨基酸互补，提高营养价值，而且可改善面包光泽性、柔软性、颜色及风味。花生蛋白添加到肉制品中，可增强其抗氧化能力。

2. 与乳品混合使用

印度将花生分离蛋白与牛乳混合，研制成功“米尔顿”混合乳，用作母乳代用品。我国将花生蛋白与山羊乳按比例配合，研制出乳香花生粉。花生蛋白与牛奶混合使用，可望成为缓解牛奶供应紧张的有效途径。

3. 花生蛋白肉

将脱脂花生粉加水25%、纯碱0.7%、食盐1%，混合均匀，利用挤压膨化方法改变花生蛋白的组织形态，经仿丝集束、挤压喷爆等加工处理，模拟畜禽肉使之具有瘦肉感，即为组织化花生蛋白，俗称花生蛋白肉，蛋白质含量为5.5%左右。花生蛋白肉可用于加工肉制品，如将组织化花生蛋白按比例加入到香肠（火腿肠）中，可降低瘦肉添加量，而不降低产品外观和质量，且减少制品在加工过程中水分损失和脂肪溢出；可应用于休闲食品中，组织化花生蛋白作为仿肉原料，可直接加工成各种风味肉样食品，如仿制烤羊肉、猪排、小肚丝、鸡肉小香肠、咕噜肉、牛肉等，营养丰富、食用方便；还可直接制成素食，如将组织化花生蛋白用热水泡发挤干，加上各种调料，可制成各种凉拌菜和素什锦。

4. 制高蛋白饮料

用花生蛋白经发酵后制得的花生蛋白酸乳，是一种高蛋白、低脂肪的饮料，经常饮用可抑制肠道内腐败细菌的繁殖，刺激胃酸的分泌，增强胃肠道的消化功能。花生蛋白也可直接配以糖料、矿物质、维生素、香料等，经溶解、均质灭菌即可饮用。

以水解花生蛋白液和橙汁为主要原料制备的花生蛋白饮料，既富含易被人体吸收的活性短肽、维生素和矿物质，又具有诱人的色泽和风味，是一种集感官享受和保健功能为一体的功能性饮料。

5. 花生蛋白肉浸胶制造

取脱脂花生蛋白 400g，加水 2L，在高压锅中分解 4h 后过滤，稀释滤液，通入 SO_2，使滤液 pH 达 4.8，进行脱色漂白。在此条件下，高分子蛋白质也同时沉淀下来，过滤后，滤液置真空蒸发釜中，在 10℃下浓缩、喷雾干燥为粉状。

6. 花生蛋白活性多肽开发

蛋白活性多肽具有重要的生理功能，消化吸收性好，食品安全性高，可应用于婴儿和儿童配方食品、减肥食品、运动员食品和医疗食品，被视为“新兴的营养保健源”和“极具发展潜力的功能因子”。蛋白肽的营养、功能性和生理功能均强于蛋白粉，既可用作功能性食品添加剂（花生香味料），也可开发为直接食用的终端产品，在食品、饮料、医药和日用化工领域有着广泛的应用前景。世界各国都已生产出大豆蛋白活性多肽和动物蛋白活性多肽，各种其他植物蛋白活性多肽的逐步开发是一种必然。

7. 吸油持水剂

利用花生蛋白的吸水性、持水性、吸油性、乳化性等特性，将花生蛋白添加到香肠、法兰克福肠、午餐肉等畜禽肉制品中，可保持肉汁，促进脂肪吸收，使油-水界面张力降低，乳化的油滴被制品表面的蛋白质所稳定，形成保护层可防止乳化状态被破坏。因此，制品的组织细腻，口感良好，风味诱人，富有弹性。在碎肉食品中，它可以减少蒸煮时的质量损失，并且有助于维持外形的稳定。花生浓缩蛋白（PPC）和花生分离蛋白（PPI）的吸油性见图 3-17。

由图 3-17 可见，花生分离蛋白的吸油性略高于花生浓缩蛋白，可能是因为蛋白质含量不同造成的。除了蛋白质的含量外，蛋白质的疏水性、温度、pH 等都会影响到蛋白质产品的吸油性。吸水性是用来衡量蛋白质产品吸附水的能力大小的一项指标。花生分离蛋白的吸水性明显高于花生浓缩蛋白的吸水性，主要是由于分离蛋白中蛋白质的含量大于浓缩蛋白中的含量。

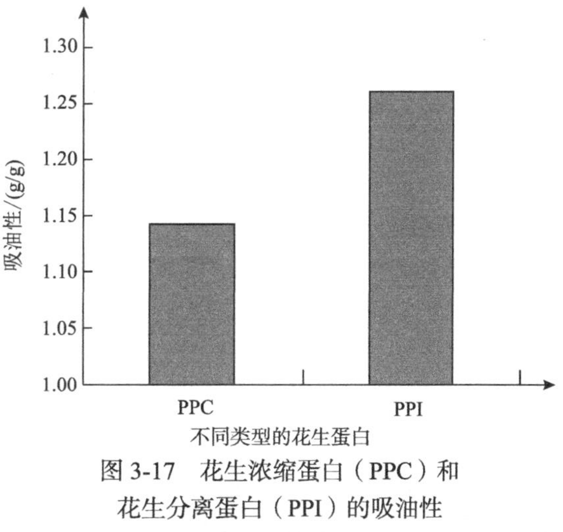

图 3-17　花生浓缩蛋白（PPC）和花生分离蛋白（PPI）的吸油性

8. 发泡稳定剂

蛋白质的发泡能力是指蛋白质能降低气-液界面的表面张力而帮助形成气泡的能力。泡沫稳定性是指蛋白质维持泡沫稳定存在的能力。通常蛋白质能通过吸附在气-液界面形成一个保护膜，阻止其聚结而变大，从而起到稳定泡沫存在的作用。花生蛋白粉经酶法或碱法处理后，是很好的起泡剂，可广泛应用于糖果、中西糕点、冰淇淋等食品中。例如，在充气糖果生产中，加入 1%～2%的花生蛋白泡粉，控制温度在 35℃左右、浓度 25%左右，同样可以起到蛋白粉或明胶的作用；还可作为汽水的发泡稳定剂，用于汽水、啤酒等饮料中。

9. 花生蛋白膜的研制

具有生物降解和环保特性的可食性蛋白膜正日益引起人们的重视。与化学合成膜相比，大部分蛋白膜具有良好的阻气性。由于花生中的蛋白质含量较高，因此花生蛋白膜的研究已成为国外研究的热点。Jangchud 等（1999）经过试验证明甘油是蛋白质凝集过程中良好的可塑剂，认为花生蛋白膜在维持中等湿度食品的潮湿特性上具有良好的前景。蛋白质成膜的功能特性与一些因素如蛋白质的成分和结构、热敏性、亲水能力等有密切的关系，可通过不同的物理化学方法改善花生蛋白膜的一些特性。刘砚等研究花生分离蛋白膜的最佳配方为（质量分数）：花生分离蛋白为 6.0%，甘油加入量为 1.5%，增筋剂加入量为 0.5%，形成致密的网络结构，使花生分离蛋白可食性膜具有较高的延伸率，并能有效地阻止水蒸气的迁移。

10. 花生蛋白水解物生产花生香味料

花生经过高温烘烤就会产生呋喃、吡嗪、吡咯、吡啶等浓郁的、诱发食欲的香味成分。这些香味物质主要是花生中天然游离的含氮化合物或花生蛋白经高温水解成的小分子肽，与还原糖等发生的美拉德反应生成物。浓香花生油的生产工艺需要烘烤花生就是这种原因。研究人员采用脱脂花生粕进行生物酶水解，应用这些水解物与不同的还原糖反应，可以生成逼真的浓郁天然花生香味。在美国应用这种方法生产的香味物质已被用于强化工业化生产的低脂肪花生酱。

应用不同的氨基酸、还原糖及脂类化合物，配合水解花生蛋白，在不同的温度、pH 和介质中进行不同时间的反应，就会生产出不同的食品香味（包括肉食香味）物质。应用水解花生蛋白的美拉德反应生成的食品风味，与应用化学合成的成分调制的食品香精相比，不仅与天然香味更逼真，而且在食品中的留香时间更长。

总之，花生蛋白性能优良，口味独特，无论添加到动物食品还是植物食品中，均起到改善食品品质、强化食品营养的作用。花生蛋白制品具有独特的香气和品味及耐咀嚼质地，在日常饮食中深受广大消费者的欢迎，因此应用前景十分广阔。

三、芝麻蛋白的功能特性及应用

（一）芝麻蛋白的功能特性

1. 溶解性

芝麻蛋白溶解度受 pH、温度、离子强度影响。其在 pH 为 4.5 附近时溶解度最低，当 pH 大于 4.5 时，溶解度随 pH 增大而增大，在 pH 为 11.0 时达到最大。其最佳促溶温度为 50℃，低于 50℃时，芝麻蛋白溶解度随温度升高而增大，但高于 50℃时则相反。添加电解质有促溶作用，低浓度下（1mol/L），添加浓度越大，离子数目越多，促溶越明显。

2. 乳化性

芝麻蛋白的乳化性与蛋白质浓度、pH、添加物及水解程度等有关。随蛋白质浓度增大，其乳化能力与乳化稳定性也不断提高。pH 在 4.5 附近时，乳化能力和乳化稳定性最低；当 pH

大于 4.5 时,乳化能力与乳化稳定性则随 pH 增大而增大,且在碱性条件下呈现较好的乳化性。其中芝麻浓缩蛋白（SPC）比脱脂芝麻蛋白粉（DSF）乳化能力好，且也随 pH 增大，乳化能力增强，但乳化稳定性下降。加入 NaCl 能增强芝麻蛋白乳化能力和乳化稳定性，并随添加 NaCl 浓度的增大而增大，在 NaCl 为 0.4mol/L 时，乳化性最佳。芝麻蛋白未添加卵磷脂时，其乳化能力比卵磷脂低 22%，但当加入 10.73%卵磷脂后其乳化能力与鸡蛋黄乳化值相当。李秀凉等对芝麻分离蛋白不同水解度的乳化能力和乳化稳定性做了研究，结果如图 3-18 和图 3-19 所示。当水解度开始增加时，蛋白质的乳化能力随之增加，水解度为 5%时蛋白质的乳化能力达到最大。进一步水解，乳化能力开始下降，当水解度大于 10%后继续水解，蛋白质的乳化能力下降较为缓慢。此外，随着蛋白质的水解，乳化稳定性逐渐变低，当水解度达到 10%以后，乳化稳定性变差。

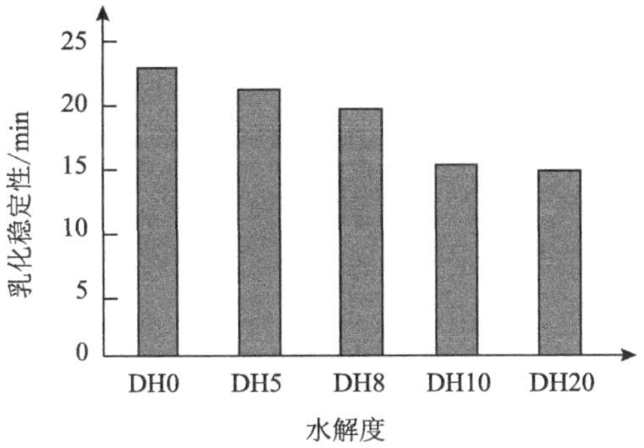

图 3-18　水解度与芝麻蛋白乳化稳定性的关系

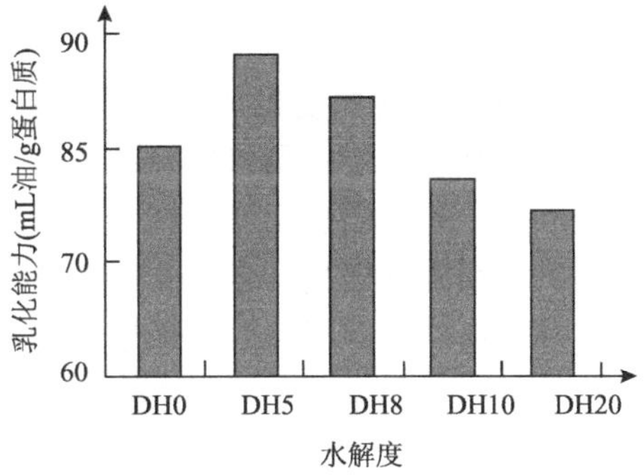

图 3-19　水解度和芝麻蛋白乳化能力的关系

3. 黏度

水分散系里，在 pH 为 6.0、温度 80℃或 pH 为 7.0、温度 90℃时，10%芝麻蛋白便会形成假塑性。芝麻蛋白黏度随 pH 增大而变大，并在 pH 为 11.0 时黏度最大。在 25℃且 pH 为 5.5～8.0 时，因其黏度太低而检测不出。但当水分散系在 80℃下加热 1h，pH6.0 时，其黏度最大，此时再增大 pH，对黏度影响不大；但 pH 低于 6.0 时，会发生凝结；当把此分散体系加热到 90℃时，pH 在 7.0 以下则出现凝胶，pH 从 7.0 上升到 7.5 时，分散系黏度陡然增加，此阶段可获得良好的凝胶。

4. 凝胶性

芝麻蛋白组分主要是 13S 球蛋白，能形成良好的凝胶。蛋白质凝胶有赖于 pH、离子浓度和温度，芝麻蛋白最低凝胶浓度为 6%。在 pH7.0、添加 2%NaCl 溶液的条件下，有 40%芝麻蛋白时，就能形成凝胶，此时凝胶是由不同类型的亚基蛋白所形成的，蛋白质与水、蛋白质与蛋白质仅形成弱的相互作用。当 pH 为 10.0、NaCl 浓度为 5%时，所得凝胶则是由同种类型蛋白质形成。芝麻蛋白 13S 球蛋白凝胶比大豆蛋白具有更高硬度、咀嚼性和胶黏性，但其持水力低于大豆蛋白，且芝麻 13S 球蛋白凝胶几乎不溶于稀盐、稀酸和中性溶液。但当把脂肪酸盐（油酸钠或亚油酸钠）与芝麻蛋白以 75∶1 的摩尔比混合时，所得凝胶较柔软，且持水力和透明度均明显增加。

5. 持水力

芝麻蛋白受 pH 影响，在等电点 4.5 处持水力最小，为 0.8mL/g。在 40～100℃时，其持水力与温度呈负相关。添加 NaCl 有利于芝麻蛋白含水量增大，并随加入 NaCl 浓度的增大而增大。在 0.1mol/L NaCl，温度 95℃、pH6.3 条件下制得组织化芝麻蛋白，在 pH7.0 时有最大含水量（440mL/100g 蛋白质），将此蛋白质在 121℃下蒸馏 20min，其组织化蛋白结构没改变；在 pH 为 7.5 时，其含水量较 pH 为 7.0 时低，但其持水性可达最大为 83.5%，且在相同条件下蒸馏 20min，组织化蛋白结构也没发生改变。

6. 起泡性

芝麻蛋白起泡性和泡沫稳定性较差，且受 pH 影响，在等电点处最弱。有研究表明，芝麻蛋白在 pH 为 4.5 时起泡性和泡沫稳定性最差，分别为 300mL/g 和 40mg/g。在等电点以外的酸性和碱性范围内，其起泡性和泡沫稳定性较好。在水分散系里，加入 NaCl 能提高芝麻蛋白的起泡性及泡沫稳定性，当 NaCl 浓度达 0.6mol/L 时，其起泡能力和泡沫稳定性最佳，泡沫能保持 120min；而在分散系中加入蔗糖，随着蔗糖浓度增加，起泡性和泡沫稳定性均下降。

（二）芝麻蛋白的应用

1. 芝麻蛋白在肉制品加工中的应用

由于芝麻饼粕蛋白具有良好的风味，较好的黏度、起泡性、复水性、溶解度和乳化能力，将其制成蛋白粉可用于添加到红肠、火腿、午餐肉等制品中，可有效保持肉汁水分不流失，加工中风味物质不损失，可促进脂肪吸收，使其制品组织细腻、质地良好、不产生走油现象。一般芝麻蛋白在肉制品中的添加量为 5%～10%。

2. 芝麻蛋白在谷物烘焙制品中的应用

在面包、蛋糕、馒头中添加脱脂芝麻粉，可以改善谷物的营养价值，使含硫氨基酸含量增高，还可使产品结构富有弹性，添加量为：面包 4%～10%（脱脂芝麻粉质量百分含量），蛋糕 8%～10%，馒头 7%～15%。用在面条中可增加面团韧性，不容易断条，制品滑爽有咬劲儿。

3. 芝麻蛋白在植物蛋白饮料及冷冻食品中的应用

将芝麻饼粕蛋白制成脱脂芝麻蛋白粉，可用于生产固体饮料，如芝麻蛋白奶粉、芝麻糊、芝麻液体饮料（芝麻乳），同时还可进行乳酸菌发酵生产芝麻酸奶，将其加入到冰激凌中可增加制品的乳化性，改进产品质量，改善营养结构。

4. 制作副食品、调味品和休闲食品

脱脂芝麻蛋白粉可经煮炼、脱色制成芝麻腐竹。将芝麻蛋白粉挤压改性后制成芝麻蛋白肉。此外，还可与淀粉食物混合，经挤压膨化处理，制成休闲食品。芝麻蛋白粉含有较丰富的蛋白质及适宜的碳水化合物，是制作酱油的好原料。芝麻蛋白粉的功能性是食品加工过程中非常重要的性质和质量控制指标，也是多数流体食品加工过程中不可忽视的设计依据，且芝麻蛋白分散液在产品配方结构、口感控制方面也具有重要意义。

5. 制作芝麻蛋白活性多肽食品

近年来的研究结果表明，动植物蛋白经过酶解，不仅蛋白质的理化性质有很大提高，容易被生物消化吸收，具有一定的生理活性，有些已作为天然食品抗氧化剂和保健食品而广泛关注。植物多肽主要用酶法制备，碱性蛋白酶具有用量少、酶解效果好的优点，是生产植物多肽的优质蛋白酶。国内对芝麻蛋白酶解的报道主要是关于对蛋白质性质和水解工艺方面的探索，对芝麻蛋白活性多肽的研究多见于对芝麻蛋白水解液清除超氧阴离子自由基（$\cdot O^{2-}$）和羟基自由基（·OH）能力的评价，但尚未见对其他功能活性的报道。

此外，芝麻蛋白具有乳化功能，乳化稳定性较好，可用作食品乳化剂。芝麻蛋白的生产由于受各种因素的限制，到目前为止还没有形成大批量的生产，有关芝麻蛋白的各种应用还有待进一步开发。

四、菜籽蛋白的功能特性及应用

（一）菜籽蛋白的功能特性

菜籽蛋白作为一种巨大的完全蛋白资源，能否在食品工业上得到广泛的应用，其很大程度上取决于它的功能特性。菜籽蛋白的功能特性具体如下。

1. 溶解性

菜籽蛋白的溶解性受 pH 影响。当 pH 小于 8 时，菜籽蛋白 NSI 比较低，尤其在 pH 为 3～7 时，这个范围为菜籽分离蛋白等电点区域；偏离这个范围，特别是在碱性条件下，菜籽蛋白的溶解度随着 pH 的增大而增大；当 pH 大于 10 以后，NSI 趋于稳定。NSI 随 pH 呈波浪形增长，并出现两个甚至多个等电点，主要是因为菜籽分离蛋白组成复杂，等电点和相对分子质量相差较大的缘故。

2. 持水性

菜籽蛋白的持水性受 pH 的影响。当 pH 在 3～7 时，菜籽分离蛋白持水性较低，而偏离这一范围，其持水性随 pH 的升高而增强。这主要是由于菜籽分离蛋白在等电点区域内净电荷为零，溶解性最小，导致蛋白质分子与水分子之间的结合能力下降。

3. 吸油性

菜籽蛋白的吸油性与温度有关。随着温度的上升，菜籽分离蛋白吸油性呈下降的趋势，这主要由于在较低温度下，油的黏度高而导致蛋白质吸油性增加。

4. 起泡性及泡沫稳定性

菜籽蛋白的起泡性及泡沫稳定性与 pH 有关。当 pH 在 3～7 时，菜籽分离蛋白起泡性差，偏离这一范围，起泡性随着 pH 上升而提高，这说明菜籽分离蛋白起泡性与其溶解性存在一定关系。此外，泡沫稳定性随时间的延长而明显降低。

5. 乳化性及乳化稳定性

菜籽分离蛋白乳化性在等电点区域内较低。当 pH 大于 7 时，乳化性随 pH 的增加而增大，这主要是因为菜籽分离蛋白溶解性增加有利于乳化体系的形成。菜籽分离蛋白乳化稳定性随时间的延长而降低。

6. 菜籽分离蛋白与大豆分离蛋白功能特性比较

菜籽分离蛋白与大豆分离蛋白功能特性对照见表 3-8。

表 3-8 菜籽分离蛋白与大豆分离蛋白功能特性对照

功能特性	条件	菜籽分离蛋白	大豆分离蛋白
NSI/%	pH=7	36	88
持水性/（mL/g）	pH=7	3.0	3.9
吸油性/（mL/g）	30℃	1.2	1.3
起泡性/（mL/g）	pH=7	204	220
泡沫稳定性/（mg/g）	pH=7，30min	116	150
乳化性/（mL/g）	pH=7	51	45
乳化稳定性/min	pH=7，30min	47	40

由表 3-8 可知，菜籽分离蛋白 NSI、吸水性、吸油性、起泡性及泡沫稳定性均低于大豆分离蛋白，但其乳化性及乳化稳定性略高于大豆分离蛋白。

（二）菜籽蛋白的应用

由于菜籽蛋白营养价值较高，持水性、乳化性、起泡性等都较好，且由菜籽蛋白水解得到的多肽还具有一定的抗氧化活性，因此可被应用于食品及添加剂、动物饲料、药品及保健品、化工及材料等相当广泛的领域。

1. 菜籽蛋白在食品及添加剂中的应用

菜籽蛋白营养丰富，氨基酸比例比较均衡，且具有较好的加工特性，因此其在食品中具有广阔的应用前景。菜籽蛋白可以像大豆蛋白一样制成蛋白肉，也可以按一定比例添加到火腿、香肠等中，作为肉类的替代品；菜籽蛋白可以制成粉状，像大豆粉、核桃粉及花生粉一样与奶粉结合制成菜籽蛋白奶粉；菜籽蛋白也可以乳化后添加到饮料中，制成高营养、高能量的饮料；菜籽蛋白还可以作为食品添加剂，增加食品的风味。赵妍嫣等（2011）以菜籽饼粕为原料，通过酶解反应制备菜籽蛋白，再经美拉德反应制备肉味香精，并对反应的参数条件进行了优化，得到了肉味综合评分很高的肉味香精产品。

2. 菜籽蛋白在动物饲料中应用

菜籽饼粕经过水相脱毒、生物发酵等方法，脱除其中的硫代葡萄糖苷、单宁、植酸等毒素或抗营养因子后，可以按一定比例添加到动物饲料及日粮中，对动物的生长具有很好的促进作用。王启为等采用马铃薯淀粉为碳源，菜籽饼粕为氮源，发酵生产菜籽蛋白饲料，并对发酵的工艺参数条件进行了优化，在最佳的工艺条件下，饲料中蛋白质含量提高 4.559%，硫代葡萄糖苷、单宁等毒素去除率较高；钟世荣等以菜籽饼粕和酱油渣为原料，发酵产混合蛋白饲料，并对发酵的主要参数条件进行了优化，在最佳条件下，得到的混合蛋白饲料中的蛋白质含量提高 16.9%，硫代葡萄糖苷、单宁毒素含量显著（$P<0.05$）下降，口感得到很大改进。

3. 菜籽蛋白水解产物的应用

菜籽蛋白在水解酶的作用下，酶解为小分子质量的多肽、氨基酸等物质，这些水解产物具有很多的活性功能特性，尤其是菜籽蛋白水解多肽还具有抗氧化、增强免疫力、降低血压、抑制肿瘤、预防艾滋病等活性，近年来成为菜籽蛋白综合利用的研究热点。周鸿翔等（2009）对菜籽蛋白进行水解制备多肽，并对水解条件进行了优化，在最佳的水解条件下，得到的菜籽多肽对·OH 具有很强的清除能力；刘大川等（2008）以富硒菜籽蛋白酶解获得的水解液粗肽为原料，精制富硒菜籽蛋白多肽，并采用正交试验对精制条件进行优化，在最佳工艺操作条件下，精制得到平均分子质量在 1500Da 以下的小分子富硒菜籽蛋白多肽；薛照辉等（2007）以菜籽清蛋白为原料，经酶解后得到菜籽蛋白混合多肽，考察其对大鼠血管紧张素转化酶活性的影响，结果表明，该菜籽蛋白多肽对大鼠血管紧张素转化酶的活性具有显著（$P<0.05$）的抑制作用。

五、其他油料蛋白的功能特性及应用

（一）棉籽蛋白的功能特性及应用

1. 棉籽蛋白的功能特性

棉籽蛋白在质量上近似豆类蛋白，营养价值远比谷类蛋白高。从氨基酸组成来看，棉籽蛋白的氨基酸组成基本符合 FAO 推荐的标准，只是甲硫氨酸含量稍低；与大豆蛋白相比，棉籽蛋白口味温和，没有豆腥味和其他异味，且人体中不能消化的低聚糖含量低，不会导致肠胃胀气。棉籽蛋白的营养价值优于大豆，且可与牛乳酪蛋白媲美，因此棉籽蛋白是一种很好的食用或饲用蛋白质资源。

棉籽蛋白在碱性条件下溶解性较好。蛋白质浓度对棉籽蛋白起泡性和泡沫稳定性影响显著，pH、蔗糖浓度、NaCl 浓度和温度对棉籽蛋白起泡性和泡沫稳定性均有不同程度的影响；棉籽蛋白的乳化能力和乳化稳定性均随蛋白质浓度的增加而提高；棉籽蛋白的吸油性优于大豆分离蛋白，但吸水性不如大豆分离蛋白。棉籽蛋白与其他油料蛋白不同的是，在 pH 为 6～7 时难以溶解，当呈酸性时溶解度升高。

1）持水性和持油性　持水性是指蛋白质产品吸附水分的能力，持油性是指蛋白质产品吸附油的能力。持水性、持油性都跟蛋白质的种类来源、颗粒大小、温度等有关。高温粕提取的蛋白质持水性为 2.93g/g，持油性为 1.77g/g，低温粕提取的蛋白质持水性为 3.18g/g，持油性为 1.96g/g，相比于市售大豆分离蛋白的持水性 4.29g/g，持油性 2.26g/g 要稍差一些。

2）起泡性和泡沫稳定性　pH 对棉籽蛋白起泡性影响较大，蛋白质的起泡性曲线与溶解度曲线相似。接近等电点处，pH 为 4 时蛋白质起泡性最小，稳定性较好，这主要是由于等电点附近可溶部分蛋白质浓度低，形成的泡沫数量较少，但不溶解的蛋白质粒子的吸附增加了蛋白质膜的黏合力，增强了泡沫稳定性。越偏离等电点，起泡性越好，增加幅度越明显。相对购买的大豆分离蛋白的起泡性，棉粕蛋白起泡性较差。

盐离子浓度对棉籽蛋白起泡性影响明显，特别对低温粕蛋白影响较大，且随着盐离子浓度增大，蛋白质起泡性增强。盐离子浓度为 0 时，高温粕蛋白起泡性为 41%，盐浓度为 0.6mol/L 时，起泡性为 170%，增加了 129%；低温粕蛋白盐离子浓度为 0 时起泡性为 75%，添加 0.6mol/L NaCl 时起泡性最好为 235%，增加了 160%。此外，棉籽蛋白的稳定性较强，均在 80%以上。

3）乳化性和乳化稳定性　棉籽蛋白乳化稳定性随着 pH 的增大而逐渐增强，一方面可能是蛋白质溶解性增大使参与乳化作用的蛋白质含量增大，另一方面 pH 增大蛋白质分子表面带电荷增多，从而使蛋白质乳化性和乳化稳定性增强。此外，pH 对乳化活性的影响趋势也与蛋白质溶解曲线相似，说明乳化性、起泡性都与溶解性密切相关。

2. 棉籽蛋白的应用

棉籽蛋白是高质量的蛋白质，其功效比值（PER）接近动物蛋白，是天然的食品营养强化剂。美国是开展棉籽食用蛋白研究最早的国家之一，其棉籽蛋白产品已在食品加工工业领域获得了相当规模的应用。棉籽蛋白可代替动物蛋白用于肉馅、肉丸子、肉汁牛肉汤、各类香肠、猪牛肉混合香肠等肉食制品中。在牛肉馅饼中加入 8%的棉籽浓缩蛋白，可降低油煎时的重量损失，其味道更为鲜美。同样在肉丸子、肉汤等中加入适量棉籽蛋白，可防止其中脂肪和水分的损失，使产品增重约 10%，并保持其良好的品质和风味。美国、日本等国家已将棉籽蛋白代替酪蛋白用于生产高蛋白饮料、冰激凌等营养饮品。这些制品含较高蛋白质、谷物粉、多种维生素等，其成本只有牛乳的 1/3，在一些国家较为畅销。

到目前为止，国内已经建成规模化生产食品用棉籽蛋白的生产线。例如，通过对棉籽蛋白水解的大量试验，研究出了制备发泡粉的工艺，制得的棉籽蛋白发泡粉不仅功能良好，而且将游离棉酚的质量分数控制在 0.002%；将棉籽蛋白以 1%～15%的比例添加到面包、面条、火腿肠、饼干、饮料等食品中，不仅增加了食品的营养价值，而且改善了食品的色、香、味的品质。

1）食用棉籽蛋白制品　棉籽粕作为蛋白质食品配料，可以提高食品的营养特性和功能特性。食用蛋白含量大于 50%的是棉籽粕粉，蛋白质含量 70%以上的称为浓缩蛋白，含量超过 90%为分离蛋白。3 种形式的蛋白质制品中游离棉酚含量不大于 0.045%，这是参照美国食品药品监督管理局限定的指标。

为缓和世界蛋白质资源的短缺现象，目前已开发用棉籽生产食用浓缩蛋白。在世界各地，对于将棉籽蛋白添加到食品中具有很大的发展意义。如果把世界上的棉籽蛋白都作食用，大约可以改善贫困国家 1/4 人口的蛋白质短缺状况。

食用棉籽浓缩蛋白产品是经部分脱脂、蒸炒的棉籽蛋白粉，或者相似的食品，其游离棉酚含量不超过 0.045%。另外，还可将经烘烤部分脱脂的棉籽蛋白粉当作添加剂，主要用于焙烤食品中。美国福尔食品公司还推出了棉籽蛋白面包，这种新产品蛋白质含量比普通面包高 60%。此外棉籽蛋白还可用于汉堡包、热狗、面包卷、咖啡饼、小饼等发酵制品及各种快餐和糖果等食品中。

2）饲用蛋白制品　作为饲用蛋白资源，棉籽粕已有悠久的历史。但一般棉籽加工时，游离棉酚结合在粕中，以防止在制油时进入油中。通常游离棉酚有生物活性（毒性），而结合棉酚没有生物活性。

试验研究表明，只要控制好棉籽饼粕在畜禽饲料中的适当比例，使游离棉酚保持在安全量以下，就可使动物既得到棉籽饼粕中的营养物质，满足其生长发育需要，又不致中毒。棉籽饼粕中赖氨酸的含量和利用率均低于大豆饼粕，故在饲料中添加合成赖氨酸（0.2%～0.3%）或适量的鱼粉、血粉等动物性蛋白质饲料，可获得较好的效果。棉籽饼粕与大豆饼粕搭配饲用，也是行之有效的配合方法。

此外，在饲喂棉籽饼粕时，还应在饲料中补充钙、维生素 A 和维生素 D 等营养物质，也可供给青绿多汁饲料，如青草、青菜、胡萝卜等，增强动物机体对棉酚的耐受性和解毒能力。

（二）葵花籽蛋白的功能特性及应用

1. 葵花籽蛋白的功能特性

葵花籽首要作用是预防心血管疾病。葵花籽中钾的含量较高，丰富的钾元素对保护心脏功能，预防高血压非常有益。葵花籽仁的亚油酸含量很高，这是一种对人体非常重要的脂肪酸，有助于降低人体的血液胆固醇水平，抑制人体内胆固醇的合成，防止血浆胆固醇过多，可防止动脉硬化。葵花籽还有抗癌作用，其含有大量的食用纤维，包括非淀粉多糖如木聚糖、葡聚糖和果胶等，能降低结肠癌的发病率。

葵花籽蛋白制品比大豆蛋白制品更能吸附脂肪，而对于水的吸附则相反。葵花籽蛋白浓缩物具有显著的起泡性和乳化能力，特别适合在肉类制品中使用。葵花籽蛋白具有很好的盐溶性、吸油性和乳化性及具有近似鲜鸡蛋清的起泡性和泡沫稳定性等独特性质，可作为添加剂广泛应用于食品中，不仅可以提高食品的营养价值，而且可以改善其质量。但葵花籽仁中含有影响蛋白质品质的酚系化合物，如绿原酸和咖啡酸，它们和蛋白质的极性基团结合在一起，在碱性和高温下，能够迅速氧化成醌，生成棕绿色的产物，影响蛋白质的品质和颜色，且绿原酸可抑制胃蛋白酶，所以必须除去。

2. 葵花籽蛋白的应用

葵花籽蛋白用于食品加工产品中，不仅可以作为营养缺失的一种蛋白质添加剂，还可以作为食品的功能剂。高蛋白的葵花籽粕，对于人类是一种重要食品，它非常容易消化，并且是蛋白质、钙和维生素B的优质来源。葵花籽粉有良好的稳定性，可用以生产高蛋白片状食品和面包等。总之，葵花籽蛋白用于食品，对于改善食品质量，提高营养价值，与其他植物蛋白一样，也同样具有广泛的发展空间。

1）*在香肠加工中的应用*　向午餐肉中添加5%的葵花籽蛋白，可使午餐肉的弹性、硬度等得到改善，并提高其营养价值。若添加到香肠中，香肠熏制时可防止油脂分离，减少收缩现象，使香肠在熏制时减少损失。若直接添加到维也纳香肠中，蒸煮时可减少脂肪损失，且香肠具有柔软的质构和较浅的颜色。它与小麦面筋和大豆分离蛋白做的香肠相比，香肠乳浊液的稳定性比较好，在组织、气味和一般接受性方面无明显差别，但葵花籽分离蛋白做出的香肠颜色较暗。

2）*在高蛋白饮料加工中的应用*　葵花籽蛋白气味柔和，味道比大豆、棉籽蛋白温和，不存在腥味、苦味、涩味，是制造蛋白质饮料的良好原料。将葵花籽蛋白浆与大豆浆液或牛奶按适当的比例进行混合，可得到较好香气和色泽的高蛋白饮料。

3）*在面包加工中的应用*　添加5%的葵花籽蛋白和小麦粉混合加工成面包，可增加面包的体积和改善氨基酸的平衡，葵花籽粉和葵花籽浓缩蛋白的使用量是有限度的，当面团混合物的蛋白质含量增加17%～20%，面包的结构硬度会减弱。添加15%葵花籽蛋白与小麦粉混合生产饼干，不仅可以强化营养，弥补小麦中一些必需氨基酸含量的不足，而且可以提高质量。

（三）亚麻籽蛋白的功能特性及应用

1. 亚麻籽蛋白的功能特性

亚麻籽含蛋白质一般在10%～30%，除了赖氨酸含量较低外，富含其他各种氨基酸。亚麻籽尤其是精氨酸、谷氨酰胺、谷氨酸、天冬氨酸或天冬酰胺的极好来源。可食性的蛋白质能够预防各种疾病，如冠状心脏病、肾病和癌症。据报道，谷氨酸能够支持免疫系统和提高体力水平；精氨酸对心脏病具有预防功能；半胱氨酸和甲硫氨酸能提高人体抗氧化的水平，在细胞分裂过程中潜在地稳定DNA，并降低结肠癌形成的危险。亚麻籽蛋白也影响血液葡萄糖量，因为它与植物胶相结合，能刺激胰岛素的分泌，从而产生减少血糖过多的响应。亚麻籽蛋白与可溶性多糖相结合，能起到明显减少结肠中鲁米那氨的作用，从而防止促进肿瘤产生的氨的影响。

1）*亚麻籽蛋白的持水性和持油性*　亚麻籽蛋白具有良好的持水性和持油性。研究表明，在pH为7.0时，亚麻籽蛋白的持水能力可达到412mL/g，比大豆分离蛋白的持水性能更高。此外，亚麻籽蛋白也显示了比大豆分离蛋白更高的持油性，接近于4倍。

2）*亚麻籽蛋白的溶解度和起泡性*　亚麻籽蛋白的等电点为4.5～5.5，在此范围内，其溶解性、黏度、起泡性均较低。亚麻籽蛋白的溶解性在温度低于50℃时变化不大，当温度高于50℃时迅速下降。黏度随温度的升高而下降。亚麻籽蛋白的起泡性和泡沫稳定性均随蛋白质浓度的增大而增大；在等电点处，亚麻籽蛋白的起泡性最低，而泡沫的稳定性最好；亚麻籽蛋白的起泡性随NaCl浓度的增大先缓慢地增大后降低，在NaCl浓度为0.03mol/L时，起泡性与泡沫稳定性最好。在一定温度、pH下，通过加入一定比例的中性蛋白酶水解，可有效增强亚麻籽蛋白的起泡能力，当水解度为15.8%时，可使起泡能力增强为原来的6倍，此特性将使亚麻籽蛋白在食品工业中有广泛的应用前景。

2. 亚麻籽蛋白的应用

亚麻籽蛋白具有良好的持水性、持油性、起泡性、乳化性等功能特性，因而可加工成优质食品添加剂，广泛应用在肉制品、冰淇淋、鱼罐头等食品工业领域。亚麻籽蛋白可明显减少肉制品的焙烤损失，且蛋白质浓度越高，效果越好。在烤肠、盐水火腿等产品中适量添加亚麻籽蛋白，可改善产品的持水性和持油性，从而提高产品的得率，同时可使产品易于切片，更具咀嚼感。将淀粉和亚麻籽蛋白混合，两者可形成稳定的络合物，从而推迟淀粉的老化时间，维持产品中其余组分的稳定性。

由于亚麻籽蛋白中含有多糖胶，可用于食品加工，如罐藏鱼子酱、肉制品及冰淇淋中。添加3%的亚麻籽蛋白产品，能制成光滑的、奶油色的鱼子酱，并具有掩蔽异味的效果。在冰淇淋中添加亚麻籽蛋白制品（添加量为0.5%～1%），可提高产品的黏度、相对密度、膨胀率，但缩短了融化时间，减少了脂肪球中脂肪的溢出，从而起到良好的稳定效果。因此，亚麻籽蛋白制品在食品工业中可作为潜在的乳化剂和稳定剂使用。

此外，亚麻籽蛋白是一种营养价值较高的植物蛋白，可平衡人体中血糖水平，从而对高血脂、冠状心脏病和癌症等疾病有较好的预防效果，因此亚麻籽蛋白可加工成功能性添加剂，应用在相关保健药品及食品中。

（四）油茶籽蛋白的功能特性及应用

1. 油茶籽蛋白的功能特性

油茶籽粕为油茶籽脱脂后产物，含有很高比例的蛋白质，由17种氨基酸组成，其中苏氨酸、苯丙氨酸、亮氨酸、赖氨酸、色氨酸、缬氨酸、异亮氨酸这7种是人体必需氨基酸。

1）油茶籽蛋白的溶解性　油茶籽蛋白大部分不溶于水，而溶于稀碱液。其溶解性受温度、电解质等条件因素的影响，并随条件的变化而变化。适当提高温度可增加蛋白质的溶解度，在50℃时油茶籽蛋白的溶解性最好。在适当的盐浓度范围内，蛋白质的溶解度随盐浓度增加而增大。与大豆分离蛋白相比，油茶籽蛋白的溶解性低于大豆分离蛋白的溶解性。

2）油茶籽蛋白的吸油性、乳化性　油茶籽蛋白的吸油性、乳化性优于大豆分离蛋白；而大豆分离蛋白的吸水性、乳化能力和泡沫稳定性优于油茶籽蛋白。油茶籽蛋白吸水率比较低，可能是因为油茶籽蛋白分子表面具有较多的疏水基团和较少的亲水基团。油茶籽蛋白有较强的吸油性，这种吸油性之间的差异可能与蛋白质表面亲脂基团与脂类的羟基相结合的能力有关，同时也受分子结构等因素的影响；同时较强的吸油性表明蛋白质分子表面有较多的疏水基团，从而能更好地与脂类物质的非极性基团相互作用。油茶籽蛋白的乳化能力不如大豆分离蛋白，但乳化稳定性较强。蛋白质的乳化能力与其溶解性、分子结构及分子中疏水基团与亲水基团的比例有关。食品加工中的乳化剂，不仅要求有一定的乳化能力，而且也要有一定的乳化稳定性，综合考虑这两个方面，油茶籽蛋白的乳化特性并不次于大豆分离蛋白。

2. 油茶籽蛋白的应用

油茶籽蛋白具有较强的乳化性和较强的吸油性，可用于冰激凌、烘焙产品、肉制品、鱼、仿肉制品中及用作蛋白质饮料、冲调食品的蛋白质强化剂，是一种良好的具有开发潜力的蛋白质资源。因此，从油茶饼粕中提取蛋白质具有十分积极的意义。

第三节　谷物蛋白的功能特性及应用

一、小麦蛋白的功能特性及应用

小麦是世界上主要粮食作物中最为重要的一种，加工成小麦粉制成各种食品，而小麦蛋白的功能特性将在小麦加工、制取和贮藏过程中，对产品质量产生影响。

小麦中的清蛋白和球蛋白集中在糊粉层细胞和胚芽中，胚乳中含量较低。从营养的观点看，清蛋白和球蛋白氨基酸存在较好的平衡关系，赖氨酸、色氨酸和精氨酸含量较高。麦谷蛋白和麦醇溶蛋白是小麦中的贮藏蛋白，不具有生理活性，但具有很好的面团功能特性，可生产出各种具有优质口感的产品。

小麦蛋白主要包括的功能特性如下：黏弹性、延伸性、吸水性、凝胶性、乳化性和溶解性等。在面团中，醇溶蛋白与麦谷蛋白相互作用，醇溶蛋白进入麦谷蛋白之中，而麦谷蛋白起着传送作用，使面团显示出适当黏弹性，麦谷蛋白为面团提供弹性；小麦面筋蛋白的延伸性是指将面筋块拉到某种长度而不导致断裂的性能；小麦蛋白中存在着许多非极性氨基酸，且形成疏水相互作用，使得小麦蛋白具有一定的吸水性；小麦蛋白分子间、蛋白质与水之间相互作用，形成了空间网状结构，从而形成凝胶，具有一定的凝胶性；小麦蛋白的乳化性和溶解性之间存在着正相关，小麦面筋蛋白因溶解度低，其乳化性也较低。

小麦面筋蛋白及其深加工产品在食品工业中得到了广泛的应用，如传统产品中的面筋、烤麸、素肠、素鸡及面制品、肉制品等食品。小麦面筋蛋白是一种优良的面团改良剂，广泛用于面包、面团、方便面等面制品的生产，由于小麦面筋的存在，能增强面团筋力，提高产品得率，增强口感。在肉制品中，小麦面筋蛋白作为黏合剂、填充剂或增亮剂而呈现出许多优点，可提高黏弹性，稳定色泽，降低加工损耗。

二、稻米蛋白的功能特性及应用

水稻是我国的主要粮食作物之一，我国居民的食物中 70%的热量、65%的蛋白质和大部分微量元素均来自谷类，其营养品质越来越受到人们的重视。

稻米中蛋白质的分布不均匀，呈辐射状分布，按其溶解性的不同分为：水溶蛋白、盐溶蛋白、碱溶蛋白和醇溶蛋白。其中水溶蛋白和盐溶蛋白主要集中在米糠和精糠中，而醇溶蛋白与其他 3 种蛋白质相比，在稻米中的分布最为均匀。稻米蛋白富含人体必需的 8 种氨基酸，尤其赖氨酸含量高于其他禾谷类。稻米蛋白的利用率高，其生物学效价为 77，蛋白质功效比值为 1.38～2.56，在各种粮食中居第一位，高于大豆，同时蛋白质的消化率为 85%，不含胆固醇。

稻米蛋白的溶解性是蛋白质功能特性的重要因素之一，由于稻米蛋白中有 75%～90%的碱溶谷蛋白，而溶于水的清蛋白占 2%～5%，使得稻米蛋白的溶解性不是很好。稻米蛋白的乳化稳定性相对较好，可作为添加剂添加到红肠、焙烤等食品中起到乳化剂的作用。同时稻米蛋白的泡沫稳定性较好，但吸油能力较差。不同稻米蛋白的乳化性、起泡性及泡沫稳定性之间的差异较大，而乳化稳定性及持水性之间的差异不明显。

稻米蛋白的价值主要体现在其低过敏性，无色素干扰，具有柔和而不刺激的味道及高营养价值。除了基本的营养特性外，稻米蛋白还具有独特的营养功能，稻米分离蛋白能明显降低血清中的胆固醇、甘油和磷脂的浓度，同时稻米分离蛋白中含有的三萜烯醇、阿魏酸等成分具有抵抗二羟甲基丁酸（DMBA）诱导癌变的作用。

三、玉米蛋白的功能特性及应用

玉米营养价值丰富，曾是我国部分地区的主要粮食作物，具有较高的食用和药用价值，可加工成各种产品。玉米中含有赖氨酸、卵磷脂、木质素及谷胱甘肽等多种抗癌物质，还有多种无机盐和维生素等。作为一种优质的蛋白质资源，其氨基酸种类较为齐全，蛋白质营养效价高，具有很好的加工功能特性。同时，玉米胚芽蛋白具有抗氧化性等生物活性，易于被人体吸收，安全性较高。

整粒玉米中含有醇溶蛋白、清蛋白、球蛋白和谷蛋白，主要由醇溶蛋白和谷蛋白组成，其中玉米醇溶蛋白不可溶于水，但可溶于乙醇水溶液中，具有很好的弹性和咀嚼性；谷蛋白具有很好的持水性、持油性、湿润性，但持水性较差，乳化能力略低于大豆分离蛋白。通过实验可知，玉米蛋白酶解产物具有很好的溶解性，优良的热稳定性和冷藏稳定性，黏度较玉米蛋白差，但起泡性较好。

当今，国内主要将玉米蛋白用于饲料工业。然而，利用玉米蛋白粉可提取天然食用色素、玉米醇溶蛋白和谷氨酸等物质，还能制备具有多种生理功能的玉米活性肽，如谷氨酰胺肽、高 F 值（支链氨基酸与芳香族氨基酸含量的摩尔数比值）低聚肽、降血压肽和玉米蛋白肽等，大大提高其经济价值。玉米蛋白同时也是玉米籽粒经医药工业生产淀粉或酿酒工业提醇后的副产品，其蛋白质营养成分丰富，因其具有特殊的味道和色泽，一般只作饲料使用，与饲料工业常用的鱼粉、豆饼相比，资源优势明显，饲用价值高，不含有毒有害物质，无需进行再处理，可直接用作饲料蛋白原料。玉米蛋白粉作为饲料可开发的优势还在于工业化规模产量在扩大，产品的抗营养因子含量少，潜在的开发性大，饲料的安全性能好。

四、其他谷类蛋白的功能特性及应用

（一）黑豆蛋白的功能特性及应用

黑豆中蛋白质含量为 48%以上，居豆类之首，其中含有的 18 种氨基酸，特别是人体必需的 8 种氨基酸平衡性很好，甲硫氨酸含量略高于黄豆，因此黑豆具有高蛋白、低热量的特性。一般黑豆蛋白采用碱提酸沉法提取，另外根据植物蛋白的形状、分子质量大小及植物蛋白的适应性可采用膜分离法进行提取。黑豆蛋白的溶解度为 29.40%，乳化稳定性为 26.01%，与黄豆蛋白相比，黑豆的水溶蛋白含量较多，一般会具有很好的凝胶性、乳化性和脂肪氧化酶活性等；黑豆蛋白的起泡性低于大豆蛋白，这可能是因为大豆蛋白中的 11S 球蛋白的含量比黑豆蛋白中的多导致的。黑豆肽中主要含有一些相对分子质量在 450～920 的小肽，由疏水性氨基酸和抗氧化较强的氨基酸组成，具有降胆固醇，辅助降血脂的生物活性。

黑豆质硬不易消化，且苦涩味较重、适口性不佳，除少量药用或加工成豆豉等食品外，一直没能得到大量开发利用，所以黑豆蛋白的应用范围较小，进行深加工以提高其附加值具有重要意义。利用黑豆蛋白良好的溶解性和乳化性，用于蛋白质饮料和冰激凌的制作中，既不含乳糖，又不含胆固醇，安全、方便，深受人们喜爱；也可用于肉制品的加工中，在香肠生产过程时，由于黑豆蛋白可以代替部分瘦肉，其良好的乳化性和持水性可以改变瘦肉与脂肪的比例，同时由于其起泡性不太好，从而可降低香肠的松软度，使产品的组织结构强，蛋白质含量高，口感好。与此同时，通过酶解蛋白质，改善产品品质是提高蛋白质利用的重要方法。因此，开发黑豆蛋白及黑豆肽产品，不仅可以增加黑豆制品的附加值，也丰富了黑豆制品的种类。

（二）绿豆蛋白的功能特性及应用

绿豆中蛋白质含量约为 24.1%，高出玉米和小麦，是一种较为良好的植物蛋白来源。其中谷氨酸含量最高，甲硫氨酸含量最低。绿豆蛋白的溶解性、持水性、乳化性和乳化稳定性、起泡性及泡沫稳定性、吸油性之间存在着相关性：绿豆蛋白的持水性与泡沫稳定性呈正相关，泡沫稳定性与乳化稳定性呈正相关，起泡性与乳化性呈负相关。

绿豆加工较为广泛，以安全、营养、保健及方便等为特征的优质绿豆及其加工制品的市场需求越来越大，相关的研究与加工方法也日益受到重视。并且作为人类理想的营养保健食品，长期以来，人们一直将绿豆作为防暑、健身佳品，在环保、航空、航海、高温及有毒作业场所被广泛应用。由于绿豆蛋白中含硫氨基酸较少，使其营养品质受到影响，依据氨基酸互补原理，可以选择其他富含含硫氨基酸的蛋白质与绿豆蛋白混合，生产出强化食品，提高其营养价值。将喷雾干燥的绿豆蛋白与奶粉按一定比例混合，制成新蛋白食品。其成本较低，溶于水后为乳白色，具有浓郁的清香味，其氨基酸组成及含量与牛奶蛋白相似，尤其是必需氨基酸的含量符合 FAO 推荐的参考标准。

（三）高粱蛋白的功能特性及应用

高粱的成分受遗传和环境因素影响，高氮肥料会增加高粱蛋白含量及减少淀粉的数量。在高粱蛋白中，含有 6%～18%的蛋白质，醇溶蛋白含量最多，其次为谷蛋白，其中高粱贮藏蛋白（醇溶蛋白和谷蛋白）占高粱总蛋白的 70%～90%。高粱的蛋白质含量略高于玉米，品质较为良好，一般清蛋白和球蛋白组分中含赖氨酸较高而亮氨酸较低，醇溶蛋白和谷蛋白组分中则呈相反的关系。醇溶蛋白中赖氨酸含量较低，所以谷类蛋白一般都缺乏赖氨酸而亮氨酸相对过剩。高粱蛋白的消化率较低，有研究证实这是由高粱蛋白内部固有状态造成的。将高粱蛋白制成薄膜具有很好的阻气性和机械性能，可应用于食品保鲜。

在我国，高粱主要用于酿酒工业，但高粱也可以像玉米一样通过湿法进行加工生产饲用高粱谷朊粉、高粱胚芽脱脂饼粕等，但高粱蛋白制品中单宁和纤维素含量较高，不适于喂养蛋鸡，但可作为喂猪的饲料蛋白。

（四）大麦蛋白的功能特性及应用

大麦蛋白质量相对较高，普通大麦品种的蛋白质功效比值平均为 2.04。大麦中富含赖氨酸，是人体正常代谢所必需的氨基酸，具有提高智力、增强记忆、防止脑细胞衰老，增强机体抵抗力及促进骨骼发育的功能。同时大麦蛋白中存在一种天然的功能性非蛋白氨基酸，具有激活脑内葡萄糖代谢、促进乙酰胆碱合成，降血氨、降血压、恢复脑细胞功能等作用。大麦中存在醇溶蛋白，富含脯氨酸，脯氨酸可与多酚氧化反应生成的花色苷结合，形成高分子质量的聚合物，这是啤酒浑浊的主要原因。同时麦芽中蛋白质降解为低分子含氮物质，并与游离羰基发生反应形成类黑精，影响啤酒的色度。另外，啤酒中的有害风味物质也与蛋白质的含量有关。

大麦产量的 1/3 左右用作饲料，其余的主要用于酿造啤酒（占总产量的 10%以上用）。大麦芽也用于制作蒸馏饮料。近年来，一些研究发现，食品中添加大麦对人体健康有益，而这种有益效应主要归因为膳食纤维。

（五）荞麦蛋白的功能特性及应用

荞麦在我国种植较多，由于产量少，现种植较少，但其具有很高的营养和药用价值，可加工制成多种保健食品。荞麦籽粒中蛋白质含量为 10%左右，氨基酸含量丰富，人体必需的氨基酸种类齐全，比例适当，富含赖氨酸和色氨酸。还有较多的淀粉，同时含有较多的矿物质钙、磷、铁、镁和大量烟酸、脂肪酸及芦丁等。

荞麦蛋白在等电点（pI=4）时溶解度最低，随着温度的升高，荞麦蛋白的溶解度缓慢增加；荞麦蛋白的乳化能力和乳化稳定性均大于大豆分离蛋白，小于鸡蛋清蛋白。荞麦蛋白的乳化性在 pH 为 2.0 时有最大值，且随 NaCl 的浓度增加而下降，乳化稳定性随温度的升高而升高，表面疏水性随温度增加而增加。

荞麦脱壳后即成荞米，荞米经过磨粉可制得荞麦粉，荞麦粉是制作其他荞麦食品的主要原料。为了充分合理地开发利用荞麦，提高荞麦的附加值，就必须从综合利用的角度开发荞麦深加工产品。荞麦蛋白的功能特性与大豆蛋白相似，表现出较高的持水性、乳化性、起泡性和咀嚼性。荞麦相比其他谷类作物，其蛋白质具有较高的营养价值和生理功能。在国外，荞麦蛋白常用作产品配料，以改善食品的组织结构，提高食品的营养价值。作为一种新型的、安全的植物蛋白资源，荞麦蛋白具有优良的功能特性和较高的生物活性，可作为一种“药食兼用”的资源加以利用，作为保健食品，起到降低血中胆固醇、抑制体内脂肪积累等效果。

（六）燕麦蛋白的功能特性及应用

燕麦作为谷物中较好的营养食品，燕麦蛋白具有抗血脂成分、高水溶性胶体及营养平衡的特点，对提高人体健康水平有很重要的价值。人体必需的 8 种氨基酸不仅含量高而且配比平衡，是一种性能独特的谷物蛋白。

燕麦蛋白和大豆蛋白溶解性相似，在不同的 pH 下，蛋白质溶解性不相同，溶解性随着 pH 的增加而出现先减小后增大的趋势，燕麦蛋白在 pH 为 5 左右，其起泡性最差，在等电点以后燕麦蛋白的起泡性随着 pH 的增大而减小，而泡沫稳定性则相反；燕麦蛋白在 pH 为 5 时，乳化性和乳化稳定性最差。

目前，燕麦蛋白多为提取工艺，多见于食品护肤等领域，研究表明燕麦具有降血脂、降血糖、免疫增强、抗氧化、益生等多种保健功能，成为一种新型的食材吸引消费者。

（七）小米蛋白的功能特性及应用

小米中含有约 15%的蛋白质，其中必需氨基酸含量丰富且组成合理，脱脂小米蛋白是一种品质良好的营养源，具有含量丰富的氨基酸。小米蛋白同时具有较好的体内胰蛋白酶消化性，脱脂小米蛋白酶解物具有很好的抗氧化性，小米蛋白主要成分之一为醇溶蛋白，这是导致小米蛋白消化率较低的主要原因，醇溶蛋白本身形成的二硫键及其强烈的疏水性是导致其不被消化的关键因素。蛋白质作为谷物的主要成分，在挤压过程中发生多种理化特性的变化，不同挤压温度和物料水分条件下对小米蛋白的溶解度会有影响，随挤压温度的升高，水溶蛋白、盐溶蛋白、醇溶蛋白含量增加，溶解性提高，而碱溶蛋白的含量减少，溶解性降低，温度和水分在对蛋白质溶解性影响方面存在两种相反的趋势，挤压后蛋白质的溶解性是双方共同作用的结果。另外有研究表明：发酵过程中微生物能够利用代谢中间产物合成蛋白质，从而增加小米蛋白含量。同时发酵会产生水解蛋白质的酶，而且减少影响蛋白质吸收的单宁、多酚、肌醇、植酸等物质含量，提高了蛋白质的消化吸收。

根据研究表明，小米蛋白未发现过敏原物质，是一种安全性较高的食品原料，特别适宜生产孕产妇和婴幼儿食品。具有提高血浆中高密度脂蛋白胆固醇水平的效果，对预防动脉粥样硬化有益及具有调节胆固醇新陈代谢的功能。小米中缺乏赖氨酸，因此在食品加工过程中，需要补充赖氨酸，或者通过发酵使氨基酸增加，应用于方便食品、冷冻食品和油炸食品。另外，谷物蛋白能够显著提高血浆中高密度脂蛋白的浓度，可以抑制血清天冬氨酸转氨酶、丙氨酸转氨酶和乳酸脱氢酶活性的提高，因此，小米蛋白有望成为一种新的护肝食品。加工研究涉及小米蛋白粉、抗菌蛋白、淀粉酶等方面，进行深入研究蛋白质功能特性，能为开发功能性食品提供借鉴。

第四节 新植物蛋白的功能特性及应用

一、藻类蛋白的特性及应用

（一）螺旋藻的生长及成分特点

1. 繁殖快、产量高

螺旋藻是低等生物，其细胞壁构成以半纤维素为主，作为食物、饲料极易被人和其他动物消化吸收。其繁殖快，增代时间一般为 11～12h，光能转化率可达 18%左右，因此单位面积产量较高，以连续生产计算，全年可产干藻粉 15～25t/hm^2。

2. 蛋白质含量高，品质优

螺旋藻细胞蛋白质含量高，可达藻体干重的 58.5%～71%，高于小麦（10%～15%）、水稻（8%～10%）、玉米（7%～13%）、大豆（35%～43%）等农作物。在世界人口剧增、蛋白质资源短缺的情况下，发展螺旋藻生产无疑是解决世界上发展中国家人民膳食中蛋白质不足，尤其是优质蛋白质缺乏的一个有效途径。

对人类食物蛋白质营养价值的评价，一般取决于：①蛋白质含量；②蛋白质的消化率；③蛋白质的质量即氨基酸成分配比。根据 WHO/FAO/UNU 专家委员会审定资料（1985 年）确定：成年人的蛋白质安全摄入量为 0.75g/kg 体重，一个 60kg 体重的成年人蛋白质摄入量为 45g/天，儿童对蛋白质的需求量明显高于成人，从婴幼儿到少年的蛋白质摄入量为 1.01～1.86g/kg 体重，中国营养学会（1988 年）建议膳食蛋白质供给量成年人（体重 60kg）需要 70g/天。由此推算，100g 螺旋藻即可满足一个成年人每天对优质蛋白的需要量。

被誉为“世界食品资源”的螺旋藻不仅蛋白质含量高且质量优，氨基酸配比合理，17 种氨基酸都具备，其中人和动物所必需的 8 种氨基酸含量也十分丰富，可与牛奶和鸡蛋媲美，其组成和比例也适合人体的需要，这是其他动物蛋白或谷物蛋白不可比的。螺旋藻不仅蛋白质含量丰富，而且尤其赖氨酸、苏氨酸和含硫氨基酸恰是谷物所缺少的，因此用作人类食品，还可调节其他氨基酸的平衡，提高蛋白质的营养价值。如将螺旋藻与其他谷物混合食用，可起到氨基酸的互补作用，解决单纯植物蛋白营养价值低的问题。

3. 含不饱和脂肪酸

螺旋藻脂肪含量低，且主要含有两种重要的不饱和脂肪酸：顺-9,12-十八碳二烯酸即亚油酸和顺-9,12,15-十八碳三烯酸即 γ-亚麻酸。后者能改变机体的血脂代谢能力，降低血脂，同时 γ-亚麻酸还是前列腺素衍生物的前体，可减少血小板的凝聚，抑制血栓的形成。因此，螺旋藻及其加工产品具有保健作用，可预防冠心病、肥胖病等疾病。

4. 核酸含量低，对人类安全性高

螺旋藻核酸含量低，核糖核酸（RNA）占干重的 2.2%～3.5%，脱氧核糖核酸（DNA）占 0.6%～1.0%，总核酸量在 5%以下。核酸进入人体后，受胰液核酸酶的解聚作用，然后在肠酶作用下转化为核苷酸而被吸收。核酸分解产物鸟嘌呤和腺嘌呤可转化为其异构体——尿酸。人类在进化过程中已丧失分解尿酸及其盐类的酶，常使难溶的尿酸及其盐类在人体血液中含量增多，引起痛风症和尿道结石等代谢疾病，因此，食用核酸含量较高的食物是不安全的，而螺旋藻的核酸含量较低可避免上述代谢病的发生。

5. 加工附加值高

以 100kg 干藻粉计，除可提取 60kg 粗蛋白外，还可提取藻蓝蛋白 1～3kg、叶绿素 a1～2kg、叶黄素 100～200g、β-胡萝卜素 100～200g，以及藻蓝素和一些重要的酶如 RUDP 羧化酶、NHDA 还原酶，这些化学成分在食品、医药上有着广泛的用途，其附加值较高，如日本从螺旋藻中提取藻蓝素用于酒类和饮料着色，售价达 1000 万日元/kg。

作为天然营养的食用色素——藻蓝素在螺旋藻中含量是十分高的，目前我国已有多个单位掌握了完整的提取工艺，并找到了低成本生产的技术途径。螺旋藻还含有丰富的维生素，特别是 β-胡萝卜素，含量是胡萝卜的 10 倍，同时维生素 B 系列含量也很高，维生素 B_{12} 的含量是动物的 20 倍，这是其他生物所少有的。

6. 螺旋藻多糖是一种广谱免疫系统的促进剂

螺旋藻多糖主要由 D-甘露糖、D-葡萄糖、D-半乳糖和葡萄糖醛酸组成，其相对分子质量为 12 590。其水溶性多糖有很强的生物活性，有抗辐射、抑癌的功能，特别值得重视的是它有调节和提高机体免疫的功能，是一种广谱的免疫促进剂。

螺旋藻所含的脂类主要成分多为不饱和脂肪酸，特别是富含生成人体内多种激素所必需的 γ-亚麻酸，这在一般食物中是极少见的。此外，螺旋藻还富含钙、镁、锌、钾及多种微量元素，特别是含有多种高生物活力的酶。

7. 极易被吸收和消化

与其他食物和藻类相比，由于螺旋藻的细胞壁以蛋白质和胶原为主，所含的纤维素很少，所以螺旋藻极易被人体和动物消化吸收，其消化率可高达 80%以上，不需经过复杂加工即可被人和动物吸收利用。

8. 藻蛋白的功能特性

美国 *Better Nutrition* 杂志（1998）列举了螺旋藻所含的特异物质和医疗特性，指出对糖尿病、贫血症、肝脏疾病、溃疡病、胰腺炎、视力障碍、白血症、过敏症、癌症均有治疗和预防功能。对于金属毒物中毒症，如镉、汞、铅中毒的病人，有解毒作用。ChristopHer Hills 医生论述了螺旋藻所含的烟碱酸、维生素和钙化葡萄糖酸盐的混合物，可辅助运动员的运动，增强荷尔蒙的活力和神经系统的功能，维持机体内糖原的储存。Pediaded Clinics 报道，婴儿对于加入脱色螺旋藻的牛奶、大豆食品不产生过敏反应。根据研究报道，螺旋藻的“辅助营养”可以使因病导致营养不良的人达到正常人的健康水平。法国等还将螺旋藻制成护肤美容用品和减肥制剂。

1989 年 8 月 16 日，纽约时报报道了美国国家肿瘤研究所的最新研究成果，从螺旋藻中提取到一种叫做糖脂（Glycolipids）的化学物质能阻止艾滋病（AIDS）病毒，使之停止生长。据报道，螺旋藻所含的藻蓝蛋白与藻胆素也可防止或抑制癌细胞的生长，它不仅有攻击灶性癌肿（local cancer）的作用，而且还可以促进淋巴细胞活性，增强身体的抵抗力。国内运用螺旋藻进行人体试验的结果，展示了更为广泛的开发前景。据中山医科大学、北京大学生命科学研究中心的报道，螺旋藻有十分显著的改善动物、人体的缺氧情况及抗肿瘤、抗衰老作用，且有良好的减肥效果，在预防肿瘤发生，治疗胃癌，增强抗辐射能力方面有可喜的苗头。

（二）螺旋藻的利用价值

1. 提供大量优质蛋白质

藻类是人类最有希望的蛋白质资源，它有广阔的开发前途。例如，螺旋藻蛋白质含量达 70g/100g，比牛肉高 52%，比鸡肉高 42%，比小麦高 60%，其氨基酸组成非常完善，蛋白质消化率也很高。在泰国，$1hm^2$ 产藻体 30t，折合蛋白质为 18t。我国湖北等地，$1hm^2$ 产干藻约 7500kg，折合蛋白质 4500kg，所能提供蛋白质单产高出谷物 7～8 倍。若充分开发利用微藻资源，有利于开辟我国饲料资源和改善人民的食品结构。

2. 生产天然食用色素

为了人类健康，当前许多国家正在全面禁止在食品饮料中添加化学合成色素，希望用天然植物色素代替化学合成色素。藻蛋白含有丰富的色素，且生产简便，投资少。通过加工可提取天然色素，用于食品、化妆品和医药工业。此外微藻还含有丰富的不饱和脂肪酸、酶类和维生素等，能制取多种精细化工产品及医药保健品，可出口创汇。

3. 代替进口鱼粉以弥补饲料蛋白质的不足

微藻不但含有丰富的蛋白质和维生素，还含有多种畜、禽生长促进物质，这些都是畜、禽饲料中不可缺少的重要组成部分。用藻粉代替进口鱼粉生产配合饲料，可使鱼、鸡提前 6 天上市，使密养鱼池增产 20%。中国科学院武汉水生生物研究所试验结果表明：在配合饲料中，用 60%的藻粉代替进口秘鲁鱼粉，饲养肉鸡 56t，每只平均体重达 1.9kg，达到了与进口鱼粉（作配合饲料）同样的饲养水平。而藻粉成本仅 2.5～3 元/kg，低于进口秘鲁鱼粉的价格。据调查，咸宁地区年耗饲料约 10 万 t 以上，按科学配方，年需鱼粉用量为 5000t 以上，如用藻粉代替鱼粉，每年可节约外汇 100 多万美元，如在全国畜牧水产养殖中推广使用，将会获得更大的经济效益。

4. 含有丰富的藻胆蛋白

藻胆蛋白是某些藻类特有的重要捕光色素蛋白，由于藻胆蛋白是一种安全无毒的蛋白质资源，而且某些藻类含量极为丰富。目前日本的大油墨公司从螺旋藻粉中提取藻蓝蛋白则以“Lina-blue-A”为商品名，用作食物色素，也用于化妆品生产。而藻蓝蛋白是红藻、蓝藻等海藻中重要的捕光色素蛋白藻胆蛋白组成部分，它在钝顶螺旋藻藻粉中含量高达 20%，而且富含人体 8 种必需氨基酸，是自然界中具有重大开发价值的食用和饵料蛋白资源，目前还发现它具有一定的医疗保健作用。

Liiima 等（1992）研究发现，给注射有肝肿瘤细胞的实验小白鼠口服藻蓝蛋白后，能提高小白鼠的成活率。日本东北大学牙科学院的研究也说明了这一结果。哈佛医学院的 Schwartz 和 Shklar（1986）研究也发现螺旋藻藻蛋白对一些癌细胞有抑制作用。Morcos 等（1988）和蔡心涵（1995）的研究同样发现藻蓝蛋白对癌激光疗法具有增效作用。张成武等（1996）研究还发现，钝顶螺旋藻藻蓝蛋白能够促进骨髓粒单系祖细胞和红系祖细胞的增殖。

藻蓝蛋白不仅是藻类重要捕光色素蛋白，而且具有其他更重要的开发利用价值：①可作为天然色素添加剂应用于食品和化妆品中；②可作为蛋白质营养强化剂添加到食品和饲料中。

二、叶蛋白的功能特性及应用

（一）叶蛋白的功能特性

1. 溶解性

叶蛋白的溶解性受温度、pH 的影响。以菠菜叶蛋白为例，当 pH 为 4.0，即处于等电点时，菠菜叶蛋白的溶解性最小，在酸性和碱性条件下，离等电点越远，溶解性越高，碱性条件下的溶解度相对于酸性条件下的要高。在温度为 4℃，pH 为 5.6 和 8.3 的条件下，菠菜叶蛋白的溶解度由 5.7%上升到 9.5%；而在 37℃，pH 为 5.6 时，溶解度为 2.2%，pH 为 8.4 时，溶解度为 9.8%。这种随 pH 和温度变化的溶解性，对于制造叶蛋白饮料有重要的指导价值。

叶蛋白的溶解性受离子强度的影响，当 NaCl 浓度为 1.0mol/L 时，菠菜叶蛋白的溶解性及吸水性与 NaCl 浓度呈正相关；在 0～1%的蔗糖浓度范围内，当蔗糖浓度为 1%时，菠菜叶蛋白的溶解性较好。

2. 吸水性和吸油性

叶蛋白的吸水性和吸油性比大豆分离蛋白更高。例如，pH 为 3 的叶蛋白吸水性为 393%，而大豆蛋白仅为 191%～272%。同样条件下，叶蛋白吸油性为 375%，而大豆蛋白只有 143%～244%。NaCl 浓度在 1.0mol/L 以内时，菠菜叶蛋白的吸水性与 NaCl 浓度大小呈正相关。

3. 起泡性和乳化特性

喷雾干燥和冷冻干燥的苜蓿叶蛋白和鸡蛋蛋白有相似的起泡性。在 pH 为 4.5 时，起泡性会更好。烟叶叶蛋白的起泡性稍微差于鸡蛋蛋白。在 pH 为 5.5 时，菠菜叶蛋白产生的泡沫有非常好的稳定性。在较低的温度下，泡沫稳定性会更好。随着温度的升高，泡沫稳定性会越来越差。当离子强度从 0 升至 0.1 时，泡沫稳定性会增强。

冻干的菠菜叶蛋白（pH7.0，离子强度 0.1）的乳化活性指数为 109m^2/g，相同条件下 11S 球蛋白的乳化活性指数为 217m^2/g，卵清蛋白指数为 31m^2/g。在 90℃时，叶蛋白的乳化稳定性要低于乳球蛋白或牛血清蛋白。冻干的苜蓿叶蛋白、喷雾干燥的苜蓿叶蛋白和大豆分离蛋白都有相似的乳化活性和乳化稳定性，但是，乳化能力却不相同。

4. 凝胶性

喷雾干燥的苜蓿叶蛋白，能在低浓度（1%）下，通过加热后冷却得到凝胶。在浓度 5%时得到的凝胶强度是大豆分离蛋白浓度 15%时凝胶强度的 2 倍多。如果喷雾干燥的温度升高，凝胶的强度会大大降低。通过延长加热的时间和升高温度，凝胶的强度能得到加强。在适度的离子强度下，pH 为 7.0～8.0 的凝胶强度有最大值。

烟叶叶蛋白在 75℃以上加热，通过渐渐冷却得到凝胶。在同一条件下，烟叶叶蛋白的凝胶强度要大于鸡蛋蛋白凝胶的强度。从 pH3.0 溶液中得到的烟叶叶蛋白，在 2%的浓度下，能形成透明的凝胶。

在 90℃、低于 2.5%浓度下加热菠菜叶蛋白 10min，能得到凝胶，而 11S 球蛋白在此浓度下则不能形成凝胶。相同浓度下，菠菜叶蛋白凝胶的强度要大于 11S 球蛋白形成的凝胶。

（二）叶蛋白的应用

1. 食用

植物叶蛋白由于不含胆固醇而具有动物蛋白无法比拟的组成优势，因此，提取的叶蛋白可直接加工成胶囊、粒状或片状的颗粒，作为人类食品来改善膳食的营养成分，也可为素食者提供优良的营养物质，满足对蛋白质、多酚、生物活性钙、胡萝卜素和浓缩叶绿素等营养的需要，还可作为营养添加剂添加到食品中来改善人群特别是儿童的营养。

无论是新鲜的或是贮藏的湿叶蛋白，都能同许多食物很好地混合使用。但有些产品不宜掺入叶蛋白，如各种焙烤食品，因为焙烤会增强脂类分解物的味道；另外，面包外观上发绿的颜色也不会很受欢迎。叶蛋白中能加入许多调味剂，尤以加香蕉味为最好，咖啡、橘子或柠檬味次之。

2. 医用

提纯的叶蛋白可用于肾脏疾病的患者治疗。另外，在提取叶蛋白的过程中，所得上清液营养成分高，经脱味处理，可开发成高级保健饮料，如提取超氧化物歧化酶（SOD），它可使超氧阴离子自由基发生歧化反应，具有抗衰老，抗肿瘤、心脑血管病、肺气肿，治疗关节炎、老年性白内障等功效。

3. 其他

叶蛋白可部分代替鸡饲料中传统的蛋白质，目前国内外学者用叶蛋白饲喂母鸡、肉用仔鸡等都取得了较为满意的效果。另外，叶蛋白还可部分代替鱼粉等优质蛋白。

第四章 油料蛋白的加工工艺

第一节 大豆蛋白的加工工艺

一、大豆粉的生产

（一）全脂大豆粉

全脂大豆粉是用大豆为原料直接加工成的一种粉状产品，分为酶活性全脂豆粉和热处理全脂豆粉两种产品。

全脂大豆粉目前尚无统一的质量标准，各生产厂家一般都根据全脂大豆粉的化学组成和生产工艺条件确定自己的质量指标。表 4-1 为全脂大豆粉的基本化学组成。

表 4-1 全脂大豆粉化学组成（%）

成分	含量	成分	含量
蛋白质（干基，N×6.25）	40.5	水分	6.6
脂肪	20.5	灰分	4.5
粗纤维	2.3	碳水化合物	25.6

1. 酶活性全脂豆粉

酶活性全脂豆粉的生产过程中不经过任何湿热处理，因此大豆粉中蛋白质基本不变性。水溶蛋白的保存率达 70%以上，并具有生大豆的全部酶活性，富含淀粉酶、脂肪酶、蛋白酶、脂肪氧化酶和尿素酶等。酶活性全脂豆粉对烘焙行业很重要，可用来改善面包和其他发酵产品的品质。首先，它所含的脂肪氧化酶有漂白小麦粉颜色的作用，可以增加面包心的白度；其次，由于脂肪氧化酶对麦谷蛋白起氧化作用，在小麦粉中添加 0.5%～1.0%酶活性全脂豆粉可以明显地改善面包的松软度和贮存性能；此外，酶活性全脂豆粉添加到糕点中可作为天然乳化剂和稳定剂。在英国的面包配方中几乎都添加了酶活性全脂豆粉。但是，酶活性全脂豆粉富含胰蛋白酶抑制剂、大豆血细胞凝集素等抗营养因子，并具有豆腥味，人体直接食用吸收效果差。

1）生产工艺

大豆⟶精理⟶烘干⟶破碎脱皮⟶粉碎⟶筛分⟶酶活性全脂豆粉

大豆经振动筛、密度去石机清理除杂后，采用热风烘干机或振动流化床干燥机在干热条件下使大豆水分达到 8%～10%。经双对辊破碎机破碎成 4～6 瓣，再用平面回转筛和垂直吸风道进行仁皮分离，使脱皮后豆仁中含皮率小于 1%。碎豆仁经细微粉碎机粉碎成大豆粉，而后送入细微分级器分级，收集达到要求颗粒度的细粉即为酶活性全脂豆粉。

2）酶活性全脂豆粉的质量指标　酶活性全脂豆粉呈乳白色或淡黄色粉末状，具有大豆粉固有的气味，无异味。理化指标和卫生指标见表4-2和表4-3。

表4-2　酶活性全脂豆粉的理化指标

指标名称	指标
水分/%	≤7
灰分/%	≤6
蛋白质（N×6.25，干基）/%	≥40
氮溶解指数（NSI）/%	≥70
细度	100%通过150目/25.4mm筛
粗纤维/%	≤3
脂肪/%	18左右

表4-3　酶活性全脂豆粉的卫生要求

指标名称	指标
细菌总数/（个/g）	≤5万
大肠杆菌群近似值/（个/100g）	≤70
致病菌	不得检出
砷（以As计）/（mg/kg）	<0.5
铅（以Pb计）/（mg/kg）	<1.0
铜（以Cu计）/（mg/kg）	<10.0
黄曲霉毒素B_1/（μg/kg）	≤5.0

2. 热处理全脂豆粉

为了克服酶活性全脂豆粉存在的不足，并扩大全脂豆粉的食品用途，在高温、高压、短时间或高温、瞬时的干热处理条件下，使大豆中所含的胰蛋白酶抑制剂、血细胞凝集素等抗营养因子钝化，并使脂肪氧化酶失去活性，从而使全脂豆粉的营养价值有所提高，产品豆腥味有所改善，产品中水溶蛋白得以适度保持。热处理全脂豆粉可用于冰淇淋、雪糕和糕点的制作中，还可以用于儿童食品、减肥食品和健康食品中，如婴儿营养米粉、早餐麦片等。

1）生产工艺　高温灭酶法生产全脂豆粉的工艺如下。

大豆⟶清理⟶调湿⟶灭酶⟶冷却⟶脱皮⟶粗磨⟶精磨⟶热处理⟶全脂豆粉

大豆经过风选、磁选、去石等工序清理后，在调湿器内调节水分达到11%～13%。调湿后要将大豆中的带菌豆、破碎豆或不成熟豆除去。净豆在加热处理器内灭酶脱腥，处理室内部温度为150～160℃，被处理大豆内温度为100℃，处理时间为5～7min。冷却后大豆采用撞击法和摩擦法两道工序脱皮，豆仁首先用锤磨机粗磨，再用辊式磨粉机进行精磨。磨辊内通有循环冷却水，使辊面温度保持在12～18℃，这样可以保证产品有稳定的细度。

2）热处理全脂豆粉的质量指标　热处理全脂豆粉的感观呈淡黄色粉末状，具有大豆粉固有的清香甜味，无豆腥味。其理化指标见表4-4；卫生指标与酶活性全脂豆粉相同。

表 4-4　热处理全脂大豆粉的理化指标

指标名称	指标
水分/%	≤3
灰分/%	≤6
蛋白质（N×6.25，干基）/%	≥40
氮溶解指数（NSI）/%	≥45
细度	100%通过 150 目/25.4mm 筛
粗纤维/%	≤4.8
脂肪/%	18 左右

（二）速溶脱腥全脂豆粉

速溶脱腥全脂豆粉是大豆子叶全利用产品，不脱脂、不除渣，大豆利用率提高 20%～28%，蛋白质利用率提高 20%。

1. 工艺特点

目前国内类似产品的工艺方法多采用湿法，而国外多为干法。速溶脱腥全脂豆粉的工艺方法则是“干湿结合法”。其工艺流程如下。

大豆⟶清理⟶干炸⟶脱皮⟶破碎⟶磨粉⟶调浆⟶研磨⟶均质⟶脱腥⟶杀菌⟶浓缩⟶喷雾干燥⟶晾粉⟶筛分⟶包装

干湿结合法的特点是灭酶脱腥效果明显优于干法，而工艺路线较湿法简便，占地面积和耗水量少于湿法。而且全部工艺设备国内均能解决，不需从国外引进。

2. 产品特性

速溶脱腥全脂豆粉的特性概括起来即速溶、无豆腥味、不除渣、不脱脂。

速溶即冲调性与溶解性好。制品以 15～20 倍的热水（水温在 80℃以上为宜）冲调，稍加搅动即刻全部溶成均匀的豆乳，不必再行煮沸，冲成豆乳不结块、不沉淀。

灭酶脱腥的效果好，冲成豆乳饮用，豆香味纯正明显，毫无豆腥味及苦涩等异味，干法产品与湿法产品的脱腥效果均不如干湿结合法制成的豆粉。

原料大豆不脱脂，不但营养价值高，而且风味好，更可贵的是全脂豆粉形成的乳皮脂肪不上浮、不分层。

速溶脱腥全脂豆粉为脱皮后子叶全利用，即不除渣。这不但使原料利用率高，还使产品中含部分纤维素。食品纤维素可促进肠蠕动，而不被胃肠消化吸收，原样排出体外，因此可使通便正常，防止便秘，且有预防消化道癌症的功能。

3. 工艺技术关键与处理要素

豆粉不论以何种方法生产，要使产品达到冲调性好、无豆腥味、不分层、不沉淀、不结块、不上浮，有许多工艺技术关键必须掌握并进行科学处理。由于大豆蛋白的特性所致，若工艺处理技术不当，不但生产合格率低，而且很难生产出优质产品。

1）抗营养因子的处理　大豆中含有几种抗营养因子（阻碍因子），如胰蛋白酶抑制剂、血细胞凝集素、皂苷及甲状腺肥大素等物质，在加工过程中如不采取有效方法予以去除而残留于产品中，不但影响人体的消化吸收，且影响产品风味，并可能引起腹胀等不适感觉。

实验表明，这些阻碍因子均为水溶性，且耐热性弱。因此在生产工艺中可在调浆、脱腥、杀菌、浓缩等工序中选定适宜的工艺条件（如温度、压力、时间），即可全部破除。

2）豆腥味与苦涩味的处理　大豆制品在加工过程中，很易产生令人厌恶的豆腥味，并带有苦涩味，影响产品风味和人们的食欲。大豆的这种豆腥味与多价不饱和脂肪酸的氧化有关。而在此氧化过程中，脂肪氧化酶起着催化剂的作用。氧化最终产物正乙醛、正乙醇和戊基呋喃化合物等均有挥发性致腥味。因此，在加工过程中，采取除掉脂肪氧化酶的方法，防止其促进脂肪酸氧化，便可消除豆腥味。

脂肪氧化酶存在于许多植物中，而在大豆中脂肪氧化酶的活性最高。经研究，最有效的方法是采用加热方式使脂肪氧化酶失去活性，即通常称为的脱腥或灭酶。

常用的脱腥方法有以下 4 种。

（1）脱臭法。用乙烷乙醇系统等有机溶剂萃取，或输入水蒸气蒸馏除去，也可以用酶或发酵法把腥味物质变成无味成分。

（2）掩盖法。采用风味物质，如可可、咖啡、香草、胡椒等掩盖制品的豆腥味，也可添加吸味的环状糊精吸收豆腥味。

（3）破坏法。湿法生产时，可用热水浸泡大豆，对原料进行湿热处理，或在大豆调浆过程中，以热水处理破坏脂肪氧化酶，阻止其催化产生作用，防止脂肪酸的氧化分解。

（4）抑制法又称为钝化法。按产生豆腥味的机制和脂肪氧化酶的特性，在工艺过程中选定正确的工序和工艺参数，利用加热使脂肪氧化酶钝化而失活。

根据干湿结合法的工艺特点，采用抑制法与破坏法并举的脱腥效果较理想。

3）防止脂肪上浮及纤维素沉淀　干湿结合法制成的产品，含大豆全脂肪和约 1%的纤维素，若工艺处理不当，则会导致产品的冲调性和速溶性不佳，严重的便出现脂肪上浮或纤维素沉淀。

通过研究试验，采取大豆脱皮破碎后先经磨粉机粉碎成 400 目的超微豆粉，在调浆后再以胶体磨、均质机研磨，豆浆粒度均匀地通过剪切、冲撞及空穴作用，使脂肪球和纤维微细化，以使其粒子稳定地悬浮在浆液中，最终确保产品获得良好的冲调性和稳定性。

4）解决受热对蛋白质的影响及其水溶性　大豆蛋白主要是球蛋白，它与牛奶的酪蛋白很相似。在加工过程中，介质（浆体）的酸碱质不同，再经过高温和长时间的处理，会导致蛋白质变性，影响成品的冲调性和溶解性。这是由于蛋白质在受热过程中发生聚合作用。研究表明，这种聚合作用在 70℃经 10min 便开始，在 80℃下 10min 则迅速沉淀出聚合物。聚合作用与蛋白质的巯基和疏水性氨基酸残基有关，由于受热，巯基和疏水性氨基酸残基裸露于分子表面而活性化，并在干燥成粉时蛋白质间相互靠近，因二硫键与疏水氨基酸残基结合而黏着，则形成不溶化。

为防止上述聚合作用，提高大豆蛋白的溶解性，选择科学的工艺参数和处理方法十分重要。日本豆乳的处理条件为 80℃下 10min。有实验表明，采用 78℃、10～15min 的杀菌参数为最佳，但要严格控制浆体的 pH，使之稳定在 7.0～7.2。也可以添加适量的阻合剂和表面活性剂，如半胱氨酸、维生素 C、大豆磷脂和蔗糖酯等。

5）提高产品的冲调性和速溶性　速溶脱腥全脂豆粉的最大特点是速溶，要获得良好的冲调性和速溶性，除上述诸因素外，尚需适当控制成品粉的颗粒度、疏粉性和湿润性。

成品豆粉的粒度过细或过粗都影响其冲调性，实验结果表明，粒度为 100～150pm 时速溶性最佳。为此需正确控制浓缩豆乳的浓度、喷雾干燥的塔内温度、离心机速度和豆乳流量等工艺参数，同时要准确地掌握成品豆粉的含水量，以获得良好的湿润性和保存性。

速溶脱腥全脂豆粉是一种营养高、食用方便的高蛋白食品，质地明显优于全豆粉，食用性和大豆利用率均好于其他大豆制品，所以说它是一种新型的大豆蛋白食品，为大豆深加工开创了新的途径。同时，速溶脱腥全脂豆粉又是其他食品工业良好的蛋白质添加剂，如可衍生出豆奶粉、豆奶晶及各种豆乳饮料；可将速溶豆粉添加在冰制品中，生产出高蛋白的冰砖、雪糕、冰淇淋；也可用于奶糖、蛋糕、面包、香肠等产品中，均能制成高蛋白、风味好的食品。因此，脱腥豆粉有广泛的实用价值和推广价值。

（三）膨化全脂豆粉

膨化全脂豆粉是采用现代挤压膨化技术加工生产的一种优质豆粉。由于膨化过程升温和降温十分迅速，使得蛋白质、维生素几乎没有损失；油脂细胞受破坏，油滴分散均匀而易被人体吸收；大豆中有害物质因湿热处理而迅速除去。

1. 生产工艺流程及操作要点

1）生产工艺　概括来说，用挤压法生产膨化全脂豆粉要经过原料预处理、挤压膨化和粉碎 3 个阶段。但由于实际生产中采用挤压机的不同，各阶段的工艺操作及要求有所不同。在中国，早期采用的是单螺杆挤压机干法挤压膨化全脂豆粉，其加工工艺如下。

大豆⟶清理⟶烘干⟶粗碎脱皮⟶仁皮分离⟶仁粉碎⟶混合⟶挤出膨化⟶冷却烘干⟶粉碎分级⟶膨化全脂豆粉

大豆经清理、烘干、粗碎脱皮和仁皮分离的操作与酶活性全脂豆粉的操作相同。然后将碎豆仁调节水分至 12%左右，喂入挤压膨化机，在机内受到高压、高温及高剪切力的作用，水分迅速形成蒸汽，在最短的时间内使大豆受到热处理，而后旋转的螺杆把物料经过模孔挤出机外，突然减压膨胀使物料形成疏松多孔的颗粒。经冷却后进一步脱除水分，然后用细微粉碎机粉碎成大豆粉，并送入微分级器分级，收集达到要求细度的细粉即为膨化全脂豆粉。

2）操作要点

（1）烘干去皮。在卧式烘烤炉烘烤数分钟待去皮的大豆，然后立即送入冷却室，使大豆温度剧降，由于温差效应使得种皮发生收缩而破裂松落，脱落的种皮漂浮，再在整理混合机中搅拌，在冲击力作用下，使松落的种皮脱落，然后进行水洗，使脱落的种皮漂浮，豆粒下沉而除去种皮。

（2）粉碎。用重锤式粉碎机将去皮后的豆粒碾成片状。

（3）挤出膨化。因膨化机内高温高压，使大豆内的水分形成蒸汽，以最短时间将原料蒸熟，迅速挤出机外减压膨胀，形成疏松颗粒，再经冷却脱水，用锤片式粉碎机按颗粒粗细要求制成豆粉。

2. 膨化全脂豆粉的特点

用挤压膨化法生产的豆粉无腥味，而且带有豆香味。这是由于物料在挤压过程中受到高温高压的作用，使物料发生多方面的理化性能的变化，除物料熟化、蛋白质变性、淀粉糊化等变化外，更重要的是使与豆腥味形成有关的物质及大豆中的抗营养因子（如脂肪氧化酶、胰蛋白酶抑制剂、尿素酶、血细胞凝集素等）失活、微生物被杀灭。再加上物料被挤出时的突然降压膨化，使大豆中原有的不良风味物质连同水分一起挥发掉。在挤压过程中，由于受高温高压的作用，油脂被榨出，这不仅有利于物料在螺杆和机头内部运动并顺利挤出，而且使挤出物表面呈黄色，风味得到改善，产品的品质得到提高。

虽然物料在挤压过程中受到高温高压作用，但这一过程所经历的时间极短，属于高温高压短时间过程[高温高压短时间（HHS），5～10s 内完成，最长也不超过 1min]，因此对大豆营养物质（包括维生素、氨基酸等）的影响较其他加工方法要小，而且挤压加工可提高蛋白质的消化吸收率，并且维生素 B_1、维生素 B_2 及烟碱酸等几乎没有损失，蛋白质所含的赖氨酸约占 5%，均较同类产品高。由此可见，膨化全脂豆粉是一种生产成本低而营养价值高的豆粉。

3. 膨化全脂豆粉质量指标

膨化全脂豆粉的理化指标和微生物指标见表 4-5、表 4-6。

表 4-5 膨化全脂豆粉的理化指标

项目	指标	项目	指标
水分/%	≤4.0	酸度（以乳酸计）/（g/kg）	10.0
脂肪含量/%	≥7.0	尿素酶活性	阴性
蛋白质含量/%	≥16.0	灰分/%	3.0
总糖（以蔗糖计）含量/%	≤60.0	砷含量（以 As 计）/（mg/kg）	≤0.5
溶解度（重量法）/%	≥92.0	铜含量（以 Cu 计）/（mg/kg）	10.0
沉淀指数/s	0.05	铅含量（以 Pb 计）/（mg/kg）	≤1.0
水溶性膳食纤维含量/%	—	食品添加剂	符合 GB2760—2014 规定

表 4-6 膨化全脂豆粉的微生物指标

项目	指标	项目	指标
细菌总数/（个/g）	≤30 000	致病菌（指肠道致病菌和致病性球菌）	不得检出
大肠菌群（近似数）（个/100/g）	90		

（四）脱脂大豆粉

1. 脱脂大豆粉生产工艺

脱脂大豆粉是大豆经过提取油脂后的饼粕加工成的一种粉状产品，分为烘烤的脱脂大豆粉和低变性脱脂大豆粉两种产品。脱脂大豆粕有高变性和低变性之分，两者最大的差别在于蛋白质分散度指数不同。高变性脱脂大豆粕由于热处理后可以部分或全部破坏影响大豆蛋白消化和利用的抗营养因子，主要用于与谷物混合的食品中，如用 75%硬质小麦粉与 25%脱脂大豆粉混合制成通心粉，可使产品蛋白质含量达到 28%～30%，蛋白质功效比值（PER）由纯小麦粉制品的 1.27 上升至 2.39。低变性脱脂大豆粕通常是在“闪蒸脱溶”或“真空脱溶”条件下获得的，蛋白质分散度指数（PDI）较高，为 70%～90%。因此，同高变性脱脂大豆粕相比，低变性脱脂大豆粕生产的脱脂大豆粉功能性较好，在食品工业中的应用也比较广泛。在某些食品配方中主要考虑脱脂大豆粉的功能性时，则需使用低变性脱脂大豆粉，在此着重介绍低变性脱脂大豆粉的生产工艺、产品用途及产品质量指标。

1）生产工艺　低变性脱脂大豆粉是以低变性脱脂大豆粕为原料，将其磨细、分级而制成的。低变性脱脂大豆粉生产工艺流程如图 4-1 所示。

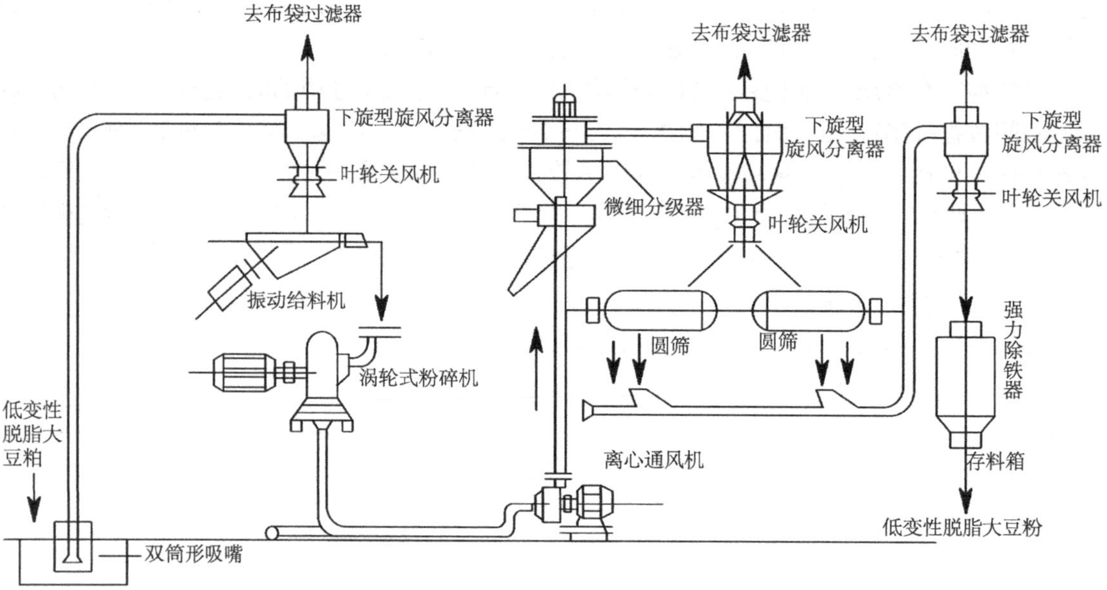

图 4-1　低变性脱脂大豆粉生产流程（刘大川和苏望懿，2001）

低变性脱脂大豆粕投入喂料坑，通过双筒形吸嘴吸入风管并被风送至下旋型旋风分离器。在此，物料与空气分离，从旋风分离器底部经叶轮关风机卸至振动给料机，恒定而均匀地喂入涡轮式粉碎机。粉碎后的物料由风机经风管输送至微细分级器，被分离出的粗粒仍被送回涡轮式粉碎机重新磨碎，细粉进入下旋型旋风分离器沉降，经叶轮关风机进入圆筛，筛理出少量粗粉，穿过筛网符合细度要求的细粉则被风吸起，在旋风分离器沉降经关风机流入存料箱。在存料箱的进口处设有强力除铁器，以除去产品中的微量金属杂质，最后低变性脱脂大豆粉由存料箱卸出包装。三台离心通风机通过吸气管分别以吸式输送物料至旋风分离器使物料沉降，而含尘空气则经过风机的压气管分别压送至三台布袋过滤器净化后排空。

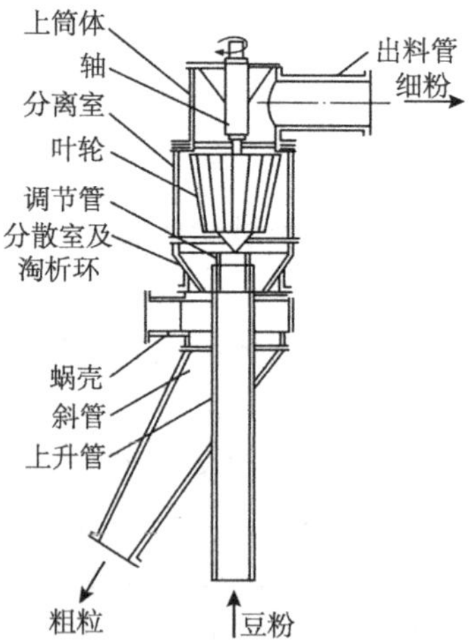

图 4-2　微细分级器结构
（刘大川和苏望懿，2001）

2）生产设备　脱脂大豆粉生产工艺中的主要设备是涡轮式粉碎机和微细分级器。

（1）涡轮式粉碎机。涡轮式粉碎机是一种利用机械力和气流作用的节能低噪声型粉碎机。涡轮式粉碎机旋转叶轮的转速与叶轮直径有关，如叶轮直径（Φ）为 550mm，其转速为 2200～2930r/min，旋转叶轮叶片尖端的线速度为 63～85m/s 时，粉碎机对低变性脱脂大豆粕的生产能力为 200～300kg/h，产品细度可达到 100～120 目/25.4mm 筛。

（2）微细分级器。微细分级器为离心机械式气流分离筛理设备。它依靠叶轮高速旋转而产生的离心力和气流的向心力之间的作用，把微细或超细粉粒与较粗的粒子分开。图 4-2 为微细分级器的结构示意图。

由图 4-2 可见，粉碎后物料由上升管进入分离器内，遇到高速旋转的叶轮，粗粒子所受到由叶轮旋转产生的离心惯性力大于气流阻力，沿叶轮旋转方向飞向分离室内壁，然后降落到斜管排出机外，仍然回到涡轮式粉碎机继续粉碎。而细微粒子受离心惯性力小于气流阻力，随气流上升至筒体并经出料管排出，从而达到分级的目的。

影响微细分级器分级效果的因素有叶轮转速、风量、上升管出口位置高低、淘析环直径等。例如，叶轮直径（Φ）为 550mm 涡轮式粉碎机相配用的是 WX1100 型微细分级器，其叶轮驱动电机功率为 5.5kW，叶轮的最高转速达 1050r/min，需要风量为 6000m^3/h。

2. 脱脂大豆粉产品用途及质量指标

1）产品用途　低变性脱脂大豆粉不仅具有良好的功能性，且具有很高的酶活性，尤其是脂肪氧化酶的活性高，可以起漂白作用。在面包粉中加入 3%低变性脱脂大豆粉可以改善其醒发性能，并使面包增白。另外，由于低变性脱脂大豆粉具有较强的吸水能力，可以延长面包的贮存时间，增加体积和改善适口性。

低变性脱脂大豆粉含有较高的赖氨酸和糖类，加入烘焙食品中可以增加其蛋白质含量。同时，由于还原糖的作用，使食品表面呈金黄色泽，还可以使食品松软。在制作炸面圈时要放很多蛋黄，若在小麦粉中加 2.5%的脱脂豆粉，就可以减少一半的蛋黄用量，并能得到良好的色泽。另外，加脱脂大豆粉的小麦粉炸面圈时，将使和热油接触的表面形成一种封闭面，这样水分可以保留在面团内，同时也可少吸收油脂。

2）理化指标　低变性脱脂大豆粉的质量指标见表 4-7。

表 4-7　低变性脱脂大豆粉的质量指标

项目	指标
粗蛋白（N×6.25，干基）/%	≥50
氮溶解指数（NSI）/%	≥65
脂肪/%	2～3
水分/%	≤10
灰分/%	≤6
粒度	90%以上通过 100 目筛
溶解性	良好

（五）豆乳及豆乳粉

豆乳，也称为豆奶，是以大豆为主要原料，添加或强化其他成分，其组分像牛奶，而营养水平比牛奶更高的一种大豆饮料。豆乳中不含胆固醇，亚油酸含量高，对老年人心血管病有一定疗效。加上豆乳中含有丰富的维生素 E 和磷，有延缓衰老和增加记忆的功用。此外，豆乳中还含有钙、锌、铁等多种矿物质和微量元素，又是碱性食品，可与肉类、米饭等酸性食物进行中和。因此，经常饮用豆乳，不仅可满足人体的营养需要，还能增强人体对疾病的抵抗力。豆乳物美价廉，又适于工业化大批生产。

豆乳生产是在我国小作坊式的豆浆生产基础上改进的。豆浆中豆腥味浓，味道不佳，而且还含有不少抗营养因子，影响消化吸收。而豆乳的生产过程中，有专门克服这些不利因素的工序，脱腥去苦涩味后，与豆浆风味迥异。在豆乳配料工序中，对大豆营养成分进行了改善，如添加果汁、氨基酸、维生素、糖和稳定剂等，使其营养成分更加合理。

豆乳除直接饮用外，还可用来替代牛奶作原料，加工酸豆乳、豆乳干酪和配制其他营养饮料。

1. 豆乳生产工艺

豆乳生产选用新鲜且蛋白质含量高的大豆为原料。目前我国豆乳生产设备和工艺流程与日本、瑞典、丹麦等国引进的豆乳设备和连续自动生产线比较各有特点。

国产设备组装的生产线，其特点是价格低、上马快。最大缺点是豆乳中有豆腥味，产品细度也差，因此口感不如进口设备生产的产品。

目前，我国豆乳加工设备大多数是从日本引进的，从工艺、设备价格来看，日本设备有其优点，其生产工艺流程如下。

大豆除杂 ⟶ 浸泡 ⟶ 洗料 ⟶ 磨制 ⟶ 分离(再生) ⟶ 灭酶 ⟶ 脱臭 ⟶ 细滤 ⟶ 冷却 ⟶ 均质 ⟶ 灭菌 ⟶ 冷却

大豆表面上有很多尘土和微生物附着，浸泡前应充分清洗，至少 3 遍。将大豆浸泡于 3 倍的水中，夏天浸泡 8～10h，冬天浸泡 16～20h。浸泡水中加入 0.1%的碳酸氢钠溶液，可防止产生豆腥味，缩短浸泡时间，提高均质效果，改善豆乳的风味。大豆浸泡的目的是为了软化细胞结构，降低磨浆时能耗与磨损，提高胶体分散和悬浮性，增加蛋白质吸收率。

2. 豆乳粉

豆乳粉的生产主要包括豆乳的制备、配料和粉体制造 3 部分。其生产的主要过程：先将大豆按一定的方法制成豆乳，然后按配方向豆乳中添加其他配料，最后经杀菌、浓缩、均质和干燥制成豆乳粉。配料的不同决定了豆乳粉花色品种的变化，粉体的制造部分，各种豆乳粉的生产都大同小异，豆乳粉生产方法的不同主要体现在豆乳制备这一环节上。

1）豆乳粉的分类　按配料的不同，豆乳粉主要有以下几类。

（1）淡豆乳粉。是以大豆为原料不添加任何添加物制成。这类产品主要用于肉类加工，作为改善肉类制品弹性和色泽并提高其持水性的食品添加剂。淡豆乳粉主要作为一种工业原料，也可作为营养补充食品用于某些患者。

（2）甜豆乳粉。是以大豆为主要原料，添加 30%～70%的白砂糖和少量饴糖制成。甜豆乳粉是目前多数豆乳粉生产厂家生产的主要产品。

（3）花色豆乳粉。在甜豆乳粉中添加适量的巧克力、咖啡、麦芽、水果汁、果酱、蔬菜、植物油、盐等制成。

（4）强化豆乳粉。在甜豆乳粉的基础上添加维生素、微量元素和矿物盐等营养强化剂制成。

（5）冰淇淋豆乳粉。在花色豆乳粉的基础上添加脂肪粉、乳化剂、稳定剂和赋香剂而制成。

（6）混合豆乳粉。由豆乳、牛乳、白砂糖和饴糖按一定比例制成，也可在此基础上添加适量的精炼植物油、维生素、矿物盐和微量元素制成适合于婴儿的婴儿奶粉，也可制成用于孕妇或中老年人的牛乳豆乳粉。

2）豆乳粉生产工艺及操作要点　大豆经一定的方法得到豆乳后即可以用来生产豆乳饮料，也可以进行豆乳粉的生产。豆乳经煮浆、真空脱腥（臭）、配料、均质、杀菌和包装即可得到豆乳饮料；经配料、杀菌、均质、浓缩及干燥便可得到豆乳粉。

（1）配料（加糖）。目前为了解决豆乳粉的速溶问题，一般均在豆乳粉中添加 40%的砂糖和 10%的饴糖（以干物质计）。其他配料如无机盐、微量元素和维生素的加入，主要视配方要求和热敏性特点，在杀菌前或杀菌后加入。配料的主要内容和关键在于加糖，其加入方式有 3 种：①将砂糖加到豆乳中一起加热杀菌，然后吸入浓缩罐中一起浓缩；②将豆乳与砂糖溶液（65%）分别加热杀菌，混合后进行浓缩；③先将豆乳单独加热并真空浓缩，在浓缩近结束时，将含量为 65%的砂糖溶液（预先在 80℃以上的温度下加热 10～15min，并冷却到 60～70℃）吸入浓缩罐中与浓豆乳混合。

大豆蛋白是热敏性很高的物料，豆乳的黏度受温度和干物质含量的影响很大。随着温度的升高和豆乳中水分的蒸发，其黏度也显著增加。糖的加入也会增加豆乳的黏度，因而为了充分杀菌和防止浓缩时黏度过高，以采用第 3 种加糖方法为好。

（2）杀菌。一般采取 120～140℃，1min 左右，最好以洁净蒸汽直接通入豆乳中杀菌。

（3）均质。均质可以降低黏度，使凝聚的蛋白质颗粒破碎变成细小的颗粒，并可使脂肪球破碎成小脂肪球，有利于提高豆乳粉的溶解度和吸收率。均质的条件和方法与豆乳制造相同。

（4）浓缩。豆乳的浓缩是采用加热的方法使豆乳中的一部分水分气化并不断将水蒸气排除，从而提高豆乳的干物质含量。为了减少豆乳中营养成分的损失和有利于喷雾干燥时豆乳粉形成大颗粒，一般采用减压蒸发的方法，即真空浓缩。浓缩结束时应控制浓度为 30%～40%，温度为 50～60℃。

豆乳产品加热浓缩的条件及影响因素如下。

A. 加热温度和真空度。豆乳浓缩可在 50～55℃、真空度 80～93kPa 的条件下进行。豆乳浓缩达到目的后应迅速冷却降温，否则会延长受热时间，使豆乳黏度增加。浓缩后迅速冷却虽然会使浓度急剧增加，但这种增加是可逆的，降温越快，可逆性越高。

B. pH。当 pH 为 4.5 左右时浓缩物的黏度最大，提高豆乳的 pH 可以降低黏度，但 pH 偏大时黏度又会上升，同时会使产品色泽灰暗，口味也差。生产中调节 pH 为 6.5～7.0 比较合适。

C. 豆乳的浓度。豆乳的浓度越高，黏度越大，所以随着浓缩的进行，豆乳的黏度会不断升高。当蛋白质含量由 5%浓缩至 15%时，黏度增加缓慢。当蛋白质含量超过 15%后，黏度迅速上升，这时浓缩速度降低，豆乳流动性很差。一般浓缩到蛋白质含量为 11%～12%为宜。加维生素 C 的豆乳，可以浓缩到 30%～40%（蛋白质含量为 15%左右）。浓缩后蛋白质浓度超过 15%的产品在热水中的溶解度明显降低。

D. 加糖方法。生产加糖豆乳粉一般都在浓缩时加糖，糖的加入会明显增加豆乳的黏度，影响水分的蒸发，延长浓缩时间。同时，由于糖的加入使浓豆乳的沸点升高，因而需提高浓缩温度。为了防止这种情况的出现，应在浓缩近结束时加入糖。

E. 其他物质对豆乳浓缩的影响。巯基乙醇、尿素、半胱氨酸、亚硫酸钠、维生素 C、盐酸胍及蛋白酶的存在，均可破坏大豆蛋白的二硫键或将蛋白质水解成分子质量较小的肽，从而降低蛋白质的黏度。亚硫酸钠还原性强，添加亚硫酸钠不但可以降低豆乳的黏度，而且可以防止蛋白质的褐变。另外，当气温高时，生豆乳在未进入下一道工序之前由于微生物及大豆中酶的作用发生蛋白质沉淀析出现象，加入亚硫酸钠可以防止这种现象的产生。

近年来，真空浓缩在豆乳生产中被广泛使用，其优点如下：①可降低豆乳的沸点，减少大豆蛋白的变性并防止黏度过度增加，对保持大豆中的营养成分，提高豆乳粉的色泽、风味及溶解度大有好处；②真空条件下可降低豆乳中脂肪氧化酶的作用，并起到一定的真空脱臭作用；③增大了加热蒸汽与豆乳间的温差，提高了设备单位面积及单位时间内的传热量，加快了浓缩进程，提高了生产效率；④真空浓缩时豆乳黏度增加缓慢，在加热壁上的结焦现象大为减少，便于设备清洗，提高了传热效率；⑤豆乳在干燥前经真空浓缩除去了豆乳中60%以上的水分，可节省加热蒸汽和动力消耗，相应提高了干燥设备能力，降低了成本；⑥真空浓缩后喷雾干燥的豆乳颗粒较粗大、致密和坚实，相对密度较大，具有良好的分散性、冲调性和溶解度。

（5）喷雾干燥。目前国内外生产豆乳粉普遍采用喷雾干燥法，其原理及工艺过程与乳粉制造基本相同。但为了增加豆乳粉的溶解性和速溶性，可以增加干燥塔的高度，使豆乳粉在塔内有更长的附聚时间，形成的颗粒较大。进出风温度涉及干燥速度和干燥能力，同时又影响到产品的颗粒结构、吸湿性和热敏性成分的稳定性。进风温度宜在100～180℃，以保证适宜的升温速度和干燥速度，出风温度在60～70℃，否则易产生粘壁潮粉现象，使成品吸湿性增加，不利于后面的包装工序。塔内的真空度应在20kPa左右。

豆乳粉可以采用压力喷雾干燥，也可以采用离心喷雾干燥。对于压力喷雾干燥，为获得较好的豆粉颗粒和色泽，应采用M型大板眼、低压力进行喷雾干燥。MD250型压力喷雾干燥塔采用直径（Φ）为2.6～2.8mm的板眼、6～8MPa压力喷雾较适宜。因豆粉更易粘结滤粉布袋，故生产中抖动布袋的间隔时间应比奶粉生产短。

离心喷雾干燥离心盘转速影响到产品的粒度分布、速溶性和含水量。转速过高会使细粉增加，过低会使雾滴颗粒过大，产品含水量达不到要求，成品品质下降。适宜范围为20 000～23 000r/min。

（6）包装。用聚乙烯袋包装，可保持3个月不变质。若长期贮存，则应用复合薄膜包装或充氮包装。

3）提高豆乳粉溶解度及速溶性的几点措施

（1）添加抑制剂。大豆蛋白受热变性而使黏度增加。如前所述，黏度的增加与二硫键的形成有关。为了防止二硫键的形成可加入还原剂，如向豆乳中加入500～1000mg/kg的维生素C或其钠盐、0.05%的$NaHCO_3$和0.05%～0.25%的半胱氨酸，可抑制二硫键的形成并增加豆乳粉的溶解度。

（2）调节pH。豆乳杀菌前可用1%的NaOH或10%的$NaHCO_3$溶液调节pH。生产全脂豆乳粉的豆乳pH控制在6.4左右、生产脱脂豆乳粉的豆乳pH控制在6.4～6.6，可提高豆乳粉的溶解度。

（3）加入蛋白酶。用酶适度地降解大豆蛋白，使蛋白质水解为分子质量较小的多肽有利于提高蛋白质分子的稳定性，并使其更容易分散到水中去。比较合适的蛋白酶为中性蛋白酶，如As1.398中性蛋白酶和诺和诺德（Novo Nordisk）公司的中性蛋白酶Neutrase。用Neutrase在pH为7.0～7.2时水解1h可以明显提高豆乳粉的溶解度和速溶性，且水解后产品无苦味。

（六）大豆粉质量控制

在大豆粉生产过程中，通常都要对大豆进行加热处理，加热程度因产品品种及其技术要求而异。一般加热过程的控制可通过以下几个指标来实现。

1. 氮溶解指数

酶活性全脂豆粉的氮溶解指数（NSI）要求在 80%以上，因此生产酶活性全脂豆粉时，应尽量避免强烈加热。

脱腥全脂豆粉的 NSI 一般为 15%～20%。适度加热可破坏或钝化大豆中的抗营养因子，有利于消化吸收。但加热过度不仅会导致蛋白质严重变性，丧失某些功能特性，而且会使有效氨基酸，特别是赖氨酸遭到破坏（表 4-8）。

表 4-8　160℃干热条件下大豆中赖氨酸含量的变化

加热时间/min	赖氨酸总量/（g/16g）	有效赖氨酸量/（g/16g）	总赖氨酸残留率/%	有效赖氨酸残留率/%	有效赖氨酸与总赖氨酸比值/%
5	6.21	3.70	99.5	79.4	59.6
10	5.99	3.47	95.9	74.5	57.9
20	5.66	3.68	90.7	79.0	65.0
30	5.04	3.43	80.8	73.6	68.1
40	4.64	2.90	74.3	62.6	62.5
50	4.27	2.40	68.4	51.5	56.2
60	4.10	2.21	65.7	47.4	53.9
—	6.24	4.66	—	—	74.7

注：“—”表示无数值

由表 4-8 可见，当温度达到 160℃时，烘烤 10min，有效赖氨酸含量下降 25%左右。这可能是由于在高温条件下，赖氨酸的 ε-氨基与还原糖的羰基间美拉德反应加速的缘故。虽然到目前为止，尚未发现美拉德反应产生毒性物质，但至少表 4-9 可以证明，其营养价值随着加热程度的加强而降低。另外，表 4-9 数据可以表明，在烘烤过程中大豆中的还原糖含量约增加 1 倍，特别是果糖增加更多，这也是高温条件下美拉德反应加速的直接原因。

表 4-9　大豆烘烤过程中糖类的变化（以干基计）（%）

糖	原料大豆	全脂大豆粉	市售豆粉*
还原糖	0.34	0.63	0.76
非还原糖	9.56	9.85	10.32
总糖	9.90	10.84	11.08
果糖	—	0.6	0.7
葡萄糖	—	—	—
蔗糖	4.5	4.5	3.8
棉籽糖	1.7	1.7	1.1
水苏糖	3.4	3.6	5.9

注：“—”表示无数值；*160℃，烘烤 4.5min

采用直接蒸汽加热蒸煮法脱臭时，随着蒸汽压力、脱臭时间的改变，大豆蛋白分散指数（PDI）也发生明显的变化（表 4-10）。

表 4-10　加工条件对产品的影响

试样品	蒸汽压力/Mpa	脱臭时间/min	脱臭后色泽	风味评定	尿素酶试验/s	脱臭后水分/%	PDI/%
1	0.2	1	接近原色	较弱豆腥味	20	15.68	41.59
2	0.2	2	稍近原色	弱豆腥味	40	18.66	26.89
3	0.2	3	稍深原色	微弱豆腥味	100	19.57	20.02
4	0.2	4	黄褐色	微豆香味	>3600	19.80	18.48
5	0.2	5	深黄褐色	弱豆腥味	>3600	22.45	15.41
6	0.1	1	接近原色	强豆腥味	30	17.88	53.14
7	0.1	3	稍近原色	弱豆腥味	20	15.54	38.52
8	0.1	5	稍深原色	微弱豆腥味	60	15.28	33.89
9	0.1	7	稍深原色	无豆腥味	1060	16.36	21.19
10	0.1	10	深黄褐色	弱豆腥味	>3600	17.31	10.78
11	0.05	10	稍深原色	微弱豆腥味	1240	13.84	33.89
12	0.05	15	稍深黄色	无豆腥味	>3600	14.18	27.73
13	0.05	20	深黄褐色	较强豆腥味	>1800	17.82	27.11
14	0.05	30	棕黄褐色	强豆腥味	>3600	15.78	21.56

可见，采用 0.2MPa 的直接蒸汽加热脱臭时间 3～4min 是加热蒸煮脱臭法理想的工艺参数。它既能除去豆腥味，又能使 PDI 保持在 18%～20%。脱臭后水分有所增加，但稍加干燥后仍能适合干磨粉碎的要求。

2. 尿素酶活性

尿素酶在大豆中的含量较高，对尿素转化为氨及二氧化碳的反应起催化作用。尿素酶易受热失活，也容易准确测定，因此常作为确认大豆蛋白制品加热处理程度的重要指标。尿素酶活性与 NSI 的关系见图 3-15。

目前，国内外多采用 pH 增值法测定尿素酶活性，即将大豆粉用一种尿素缓冲溶液溶解，由于产生氨，使 pH 发生改变。当 ΔpH 为 0.02～0.30 时，规定为合格范围。

3. 胰蛋白酶抑制剂活性

测定尿素酶活性，仅能粗略表示对大豆的加热处理程度是否适当，而要知道加热处理与蛋白质营养价值的关系，最有意义的是测定大豆胰蛋白酶抑制剂（STI）的活性。将 STI 活性降至最低值时，则大豆蛋白营养价值最高。表 4-11 为生大豆粉和烘烤大豆粉中 STI 的含量。

表 4-11　各种大豆产品的胰蛋白酶抑制剂活性（王凤翼，2004）

试样	STI 活性/（U/mg 试样）	STI 活性*/（mg/g 试样）	比例/%
生大豆粉 A	92.5	48.7	
生大豆粉 B	105.5	55.5	
平均	99.0	52.1	5.2
烘烤大豆粉 A	5.5	2.9	
烘烤大豆粉 B	9.4	5.0	
平均	7.5	4.0	0.4

注：STI 活性*（mg/g 试样）＝STI 活性（U/mg 试样）/1.9

通常认为，加热处理应使全脂大豆粉中 STI 活性降至 0.5%以下。

二、新型大豆制品的生产

（一）大豆浓缩蛋白

大豆浓缩蛋白（SPC）通常是以脱皮脱脂豆粕为原料，除去其中水溶性非蛋白质成分（主要是水溶性糖类、灰分和各种气味成分等），制得的蛋白质含量在70%（以干基计）以上的大豆蛋白制品。此外，近年来又开发出一种新产品——全脂大豆浓缩蛋白，该产品是以全脂脱皮大豆为原料，除去其中的水溶性非蛋白质成分，制得的蛋白质含量在50%以上的大豆蛋白制品。同大豆粉相比，该类产品脱除了绝大部分棉子糖、水苏糖等低聚糖类，消除了肠内胀气因子，同时产品的滋味、气味和色泽也得到了改善。因此，作为食品工业的基础原料，特别是在婴幼儿食品开发方面，受到很大的重视。

大豆浓缩蛋白通常是将脱脂豆粕中的可溶性碳水化合物及一些风味化合物除去后制得的，除去碳水化合物有三种基本方法：酸浸提法（pH4.5）、含水乙醇浸提法、湿热浸提法（图4-3）。通过这样的处理，将不溶的大豆蛋白与可溶的碳水化合物通过离心进行分离，分离后沉淀物为大豆蛋白及部分不可溶的碳水化合物，将它们分散于水中，若需要可中和至pH为7.0，然后，喷雾干燥制得大豆分离蛋白。大多数用于商业生产的大豆浓缩蛋白都是使用含水乙醇浸提法或酸浸提法制得的。

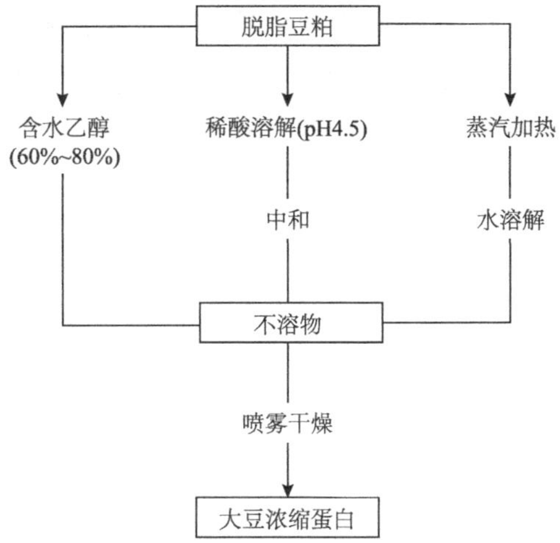

图4-3 用脱脂豆粕生产大豆浓缩蛋白流程

1. 大豆浓缩蛋白的生产方法

1）含水乙醇浸提法　一定浓度的乙醇溶液，可使大豆蛋白变性失去可溶性。根据这一特性，利用含水乙醇溶液对豆粕中的非蛋白质可溶性物质进行浸出、洗涤，剩下的不溶物经脱溶、干燥即可获得浓缩蛋白。

含水乙醇浸提法制备大豆浓缩蛋白（SPC）的工艺流程如图4-4所示。

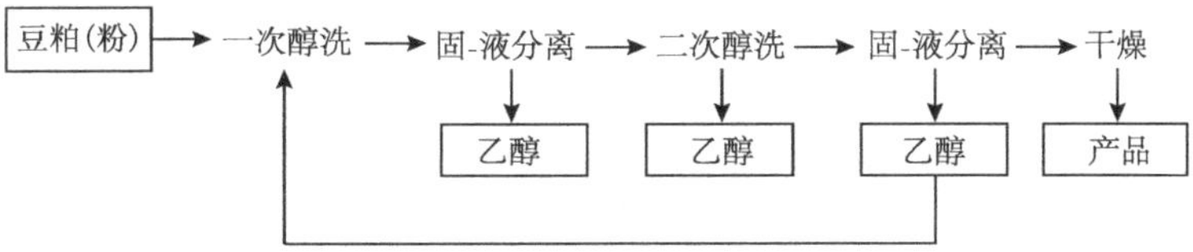

图4-4 含水乙醇浸提法制备大豆浓缩蛋白（SPC）工艺流程

低变性脱脂豆粕（粉）中的可溶性蛋白能溶于水，但不能溶于乙醇，而且当乙醇浓度为50%～60%（体积分数）时，可溶性蛋白的溶解度最低。与此相反，乙醇对豆粕（粉）中的低聚糖类、某些异味成分和色素却有较好的溶解性。因此，可以选择适当浓度的乙醇溶液处理豆粕（粉），然后经分离（并回收乙醇）、干燥，就可以获得色泽、气味较好的大豆浓缩蛋白。含水乙醇浸提法通常用于SPC的商业化生产，它是利用在盘柱体中逆向流动的乙醇蒸气将溶于乙醇的碳水化合物及风味化合物从脱脂豆粕中提取出来，含有蛋白质及不溶性多聚糖的豆坯被不断地提取、脱溶剂、干燥生产出浓缩蛋白，生产中使用过的乙醇可回收再利用。

在乙醇提取过程中蛋白质发生了变性，因此这样制得的浓缩蛋白氮溶解指数很低。

醇法制备的SPC是一种高蛋白的大豆制品，其氨基酸组成合理，而且醇溶液具有较强的有机物溶解能力，可将更多的呈色、呈味物质带走，产品的风味清淡、色泽较浅，蛋白质损失较少；营养优于酸法制备的大豆浓缩蛋白且生产过程中无污水排放，避免了环境污染；提取液的浓缩物还可进一步加工成大豆低聚糖、皂苷等产品，较受人欢迎。目前，美国、日本及除英国之外的西欧国家大部分的SPC产品是醇法大豆浓缩蛋白（ALSPC）。然而由于醇溶液的变性、沉淀作用，使得产品中的蛋白质溶解度或分散性降低，导致它的某些功能性质不如大豆分离蛋白。可通过物理、化学、酶法改性生产功能性SPC以提高SPC产品的功能性，改性醇法 SPC 应用于食品工业具有实际的意义。己醛、壬醛、苯甲醛、环己酮等这些挥发性物质是多不饱和脂肪酸的氧化降解产物，改性后降低了蛋白质中己醛、壬醛、苯甲醛等异味成分。另外，传统醇法 SPC 生产工艺一般多采用脱脂大豆低温脱溶成品粕为原料使得乙醇消耗量增加，可高达 350kg/t。由于生产中采用的固液比大，需蒸馏回收乙醇的量较大，因此生产中能源消耗量也较高。目前采用先以工业己烷萃取大豆坯，再用乙醇二次浸出、一次脱溶制取醇法 SPC 的工艺取得了较好的效果。另外，连续提取技术的应用还可进一步降低生产成本。

2）*酸浸提法*　酸浸提法制备浓缩蛋白的原理是根据大豆蛋白溶解度曲线，用稀酸溶液调节pH，利用蛋白质在pH为4.5时溶解度最低，将脱脂豆粕中的低分子可溶性非蛋白质成分浸洗出来。其加工工艺流程如图4-5所示。

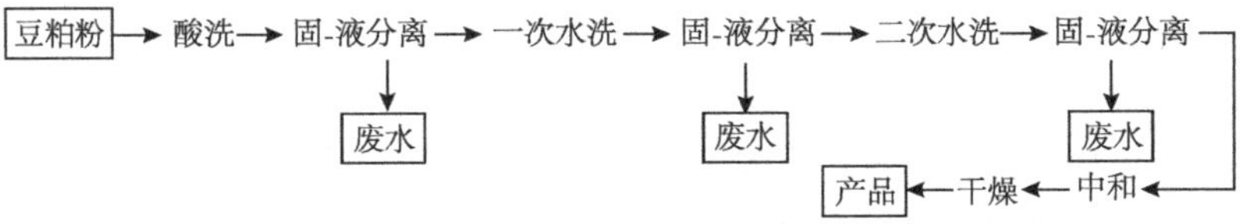

图 4-5　酸浸提法制备大豆浓缩蛋白工艺流程

用水将脱脂豆粕溶解[比例（10～20）：1]，用酸调节pH为4.5，在等电点处除去可溶性的碳水化合物，40℃条件下，提取过程一般需要 30～45min，含有蛋白质的不溶物用倾注器或离心机分离出来，调节pH到7.0，然后喷雾干燥，由此制得高氮溶解指数且微生物数很低的浓缩大豆蛋白。

酸浸提法制备的大豆浓缩蛋白的水溶蛋白含量比含水乙醇浸提法和湿热浸提法制备的大豆浓缩蛋白中水溶蛋白含量高。这是由于湿热浸提法和含水乙醇浸提法可导致大豆蛋白有不同程度的变性，而酸法引起的蛋白质变性小，使产品有较好的溶解性，但产品风味稍逊于含水乙醇浸提法，同时在生产过程中需耗用大量的酸和碱溶液，排出的废水较难处理。

3）*湿热浸提法*　将脱脂豆粕进行湿热处理后，利用蛋白质发生变性不溶于水的特点，除去其中的可溶性碳水化合物、盐及糖类，干燥后即制得浓缩大豆蛋白。湿热处理后的脱脂豆粕也可以用类似水的有机溶剂溶解，温度为66～93℃，pH为5.3～7.5。

湿热浸提法工艺流程如图4-6所示。

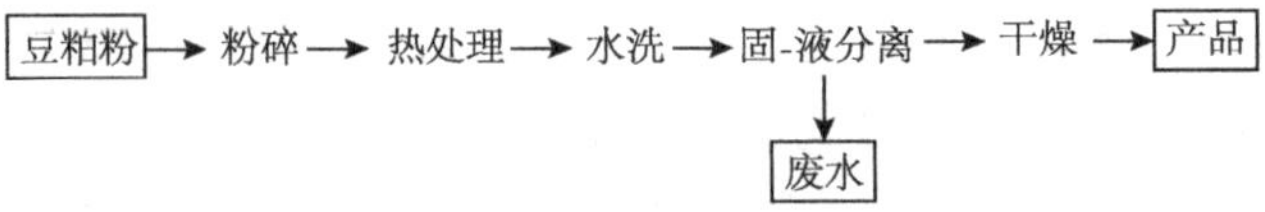

图 4-6　湿热浸提法制备大豆浓缩蛋白工艺流程

湿热浸提法目前已基本被淘汰，其原因是蛋白质得率低，色泽较深，豆腥味也重，在生产工艺过程中蛋白质发生严重热变性，使产品的功能性极差。

2. 大豆浓缩蛋白的质量标准

1983 年 1 月，美国农业部食品营养学会确定了大豆浓缩蛋白的蛋白质含量大于 60%（N×6.25，干基）的质量标准。1987 年，国际食品规范委员会、蔬菜蛋白规范委员会在古巴哈瓦那会议上，通过 FAO/WHO 联合食品标准规程，提出大豆各蛋白粉蛋白质含量（N×6.25，干基）“草案”：大豆蛋白粉（SPF）中的蛋白质含量为 50%～65%；大豆浓缩蛋白（SPC）中蛋白质含量为 65%～90%；大豆分离蛋白（SPI）中蛋白质含量为 90%左右。表 4-12 和表 4-13 列出了大豆浓缩蛋白与功能性大豆浓缩蛋白的质量标准。

表 4-12　大豆浓缩蛋白的主要质量指标（%）

粗蛋白含量（N×6.25，干基）	粗脂肪	水分	其他	NSI
57.83	0.52	12.45	29.2	48.80

表 4-13　功能性大豆浓缩蛋白产品质量标准（GB/T20371—2016）

项目	指标
蛋白质（以干基计）/%	≥63.0
脂肪（以干基计）/%	≤1.0
水分/%	≤10.0
灰分（以干基计）/%	≤8.0
pH	7.0～8.0
铅（以 Pb 计）/（mg/kg）	≤1.0
砷（以 As 计）/（mg/kg）	≤0.5

3. 大豆浓缩蛋白的应用

大豆浓缩蛋白的蛋白质含量大于 70%，并且具有较好的凝胶性、持水性、持油性、乳化性等大豆分离蛋白所具有的功能性，同分离蛋白一样可广泛用于肉类加工、保健食品、调味料及饮料等方面（表 4-14）。

表 4-14　SPC 产品在有代表性的食品中应用

食品		SPC	FSPC	TSPC
肉制品	块状碎肉系列			
	肉饼			
	牛肉、猪肉、禽、鱼	×	×	×
	肉圆	×	×	×
	肉辣酱	×	×	×
肉糜系列	法兰克福香肠		×	
	波洛尼亚香肠		×	
肌肉制品	火腿			
	咸牛肉			

续表

食品		SPC	FSPC	TSPC
烘烤食品	谷类食品	×	×	
	面包、糕饼、油炸面圈	×	×	
乳制品	饮料		×	
	婴儿配方		×	
	调咖啡人造奶油		×	

注：×表示应用；SPC 表示大豆浓缩蛋白；FSPC 表示功能性大豆浓缩蛋白；TSPC 表示组织化大豆浓缩蛋白

1）在肉制品中的应用　乳化型碎肉制品的生产取决于瘦肉能否在一定条件下与脂肪（肥肉）形成具有热稳定性的乳化肉糜，这意味着加热后脂肪和水分仍保留在肉糜中而不会分离出来。同时，肉类加工企业盈利与否在很大程度上依靠其产品利用肥肉及边角料肉的能力。因此，增加肉糜的乳化稳定性不仅关系到产品的质量，而且可以直接促进工厂经济效益的提高。

国内目前在肉类食品中使用的蛋白质添加剂主要是脱脂大豆粉（SPF）和大豆分离蛋白（SPI）。前者价格较低，但蛋白质含量要比大豆浓缩蛋白低且功能性质较差，使用范围和使用量都受到限制；后者具有较强的功能性质和满意的感官性能，缺点是价格较贵，且目前大部分大豆分离蛋白都从国外进口。大豆浓缩蛋白是一种价格介于大豆粉和大豆分离蛋白之间的大豆蛋白制品，由于在加工过程中去除了呈色呈味物质，因此具有较好的色泽及风味；而且大豆浓缩蛋白不含胆固醇，向肉制品中加入大豆浓缩蛋白可使成品中的胆固醇含量降低。

大豆浓缩蛋白在肉类加工技术上具有 4 种重要的特性：吸收水分、吸收脂肪、乳化及凝胶作用，对提高产品持水性、得率、利用率具有十分重要的作用。乳化型碎肉制品就是利用其乳化和凝胶作用。一方面，前者可在脂肪颗粒表面形成均匀稳定的蛋白质分子膜，防止脂肪微粒相互间聚集；另一方面，凝胶性能可以将蛋白溶胶基质“固化”成具有一定机械强度的网状结构，从而防止已形成的乳化肉糜在加热过程中被破坏。大豆浓缩蛋白的加入可提高火腿肠的弹性，对改善组织结构及口感也具有很大作用。我国科研人员在西式火腿配方的基础上，大胆尝试，添加大豆浓缩蛋白用于替代部分动物性食品，试制的火腿肠获得了成功。因此向肉制品中加入大豆浓缩蛋白的质量好坏直接影响到产品的质量、口感及销售利润，是产品成功最为重要的一环。

然而，如果用常规方法制备，得到的大豆浓缩蛋白已被变性，破坏了其功能和性质。通过蛋白质的改性，可以制取功能性大豆浓缩蛋白（FSPC）。功能性大豆浓缩蛋白的蛋白质具有较高表面疏水性的可溶性分子聚集体［相对分子质量$\geqslant 2\times10^6$］。该蛋白质分子聚集体可能具有棒状结构，两极分别是亲水端和亲油端，亲油端可吸附在脂肪颗粒表面，而亲水端则伸入水相，有利于固体脂肪的乳化及稳定。这种结构允许蛋白质同时具有溶解性和表面疏水性，而大豆浓缩蛋白主要以分子形式存在［相对分子质量$\geqslant$（1.7～3.6）$\times10^5$］，没有相对独立的亲水及亲油端，且表面疏水性较低，无法立刻吸附在脂肪表面，因此 FSPC 比大豆浓缩蛋白的乳化性和持水性好。

功能性大豆浓缩蛋白产品可以替代奶蛋白、酪蛋白和分离蛋白。在火腿和其他注射盐水的肉制品中，功能性大豆浓缩蛋白是比较理想的产品，因为它具有分散性、水合作用，加入盐水并不影响它的功能性。它广泛应用于法兰克福香肠、波洛尼亚香肠等肉糜制品中。在这些肉糜制品中，功能性大豆浓缩蛋白与注射盐水后的肉混合形成一种稳定的乳化状态，而不吸收溶解肌球型肉蛋白。因此，功能性大豆浓缩蛋白既可用干状，也可用乳化状态加入注射盐水后的肉中，在斩拌机鼓内进行斩拌，根据肉的性能制成香肠类肉糜。在块状碎肉（如肉饼、各种肉肠等）中，添加功能性大豆浓缩蛋白可以增加它的硬度、营养价值，容留肉汁和脂肪。在生产中以干状或用 4～5 倍的水调和后加入肉制品中，常用量为 2%～3%（干状），增加了烹调肉制品的应用范围。

2）*在面制品中的应用*　谷物类粮食赖氨酸含量较少，而大豆蛋白中赖氨酸含量比较丰富，因此在粮食食品中加入大豆蛋白既可增加产品的蛋白质含量，又能提高产品质量。

（1）提高面粉中大豆蛋白含量。我国面粉蛋白质含量一般为 10%～13%，按 5%～8%比例添加新型大豆蛋白后，面粉蛋白含量可提高 3.5%～5.6%。

（2）改善面包、蛋糕品质。向面包、蛋糕中加大豆蛋白，不但可增加其营养，提高吸水率，改善色泽，还可使产品质地蓬松，蜂窝细腻，不易干硬，延长货架期。

（3）改善面条加工性状。面条是我国的面制主食之一，原料面粉添加 5%新型大豆蛋白后，面条的色泽、韧性和表现状态有所改善。

（4）提高面粉加工功能。大豆浓缩蛋白用于面制品中，使面粉综合加工性状均有改善与提高。

3）*在饲料中的应用*　大豆浓缩蛋白使产品风味改善，消除胀气现象。由于糖分低，褐变反应少，颜色浅，这就使 SPC 更适用禽类和鱼制品。研究表明，喷雾干燥血浆蛋白粉可提高断奶仔猪采食量和日增重，是早期断奶仔猪饲粮理想的饲料原料之一。但因成本较为昂贵，一定程度上限制了其在早期断奶仔猪饲料中的应用。大豆浓缩蛋白因具有低抗原性和粗蛋白含量高的特点，受到猪营养与饲养工作者的重视。

传统上，鱼粉一直是鱼、虾饲料中的主要蛋白源，含量可高达 30%～50%，由于水产养殖业的迅猛发展，鱼粉供不应求的状况将会发生。因此，饲料生产者不得不寻求替代鱼粉的蛋白质原料，未来的鱼虾饲料将会主要由植物蛋白原料组成。豆粉通常被认为是最佳鱼粉替代物，但是豆粉中含有抗营养因子，它对营养物质的消化、吸收产生影响。因此，选择合适的大豆蛋白源就显得尤为重要。目前看来大豆浓缩蛋白是各种植物蛋白中的首选，因为该产品含有平衡的氨基酸组成和极高的蛋白质消化率。例如，当饲料蛋白水平定为 30%时，假设大豆浓缩蛋白是饲料配方中的唯一蛋白质原料，由其提供的必需氨基酸含量见表 4-15。

表 4-15　大豆浓缩蛋白提供的必需氨基酸和鱼、虾的营养需求（%）

氨基酸	大豆浓缩蛋白提供30%粗蛋白	营养需要				
		虾	沟鲶	虹鳟鱼	鲤鱼	罗非鱼
精氨酸	2.30	1.74	1.20	1.50	1.31	1.18
异亮氨酸	1.50	1.05	0.73	0.90	0.76	0.48
组氨酸	0.80	0.63	0.42	0.70	0.64	0.48
亮氨酸	2.40	1.62	0.98	1.40	1.00	0.95
甲硫氨酸+胱氨酸	1.90	1.08	0.64	1.00	0.94	0.90
苯丙氨酸+酪氨酸	3.08	2.14	1.40	1.80	1.98	1.55
苏氨酸	1.30	1.08	0.56	0.80	1.19	1.05
色氨酸	0.40	0.24	0.14	0.20	0.24	0.28
赖氨酸	2.00	1.59	1.43	1.80	1.74	1.43
缬氨酸	1.60	1.20	0.84	1.20	1.10	0.78

由表 4-15 可见，由大豆浓缩蛋白提供的必需氨基酸基本上能满足虾、沟鲶、虹鳟鱼、鲤鱼和罗非鱼的营养需要。但有研究表明，大豆浓缩蛋白中的甲硫氨酸、赖氨酸含量要低于鱼粉中的含量，因此可通过向大豆浓缩蛋白中添加甲硫氨酸来提高虹鳟鱼的生长力。

大豆中天然的抗营养因子成分（如胰蛋白酶抑制剂、抗原素、多种凝集素等），会引起消化道损伤，降低营养物质的消化率，从而抑制鱼虾的生长。但有报道，大豆浓缩蛋白中的抗营养因子是可以消除或灭活的，且它所含的几种蛋白质与鱼粉为饲料的蛋白质消化能力相似。表 4-16 列出了大豆浓缩蛋白与豆粕的营养成分。

表 4-16　豆粕和 ADM 公司大豆浓缩蛋白中的营养成分含量

项目	ADM 大豆浓缩蛋白	豆粕
粗蛋白/%	65	44
水分/%	5	11
粗脂肪/%	1	1.5
粗纤维/%	4	7
粗灰分/%	7	6.3
胰蛋白酶抑制剂/（mg/kg）	<3	1～8
抗原活性：大豆球蛋白/（mg/kg）	20	66 000
β-聚合大豆球蛋白/（mg/kg）	5	16 000
多种凝集素/（mg/kg）	<1	10～200
皂苷/（mg/kg）	0	0.6

由表 4-16 可见，大豆浓缩蛋白中的抗营养因子含量非常低，对动物生长无不良影响，因此具有更高的营养价值。另外，对虹鳟鱼的研究也表明，当食物中的鱼粉完全被大豆浓缩蛋白替代后，其生长和利用不受影响。

由表 4-17 可以看出，大豆浓缩蛋白代替鱼粉是切实可行的，它不仅来源广泛而且价格低廉，是很好的鱼粉替代物。但也有报道说大豆浓缩蛋白替代鱼粉的量与鱼的种类有关。例如，对海鲷鱼来说，当大豆浓缩蛋白替代鱼粉的量增加到 30%以上时，其生长率会下降；而对于大菱鱼来说其生长和营养利用不会受到影响。对虹鳟鱼来说，当用大豆浓缩蛋白替代 50%的鱼粉时，生长率才会降低。因此对于用大豆浓缩蛋白来替代鱼粉的应用还有待研究。

表 4-17　大豆浓缩蛋白取代部分鱼粉对虾的成活率、生长率和饲料转换率的影响

饲料	配方 1	配方 2	差异
鱼粉/%	37.6	20.2	
大豆浓缩蛋白/%	0	8.0	
成活率/%	78	99	+27%
最初体重/g	0.287	0.285	
最后体重/g	3.09	3.55	+15%
体增重/（g/60 天）	2.8	3.3	+17.9%
摄食量/（g/60 天）	3.3	3.4	+3%
摄食量/体增重	1.19	1.03	−13.4%

（二）大豆分离蛋白

美国是世界上最早进行大豆分离蛋白（SPI）开发研究和实现工业化生产的国家，20 世纪 40 年代开始研究，50 年代研究开发出大豆分离蛋白，60 年代开始生产，直到 70 年代其生产技术逐渐趋于完善和成熟。大豆分离蛋白在世界上的需求量将会有一个很大的跃升，尤其是在肉制品以外的行业。大豆分离蛋白市场将由相对饱和的日、美市场转向较欠缺的国家和地区，如中国、印度、南非、俄罗斯及欧洲等。我国于 20 世纪 70 年代开始研究大豆分离蛋白生产及应用技术，80 年代初开始生产大豆分离蛋白。2000～2010 年，随着国内低温豆粕产品质量的提高，以及大豆分离蛋白生产技术的改进，大豆分离蛋白产品的得率和功能性得到普遍提高，且其属于非转基因产品，成本较低，出口形势逐步看好，产品渐渐供不应求。受此影响，新的大豆分离蛋白生产线纷纷上马，而且规模多为年产 3000～5000t，有的甚至达到年产 7000t。截至 2010 年，我国的大豆分离蛋白生产企业有 50 多家，生产线已达 80 多条，设计年总产量 40 万 t。

当前，如何提高大豆分离蛋白的功能特性，使之达到国际上同类产品的质量指标要求，乃是亟待解决的问题。迄今为止，世界上没有任何一种谷物研究得像大豆那样深入，随着食品工业化的提高，大豆蛋白在我国会有更广阔的市场。营养学家认为，凡是食品，都可以与大豆分离蛋白重组，或是利用其功能改进产品质地，或是利用特性增加营养价值。长期以来，我国人民使用大豆制品往往重视它的营养价值，却忽略了它的功能特性，随着科学技术的进步和工业化水平的提高，这种现象将会逐步得到改变。

大豆分离蛋白是存在于大豆籽粒中的贮藏蛋白的总称。它是以大豆为原料，采用先进的加工技术制取的一种蛋白质含量高达 90%以上的功能性食品的添加剂，它为高含量的大豆球蛋白制品。

1. 大豆分离蛋白的生产过程

传统的方法是用脱脂豆粕制取大豆分离蛋白。用水或弱碱（pH 7～10）提取蛋白质和部分可溶性的碳水化合物，将不溶性物质（大部分是碳水化合物）除去，然后在大豆蛋白的等电点（pI 为 4.5）处将蛋白质沉淀，再用机械倾倒、洗涤的方法把蛋白质分离出来，调节 pH 为 6.8，喷雾干燥（图 4-7）。这样即制得带有豆香味、高蛋白质含量的大豆分离蛋白。在沉淀物的洗涤和干燥过程中不经过中和处理即得到等电点下的大豆分离蛋白，这种方法非常适合于商业化生产。

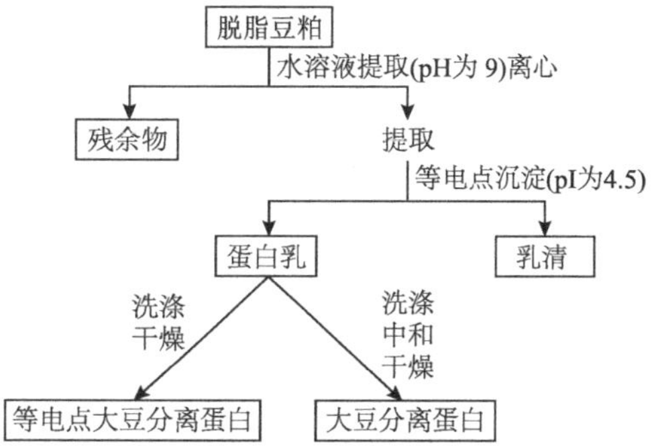

图 4-7　用脱脂豆粕生产大豆分离蛋白流程

目前，大豆分离蛋白的制备方法，按工艺特点，主要有 3 种：碱提酸沉法、超滤法和离子交换法。

1）*碱提酸沉法*　碱提酸沉法是将脱脂豆粕内的蛋白质溶解在稀碱液里，分离除去豆粕中的不溶物，用酸调节提取液的 pH 至蛋白质等电点，使其凝聚沉淀，再经分离清洗，回调干燥即得大豆分离蛋白。这时大部分的蛋白质便从溶液中沉析出来，只有大约 10%的少量蛋白质仍留在溶液中，这部分溶液称为乳清。乳清中含有可溶性糖分、灰分及其他微量组分。

我国自20世纪80年代中期以来，引进日本、美国、丹麦的技术设备，均为碱提酸沉法，其典型工艺流程如下。

原料豆粕 ⟶ 粉碎 ⟶ 一次浸提 ⟶ 粗滤 ⟶ 二次浸提 ⟶ 分离 ⟶ 酸沉 ⟶ 二次分离 ⟶ 水洗 ⟶ 打浆 ⟶ 回调 ⟶ 杀菌 ⟶ 干燥 ⟶ 成品

选料。豆粕质量的好坏直接影响大豆分离蛋白的提取率和功能特性。用于大豆分离蛋白生产的原料豆粕应是经清洗、去皮、溶剂脱脂、低温或闪蒸脱溶后的低变性脱脂大豆粕。这种豆粕含杂质少，蛋白质含量较高（45%以上），尤其是蛋白质分散度指数应高于80%。蛋白质变性程度低，适于大豆分离蛋白的生产。

粉碎与浸提。粗滤与一次浸提是指除去不溶性残渣。低变性脱脂大豆粕先经锤片式粉碎机粉碎至通过100目筛，加水使水与豆粕质量比为9∶1，加入稀碱调pH为7.1±0.1。溶解温度一般控制在15～80℃，溶解时间控制在120min以内，搅拌速度以30～35r/min为宜。提取终止前30min停止搅拌，提取液从滤筒放出，剩余残渣进行二次浸提。

湿豆渣进行二次浸提。加入物料质量5～6倍的水，再用稀碱液调pH至7.1±0.1，于50℃下进行二次浸提，离心分离出豆渣和萃取液。

酸沉。将二次浸提液输入酸沉罐中，边搅拌边缓慢加入10%～35%酸溶液，调pH至4.4～4.6。在加酸时要不断抽测 pH，当溶液达等电点时停止搅拌，静置 20～30min，使蛋白质能形成较大颗粒而沉淀下来，沉淀速度越快越好，一般搅拌速度为30～40r/min。

二次分离与水洗。用离心机将酸沉下来的沉淀物离心沉淀，弃上清液。固体部分用温水冲洗，洗后蛋白质溶液pH应在6左右。

打浆、回调和杀菌。为进行喷雾干燥需充分打散蛋白质的絮状沉淀，搅打成匀浆。为了提高凝乳蛋白的分散性和产品的实用性，加入5%的氢氧化钠溶液进行中和回调，使pH达到6.5～7.0，搅拌速度为85r/min。将大豆分离蛋白浆液在90℃加热10min或80℃加热15min，这样不仅可以起到杀菌作用，而且可明显提高产品的凝胶性。

干燥。杀菌后的蛋白液经闪蒸罐，在真空度 0.07MPa 下脱臭。此时物料温度降到 50～60℃，经泵抽并过滤后，用高压泵在16MPa下泵入喷雾干燥塔，经150℃热风进行干燥。干燥后的产品经旋风分离器进行收集，然后再用风送至布袋过滤器，用振动筛筛粉后再送至成品库进行包装。

生产企业除了注重产品质量之外，得率是影响企业效益的重要经济技术指标。由于大豆分离蛋白中蛋白质含量高，且不含有糖类物质，所以其得率也必然偏低，一般为35%～40%。在生产过程中有效地提高其得率，减少成本，提高效益，就显得十分重要。

下面就碱提酸沉法生产蛋白的工艺过程，阐述影响其得率和品质的主要因素。

（1）原料质量。豆粕的质量直接影响分离蛋白的功能特性及提取率，只有高质量的豆粕才能生产出高质量和高得率的大豆分离蛋白。由于生产大豆分离蛋白对脂肪含量有严格的限制，所用大豆或豆粉要脱脂，需直接采用脱脂豆粕。因此，原料品质、管理质量也都直接影响蛋白质得率，如原料水分过高、脂肪含量高、含皮率高或水溶氮含量过低等，就连大豆品种的不同、产地的不同也存在着不同的得率和不同的功能性指标。水溶性氮的含量，即氮溶解指数是评价蛋白质质量优劣的重要指标。因此，要求原料豆粕应蛋白质含量高，尤其是低变性蛋白质含量高。因为大豆分离蛋白的主要组分是7S和11S，是各具有自己不同功能特性的蛋白质，因此用于分离蛋白生产的原料大豆必须进行检测，要采用7S组分和11S组分含量较高的大豆品种。所用的豆粕应是经清洗、去皮、溶剂脱脂、低温或闪蒸脱溶后的低变性脱脂大豆粕。这对稳定大豆分离蛋白的得率和功能性是十分必要的。

（2）浸提工艺对大豆分离蛋白得率和功能性的影响。从豆粕中萃取蛋白质时，加水量、pH、温度、浸提时间、还原剂对分离蛋白的得率和功能性有很大影响。

A. 加水量。一般来讲，用水浸提大豆蛋白时，加水量越多，蛋白质的溶出率和浸提率就越高。但加水过多，酸沉时乳清液中溶解的球蛋白量增加，蛋白质的损失量也就增高，成品的得率反而下降。若加水量过少，大豆蛋白的溶出率大大下降，成品的得率也跟着减少。一般脱脂豆粕与水的比例为 1∶（10～12）时适合大豆分离蛋白的提取。

B. pH。蛋白质的溶解度与浸提 pH 很有关系，等电点 4.5 时大豆蛋白的溶解度趋于最小，这时大豆球蛋白基本不溶解。pH 和离子浓度较低的条件下，11S 组分能解离成 2S 组分，11S 组分解离成亚基使得溶解度增加。这种解离作用在 pH 为 3.75 时开始至 pH 为 2 时达到最高峰。当 pH<2 时又会发生聚合作用，产生聚合物。因此大豆分离蛋白生产工艺一般采用碱性溶液提取分离蛋白。如 pH 超过等电点，豆粕中的蛋白质溶出率随 pH 增高而增加，pH 为 7 时溶解度突增，但 pH 不宜太高，当 pH>9 时会使碱性太强而引起脱氨、脱羧、肽键断裂，又会发生“胱赖反应”，把氨基酸转变为有毒的化合物，因而产生质量较次且丧失食用价值的产品。此外，pH 过高，酸沉时会产生大量的盐分，影响蛋白质的沉淀。因而实际生产中 pH 一般控制在 7.0～9.0。

C. 温度。温度的高低对大豆蛋白的溶解度有较大的影响，如表 4-18 所示。

表 4-18　温度对大豆蛋白氮溶解指数的影响

温度/℃	30	40	50	55	60	65	70
NSI/%	78.1	75.8	75.2	72.6	66.5	42.4	35.7

从表 4-18 中看出，随着提取温度的升高，大豆蛋白的氮溶解指数降低。一般温度为 55℃时蛋白质开始变性，温度每提高 10℃，蛋白质变性的速度加速 600 倍左右，超过 50℃，蛋白质便发生轻微的热变性。随着温度的升高，蛋白质热变程度逐渐增加，到 80℃时，被埋伏着的巯基完全暴露出来，引起蛋白质粒子的聚集，降低蛋白质的溶解度，当温度大于 80℃时促使蛋白质形成凝胶。浸提温度过高不仅蛋白质易变性，影响产品的功能特性，而且黏度增加，分离困难，因此，浸提温度最好控制在 30～50℃。

D. 浸提时间。浸提时间主要影响分离蛋白的溶出率。在一定的时间范围内，蛋白质溶出率随着浸提时间的延长而提高，当浸提时间达到 50min 时，蛋白质的溶出率趋于动态平衡状态。而且长时间高温浸泡，还消耗大量能源，引起某些微生物繁殖。综合考虑能源消耗、设备周转、生产周期等各项因素和工艺成本，提取时间以 40～50min 为宜。

E. 还原剂。萃取蛋白质时加入一定量的还原剂对产品的功能性会产生较大的影响。例如，加入半胱氨酸、巯基乙醇等，可以防止二硫键的形成，还能将已形成的蛋白质的二硫键还原成巯基，降低蛋白质溶液的黏度和胶凝温度。还原剂还对产品起漂白作用。

（3）分离工艺对大豆分离蛋白得率的影响。采用碱提酸沉法生产分离蛋白工艺过程中，有两个分离工序：一是用碱液提取大豆蛋白后，离心分离蛋白萃取液和豆渣；二是酸沉后离心分离蛋白乳和乳清。分离机是大豆分离蛋白生产中的关键设备。分离机的好坏会影响到分离的效果、蛋白质的得率和纯度。分离蛋白生产用的分离机有卧螺片式和叠片式两种。由于分离蛋白生产过程中物料的黏度很大，若采用叠片式分离，则在使用过程中容易堵塞叠片，造成频繁停机清洗，影响生产和蛋白质的分离提取效果，最好选用卧螺片式分离机。

（4）酸沉、水洗、中和工艺对大豆分离蛋白得率和功能性的影响。大豆蛋白的酸沉工艺主要是利用大豆蛋白在等电点时溶解度最小的原理，使之凝聚沉淀。影响等电沉淀的因素较多，如蛋白质提取液中大量的含磷化合物的存在是其中的一个较大因素。因此，最好把植酸盐除掉。除去植酸盐的方法可用透析法，也可以根据蛋白质和植酸盐的溶解度的差异性将植酸盐有效地分离除去。另外，酸沉工艺操作中加酸速度和搅拌速度也影响蛋白质的沉淀，控制不好容易出现 pH 达到等电点，但蛋白质凝集极为缓慢，且含水量高，上清混浊从而使大豆蛋白酸沉得率下降，搅拌速度控制在 30～40r/min 比较适宜。大豆蛋白浸提液等电酸沉时，温度对蛋白质的得率和功能性也有较大影响。实验证明，等电酸沉温度控制在 40～45℃为宜，温度低于或高于这一范围对蛋白质得率、纯度及色泽都有显著影响。

（5）杀菌、均质、干燥工艺对大豆分离蛋白功能性的影响。不同温度的热处理对蛋白质产品的黏度、凝胶强度、NSI、盐溶氮、风味有不同的影响。例如，采用 110～135℃加热处理 5～10s，产品具有较高的盐溶性，但黏度和凝胶性相对降低一些。分离蛋白的干燥一般都采用喷雾干燥法，不采用冷冻干燥法。因为在冷冻条件下发生 7S 组分和 11S 组分的二硫键的聚合作用，使分离蛋白产品的溶解度降低，所以冷冻干燥不是加工植物蛋白产品的最佳方法。喷雾干燥有压力喷雾、离心喷雾、二流体喷雾等几种形式，生产分离蛋白以采用压力喷雾干燥为最好，经压力喷雾干燥生产的分离蛋白产品虽颗粒小，但具有较高的容重。离心喷雾干燥的产品容重低，产品水合后带入大量的气泡，会降低蛋白质胶凝强度，低容重的产品保质期也不理想。蛋白液在喷雾干燥时，把进风温度控制在 150～160℃，排风温度控制在 80～85℃为宜。喷雾温度过高会降低 NSI，蛋白粉在喷雾塔内停留时间过长，也会使凝胶性和 NSI 下降。

2）*超过滤法生产大豆分离蛋白*　　超过滤技术是 20 世纪 70 年代初发展起来的新技术，又称为超滤膜过滤技术，简称膜过滤技术。超过滤技术具有无相变、能耗低、常温下进行操作等特点。将其应用到大豆分离蛋白生产中，不但可有效地改善产品质量，提高蛋白质的得率，而且对高效回收大豆低聚糖、缓解污水排放和水的再利用都具有十分重要的意义。国外用蛋白质溶液超过滤的设备有管式和中空纤维式两种。目前超过滤技术在某些国家已用于大豆分离蛋白的工业化生产，我国目前还处于实验阶段，未形成大规模工业生产。

所谓超过滤是指以压力差为推动力，利用超滤膜对分离组分的选择性截留，截留粒径为 0.001～0.020μm（相当于分子质量为 500～300 000Da）的各种蛋白质分子或相当粒径的胶体微粒，而使溶剂或小分子溶质通过。因此大分子蛋白质经过超滤可以得到浓缩，而低分子可溶性物质则可随超滤液进一步被滤出，从而达到浓缩与分离的作用。该生产方法的工艺流程如图 4-8 所示。

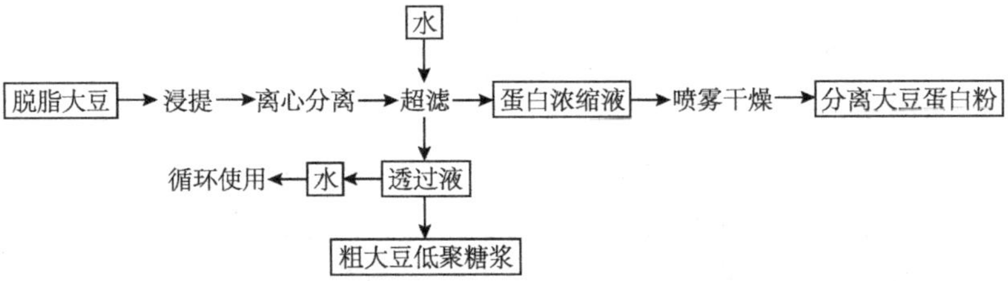

图 4-8　超过滤法生产大豆分离蛋白工艺流程

选用低变性脱脂大豆，以稀碱水溶液（pH 为 8.5）按 1∶10 浸提，50℃恒温 1h。将蛋白质萃取液由隔膜泵或蠕动泵送至超滤膜组进行循环超滤。随着透过液不断地透过，及时向循环液料罐补充新的料液，直至全部料液加完后，再加水进行洗滤。透过液经流量计压送至反渗透膜进行反渗透，净化水可重新用于从低变性脱脂豆粕萃取大豆蛋白。由反渗透膜截留的低分子质量蛋白质和低聚糖等，经干燥器干燥后得次级产品。

影响超滤速度的因素有以下几种。

（1）物料浓度。随着物料浓度的增加，超滤速度减小。这是由于料液黏度增大，且超滤膜的吸附作用阻碍了小分子物质的渗透。所以，大豆分离蛋白浓缩液应浓缩至总固形物含量为 13%～14%。

（2）物料 pH。大豆蛋白在化学性质方面表现为酸碱双重性，所以料液 pH 对超滤速度影响不大。但当 pH 在 4.5 左右，大豆蛋白等电点附近时溶解度最低，增加了物料对膜的污染，因此为减少物料对膜的污染，应使物料具有较高的溶解度。在超滤大豆分离蛋白过程中，料液 pH 控制在 8～9 较为适宜。

（3）物料温度。物料温度对超滤速度影响较大，因为蛋白质的黏度随着温度的升高而降低，所以超滤速度增大。另外，较高的温度还能有效抑制微生物污染。但在 50℃之前，蛋白质溶解度随着温度的升高下降缓慢，当温度超过 50℃时，其溶解度下降较为迅速。所以超滤温度在 40～50℃较适宜。有报道显示，当物料温度由 16℃升高到 40℃时，超滤速度大约能提高一倍。

采用膜过滤技术生产大豆分离蛋白可以从根本上改变传统的碱提酸沉法，这将是大豆分离蛋白生产上的一场革命及高新技术的应用。它具有以下优点：产品功能特性好；提取率高；工艺简单、投资少；酸碱消耗少；无废水污染。采用膜过滤技术不但可解决废水污染问题，而且还有利于对乳清回收及合理利用。过去由于乳清的量大、浓度低，尽管其中含有很多有用成分，但一直未找到经济合理的方法回收，若采用膜技术不仅可以回收乳清蛋白和低聚糖，还可使废水循环利用，从而大大节约了水资源，同时对反渗透截留物经脱色、脱盐、浓缩及喷粉处理后，可获得使用价值较高的大豆低聚糖产品，可谓一举两得。

采用膜技术遇到的主要难题是防止膜表面蛋白浓差极化、分子截留量降低及膜材料的清洗和灭菌等。这一技术难题决定了其能否应用于工业化生产。美国等国已有两家企业采用这一技术生产大豆分离蛋白，但技术保密。我国在近几年也兴建了几家膜法生产大豆蛋白的生产线，但设备配套问题，特别是膜分离过程的污染问题尚未解决。

目前最常用的清洗方法有瞬时闪吹法、海绵球洗净法、脉动法、逆流冲洗法等。以上方法大都根据膜分离过程中的流体动力学原理通过瞬时增加扩散速度、减小界面层厚度来减小浓差极化，提高膜通量。但是这些方法大都应用在果汁、酱油、乳清等原料的处理上，而对大豆蛋白引起的膜污染，目前还未见报道。

3）离子交换法　离子交换法生产大豆分离蛋白的原理与碱提酸沉法基本相同。所不同的是，前者采用离子交换方法调节 pH，从而使蛋白质从豆粕中分离。脱脂豆粕中含有一定量的有机酸盐［R（COOK）$_3$］。当用阴离子交换树脂（R′≡NOH$^-$）处理大豆浆料时，会发生离子交换反应（图 4-9）。

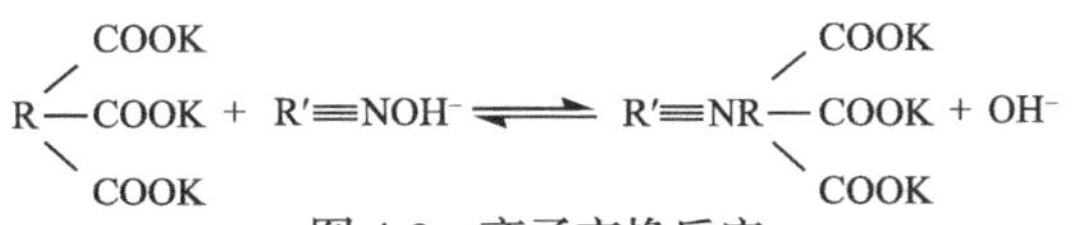

图 4-9　离子交换反应

交换一定时间后，提取液呈碱性，说明大豆中的蛋白质已溶解到碱性溶液中，而阴离子交换树脂将脱脂大豆中的有机酸根吸附住，这样通过固液分离就可以得到含有蛋白质的提取液。然后再用阳离子交换树脂把含蛋白质的提取液交换出来。

该生产方法的工艺流程如下。

豆粕 ⟶ 粉碎 ⟶ 加水调匀 ⟶ 阴离子交换树脂提取 ⟶ 固-液分离 ⟶ 阳离子交换树脂提取 ⟶ 酸沉 ⟶ 分离 ⟶ 打浆 ⟶ 回调 ⟶ 喷雾干燥 ⟶ 分离大豆蛋白

粉碎后的豆粕用 1∶（8～10）比例加水调匀，送入阴离子交换树脂罐中，直至提取液 pH 达 9 以上，停止交换。除渣后再用阳离子交换罐使 pH 降至 6.5～7.0，停止交换，其余工序与碱提酸沉法一样。这种方法生产的大豆蛋白纯度高、色泽好，但生产周期长，目前还没有应用到大规模生产中。

4）其他方法　随着大豆分离蛋白的进一步纯化，这方面的加工技术的研究广泛开展，产生了多种分离蛋白的加工过程，后面介绍的几种方法，有些还处于实验室水平。

（1）根据分子质量进行分离。大豆中约 90%的蛋白质是盐溶球蛋白，其他的蛋白质有酶酵素、胰蛋白酶抑制剂和脂蛋白。因此利用超高速离心法和蔗糖密度梯度离心分离法可以将蛋白质分离。根据沉降性质的不同可将蛋白质的主要组分分为以下几类：①2S 组分（8～22kDa），占总可溶性蛋白的 22%；②7S 组分（180～210kDa），占总可溶性蛋白的 37%；③11S 组分（约 350kDa），占总可溶性蛋白的 31%；④15S 组分（约 600kDa），占总可溶性蛋白的 11%。

7S 组分（β-伴球蛋白）和 11S 组分（球蛋白）是大豆蛋白的两种主要成分，根据这些球蛋白不同的物理化学性质，如溶解度、等电点等，产生了不同的方法来提取富含 7S 组分和 11S 组分的蛋白质（见第二章第二节）。

（2）水相酶法提取。2008 年，武汉工业学院采用水相酶法制备大豆蛋白。在最优条件 pH8.0，温度 50℃，料液比 1∶10（m/V），浸提时间 2h 下对冷榨大豆饼进行预处理，得到产品的蛋白质含量为 88.91%，残油率为 0.31%，大豆蛋白得率为 67.84%。再用中性蛋白酶对预处理过的冷榨大豆饼进行酶解，在最佳条件 pH6.75，酶解温度 46.81℃，加酶量 0.50%，酶解时间 3.09h 下，大豆蛋白平均得率为 67.43%。结果显示，水相酶法提取的大豆分离蛋白比冷榨大豆饼的乳化性、稳定性、起泡性、吸油性和持水性都有所改善，但泡沫的稳定性稍差。2011 年，东北农业大学李杨等采用纤维酶、半纤维酶、果胶酶、Alcalase 碱性内切蛋白酶，进行复合水相酶法提取大豆蛋白，总蛋白得率可达到 85.78%。

（3）反胶束萃取法。反胶束是表面活性剂在有机溶剂中形成的一种聚集体，其中表面活性剂的非极性尾在外，与有机溶剂接触，极性头在内形成极性核，该核具有包含水溶液和溶解蛋白的能力，因而可以用含有反胶束的有机溶剂从水相中提取蛋白。影响反胶束萃取过程的主要因素有表面活性剂的种类及浓度、水相 pH、离子强度和温度等。

（4）整体蛋白体的分离。在大豆子叶中的蛋白体贮存有丰富的蛋白质，这些蛋白质可以利用细磨和密度浮选，从细胞的其他组成部分中分离出来。使用多元醇、NaCl、蔗糖和有机酸的碱金属盐可分离出密度为 1.2～1.5g/mL 的蛋白体，分离出的蛋白体用乙醇洗脱后蛋白质含量高于 80%。

2. 大豆分离蛋白的质量标准

目前，大豆分离蛋白产品还无国家标准而是引用国外的质量标准，大致有如下几种标准。

1）感官指标　大豆分离蛋白（没有加任何添加剂）应是浅白色或乳白色粉末，向任何食品添加都不会改变食品原有的颜色，相反还可以增加其光泽度。有些蛋白质产品呈褐色、黄色、灰土色、暗红色等，这些颜色都是不正常的，说明在其生产过程中存在一定的问题。对大豆分离蛋白粉进行品尝，或将其溶解在水中嗅其味道，略有豆味，无霉、焦异味。粉末均匀，无明显异物，且90%通过100目标准筛。

2）理化指标　蛋白质（N×6.25，干基）≥90%；脂肪≤0.8%；水分≤6.0%；纤维≤0.5%（干基）；糖类及矿物质（灰分）≤8%（干基）；分散度指数（PDI）≥80%。

3）卫生指标　细菌总数、大肠菌群、致病菌等细菌指标符合食品卫生标准（GB4789.1—2010）。

4）功能性指标　确保产品应用的溶解性、黏结性、凝胶性、吸水性、吸油性、分散性、乳化性等。

3. 大豆分离蛋白制品在食品中的应用

大豆分离蛋白以其优良的功能特性，被广泛地应用在食品工业的许多领域。目前，国内外用大豆分离蛋白制成的食品约有上万种，在美国50个州中，已有40个州将大豆分离蛋白加入到中小学营养餐中。

大豆分离蛋白制品的应用主要是针对大豆分离蛋白的持水性、持油性、凝胶性、分散性、乳化性和乳化稳定性等功能特性。大豆分离蛋白可作为功能性添加剂或非功能性填充料应用于肉制品的加工中。香肠添加2%的大豆分离蛋白，便可以增重10%；大豆分离蛋白还能改善猪肉的品质，起到持水、保脂，防止肉汁离析，增加弹性，改善口感等作用。在焙烤食品中添加大豆蛋白，既可以提高营养价值，又可以改善加工性能。利用大豆或大豆蛋白生产植物蛋白饮料，产品有豆奶代牛奶、咖啡奶白、代奶酪、代奶油等多种品种。另外，大豆分离蛋白还广泛用于冰淇淋的生产中。瑞士有95%、英国有75%、日本有50%的冰淇淋中均加有大豆分离蛋白。瑞典的豆酱冰淇淋也是以大豆分离蛋白作为主要原料进行生产。表4-19介绍了大豆蛋白在制品中的应用范围及用量参考。

表4-19　大豆蛋白在制品中应用范围及用量参考（%）

	主要肉制品	大豆分离蛋白（SPI）	浓缩蛋白		组织化蛋白（TSP）	脱脂蛋白粉（DSP）	全脂脱腥大豆粉（SPP）
			功能性大豆浓缩蛋白（FSPC）	组织化大豆浓缩蛋白（TSPC）			
西式火腿	去骨火腿	1～2	1～1.5	—	—	—	—
	通脊（腿、肩肉）火腿	1.5～3	1.5～3	—	—	—	—
	成型（压缩）火腿	1～4	1.5～5	—	—	—	—
畜禽水产类香肠	乳化型香肠（含火腿肠）	1.5～4	1.5～5	2～6（16）	2～18	1～0.5	1～6
	搅拌型香肠（灌肚）	2～4	1.5～5	2～3（8）	2～10	1～3	1～5
	其他灌肠	2～5	1.5～5	1～2	1～2	1～2	1～5
	碎肉火腿等	2～4	1.5～5	2～6（16）	2～18	2～5	1～4

续表

	主要肉制品	大豆分离蛋白（SPI）	浓缩蛋白		组织化蛋白（TSP）	脱脂蛋白粉（DSP）	全脂脱腥大豆粉（SPP）
			功能性大豆浓缩蛋白（FSPC）	组织化大豆浓缩蛋白（TSPC）			
碎肉冷冻	肉丸、肉饼	2～4	1.5～5	2～6（16）	2～18	2～5	1～4
油炸制品	肉糕	2～4	1.5～5	2～8（15）	—	2～4	1～5
	饺子、包子、烧麦	1～3	—	—	1～12（18）	2～5	1～3
	低温火腿	1～4	1.5～4	—	—	—	—
	高温火腿	2～4	2～4	—		1～3	1～3
罐头制品	午餐肉（肉糜）	1～4	2～5	2～6	2～15	2～10	2～6
	咸牛（羊）肉	1～2	1～2	2～4	2～4	2～3	2～3
烤酱制品	烤、酱类等块肉制品	1～4	2～3	—	—	—	1～2

此外，大豆分离蛋白的功能特性与用途还直接与制取大豆蛋白的加工工艺条件有关，尤其是加工后产品的蛋白质变性程度、粗细度等将直接影响其功能和用途。蛋白质分子经改造后，其乳化性和分散性都会有所改变。以下介绍大豆分离蛋白在面制品、饮料、肉制品中的加工工艺。

1）*在面制品中的应用*　　面制品用大豆分离蛋白要求产品的氮溶解指数为 45%左右，并且要求有黏度小、分散性好、不易成团的特点，这样的产品在烘焙食品、方便面、挂面中应用效果较好。

面制品用大豆分离蛋白制备的工艺流程如图 4-10 所示。

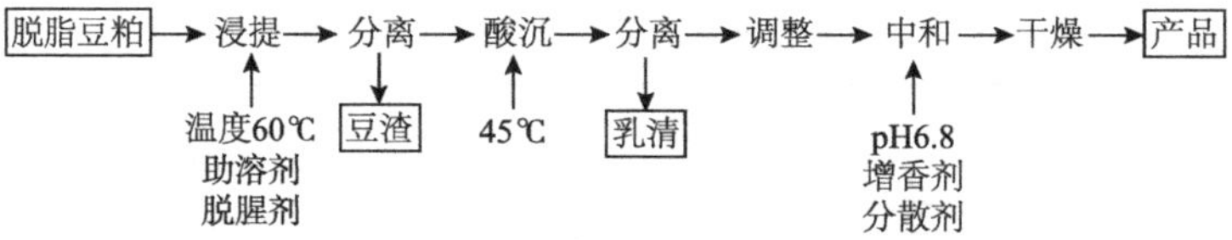

图 4-10　面制品用大豆分离蛋白工艺流程

用大豆分离蛋白生产工艺生产的蛋白质产品功能指标列于表 4-20。

表 4-20　面制品用大豆分离蛋白的功能指标

持水性/%	持油性/%	氮溶解指数/%	起泡性/%	分散性/%	黏度/（Pa·s）
130	160	45	150	15	0.015

大豆蛋白赖氨酸含量高，因此把它与赖氨酸含量低的小麦面粉重组，不仅能提高产品的蛋白质含量，而且能根据氨基酸互补的原理，提高焙烤食品的蛋白质质量。

2）*大豆分离蛋白在肉制品中的应用*　　肉制品用大豆分离蛋白制备的工艺步骤如图 4-11 所示。

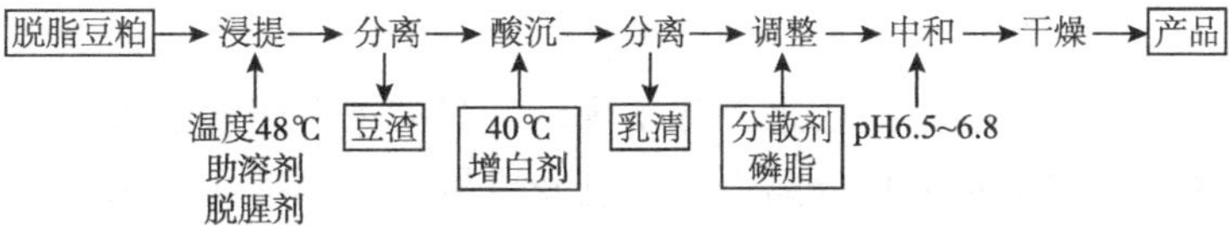

图 4-11　肉制品用大豆分离蛋白工艺流程

向肉制品中添加大豆分离蛋白可以减少瘦肉的用量，增加水的用量，从而降低产品的成本而不影响产品质量。但由于大豆分离蛋白的使用减少了瘦肉的用量，在一定程度上会影响产品颜色，因此可以用食用色素补充。此外，最好能添加少量肉味料，以增加产品的肉香味。一般肉用蛋白氮溶解指数在 70%左右最理想，这可以通过调整温度和 pH 控制。另外，通过控制合适的 pH 条件可以调整持油性和持水性，但这两种功能有一定的相关性，不可能在同一个 pH 条件下同时得到两种高功能的蛋白质。虽然大豆分离蛋白与水、脂肪具有良好的结合能力，但也有一定的限度，大豆蛋白和肉用量的比值一般为 1∶（5～9）。

此外，蛋白质产品的功能特性可以通过生产工艺中 pH 和温度的变化，以及酶解工艺、物理和化学改性等技术进行调整。蛋白质制品应用于低温块肉制品中，温度应满足蛋白质制品功能性热加工要求，如大豆分离蛋白、功能性大豆分离蛋白制品的功能性通常要在 72℃以上（约 25min）热加工时才能发挥出来，所以低温肉制品在加入蛋白质制品时应不低于 72℃、25min 热加工。这个温度还可以使加入肉制品中的卡拉胶和玉米淀粉产生功能性并完全糊化，低于此温度则有困难。Rhee 等（2004）则采用了化学改性手段从而提高蛋白质的持水和持油能力。

3）*大豆分离蛋白在饮料中的应用*　　饮料用大豆分离蛋白制备的工艺路线如图 4-12 所示。

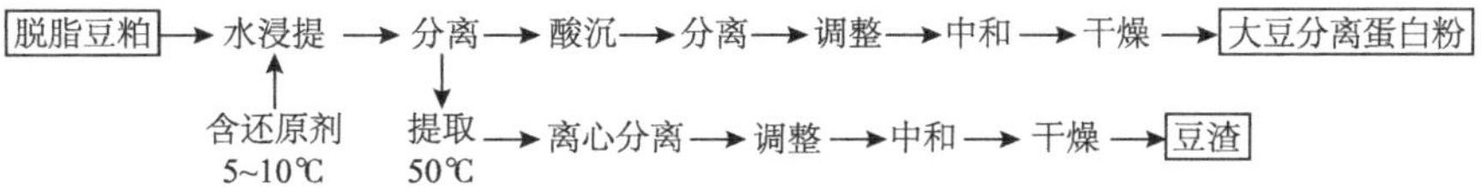

图 4-12　饮料用大豆分离蛋白工艺流程

采用上述工艺，饮料用蛋白质的氮溶解指数可以达到 91%以上。凝胶电脉分析结果表明，这种蛋白质的 7S 组分明显高于其他蛋白质品种。它的水溶解稳定性非常高，不易沉淀，在饮料制品中应用非常理想。

均衡营养是当前国民合理膳食的必要条件。大豆分离蛋白作为一种优质的蛋白质资源，在乳及乳制品中的应用已引起行业相关人士的重视。欧盟规定，含大豆蛋白的婴儿配方奶粉只能选用大豆分离蛋白而非其他原料，同时，婴儿配方奶粉应遵循国际食品法典委员会（Codex Alimentarius Commission，CAC）颁布的婴儿配方奶粉成分的推荐含量：蛋白质含量中牛乳蛋白 1.8～3g/100kcal、水解牛乳蛋白 1.82～3g/100kcal、大豆分离蛋白 2.25～3g/100kcal。

目前，乳粉中专用的大豆分离蛋白应用技术已经成熟，适宜的添加量不会对终产品的质量、风味及口感产生影响。

对于液态乳制品及饮料中的应用，要求大豆分离蛋白具有很好的分散性、悬浮性和乳化性，且要祛除豆腥味。针对不同产品的加工工艺，生产中企业需要选择适宜的稳定乳化系统，或在生产过程中经特殊工艺环节处理，方可保证终产品的稳定性。当前国家相关标准对液态奶、调味乳及调味乳饮料中的蛋白质来源作了规定，只有来源于乳的蛋白质才可计算入产品的蛋白质含量。这样的规定对大豆分离蛋白在乳及乳制品中的应用带来了一定的限制，但大豆分离蛋白仍然可以作为一类辅料添加到乳及乳制品中，在满足强化蛋白质含量诉求的同时，体现其特殊的健康价值。目前，已有蛋白质含量大于 3.0%的大豆蛋白和乳蛋白奶上市，且颇具好评。

4. 大豆分离蛋白与大豆浓缩蛋白的比较

1）蛋白质含量不同　大豆分离蛋白的蛋白质含量达 90%以上，具有的良好的功能性和高蛋白营养性。但大豆分离蛋白加工工艺较复杂、成本高、效率低，效率比为 1.1～1.7，且产品得率低（35%～42%）；生产过程中排放大量的有机废水和废渣。大豆浓缩蛋白的蛋白质含量大于 70%，成本低，仅是分离蛋白的一半；浓缩蛋白产品得率高（60%～65%），生产过程中不产生“三废”。

2）生产方法不同　大豆分离蛋白与大豆浓缩蛋白的生产流程仅在老化前有所不同，而在老化后的中和、杀菌、干燥等过程没有大的区别。生产工艺流程如图 4-13 所示。

（a）低温脱脂豆片 → 碱液浸出 → 豆渣分离 → 酸沉 → 凝乳和乳清分离 → 凝乳水洗 → 次级凝乳和乳清分离 → 老化 → 中和杀菌 → 喷雾干燥 → 产品

（b）脱脂豆粉 → 酸浸 → 次级凝乳和乳清分离 → 凝乳的二次分离 → 老化 → 中和杀菌 → 喷雾干燥 → 产品

图 4-13　大豆分离蛋白与大豆浓缩蛋白的生产工艺

（a）大豆分离蛋白的生产工艺流程；（b）大豆浓缩蛋白的生产工艺流程

由图 4-14 可看出，酸浸提法生产浓缩蛋白只需在碱提酸沉法生产分离蛋白基础上增加一台高效混合机，改变流程管线，再按特定的工艺参数就可生产出合格的大豆浓缩蛋白。这样利用一套设备可以生产出两种高质量的大豆蛋白产品，大大提高了生产厂商的经济效益和市场竞争力。

大豆分离蛋白和大豆浓缩蛋白的生产方式有以下不同：①浸出方式不同。大豆浓缩蛋白是酸浸，而大豆分离蛋白是碱浸。这是因为大豆分离蛋白是将原料中可溶性蛋白质溶解在碱液中，再经卧式离心机将不溶性豆渣分离出来。而浓缩蛋白，没有将不溶性蛋白质除去，所以它不需要碱浸，只需酸浸。②生产浓缩蛋白时，一般需一台混合机以使豆粉和水充分混合成为豆浆溶液，增加水浸效果从而提高产品得率。③生产分离蛋白时，液体部分含有大量蛋白质是半成品，固体部分是残渣被排出。生产浓缩蛋白时稀的溶液中含有无机盐、糖、灰分、杂质等，较浓的分离物是人们所要的蛋白液，因此生产分离、浓缩两种蛋白质产品时，所要的蛋白液从卧式离心机的两个不同口出来，操作时要严格区分开来。

3）能量消耗不同　研究表明，用 15t/天分离蛋白设备（分离设备、输送泵及干燥设备）能生产浓缩蛋白 16t/天，并且生产分离蛋白所消耗的水、电、汽及化工辅料要高于生产浓缩蛋白的用量。表 4-21 是生产两种蛋白质的水、电、汽及酸、碱消耗情况（按每吨原料计算），其他辅料用量基本相同。

表 4-21　蛋白质产品生产的能耗

指标	单位	产品	
		浓缩蛋白	分离蛋白
水	t/t	10.4	30.0
电	（kW·h）/t	530	800
汽	kg/t	5000	6500
酸（浓度 35%）	kg/t	32	63
碱（浓度 50%）	kg/t	35	72

4）技术指标比较　表 4-22 列出了大豆分离蛋白、大豆浓缩蛋白的技术指标。

表 4-22　大豆分离蛋白、大豆浓缩蛋白的技术指标

技术指标		产品	
		分离蛋白	浓缩蛋白
感官指标	颜色	乳白色或淡黄色	乳白色或淡黄色
	味觉	无异味	无异味
	粒度	90%通过 100 目	90%通过 100 目
理化指标	蛋白质（N×6.25）/%	90	70
	水分/%	≤6	≤6
	粗纤维/%	≤0.3	≤4.5
	脂肪/%	≤0.5	≤1.0
	灰分/%	≤4.5	≤6.2
	pH	4.4～4.5 7.0±0.2	4.5±0.2 7.0±0.2
微生物指标	细菌总数/（个/g）	<50 000	<50 000
	大肠菌群（个/100g）	<90	<90
	致病菌	不得检出	不得检出
功能性指标	溶解性、黏结性、凝胶性、持水性、持油性、分散性、乳化性等	具有很好的功能	具有很好的功能

由表 4-22 可以看出，大豆分离蛋白与大豆浓缩蛋白技术指标要求相近，大豆浓缩蛋白的蛋白质含量较大豆分离蛋白低，脂肪含量也较低。从脂肪含量上看，大豆浓缩蛋白将更有利于人们身体健康。

（三）组织化大豆蛋白

所谓组织化蛋白，就是指加工成形后的蛋白质分子重新排列整齐，具有同方向组织结构，同时凝固后形成纤维状蛋白。组织化蛋白的生产过程如下：在脱脂大豆粉、大豆浓缩蛋白或大豆分离蛋白中，加入一定量的水分及添加物，搅拌使其混合均匀，强行加温、加压，使物料在水分、压力、热和机械剪切力的联合作用下成为蛋白质分子之间排列整齐且具有同方向的组织结构，再经发热膨化并凝固，形成具有孔洞的纤维状蛋白。组织化蛋白具有较高的营养价值，食用时具有与肉类相似的咀嚼感觉。含蛋白质的原料在组织化处理的过程中，破坏或抑制了油料粕中影响消化和吸收的有害成分，如胰蛋白酶抑制剂、尿素酶、皂苷和血细胞凝集素等，从而提高了蛋白质的消化吸收能力，改善了组织化蛋白的营养价值。

使植物蛋白组织化的方法有多种，如纺丝黏结法（用碱液拌和、酸溶解后延伸加热成形，呈纤维状）、挤压蒸煮法（加水、加热、膨化挤压成形，呈多孔粒状产品）、湿式加热法（用酸性液拌和、高温切断、加热固定，呈结构状产品）、冻结法（加水、加热、冷冻浓缩、冻结成形，呈海绵状产品）及胶化法（加水、加热、高浓度加热、加热成形）等，其中以挤压蒸煮法应用最广泛。由于产品的组织化构造与加工中的热处理过程，使组织化大豆蛋白产品有以下特点。

（1）蛋白质结构呈粒状，具有多孔性肉样组织，并有优良的持水性与咀嚼感。适用于各种形状的烹饪食品、罐头、灌肠、仿真营养肉、盒式营养食品等。

（2）经过短时高温、高水分与压力条件下加工，消除了大豆中所含的多种有害物质（胰蛋白酶抑制剂、尿素酶、皂苷及血细胞凝集素等），提高对蛋白质的吸收消化能力，经过湿热处理，使大豆中淀粉的营养价值有显著提高。这里应指出的是，虽然膨化蛋白质变性强烈，但产品的 PDI（蛋白质分散度指数）在 10%左右，必需氨基酸成分的破坏却很轻微（据统计测定仅损失 5.5%～33%）。

（3）膨化时，由于出口处迅速减压喷爆，因而易祛除大豆中的不良气味物质，降低大豆蛋白食用后因多糖作用而出现的产气性。

1. 组织化大豆蛋白制品发展现状

早在 20 世纪 30 年代后期，美国化学家波耶在研究汽车坐垫套皮革的代用品时发现，榨油和制造人造黄油后的大豆残渣中，蛋白质含量丰富，并可缠绕成股。直到 1953 年，他取得“人造肉”的发明专利，用这类物质制造出清淡而又易消化的“肉类”：将大豆残渣制成细粉，与黏合液混合，直至混合物变成黏胶状，然后像制造尼龙丝一样用喷丝器喷出，经酸和盐类淋洗，使丝凝固，再与调味剂混合，缠绕成股，可切片、切丁、绞碎，这实际就是现代组织化蛋白生产方法中纺丝黏结法的应用。到 20 世纪 60 年代末期，美国通用制粉公司欧代尔领导的研究小组，研制出纤维状蛋白及其仿肉制品，获得美国化学工业学会大奖。此后，一些用组织化大豆蛋白纤维经着色、成型，加工成类似牛肉、鸡肉、猪肉、火腿、腊肉、鱼肉类的仿制品开始进入消费市场。美国政府非常重视组织化大豆蛋白的利用，70 年代初就批准学校伙食可用肉样大豆蛋白（含水组织化大豆蛋白）取代食谱中 30%的肉类，因为它们不损坏食品的营养性和适口性，而且有利于降低成本。1968 年日本也出现了组织化大豆蛋白纤维仿肉制品，1975 年开始生产并进入市场。这种产品主要采用纺丝黏结法制得，无论从形态方面还是触感方面都是最佳的，其咀嚼性与优质肉制品或鱼贝类相比毫不逊色，但工艺复杂、成本过高。针对生产设备简化和工艺水平低造成的产品本身接受性差，如色泽、吸水性、硬芯、豆腥味等问题。近年来，随着国内生活水平的不断提高，糖尿病、心血管疾病等“富贵病”的患病率逐渐升高。西方国家已从饮食结构开始预防这些疾病，其中大豆蛋白取代肉类就是一个解决之道。中国农业科学院农产品加工研究所以食用低温豆粕为原料，联用质构重组技术，并行开发外加水系统、优化螺杆结构及配置恒温冷却模头等硬件设施，制备出具有良好的组织化度、弹性、感官和咀嚼性的高水分组织化大豆蛋白。

目前，蛋白质组织化处理广泛采用的是挤压法生产组织化蛋白制品。挤压法是适于工业化、连续化大生产，高效、节能的质构重组核心技术。它能够将输送、压缩、混合、蒸煮、变性、脱水、杀菌、膨化、成型等多种操作单元同时完成，具有连续的高温高压加工、短时低损处理、高效的生化反应器特性、高质量和高效率的杀菌效果、挤压产品清洁卫生、品种多样等优点，因此挤压技术被认为是食品工业中一种新的集约化单元操作形式，应用领域广阔。

由挤压法生产的组织化大豆蛋白是现代大豆蛋白工业的重要组成部分。美国年生产组织化大豆蛋白超过 50 万 t，产量超过大豆浓缩蛋白和大豆分离蛋白的总和。已有 500 种食品添加了组织化大豆蛋白，广泛用于生产各种素肉、仿肉制品，以及作为营养增强剂、持水剂、吸油剂等，用于肉制品和冷冻面制品的加工。日本每年消耗的 60 多万吨大豆蛋白制品中，组织化大豆蛋白在肉糜制品中应用最为广泛。我国从 20 世纪 80 年代开始引进国际上成套生产线，进行组织化大豆蛋白的生产，有资料显示，2014 年中国大陆从事组织化大豆蛋白生产的企业有 50 余家，代表企业有山东御馨豆业蛋白有限公司、浙江百川食品有限公司、益海嘉里集团的秦皇岛金海食品工业有限公司、谷神生物科技集团有限公司、哈尔滨高科技（集团）股份有限公司等。我国组织化大豆蛋白工业发展缓慢的主要制约因素是缺乏基础性研究、产品种类单一、更新换代慢、质量较低。

应用挤压法生产的组织化蛋白产品，按产品形态及工艺的不同可分为两类。一类为膨化制品，粒状或块状，水分含量低，主要用于肉制品添加物。低水分挤压组织化的研究较早，技术相对比较成熟，其产品表观膨胀、易干燥，具有海绵状的组织结构，从外观和口感方面与动物肉存在较大差异。其相应的生产工艺称为干法挤压（又称为膨化挤压和低水分挤压，物料水分含量为 20%～35%）。另一类为模拟肉制品，带状或丝状，产品质地致密，口感细腻，具有类似于动物肌肉的纤维状组织结构，水分含量高，可直接食用。其相应的生产工艺称为湿法挤压（又称为高水分挤压，物料水分含量为 40%～70%）。

高水分的湿法挤压组织化是国际上新兴的植物蛋白重组技术。高水分挤压使用带冷却模头的双螺杆挤压机，其产品纤维化程度高，质地均匀一致，富有弹性和韧性，可直接加工成为蛋白面、素鸡、素虾、工程肉等形态和风味多样的食品；产品不需复水即可直接食用，具有即食即用的特点；加工温度较低，营养成分和生理活性成分损失少；可作为烹饪主菜进行炒、煮、炖、烤、炸等多种形式的加工，极大地丰富了人们的餐桌。美国近年来以大豆分离蛋白为主要原料，添加部分小麦淀粉，生产出高水分的组织化大豆蛋白产品。日本在 20 世纪 90 年代中期，曾对全脂大豆的高水分挤压进行了较为系统的研究。国内王洪武等（2001）以大豆蛋白、猪肉和淀粉等为原料，进行复合组织化蛋白的共混挤压工艺研究。康立宁等（2009）分别研究了大豆蛋白、花生蛋白的挤压组织化技术和机制。这些研究极大地丰富了植物组织化蛋白生产的理论。

由于具有良好的吸水性和持油性，在碎肉或其他肉产品中，加入 25%～50%的组织化蛋白的菜肴，有肉的味道，因此可用它作为肉类的替代品。添加到肉制品中，能增加肉制品的色、香、味，提高蛋白质的含量，促进颗粒完整性，因此也是理想的肉制品添加物，也可用于快餐食品的辅助原料或添加到香肠等食品中。组织化大豆蛋白中含有天然的抗氧化剂，在肉制品中加入组织化蛋白后，可起到保护作用，降低氧化酸败。另外，组织化蛋白有良好的颗状结构，在生产中经过水化作用，具有均匀的组织特性和特定的组织结构（片状、丝状），经过浸泡，然后再添加适当的调味料，可以制成各种风味的素食品。因此，组织化大豆蛋白具有非常丰富的营养价值和天然的生理保健功能，是一种常有前途的功能性食品原料，况且当前我国动物蛋白资源缺乏，急需蛋白源来弥补这一不足。

2. 组织化蛋白制品的生产

典型的组织化产品含蛋白质 50%左右，具有柔和焙烤风味、浅黄褐色的色泽且易水解。这种块状产品的形状和大小是由挤压机出口的模具形状和把被挤压的产品切成所需长度的旋转刀具的速度决定的。经挤压产品的质构可通过许多操作因素而得到控制，即原物料、蛋白质含量、水分含量、温度、压力、在挤压机筒内的停留时间、模具构型及大小。预混料的 pH 也会影响最终产品的质构。酸性预混料制得的组织化产品具有许多小空泡且结构坚硬致密，复水慢。对比之下，碱性预混料制得的产品很轻，具有许多大空泡且复水迅速。另外，在挤压之前向大豆粉中添加一些食品级添加剂（如氯化钙和硫化物或含硫化合物）有利于提高挤压产品的质构整体均一性。

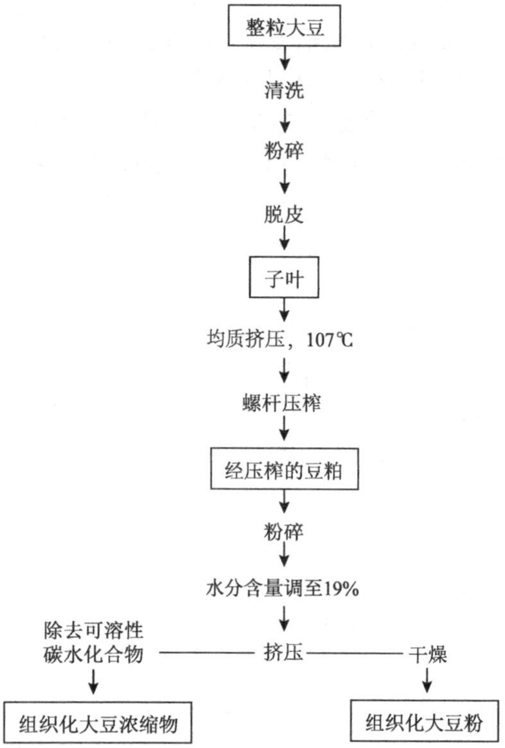

图 4-14　制作中等油脂含量的组织化大豆蛋白产品的低成本挤压加工工序

制作部分脱脂的大豆蛋白挤压产品的流程如图 4-14 所示。整粒大豆经清洗、粉碎和脱皮后，再用高剪切力的挤压机在 107℃对之进行均质以释放出油脂并使脂肪氧合酶失活，然后用螺杆压榨除去油脂。把压榨后的豆粕粉碎，并把其水分含量调节为 19%左右，再用同一台或另一台挤压机把它们制成细条或块状。如果需要的话，可在组织化之前向混合料中添加焦糖或其他配料。最终产品是经组织化的大豆粉，含油脂约 8%、水分约 7.2%。若要生产组织化大豆浓缩物，则在进行第二步挤压之前或之后除去可溶性碳水化合物。

3. 组织化蛋白生产的基本理论

目前有关大豆的组织化过程研究较多，脱脂大豆粉或浓缩蛋白加入一定量的水分，在挤压膨化机里强行加温加压，在热和机械剪切力的联合作用下，蛋白质变性，结果使大豆蛋白分子定向排列并致密起来，在物料挤出瞬间，压力降为常压，水分子迅速蒸发逸出，使组织化大豆蛋白呈现层状多孔而疏松的结构，外观显示出肉丝状。

低水分的组织化植物蛋白产品的生产已有近 60 年的历史，前人对于植物蛋白低水分（40%）挤压组织化产品纤维状结构的形成机制做过许多研究，挤压原料主要以大豆蛋白为主，此外包括小麦蛋白、豆类蛋白和菜籽蛋白，研究焦点集中在蛋白质流变学特性变化、化学键变化、蛋白质相对分子质量变化和微观结构的变化等方面，研究方法包括：产品质构分析、蛋白质溶解度变化、巯基和二硫键含量分析、蛋白质酶解挤压、蛋白质酰化改性挤压及扫描电镜和透射电镜观察等。

脱脂大豆粉产生组织化结构的重要原因是由于蛋白质本身结构发生变化。大豆蛋白分子直径为5～10μm，分子只能在平衡位置附近振动。当脱脂大豆粉进入挤压膨化机膛内，在螺杆的强力推动及机膛外面加热作用下，蛋白质获得很大的能量，使蛋白质分子在自身位置附近做强烈的振动，并具有一定的动能，使本不连续的分子开始自孔隙外互相串动，趋于定向排列，同时在螺杆的强力推动下，物料向前移动并被逐渐压缩，机膛内压力逐渐升高，蛋白质分子中的碳、氢、氧、氮原子获得更大的能量，由β折叠变为α螺旋结构，在定向挤压与蛋白质分子定向移动下，分子排列也更加致密。

物料中的水在蛋白质组织化过程中起了很重要的作用。由于蛋白质本身含有水及配料时需加水，蛋白质分子细胞由于水分子的渗透而润湿膨胀，其细胞壁显示出互相聚集的胶粒性，大豆蛋白分子之间出现黏结。当物料在螺杆的推动下，温度逐渐升高，达到120～140℃时，由于机膛压力大，此时过热液态水分子异常活泼，在水分子串动过程中，一部分能量供给大豆蛋白分子互相排正而进行串移。当物料温度达到150～190℃，此时水分子串动更为激烈，进一步导致大豆蛋白分子定向排列并致密起来，物料挤出瞬间，压力突然降为常压，则水分子急骤蒸发，使组织化大豆蛋白呈现多孔而疏松的组织状态。

由于挤压过程中要发生包括蛋白质变性在内的各种复杂反应，因此植物蛋白挤压组织化技术是食品挤压领域中的一个难点。多数的学者都集中于蛋白质组织化过程中原料组成、操作参数与产品品质间关系的研究，对于蛋白质结构的变化却较少关注。目前普遍认同的结论是：蛋白质正常条件下在挤压机内剪切力场中，沿物料流动方向成为线性结构。在此期间蛋白质三级、四级结合力变弱，由折叠状变为了直线状，旧的化学键和相互作用力破坏，新的化学键和相互作用力形成，原封闭在分子内的氨基酸残基可与还原糖、脂肪等反应，暴露在外的疏水基团则降低了蛋白质的溶解性。然而在蛋白质挤压过程中，上述过程进行到何种程度才能形成组织化、蛋白质亚基间的相互作用方式和大分子间的交联反应的变化等却没有直接的实验证据。

总结国内外学者的研究成果，一般认为大豆蛋白在挤压过程中，共价键、二硫键、疏水键、氢键和分子间作用力有着不同的作用。Maurice 等（1976）研究认为，二硫键对产品的最终组织化只起到很小的作用，高温下（约180℃）形成的新肽键联结是组织化的原因。但是，Hager 等（1996）从组织化大豆蛋白产品中提取蛋白质的研究表明，产品中滞留硫化物之间形成的二硫键，对大豆蛋白组织化结构的形成起着重要作用。Rhee（2004）用能够灭氢键和疏水键等弱键的化学试剂测试分析得出，氢键和疏水键等弱键对稳定挤出物的交联结构有一定作用。Privalov 和 Gill（1988）的研究表明，范德华力和氢键可以稳定已形成的蛋白质结构，非极性的水合作用可以破坏这种稳定结构；在140℃左右，这种水合作用的破坏降为零，分子间的范德华力对大豆蛋白起着一定的物理交联作用。Yoong 等（1994）研究认为，机筒内共价键的形成和分子间静电作用是组织化形成及发展的原因，而氢键、疏水键和二硫键起稳定赖氨酸网格的作用。他们认为，氢键、二硫键和疏水键都是热不稳定键，它们在机筒高温环境下不可能形成，而在机头处蛋白质分子结构的重新排列已经完成了；共价键是在蛋白质分子脱氨基酸的过程中形成的，它们非常稳定，高温下不会断裂；分子间静电作用在高压下增强，而且不受温度的影响。

许多研究者认为共价键在大豆蛋白组织化过程中起着重要的作用，它可将无定形的大豆蛋白转变成组织化蛋白一样的结构。蛋白质交联反应分为二硫键和非二硫键两种。在挤压过程中可将球蛋白中旧的二硫键破坏，而在组织化蛋白中形成新的二硫键，这种结合力在大豆蛋白挤压过程中是重要的，在挤压过程中由于巯基的存在会引起二硫键量的增多，促进大豆蛋白组织化的形成。但郑建仙（1994）根据 Stanley 等（1976）的研究报道认为二硫键在蒸煮过程中是开裂而形成的，没有直接的数据证明挤压过程中有二硫键的形成。Baird 等（1980）在研究挤压过程中大豆面团流变学特性变化时发现，大豆蛋白凝胶化过程并不涉及共价键的形成。Smith（1995）证实了该结论，在大豆粉中添加 1%的盐，就极大影响了产品的特性，这说明静电作用在组织化蛋白相互缔合中所发挥的重要作用。

上述几种理论各有可取之处，综合起来就可以较好地解释大豆蛋白挤压组织化的机制。实际上，在挤压过程中肽链之间的共价键联结和在冷却下形成二硫键，都对产品形成纤维化结构起着重要的作用。

非二硫共价键引起蛋白质的联结有三种可能：赖丙氨酸与硫氨酸分子间的交联、美拉德反应、异肽键。有研究表明，在组织化过程中，赖丙氨酸与硫氨酸分子间的交联所起的作用不大，而美拉德反应的非酶褐变发生于蛋白质中赖氨酸-氨基和醛或酮式还原糖之间，增加热处理和减少水分活度会增加高分子质量复杂结构的生成率，在组织化作用过程中起着重要的作用。Hurrell 等（1979）也认为蛋白质交联物的产生是高级美拉德反应的结果。Rhee（2000）利用差示扫描量热法（DSC）检测技术否定了蛋白质发生交联的可能性，认为可溶性糖在组织化过程中不与蛋白质发生反应。由于大豆蛋白中约有一半的氨基酸含有游离的羟基、氨基或胺基，挤压过程中如果能得到足够的能量，则它们能够形成异肽键。Huang 等（1999）曾报道大豆挤压后其中的游离氨基团消失了，Simonsky 等（1982）的实验证明了未被掩盖的氨基是获得满意组织化结构的前提条件。陈莹详细研究了大豆醇变性蛋白的组织化过程，排除了蛋白质分子间形成异肽键的可能。但是 Hager（1984）认为蛋白质的结构化、组织化是形成相对较少数目的化学键造成的，而非二硫键、疏水键和氢键作用的结果。

引起上述不同结果的原因是多方面的，除了分析方法的差异，更主要的原因大概在于组织化过程中影响因素的复杂性。

首先是原料组成成分不同造成的差异。许多研究者都证实组织化过程中蛋白质的含量和质量都是很重要的，Matthan（2007）认为物料组成对产品质构性质的影响最大。随着挤压原料中蛋白质含量的增高，挤出物的组织化、纤维化程度提高，并且挤出产品的口感、弹性也较好。组织化过程中蛋白质的含量能影响豆粕挤出物的流变学特性，组织化产品切断值变化中有 77%是由蛋白质含量和二级结构的不同而引起的。另外，原物料的组分比例对产品的水溶性和吸水性也有影响，随着蛋白质含量的增加，产品的吸水性指数升高，而水溶性指数降低。沈正荣发现随蛋白质含量的增加，样品的膨化度降低。

其次是挤压操作条件造成的差异。螺杆转速、物料湿度、机筒温度是一台挤压机重要的控制变量，也是影响挤压机系统特性和挤压膨化效果的重要因素。Lin 等（2000）研究了高水分组织化大豆蛋白生产工艺中的挤压过程参数、感官特性和结构特性的相互关系及变化规律，结果表明：对过程参数和产品感官特性而言，水分含量是比挤压温度更为重要的因素；提高水分含量和挤压温度均使产品吸水性增强。在含水量为 7.6%～23.7%时，随着含水量的升高，产品吸水性指数升高、水溶性碳水化合物增加，而产品的水溶性指数降低。他们的研究结果还证明，在较高含水量下，挤压温度对产品的蛋白质溶解性并没有显著的影响，然而随着含水量的降低，挤压温度的影响就逐渐变得显著了。陈莹（1994）通过调整挤压环境的

pH 施加化学力，使正常挤压操作条件下无法组织化的醇变性大豆蛋白实现了组织化。此外，蛋白质联结剂、凝胶凝固剂等物质在挤压过程中是否会对蛋白质分子空间结构、大分子交联反应起作用，对组织化的形成产生怎样影响，这些问题都有待于进一步去研究。了解挤压过程中各种因素对蛋白质结构的影响规律，完全可以达到扩大原料的选择范围、有效控制组织化形成的目的。

挤压引起蛋白质生物学效价降低，一方面由于挤压使蛋白质部分被水解成氨基酸，同时一些消化抑制剂被破坏（这种有害化合物的多少是由于被破坏，还是与其他物质结合，目前仍无定论，如花生中黄曲霉毒素的破坏等），使蛋白质的消化率提高；另一方面，谷物中发生的美拉德反应，使赖氨酸含量减少，造成营养价值下降。Bjorck（1983）发现，提高水分含量可减少美拉德反应的发生，而提高挤压温度则使赖氨酸损失增加。Phillips（1986）认为，挤压是引起蛋白质营养损失的主要原因。金希仁（2010）则认为挤压膨化时，粗蛋白不变，但蛋白质以物理吸附包含在糊化的淀粉中使水溶性下降，此时酶对其有作用，这与热处理过度、以化学交联键形成附聚而降低水溶性具有不同的机制；他还发现干法挤压只打破蛋白质的二级结构，对一级结构无影响，因此产品中氨基酸含量不变。Camire（1998）发现在低温、低转速、低物料含水条件下，蛋白质的变性更大。

4. 高水分挤压组织化蛋白

高水分挤压是食品挤压技术的一个新的发展方向，高水分挤压组织化蛋白是一种具有工业化前景的植物蛋白质构重组高新技术。其特点是实现了高水分食品物料在高温、高压和剪切作用下的质构化，即赋予了食品物料一种人们所期望的新形态，并提高了其营养价值，或使营养损失降到最低。这一新技术是伴随着双螺杆挤压机在食品工业中越来越广泛的应用产生的。双螺杆挤压机螺杆的螺纹元件可以自由组合，这为寻找螺杆构型和操作参数间的最佳配合，以改变或控制熔融体在机筒内的流变学行为，从而为生产出满意的产品提供了方便。

大豆蛋白的高水分挤压组织化与传统的低水分干法挤压相比，无论在挤压机结构和性能方面，还是在挤压参数设置和终产品特性方面均与低水分挤压组织化研究存在很大差异。首先，较高的水分使物料黏度大大降低，从而降低了挤压机工作压力、扭矩和单位机械能耗，与低水分挤压相比具有节能和延长挤压机寿命的优势。其次，高水分使大豆蛋白的变性温度降低，使蛋白质多肽链更容易伸展，从而大大降低了有效组织化所需的最高温度。实践证明，低水分挤压组织化的温度一般为 180～200℃，而高水分挤压组织化的温度一般为 140～150℃。再次，由于加工温度较低，大大降低了营养素和生理活性成分的损失速率。实践证明高水分挤压时，大豆蛋白中有效赖氨酸含量的损失很低，而异黄酮总量的损失和组分分布的变化也随温度的降低和水分含量的提高而大大降低了。最后，高水分挤压产品具有更高的组织化程度和规则的外观形态，可直接加工成为大豆蛋白面、蛋白丝、素鸡等形态和风味丰富多样的仿肉食品；由于挤压具有蒸煮作用，高水分组织化蛋白产品已经熟化，具有即食即用性和方便性；富有弹性和韧性，耐煮，可在沸水中煮 1～2h，而保持较好的形态和质地。因此，高水分组织化大豆蛋白可广泛用于餐饮业、日常饮食、素食人群和军队饮食中，是国际上推崇的具有高营养、高生理功能活性的健康食品。

初步的研究表明，高水分挤压组织化技术对原料要求较为苛刻，加工工艺对原料蛋白质含量、变性程度、脂肪含量等变化敏感，适宜的原料为具有较高溶解性的分离蛋白和大豆浓缩蛋白。物料在空气中存放一个月可使产品形态发生明显劣变，加入2%的油脂即可引起严重的喷爆现象，添加大豆分离蛋白、$CaCl_2$或卵磷脂等对提高产品质量作用不明显，对物料颗粒度有一定的要求，这些都与低水分挤压有明显的区别。

干法挤压和湿法挤压的组织化蛋白的主要区别见表4-23，目前国内外的湿法挤压产品均处于实验室研究和市场萌芽期阶段。

表4-23　干法挤压和湿法挤压的基本特征比较

项目	干法挤压	湿法挤压
挤压机	单螺杆挤压机	带冷却模头的双螺杆挤压机
原料	要求范围较宽，以脱脂（或部分脱脂）豆粕和浓缩蛋白为主要原料	原料要求严格，以分离蛋白和低变性脱脂豆粕为主要原料
原料调整水分	20%～30%	40%～70%
产品特性用途	产品水分含量低，呈膨化的海绵状结构；色泽、大小、形状和风味多样；使用前需复水处理（非即食性）	产品的最终水分含量高于30%，并且其外观和质地与动物肉类极为相似；可进行冷，冻或冷藏处理，具有即食、即用的特点
	主要用于肉制品（腊肠、火腿等）的添加物，代替部分肉类蛋白及提高产品的吸水、吸油能力，也广泛应用于面食、肉类和调味品中及一些纤维状食品的成形上	可作为主菜进行多种方式的烹饪加工，广泛应用于烹饪主菜（素鸡、素肉）、快餐食品、冷冻食品等领域
市场发展状况	技术成熟，市场上的主流产品	技术和市场未成熟，今后的发展方向

（四）大豆专用性蛋白

大豆蛋白不同的功能性对于不同制品的重要程度是不同的，如凝胶性对于肉末制品很重要，可以改善肉制品的粗糙感，提高水分含量，增加其弹性和柔嫩性；乳化性对于改善饮料的稳定性及口感非常重要，蛋白质的两亲性质赋予其改善多相溶液体系中分层、沉淀等品质恶化的能力，如在咖啡乳脂制品中的应用；而起泡性则可以使制品形成丰富细腻的泡沫，增加制品的美感，或可以使制品形成疏松多孔的结构，如在甜点中的应用；而黏着性更是使分离蛋白的应用拓宽到材料科学领域。绝大多数制品对于添加蛋白的功能性要求不仅仅是某种单一的性质，而是多种功能性质的共同作用，如溶解度、黏度、清晰度和混浊度对于饮料，持水性、持油性、乳化稳定性及凝胶性对于熟肉制品等都很重要，故产品的功能性要适应用户的需要，根据用户使用要求强化产品的某一种或两种功能性。

食品工业的飞速发展迫切需要具有各种专门功能性的大豆蛋白作为食品的原料成分或添加基料，蛋白质改性技术是实现该目标的重要手段。蛋白质改性是人为地对蛋白质结构进行修饰，从而改善产品的相溶性和功能性。目前蛋白质改性技术主要有物理改性、化学改性、酶法改性和基因工程改性。大豆蛋白各种功能性在同一产品中相互间既有正相关也有负相关的关系，所有功能性不可能都是最显著的。例如，高吸水性的产品就不可能同时具有高吸油功能，如果两种功能同时具备，则只可能相互兼顾，同时处于适中状态，所以在改性时，既要考虑获得某种功能性的条件，也要考虑到其他功能性兼得或消失的可能。迄今为止，大豆蛋白的功能性在各个食品领域都有了一定的应用：饮料、焙烤食品、乳制品、蛋的代用品、肉制品、肉的代用品、食品涂层、糖果产品等。但由于天然大豆蛋白的这些特性尚不明显，对于现代食品的研究与开发及食品的深加工等都显得有些不适应。因此，通过某些方法提高、改善大豆蛋白的这些功能性就成了国内外食品行业中的一个前沿课题。国内在大豆蛋白改性技术和设备方面进行了大量的研究，已开发了一套适合生产的改性装置，并结合大豆蛋白的酶解改性工艺，研制出乳制品专用、注射型肉制品专用的大豆分离蛋白及大豆蛋白膜、大豆蛋白纤维等非食用大豆蛋白制品。

1. 乳制品专用大豆分离蛋白

普通的乳制品中蛋白质含量比较低，大豆蛋白应用于乳制品生产，如配方奶粉、液体奶，可提高蛋白质含量，与乳的营养、良好风味结合，在氨基酸含量、配比及风味上形成优势互补。高分散型分离蛋白采用改进的分离蛋白生产工艺，使其具有分散性（冲调性）、溶解性、分散稳定性及乳化性，蛋白质含量90%以上，且不含乳糖，避免乳糖不适症反应，不含胆固醇，是低热量、高营养、安全、方便的乳制品加工辅料。

用蛋白酶对分离蛋白进行水解，一方面，可以使其溶解性、黏度等性能符合乳制品、固体饮料类的产品要求，如在乳制品添加分离蛋白要求黏度低，无异味，溶解度高，不溶性固体低于一定指标；另一方面，酶解分离蛋白具有更高营养价值，除消化率升高外，还具有抗氧化、清除体内自由基功能。姜中航等（2009）采用 Alcalace 碱性内切蛋白酶及 Flavourzyme 复合风味蛋白酶进行双酶水解，确定了两种酶的最优酶系组合。第一步采用 Alcalace 酶解，以水解度为指标，正交实验结果显示，最优酶解工艺为 pH7.5、温度 60℃、时间 2h、酶添加量 0.9%，此时水解度可达到 15.08%；水解后不必灭酶；进行第二步 Flavourzyme 酶解，以苦味值为指标，采用添加量 3.5%，时间 2h 的水解。最终得到的乳品专用分离蛋白水解度为 17.88%，蛋白质含量为 90.17%，无明显不良口味。哈高科大豆食品有限责任公司的刘跃泉（2003）则利用改进分离蛋白生产工艺，即在白豆片萃取时采用正交设计优化工艺参数：萃取温度 46℃，pH7.5，水料比 12∶1，萃取时间 30min，蛋白液酸沉时控制温度 45℃，pH 调至 4.4，同时采用先进的酶解技术对蛋白质进行修饰改性，真空脱臭工艺去除豆腥味，制得分离蛋白含量≥90%、NSI（氮溶解指数）≥90%、色泽纯正、风味良好、有良好分散性（冲调性）、溶解性、分散稳定性及乳化性的分离蛋白制品。

2. 注射型肉制品专用大豆分离蛋白

注射型肉制品专用大豆分离蛋白用于整块肉制品的注射用盐渍液中，可以减少肉制品的蒸煮损耗，提高肉制品的弹性和切面质量，其独特的凝胶性、持水性、持油性使其可替代更多的动物蛋白，使产品的得率提高 30%以上。该类产品要求具有较低的黏度，同时要求在一定范围内控制起泡性的升高和凝胶性的减弱。

当用于生产肉制品特别是生产火腿时，采用的方法是将含大豆蛋白和其他黏合物质（蛋白质材料）如蛋清、干酪素、奶蛋白、血蛋白等，以及诸如常用的盐、糖等调味品、香料等与肉混合或将其注射入肉中，以改善使用口感，如持水性、乳化性、黏结性、硬度和弹性。

3. 大豆蛋白膜

大豆蛋白膜作为食品包装和涂布材料具有可降解性和可食性，可用于多种食品的包装保鲜，是一种无污染的包装涂布材料，具有很好的开发前景。

1）*成模原理*　天然蛋白质靠分子中的氢键、离子键和疏水相互作用、偶极相互作用、二硫键等来维持其稳定的结构。大豆蛋白分子在溶液中呈卷曲的紧密结构，有些甚至呈球形，表面被水化膜包围，具有相对稳定性，通过不同的方式处理，会破坏蛋白质内部的相互作用，使蛋白质亚基解离、分子变性，使其分子得到一定程度的伸展，内部的疏水基暴露，从而形成立体网络结构，在合适的条件下就可以得到具有一定强度和阻隔性的膜。可见蛋白质的适度变性是形成膜的先决条件，网络结构的好坏将影响膜的性能，因此强化分子间的作用力，使其形成更紧密均匀的网络结构可改善膜的性能。在膜中，蛋白质分子之间通过二硫键、疏水作用和氢键结合在一起。

2）蛋白膜制备方法　大豆蛋白一般不溶或微溶于水时对形成防水性膜非常有利。蛋白膜通常由一种溶液或膜形成溶剂分散体系形成。

膜形成溶剂系统影响形成膜的特性，最大的溶剂化合物和极性分子的伸展将产生最具黏合的膜结构。蛋白膜的溶剂系统主要限于水、乙醇或二者的结合。其流程如下。

豆粕⟶大豆蛋白⟶配制蛋白质溶液⟶热处理⟶调配⟶成膜干燥⟶蛋白膜

（1）原料的准备处理。主要是蛋白质的制备。生产蛋白质的技术不同将直接影响到所成膜的特性，如大豆蛋白能够通过多种技术被离析。另外，是否采取强碱处理、是否增添增韧剂的膜在机械强度、渗透性方面都有显著不同。

（2）配制蛋白质溶液、热处理。在水、95%乙醇或二者混合的溶剂当中，将所用蛋白质配成一定浓度的溶液，一般为 10%～15%（质量分数）。

蛋白质溶液制成后，应在搅拌状态下于 70～100℃水浴中加热 15～45min。对于大多数蛋白膜的形成热处理是必需的，如大豆蛋白、乳清蛋白、谷朊粉等。如果不进行热处理，则由于缺乏分子间的相互作用，膜在干燥时易形成碎片。热处理可以使硫醇-二硫化物互换和硫醇氧化物在分子间形成二硫键，分子间二硫键导致形成水溶性膜。

（3）调配。调配包括调节 pH、冷却、添加增韧剂和排真空。用 0.1mol/L 的 HCl 或 0.1mol/L NaOH 调节溶液 pH，使之达到适合膜形成的条件，这一过程既可在热处理前又可在热处理后进行，大豆蛋白膜形成的最有效 pH 是 8.5～11.5。

调节 pH 后，将溶液冷却到室温，再将准备好的增韧剂添加到溶液中。蛋白膜中使用的增韧剂主要有丙三醇、聚乙二醇和山梨醇，其中最常用的是丙三醇。增韧剂添加量通常是蛋白质的 40%～50%。将增韧剂添加在溶液中混匀后，通过抽真空将溶液中气泡排出，以降低膜的渗透性。

（4）成膜干燥。将蛋白质溶液通过吸管流入内部直径为 1417cm 的圆形平滑的聚四氟乙烯平盘上形成薄液。在维持 35℃低温条件下，经长时间干燥即可形成膜。也可在室温 25℃、相对湿度 40%下维持 18h，使其干燥后待用。

3）膜的特性及其影响因素　在制备大豆蛋白膜时，一般采用水或 95%乙醇与水的混合物作溶剂配制成膜溶液（包括蛋白质、增塑剂、交联剂等），经加热、倒膜、干燥而制得。成膜工艺会显著影响膜的特性。

（1）膜的特性如下。

A. 透气性。它是衡量包装膜的一个重要指标，对氧气的透性低能延缓食品的氧化变质；对氮气和二氧化碳的透性低则有利于充气包装。蛋白膜对氧气、二氧化碳的屏障特性通常好于多糖膜。不同蛋白膜的透气性也有较大差异，最新研究表明，大豆蛋白膜的阻氧性能非常好，透氧率比玉米蛋白膜和面筋蛋白膜低 72%～85%，比多糖膜（如纤维素及其衍生物）低 200 倍左右，与合成材料相比，大豆蛋白膜的阻氧率是它们（如低密度聚乙烯和高密度聚乙烯）的 325～1750 倍。此外，它还具有较好的阻止 CO_2 迁移的能力。

B. 水蒸气渗透性。由于蛋白质的亲水性，大豆蛋白膜对水蒸气的屏障作用差。而水蒸气渗透性的大小将直接影响到包装产品的质量。水蒸气渗透性越低，膜防腐效果越好。

C. 机械特性。蛋白膜必须具有较强的机械强度以经受其在应用、运输、处理中的压力，维持其完整性和屏障特性。机械特性通常用抗拉强度、伸长率、抗刺强度等来衡量。蛋白膜的机械特性好于多糖膜、脂膜，这与其特殊的结构有关。

（2）影响因素如下。

A. 温度。适当的热处理可以使蛋白质大分子从原来有秩序的紧密结构变为无秩序的松散结构，分子内部的巯基和疏水性基团等暴露在分子表面，有利于加强蛋白质分子内或分子间的相互作用，从而得到坚固致密的网络结构。由于疏水作用得到加强，形成的膜强度较大，所以阻气性较好。但热处理温度过高、加热时间过长时，蛋白质分子会过度变性，分子链断裂，不利于网络结构的形成。因此，不同热处理条件对大豆蛋白膜的影响是不同的。

B. pH。pH 直接与蛋白质溶解性、分子间构象及分子间相互作用有关，因此成膜时的 pH 对蛋白膜极其重要。

大豆蛋白膜的成膜溶液呈酸性（pH 在 3 左右）时，既能提高溶液中蛋白质分子的交联度，增大分子间结合力，又不至于使膜微孔尺寸加大，水汽透性上升。Gennadio 和 Brandenburg（1993）曾经研究了 pH 对大豆蛋白膜性能的影响，结果表明：pH 在 6～12 时形成的膜无论机械性能还是阻隔性能均优于 pH 在 1～3 时形成的膜。

Brandenburg 等（1993）研究了大豆蛋白膜在 pH 为 6、8、10、12 时的特性，发现 pH 为 6 时大豆蛋白膜的阻湿性较差，透氧率较高，抗拉强度和伸长率低；高 pH 时阻湿性好，透氧率低、抗拉强度和伸长率也高，且膜外观随着 pH 升高而得到改善。这与在 pH 为 6 时，大豆分离蛋白出现部分不溶，导致膜中分子间相互作用受到削弱有关。而且溶液变性后调节 pH 形成膜的水蒸气渗透性要高于变性前调节的膜。

Gennadios 和 Park（1993）研究发现，添加山梨醇和聚乙二醇所成膜的机械强度要比添加丙三醇的强；随着山梨醇、聚乙二醇和丙三醇亲水性增加，水蒸气渗透性也依次增加。同时还发现增加增塑剂，抗拉强度下降，伸长率上升。此外，所用的增塑剂必须与高聚物分子具有一定的亲和性，易溶于溶剂中。

C. 溶剂组成。大豆蛋白膜的溶剂系统主要限于水、乙醇或二者的结合。乙醇的添加有利于溶解添加物，同时乙醇的挥发性可缩短成膜时间。如添加少量的乙醇，由于乙醇分子与水分子相互作用，从而使得膜的阻湿性和机械性都得到提高。但当乙醇用量过大时，阻湿性和抗拉强度都下降。

D. 脂类物质。在成膜溶液中引入疏水性的脂类物质可以使水蒸气透过性降低，提高膜的阻湿性。华南理工大学的李升峰等（2001）研究了硬脂酸、月桂酸和硬脂酸与月桂酸的混合物（1∶1）在不同浓度下对膜阻湿性的影响。结果表明，脂肪酸能有效降低大豆蛋白膜的水蒸气渗透性。水蒸气渗透性随脂肪酸碳链长度的增加而减少，随脂肪酸浓度的增加而逐渐降低，但当脂肪酸浓度过高时，水蒸气渗透性反而会有所升高。这是由于脂肪酸过多会造成乳化不均匀，使得脂肪酸在膜表面结晶不连续，导致水蒸气渗透性略有上升。因此适当剂量的脂类物质在成膜溶液中粒度越小、分布越均匀，膜阻水蒸气性越好。三类脂肪酸中以硬脂酸浓度为 1.5%时效果最好。不过，添加脂类物质会降低膜的抗拉强度。

E. 相对湿度。当相对湿度增加时，氧气和二氧化碳渗透值会显著增加，在 25℃，相对湿度低于 50%时，氧气、二氧化碳渗透值保持相对稳定；当相对湿度高于 50%时，氧气、二氧化碳渗透值陡然增加，这可能是由于多聚物中水分活度值超过 0.4 后能破坏氢键，产生溶解氧的位置，增加多聚物内部氧分子的移动性。

F. 还原剂。在成膜溶液中添加还原剂，可打断分子中的二硫键，增加巯基量，有利于在随后的涂膜干燥过程中形成新的分子间二硫键；还原剂处理还可以使多肽链分子质量降低，有利于暴露内部疏水基团，增加膜的强度和阻隔性，但伸长性有所下降。莫文敏等（2001）研究了在不同 pH 条件下，还原剂半胱氨酸、亚硫酸钠、维生素 C 对大豆蛋白膜性能的影响。结果表明，还原剂处理的大豆蛋白膜在中性条件下（pH 为 7）机械性和阻隔性最好，其中半胱氨酸处理的大豆蛋白膜抗拉强度最大，是未加还原剂时的 2.45 倍；水蒸气迁移系数最小，是不加还原剂时的 60%。还原剂处理不仅改善了大豆蛋白膜的机械强度和阻湿性，还避免了不加还原剂时要调节 pH>7 才能良好成膜所带来的一些不良后果，如膜有碱味、颜色偏黄等。此外，在中性条件下成膜良好，为以后在膜中添加其他组分（如风味物质、防腐剂等）提供了更大的空间。

G. 交联剂。交联剂处理可以加强蛋白质分子间或者分子内的键合作用，有利于改善膜的机械性和阻湿性。常见的交联剂有钙盐、戊二醛、环氧氯丙烷和酶。周红锋等（2006）采用钙盐、戊二醛、环氧氯丙烷对大豆蛋白膜的交联研究表明，钙盐的溶解度越大，钙离子的释放速度越快，膜的脆性越大，越适合作涂层用；环氧氯丙烷和戊二醛能较好地改变大豆蛋白膜机械性，交联后抗拉强度增加，阻湿性提高。其中环氧氯丙烷能使膜的透光性和光滑性增加，容易揭膜；随着戊二醛的浓度增加，膜的颜色逐渐由淡黄色、红橙色向红色过渡。当戊二醛的浓度为 0.1%时，比较接近肠衣的颜色。

H. 其他化学物质。Rhim 等（2002）研究了十二烷基磺酸钠（SDS）对大豆蛋白膜特性的影响，结果表明，仅加 5%SDS 就能显著增加膜的伸长率，而且当添加 10%以上的 SDS 时能使膜的水蒸气渗透性降低 50%，有效提高了膜对水蒸气的阻隔能力，但膜的抗拉强度会有所降低。Park 等（2001）研究了葡萄糖酸内酯（GDL）对大豆蛋白膜的机械性和水蒸气渗透性的影响，结果表明，GDL 的添加能增加蛋白质-溶剂的引力，从而形成均一的膜结构，使得膜的伸长率大大提高，水蒸气渗透率降低。Yu 和 Sabato 等（2004）研究了羧甲基纤维素（CMC）和聚乙烯醇（PVA）材料的制备及性能测定，结果表明 CMC 和 PVA 的添加均能增加膜的拉伸强度，其中 PVA 的效果更好，但明显降低了膜的黏弹性，且对膜的渗透性无改善。

I. 物理方法。除以上介绍的因素外，一些物理方法也能改善膜的性能。Lacroix 等（2002）研究了 γ 射线辐照对大豆蛋白膜影响，结果表明，经过 γ 射线辐照处理，能产生交联作用，增大了大豆蛋白的分子质量，从而改善了膜的机械性能，其水蒸气渗透性也会有所降低，若同时添加 CMC 则效果更明显。另外，通过紫外线处理大豆蛋白膜可提高分子的结晶度和膜的致密性，从而提高膜的抗张强度和阻湿性能；通过超声波及超高压处理，有利于分子内部的巯基和疏水基团的暴露，从而使大豆蛋白膜的阻湿性能和抗张强度等性能有不同程度的提高。

4. 大豆蛋白纤维

大豆蛋白纤维的出现将用作饲料和食品添加料的豆粕变为高附加值的高性能纤维，开辟了一条新的农副产品深加工途径，而其纤维的优异性更是为纺织工业增添了一种新的高档原料。

1）大豆蛋白纤维定义　纯大豆蛋白纤维是一种再生植物蛋白纤维，但很难成形与使用。现在的“大豆蛋白纤维”，从组成和性能上说，是大豆蛋白的聚乙烯醇（PVA）纤维或聚丙烯腈（PAN）纤维。因此，大豆蛋白纤维本质上是一种大豆蛋白（15%～35%）与PVA或PAN（主要成分是PVA）在适当条件下接枝、共混，并湿法纺丝而成。由于纤维中大豆蛋白含量太低，故只能是大豆蛋白的PVA纤维或PAN纤维。目前，由于俗称方便，简称为“大豆蛋白纤维”，其细度为0.9～3.0g/10^4m丝束，主体长度为38～76mm。

2）生产原理　大豆蛋白纤维的主要生产原料是豆粕、羟基和氰基高聚物，其生产原理是将豆粕水浸分离提纯出蛋白质，而后将蛋白质改变空间结构并在适当条件下与羟基和氰基高聚物共聚接枝，通过湿法纺丝生成大豆蛋白纤维。这时的大豆蛋白纤维中，蛋白质与羟基和氰基高聚物并没有完全发生共聚，它具有相当的水溶性，还需经过缩醛化处理才能成为性能稳定的纤维。在纺丝过程中，牵伸使纤维大分子达到一定的取向度，这样在缩醛化过程中就可避免纤维的过分收缩而解除取向。缩醛化后的丝束经过卷曲、热定型、切断、加油就成为纺织用的大豆蛋白纤维。

在大豆蛋白纤维分子结构中，由于蛋白质与羟基和氰基高聚物没有完全发生共聚，这样适当控制蛋白质与羟基和氰基高聚物的分子质量，在纺丝过程中就可以制成蛋白质分布在纤维外层的皮芯结构纤维，并且在纤维纺丝牵伸过程中，由于纤维表面脱水、取向较快导致纤维表面具有沟槽，从而使纤维具有良好的导湿性。由于蛋白质分子中含有大量的氨基、羧基、羟基等亲水基团，从而使该种纤维具有良好的吸湿性，可用酸性染料、活性染料染色。大豆蛋白纤维体积质量较小，与柞蚕丝光泽非常接近，是高档服装用原料。

大豆蛋白纤维表面光滑、轻柔，在纺纱过程中纤维抱合力差，特别容易黏附机件，虽然比电阻并不是很大，但静电在生产中还是比较突出的，因此，在加工过程中必须对纤维加油以解决静电和抱合力问题。由该种纤维的回潮率可知，纤维吸湿性好，但它的保湿性却很差，若周围环境相对湿度发生变化，纤维回潮率会很快变化。在高温高湿环境中，该种纤维具有良好的内部吸湿效果而使纤维表面保持干燥，从而使其服装在潮湿环境中穿着非常舒适。大豆蛋白纤维适合在相对湿度较大的环境中纺纱。

5. 大豆蛋白黏合剂

目前，各种人造板材基本上是用石油基甲醛系木材黏合剂黏接而成，在生产、运输、存放、使用中会不断释放出以甲醛为主的有害气体，是室内最大的环境污染源。以大豆蛋白作为主要原料生产黏合剂，使用中不会有甲醛等有害物质；当作为脲甲醛树脂的添加剂使用时，可起到甲醛清除剂的作用。作为环境友好的黏合剂或树脂，其市场发展前景非常广阔。

其制作方法是将大豆蛋白与水一起配制成一定浓度的溶液，再加入适量的添加剂即可制成黏合剂。例如，按大豆蛋白100份、水（30℃）400份、消石灰15份、硅酸钠（40°Bé）25份和过氧化钠15份的配方比例即可制成大豆蛋白黏合剂。其具体方法是首先将大豆蛋白与水经10min搅拌混合后，加入消石灰拌和10min，再加入硅酸钠、过氧化钠，经15min搅拌后即可使用。

大豆蛋白黏合剂可用于胶合板工业，且大量应用于板箱及家具等木器制造业。但由于它耐水性较差，现在很少单独使用，而是作为脲醛树脂、苯酚、甲醛树脂及间苯二酚甲醛树脂的添加剂使用，以增强其性能。

（五）大豆水解蛋白

借助于酸、碱、酶对蛋白质肽键的水解作用，可以将蛋白质分解成不同分子质量的肽段及氨基酸，从而提高和改善蛋白质的某些功能特性，生产出不同类型的蛋白质产品，如大豆蛋白胨、大豆蛋白活性肽、大豆多肽味素等，这些是重要的蛋白质改性技术之一。

1. 大豆蛋白胨

大豆蛋白胨是由大豆经酶降解精制而得到的高分子多肽混合物，以 10～20 个氨基酸组成的肽类为主。由于它的各种氨基酸成分齐全，并含有丰富的碳水化合物和各种维生素，是一种优良的生物菌种培养基原料，广泛应用于工业发酵、制药、卫生防疫、临床细菌检查及国防科研等生物工程方面，特别是在抗生素行业表现出其他蛋白胨无法比拟的优越性。

1）大豆蛋白胨工艺　　大豆蛋白胨工艺流程如图 4-15 所示。

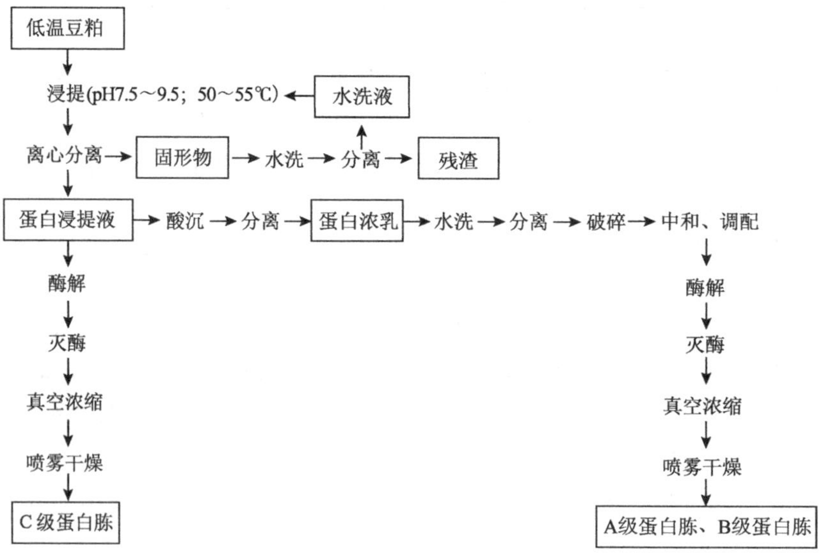

图 4-15　大豆蛋白胨工艺流程示意图

2）工艺要点

（1）浸提。将合格的原料豆粕经计量投入提料斗，经斗升机提升至绞龙送入反应罐，在反应罐中加入料、水比为 1：（10～20）的软化热水，再将经溶碱池、配碱池配置的一定浓度的碱液送入碱液高位罐，并用此碱液调节反应灌中料的 pH 为 7.5～9.5。通过控制加入的热水温度来保持反应灌中料液的温度为 50～55℃，同时不断搅拌，萃取反应（或酶解反应）60min 后用泵送入卧式螺旋分离机，分离出蛋白浸提液（或酶解液）和固形物。将固形物送入渣干燥系统进行干燥，然后入库，其豆浆用泵送入下一道酸沉工段。

（2）酸沉。酸沉工段送来的豆浆经泵送入酸沉罐中，用盐酸调节浆液的 pH，使 pH 为 3～4，然后用泵送入卧式螺旋分离机中分出其中的乳清和蛋白浓乳。其乳清送至萃取工段进行处理，浓乳经解碎机，加水后送入下一工段处理。

（3）酶解。将酸沉工段送来的蛋白浓乳，根据酶产品要求调节一定的 pH 和浓度，然后在 50～60℃酶解 4～5h，当肽键断裂时，羧基和 α-氨基等量释放出来，它们之间的质子发生交换，使 pH 自动下降，影响了酶解速率，所以需要不断加入碱液，以保持水解液的 pH 恒定

（在 pH 恒定、温度不变的情况下，碱的耗用量与酶解肽键数成正比关系）。

酶解完成后，将料液送入杀菌器中经 120～145℃的高温瞬时杀菌后喷入闪蒸罐中，脱除其中的豆腥味，并从罐底用泵抽出，进入均质机经均质后的大豆蛋白浆料送入干燥工段处理。

（4）干燥。送来的蛋白浆料，经高压泵送入喷粉塔，经喷头雾化，并与经空气加热器加热送来的热风进行顺流热交换脱水、干燥成粉，然后随风进入旋风分离器，经充分分离后，粉落下，气体经分机进入布袋捕粉器进一步回收蛋白粉，粉落入下一设备，气体经冷热空气交换和给风机送来的冷风进行热交换后排空，蛋白粉落入给料器中，经与冷风充分混合后由风管送入旋风分离器分离，风经风机排空、粉落入储罐中并充分搅拌混匀，然后再用分离筛分出其中的大颗粒粉，这些少量大颗粒粉送入萃取罐中重新进行处理，合格的大豆蛋白胨经储罐暂存后经计量包装入库。

3）大豆蛋白胨质量标准

（1）理化指标。3 种大豆蛋白胨理化指标见表 4-24。

表 4-24　3 种大豆蛋白胨理化指标表

名称	C 级	B 级	A 级
总氮量/%	≥8.7	≥11.5	≥15
水分含量/%	7.0	6.5	5.0
平均分子质量/Da	3000～5000	3000～5000	3000～5000
氨基氮含量/%	2.2	2.2	2.5
灰分含量/%	≤5.5	≤6.0	≤5.0
氯化物含量/%	≤5.0	≤4.0	≤3
透明度（2%水溶液）	澄清	澄清	澄清
pH	6.5	6.5	6.5

（2）细菌学指标：①硫化氢反应，合格；②靛基质反应，合格；③可发酵糖反应，合格；④无糖反应，合格。

（3）卫生指标。细菌菌数≤10 000 个/g；大肠杆菌≤30 个/100g；致病菌不得检出。

2. 大豆蛋白活性肽

一般生产大豆蛋白活性多肽的方法 3 种：一是提取存在于生物体中的各类天然活性多肽；二是通过化学法或酶水解法降解蛋白质，化学法常采用加热和酸处理的方法，而酶水解法，包括直接酶解和利用微生物间接酶解两类；三是用重组 DNA 技术、化学法等合成活性肽。其中，酶水解蛋白质生产活性肽因其安全性高、能在温和的条件下进行定位水解分裂产生特定的肽，且水解过程易控制，价廉易于推广，引起人们的极大兴趣。合成法虽可按人们的意愿合成任意活性肽，但目前大都因成本高、副反应物多及残留化合物等问题制约着其发展。重组 DNA 技术如果有望成功，将会有广阔前景。

1）酶水解法　由于酶水解法能很好地控制生产，在比较温和的条件下进行，能很好地保存氨基酸的营养价值，而且酶的制取及提纯工艺日渐成熟，所以实际生产中多采用此法。在生产中酶的种类选择及生产过程的控制较为重要，目前应用于实际生产中的酶有胰蛋白酶、碱性蛋白酶、中性蛋白酶和木瓜蛋白酶，其中碱性蛋白酶效果较好。大豆多肽生产工艺流程见图 4-16，生产工艺要点如下。

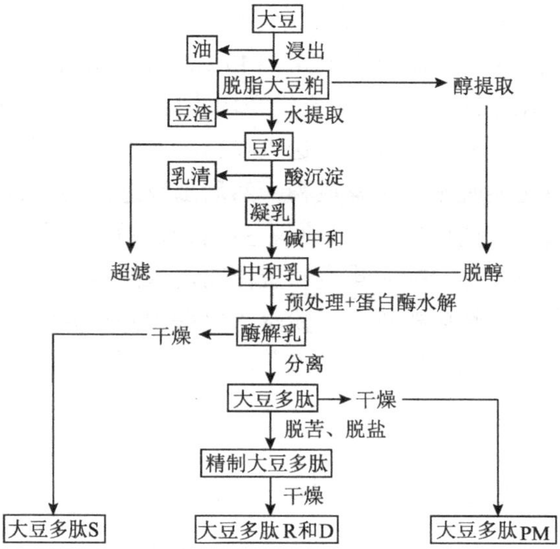

图 4-16　大豆多肽生产工艺流程

（1）大豆脱脂。称取一定量的大豆于 60℃烘箱中烘 60min，使水分降至 5%～8%，脱皮、破碎，加入已烷溶剂，密闭抽提。过滤后，将滤液置于 80～90℃水浴蒸馏得毛油，已烷回收。剩余滤渣经脱溶，已烷回收，得脱脂大豆。为了获得低变性的脱脂大豆，必须控制整个过程的温度。当温度为 110～120℃脱溶时，水溶蛋白浓度在 30%以下；温度为 80～100℃时，水溶蛋白浓度为 30%～60%；如果温度控制在 60℃以下，蛋白质浓度达 80%，且蛋白质活性较高。

（2）蛋白质的提取。大豆蛋白提取一般采用水提酸沉法、醇法和超滤法。

水提酸沉法。采用 65℃温水浸泡大豆脱溶豆粕 30min，经浆渣分离磨进行浆渣分离。采用水提取大豆蛋白，必须进行酸沉淀与洗脱。酸沉淀的目的是除去大豆蛋白中可溶性纤维、糖分、脂肪和矿物质元素等。此工艺对大豆多肽纯度至关重要。在操作过程中，使用 1mol/L HCl 溶液精确控制 pH 为 4～5 沉淀大豆蛋白，采用去离子水对大豆蛋白进行洗脱，收集大豆蛋白采用旋转式离心，转速控制在 3000r/min，时间为 8min。

醇法。脱脂大豆蛋白溶于水而难溶于乙醇，特别是乙醇浓度越高，蛋白质溶解度越低。另外，由于乙醇对豆粉中的糖类有较好的溶解度，可以使大豆的腥臭味和一部分色素溶出，所以可采取醇法制备大豆蛋白。将制得的脱脂大豆烘干、粉碎、过筛，用 70%乙醇溶液处理，分 2 次进行，每次于 50℃抽提 1h，取出混合物。抽滤后，滤渣脱乙醇，即得白色无味的大豆蛋白。

超滤法。超滤法生产大豆分离蛋白，原料必须是低变性的脱脂大豆粕，要经过弱碱浸泡、磨浆分离、细磨、精滤和超滤得到一定浓度的大豆分离蛋白溶液，与传统的碱提酸沉法相比，该法获得的大豆分离蛋白溶液可溶性糖分少、离子含量少、灰分少，是目前较为先进的生产大豆分离蛋白的方法。

（3）预处理。因为大豆球蛋白分子具有相当紧密的结构，这种极其致密的结构对酶水解具有很强的抵抗力，所以在酶解大豆蛋白时必须适当进行预处理，使其中的蛋白质复杂结构被打开而形成一条直链，那些原来在分子内部包藏而不易与酶发生作用的部位，由于分子结构的松散而暴露出来，从而使蛋白水解酶的作用点大大增加，加快了蛋白质的酶解。实验表明，浓度5%～8%的大豆分离蛋白在85～90℃的温度下水浴10min，可使大豆蛋白致密的立体结构变得松散易于与蛋白酶结合，但加热的时间过长或温度过高时，蛋白质分子会通过疏水作用和二硫键作用形成网状聚合物，反而会降低蛋白酶的酶解作用。

（4）蛋白质水解。大豆蛋白水解是大豆蛋白活性肽制取的关键步骤。大豆蛋白的水解有酸水解和酶水解两种方法。用酸水解时蛋白质水解度不易控制，而且易造成氨基酸的破坏而降低营养价值，因而酸解法很少使用。用蛋白酶水解条件温和，可控制水解度，因此，现在多用蛋白酶水解法进行大豆蛋白的水解。酶法水解大豆蛋白常用的蛋白酶有胰蛋白酶、胃蛋白酶等动物蛋白酶，木瓜蛋白酶、菠萝蛋白酶等植物蛋白酶，以及放线菌166、枯草杆菌1398、栖土曲霉3942、黑曲霉3350、地衣型芽孢杆菌2709等微生物蛋白酶等。

在酶解过程中水解液应恒定于最适温度，并不断搅拌。肽键酶解时，由于羧基与氨基之间的质子发生交换，会使水解液的pH自动下降，影响酶解速率，所以应不断地加入碱液，维持适宜pH。反应结束后一般采用将水解液加热到80～85℃，并保持5min，使酶灭活。

影响蛋白质酶解速率的因素很多，如水解温度、反应pH、底物浓度、酶用量、水解时间、底物溶液离子浓度等。但对于特定的蛋白酶，可根据供应商提供有关资料和初步试验，来确定各种蛋白酶的最适pH和水解温度。例如，胰蛋白酶最适pH7.0，最适温度为55℃；As1.398中性蛋白酶最适pH7.5，最适温度为48℃；混合酶（胰蛋白酶：As1.398中性蛋白酶=1：1）最适pH7.2，最适温度为50℃。

酶法水解具有专一性，不同蛋白酶对同一种蛋白质底物的作用位点也不同，这就是说蛋白质水解物中多肽的长度及结构组成也不同。在大豆蛋白水解过程中，大多采用单一酶制剂，也有采用双酶水解法的，研究表明用双酶水解法水解大豆蛋白的水解度最高，同时双酶水解产物的苦味明显弱于单酶水解法。这是由于单酶水解度不高，水解产物中含有较多分子质量为3～6kDa的具有苦味的多肽物质；而双酶水解法水解度高，能将大豆蛋白降解为分子质量小的短肽，或者游离氨基酸，而这些水解产物的苦味并不明显，因此双酶水解法的效果是最佳的。吴建中等（2003）采用Protamex与Flavourzyme双酶分步水解的方式生产的大豆多肽具有水解度高、澄清透明、低苦味、酸性条件下不沉淀的特点，在食品工业中将会有广阔的应用前景。

（5）分离。大豆蛋白酶解液中成分复杂、黏度大且含有较多的胶体物质，而目标产物大豆蛋白活性肽的主要成分为分子链不等的各级肽类，分子质量分布较广，但主要集中在500～2000Da。相对于大豆多肽而言，酶解液中的杂质大多为大分子物质。分离方法一般有两种，一是通过调节蛋白酶解液的pH为4.3，使未水解的蛋白质沉淀而去除，而分离得到纯净的酸性水解物溶液。二是采用超滤法，由于超滤可以按膜的截留分子质量对物料进行分离，用于蛋白质制品的纯化具有工艺流程短、耗用化学试剂少等优点，是较有前途的方法。采用超滤技术处理大豆蛋白活性肽，可以在不添加任何化学试剂的情况下直接从产物中分离提纯出大豆蛋白活性肽纯化物。通常采用截留分子质量为30kDa、10kDa和5kDa的超滤膜对大豆多肽进行分离。

（6）大豆肽苦味的产生及消苦方法。蛋白质的水解物之所以带有苦味是因为疏水性多肽的存在，而大豆蛋白疏水性较强，水解产物出现疏水性多肽机会也多，苦味明显。苦味肽出现与多肽分子质量有关，只有当大豆蛋白水解物中含有分子质量低于6kDa的多肽时，才有苦味。随着水解度的增加，疏水性氨基酸暴露越多，苦味也就越强，而当水解度非常高时，苦味肽被继续水解成分子质量很小的短肽或游离氨基酸，这时苦味又会减弱或消失。

大豆肽的消苦方法很多，可大致归为物理方法和酶法两大类。

A. 物理方法。活性炭吸附和超滤处理是常用的物理脱除大豆肽苦味的方法。活性炭吸附是最常规、最有效的大豆肽脱苦方法，它可使蛋白质水解产物的口味得到明显改善，从用过的活性炭中可洗脱出极苦的肽。超滤处理也是大豆肽脱苦的有效方法。通过使用几种不同分子质量截留范围的超滤膜，即可将苦味肽脱除。活性炭吸附和超滤处理的共同缺点是，经处理后水解产物中的必需氨基酸含量显著降低。

B. 酶法。通过酶法进行脱苦的方法又可分为两种：端肽酶法，用端肽酶作用于蛋白质水解产物，它可从线性肽链末端移去几个氨基酸分子，使苦味肽的苦味减轻。以水解疏水性氨基酸残基及脯氨酸构成肽链的端肽酶脱苦效果最为明显。用端肽酶法脱苦的缺点是在脱苦的同时产生较多的游离氨基酸。蛋白水解酶精选法是通过蛋白质水解用酶的精选，使蛋白质水解后不产生或很少产生苦味肽。

（7）脱盐。多肽脱盐采用离子交换处理，脱除离子主要是 Na^+和 Cl^-。实验表明，将大豆蛋白酶解液以每小时 10 倍柱体积的流速分别流经 H^+型阳离子交换树脂和 OH^-型阴离子交换树脂来脱除 Na^+和 Cl^-，脱盐率在 85%以上。所脱除的盐主要来源于酸沉、中和调浆及水解过程中所加入的酸碱生成的盐。

（8）干燥。首先经 135℃、5s 的超高温瞬时杀菌，然后在 86～89kPa 的真空度下进行真空浓缩、高压均质，得到固形物含量为 25%～40%的成品大豆多肽浓缩液，即可进行喷雾干燥，得成品粉末大豆肽。喷雾干燥的条件为：进口温度 125～130℃，塔内温度 75～78℃，排风口温度 80～85℃。

2）*微生物发酵法*　　采用发酵法生产大豆活性多肽，通过微生物作用对某些苦味肽基团进行修饰和重组，使小肽之间、小肽与氨基酸之间发生移接、重排。制得的大豆活性多肽具有溶解性好、无苦味和异味、口感好、溶解黏度小、受热不凝固等优点，克服了酶解法产品苦味大和口感差等缺点。

（1）粉碎、配料。以豆粕为原料，粉碎为细度为 100μm 的颗粒粉。经计量后，加入清水与之混合配制混合液，豆粕粉浓度为 10%～15%，另外加入少量其他微量元素。在加入水、料的同时不断搅拌，使混合液均匀。

（2）灭菌。配制好的混合液升温杀灭杂菌，灭菌温度 121℃，压力 0～1MPa，时间 40～60min。

（3）冷却。灭菌后的混合液降温至 25～28℃，创造适合菌种作用的条件。

（4）接种。冷却后按混合液总量的 10%接入菌种并搅拌使其均匀。

（5）发酵。接入菌种后的混合液在发酵罐内进行发酵，发酵温度控制在 25～28℃，发酵时间 72h，发酵过程中按一定比例向发酵液中通入压缩空气，以提供发酵过程中需要的氧气，并不断搅拌，使物料液充分发酵和均匀。发酵过程中发酵液的 pH 应保持在 6.5～7.0，出现异常时，用 HCl 及 $Ca(OH)_2$ 进行调节。

（6）灭活。发酵周期结束后，发酵液升温进行灭活，以杀灭发酵菌，灭活温度 121℃，压力 0.1MPa，时间 15min。

（7）分离。采用离心方式对发酵液中浆、渣进行分离，清液用于生产大豆肽，分离出的纤维可加工纤维食品或纤维饲料。

（8）过滤。分离出的清液中还含有少量大豆纤维，采用板框过滤机滤出剩余纤维，清液浓度为 6%～9%。

（9）真空浓缩。滤液泵入三效真空浓缩罐进行低温真空浓缩，干燥掉滤液中的部分水分以符合下步喷雾干燥要求。浓缩后的浓度在 40%～50%，浓缩温度约 85℃，低温干燥的目的是不改变蛋白质性质及不破坏肽的活性。

（10）喷雾干燥。在喷雾干燥塔将浓缩液采用低温气流喷雾干燥，干燥至呈颗粒状，其水分含量≤8%。

（11）筛分。将粉末和大颗粒团分离开，大颗粒团要进行粉碎，经筛分后合格品进行定量包装。

（12）成品。产品进行定量包装后经检验合格即入库贮存。包装材料可用复合聚乙烯等。

3）大豆蛋白活性肽的质量标准　大豆蛋白活性肽的感官指标、理化指标和微生物指标见表 4-25～表 4-27。

表 4-25　大豆蛋白活性肽的感官指标

项目	指标
口味	清淡、稍有苦味
组织状态	干燥粉末、冲调后杯底无沉淀
色泽	白色或微黄色

表 4-26　大豆蛋白活性肽的理化指标

项目	指标
粗蛋白含量	>80%
游离氨基酸含量	<8%
水分含量	<7%
灰分含量	<12%
糖及其他含量	11.0%
氮溶解指数（NSI）	>95%
黏度（浓度 30%以下）	<0.01Pa·s
分子质量	1000～2000kDa
平均肽链长度	2～10

表 4-27　大豆蛋白活性肽的微生物指标

项目	指标
大肠菌群/（个/100g）	≤90
菌落总数/（个/g）	≤5000
霉菌和酵母/（个/g）	≤50
致病菌	不得检出

3. 大豆多肽味素

大豆多肽味素也是大豆蛋白经酶法（或酸法）水解、分离、精制而制得的富含氨基酸、多肽类混合物的天然复合调味料。在新型天然增味剂中，多肽味素（如大豆水解蛋白）更是佼佼者。其最大特点是水解形成多种氨基酸和肽，以及其他呈味和生理活性物质。其蛋白质的含量在60%～90%，胰蛋白酶消化性在92%以上，人体极易消化吸收。大豆多肽味素又是一种优良的蛋白质资源，将之添加于食品中，不仅其风味和组织得以改善，而且蛋白质含量和效价也大为提高。

1）大豆多肽味素工艺　大豆多肽味素工艺如图4-17所示。

豆粕→蒸煮→酶水解(或酸水解)→分离→热反应→浓缩→调配→灭菌→干燥

热反应↓膏状或液状多肽味素　　干燥↓粉末多肽味素

图4-17　大豆多肽味素工艺图

大豆多肽味素的生产工艺过程和蛋白胨的生产类似。

2）工艺特点　酶水解法生产的产品比酸（碱）水解法更具食品安全性，因不含氯丙醇，受到人们的信赖。酶水解工艺的优越性也是传统的酸碱法所无法比拟的，表现为如下几方面：①用不同功能的酶或不同参数（浓度）的酶可以生产不同功能的蛋白质；②可以用低温豆粕、高温豆粕或玉米等其他含蛋白质的物料作原料；③节省消耗材料和能源；④酶水解法采用的酶虽然增加了成本，但可使蛋白质得率提高到90%以上（传统工艺只能达到70%），综合计算成本低；⑤酶水解法节省酸碱及大量的水，使废水处理设备和消耗大量降低，即环保费用降低；⑥酶法生产的蛋白质生化指标好；⑦节约投资，可比传统工艺（碱提酸沉）节约30%的投资。

3）产品质量标准

（1）理化指标：大豆多肽味素的理化指标见表4-28。

表4-28　大豆多肽味素理化指标

项目	液状产品	膏状产品	粉状产品
固形物含量/%	>45	>60	—
总氮含量/%	>5	>6.0	>5.0
氨基氮含量/%	>2.0	>2.0	—
谷氨酸含量/%	<10.0	<10.0	<10.0
氯化钠含量/%	<15.0	<15.0	<15.0
铅含量/（mg/kg）	<10.0	<10.0	<10.0
砷含量/（mg/kg）	<3.0	<3.0	<3.0
pH	4.5～6.5	4.5～6.5	4.5～6.5
溶解度/%	—	—	99.0

（2）微生物指标：细菌总数<10 000个/g；大肠杆菌<30个/100g；致病菌不得检出。

三、传统大豆制品的生产

传统植物蛋白制品主要以传统大豆制品为主，具有一定食用和加工历史的大豆制品统称为传统大豆制品。传统大豆制品种类繁多、风格各异，但总体来说有两大类，一类是非发酵大豆制品，另一类是发酵大豆制品。发酵大豆制品的原料可以是大豆，也可以是由大豆加工而成的豆腐。由大豆直接加工的产品有豆豉、豆酱、酱油、纳豆、天培（其中纳豆和天培分别为日本与印度尼西亚的传统发酵豆制品）等；以豆腐为原料的产品有腐乳、臭豆腐等。非发酵传统豆制品主要以三种豆腐类制品（嫩豆腐、干豆腐和豆腐干）为基础，经干制、冻结、卤制、调味、熏制和油炸等工序加工而成。

（一）非发酵大豆制品

1. 理论基础及辅料

1）理论基础　中国的传统非发酵大豆制品有很多种，其生产工艺也各有不同，但究其产品的本质而言，无论是嫩豆腐，还是干豆腐、豆腐干，都属于高度水化的大豆蛋白凝胶，所以完全可以说生产非发酵大豆制品的过程就是制取不同性质的蛋白质胶体的过程。

大豆蛋白存在于大豆子叶的蛋白体之中，蛋白体具有一层皮膜组织，其主要成分是纤维素、半纤维素及果胶质等。在成熟的大豆种子中，这层膜比较坚硬，当大豆浸于水中时，蛋白体膜同其他组织一样，开始吸水膨胀，质地由硬变脆最后变软。处于脆性状态下的蛋白体膜，受到机械应力时很容易破碎。蛋白体膜破碎以后，蛋白质即可分散于水中，形成蛋白质溶胶，即生豆浆。

生豆浆即大豆蛋白溶胶，具有相对的稳定性状态，这种相对的稳定性是由天然大豆蛋白分子的特定结构所决定的。天然大豆蛋白的疏水基团处于分子内部，而亲水性基团处于分子的表面，在亲水性基团中含有大量的氧原子和氮原子，由于它们有未共用的电子对，能吸引水分子中的氢原子形成氢键，正是在这种氢键的作用下，大量的水分子将蛋白质胶粒包围起来，形成一层水化膜，即蛋白质胶粒发生了水化作用。大豆蛋白分子表面的亲水性基团还能电离，并能静电吸附水化离子，形成稳定的静电吸附层，构成了蛋白质胶粒表面的双电层。分散于水中的大豆蛋白胶粒正是由于水化膜和双电层的保护作用，防止了它们之间的相互聚集，保持了相对的稳定性。也就是说，这个体系处于一个亚稳定状态，一旦有外加因素的干扰，这种相对稳定就有可能受到破坏。

生豆浆加热后，体系内能增加，蛋白质分子热运动加剧，分子内某些基团的振动频率及幅度加大，很多维系蛋白质分子二级、三级、四级结构的次级键断裂，蛋白质的空间结构开始改变，多肽链由卷曲而伸展。展开后的多肽链表面的静电荷变稀，胶粒间的吸引力增大，互相靠近，并通过分子间的疏水基团和巯基形成分子间的疏水键与二硫键，使胶粒之间发生一定程度的聚结，随着聚结的进行，蛋白质胶粒表面的静电荷密度及亲水性基团再度增加，胶粒间的吸引力相对减少，再加上胶粒热运动的阻力增大（由于胶体的体积在增大），速度减慢，而豆浆中的蛋白质浓度又较低，胶粒之间的继续聚结受到限制，形成一种新的相对稳定体系——前凝胶体系，即熟豆浆。

从宏观上看，生豆浆与熟豆浆似乎没有什么变化，但物化分析表明，在这两个体系中，蛋白质分子的存在状态是截然不同的，生豆浆中测得的蛋白质相对分子质量最多不过50万，而熟豆浆中蛋白质相对分子质量可达800万以上，且生豆浆中的蛋白质属于未变性蛋白质，而熟豆浆中的蛋白质则属于变性蛋白质。大豆蛋白在形成前凝胶的同时，还能与少量脂肪结合形成脂蛋白，脂蛋白的形成可以使豆浆产生香气，豆浆煮沸过程中脂蛋白的形成随着煮沸时间的延长而增加。

豆浆的煮沸，即前凝胶的形成，并不是生产的最终目的，如何使前凝胶进一步形成凝胶这又是一个关键。

无机盐、电解质可以增加蛋白质的变性。向煮沸过的豆浆中加入电解质，由于静电作用破坏了蛋白质胶粒表面的双电层，使蛋白质胶粒进一步聚集。在非发酵大豆制品生产中，常用的电解质有石膏、卤水、δ-葡萄糖酸内酯及氯化钙等盐类。它们在豆浆中解离出 Mg^{2+}和 Ca^{2+}，Mg^{2+}和 Ca^{2+}不但可以破坏蛋白质的水化膜和双电层，而且具有“搭桥”作用，蛋白质之间通过 Mg^{2+}桥或 Ca^{2+}桥相互连接起来，形成立体网状结构，并将水分子包含在网络中，形成豆腐脑。

豆腐脑的形成比较快，但刚刚形成的豆腐脑结构不稳定、不完全，也就是说蛋白质分子间的结合还不够巩固，而且还有部分蛋白质没有形成主体网络，还需要有一段完善和巩固的时间，这就是蛋白质凝胶网络形成的第二阶段，工艺上称为蹲脑，蹲脑过程要在保温和静止的条件下进行。

将经过蹲脑强化的凝胶适当加压，排出一定量的自由水，即可获得具有一定形状、弹性、硬度和持水性的凝胶体。

2）辅料　非发酵大豆制品生产过程中添加的辅料主要有 3 类：凝固剂、消泡剂和水。

（1）凝固剂。凝固剂是传统非发酵大豆制品生产不可缺少的辅料，主要有石膏、盐卤和δ-葡萄糖酸内酯（GDL）等。

A. 石膏。石膏是一种矿产品，主要成分是硫酸钙，由于结晶水含量不同又分为生石膏（$CaSO_4 \cdot 2H_2O$）、半熟石膏（$CaSO_4 \cdot 2H_2O$）、熟石膏（$CaSO_4 \cdot 1/2H_2O$）及过熟石膏（$CaSO_4$）。生石膏对豆浆的凝固作用最快，熟石膏较慢，而过熟石膏则几乎不起作用。生石膏作凝固剂，制得的豆腐弹性好，但由于凝固速度太快，生产中不易掌握，因此在我国生产中基本都采用熟石膏。不过在日本，为了提高凝固力，保证豆浆的完全凝固，通常采用生石膏。

石膏在水中的溶解度较低（表 4-29），与其他凝固剂相比凝固速度较慢，故石膏豆腐的持水性能好、质感光滑细嫩。用石膏点脑，多采用冲浆法，即用少量的熟浆或水加入适量的石膏并充分搅拌使之尽可能溶化后，倒入冲浆容器中，然后把熟浆冲入并加以搅拌，即可凝固成脑。使用石膏作凝固剂，豆浆的温度不能过高，否则豆腐发硬；而豆浆温度过低，则豆腐过软易碎，一般豆浆温度控制在 75～85℃较为适宜。

表 4-29　100 份水中硫酸钙溶解量

温度/℃	0	18	24	32	38	41	58	72	90
硫酸钙/g	0.214	0.259	0.265	0.269	0.272	0.269	0.266	0.255	0.222

有报道指出，用石膏对大豆蛋白作用，以纯硫酸钙计，只需豆浆的 0.1%左右就可使全部大豆蛋白凝固。但实际生产中的使用量一般在 0.4%以上，有时还超过很多。这主要是因为石膏的颗粒大小决定了石膏与豆浆中蛋白质的接触面积比理想面积小，再加上搅拌速度受到限制，无法保证石膏与蛋白质完全均匀地接触。

用石膏作凝固剂，难免会在制品中残存少量硫酸钙，所以制品均带有一定的苦涩味，缺乏大豆的香味。有资料介绍，用乙酸钙或氯化钙可以代替石膏点浆，用法与石膏完全一样，用量约为石膏的一半，使用乙酸钙或氯化钙作凝固剂，蛋白质的凝固率高，制得的豆腐洁白细嫩，无酸涩味，光泽好，得率可比传统石膏提高 1/4～1/3。

B. 盐卤。盐卤又称为卤水，是海水制盐后的副产品，主要成分为氯化镁，有固体和液体两种。液体含量一般为 23%～25%，固体是含氯化镁约 46%的卤块。无论是液体还是固体，使用时均需调成含量为 13%～15%的溶液。盐卤的成分比较复杂，除主要成分氯化镁之外，还含一定量的氯化钙、氯化钠、氯化钾、硫酸镁、硫酸钙等，且随产地、批次的不同，成分差异很大，所以在使用量上不能一概而论，使用时应通过试验确定适当的添加量。一般来说，1kg 大豆的盐卤添加量为 15～20g。

用盐卤作凝固剂，蛋白质凝固速度快，蛋白质的网络结构容易收缩，制品持水性差，一般用于生产豆腐干、干豆腐等含水量比较低的产品。

由于海洋污染越来越严重，海水中的有害物质在浓缩的海水副产品中会对人体构成危害，所以有人建议禁止使用盐卤，而应改用精制氯化镁作凝固剂。不过卤水生产的豆腐有一种特殊的风味，因此，人们应该采取措施防止污染或者限定食品用盐卤的生产地。

为了解决卤水点豆腐时凝固速度过快、不好操作的问题，日本学者提出了加缓凝剂的办法，如在用卤水点脑的同时或之前，在豆浆中添加 0.02%～0.03%（以豆浆计）的出芽短梗孢糖（它是由淀粉糖浆生产的无色、无味、无毒的可溶性多糖，其结构是麦芽三糖通过 α-1,6 键聚合而成的直链）。豆浆凝固速度减慢，加工出的豆腐光滑细腻，风味良好，成品率高，而且操作容易掌握。在大豆磨糊时，加入大豆质量 5%～30%的小麦胚芽，也可以取得同样的效果。另外，事先将盐卤、水、食用油、乳化剂混合均匀制成稳定的盐卤分散液，然后点浆，同样会减缓凝固速度。使用的油脂可以是植物油，也可以是动物油，乳化剂以大豆磷脂与甘油酯为好，实际上这也可以称为一种复合凝固剂。日本有公司还开发了可延迟凝固的微胶囊胞衣型卤水凝固剂，添加到豆浆中后，卤水慢慢释放，可有效延缓凝固过程，保证了凝固剂与蛋白质的均匀接触。

C. δ-葡萄糖酸内酯。δ-葡萄糖酸内酯又称为内酯，是一种新型的酸性凝固剂，始发于美国和日本，目前国内已有厂家生产。δ-葡萄糖酸内酯是一种白色结晶物，易溶于水，溶于水后会渐渐地水解为葡萄糖酸，在加热的条件下水解速度加快，pH 高时转变也快。加入内酯的熟豆浆，当豆浆温度达 60℃时，大豆蛋白开始凝固，在 80～90℃时，凝固成的蛋白质凝胶持水性最佳，制成的豆腐弹性大、有嚼劲、质地滑润爽口。

δ-葡萄糖酸内酯多用于生产充填豆腐，添加量一般为豆浆的 0.25%～0.35%。用内酯作凝固剂制得的豆腐，口味平淡，且略带酸味，若同时添加一定量的保护剂，不但可以改善风味，而且还能改变凝固质量。常用的保护剂有磷酸氢二钠、磷酸二氢钠、酒石酸钠及复合磷酸盐（焦磷酸钠 41%、偏磷酸钠 29%、碳酸钠 1%、聚磷酸钠 29%）等，使用量都在 0.2%（以豆浆计）左右。

由于 δ-葡萄糖酸内酯的凝胶速度非常快，因此生产时要先将豆浆冷却到室温或室温以下，以保证凝固反应的均一性。冷却后的豆浆中加入 δ-葡萄糖酸内酯后必须充分搅拌，否则，每个容器中的凝固剂量可能相差很大，造成产品品质不合要求。搅拌后应立即进行充填作业，以防止凝固反应引起的豆浆黏性增加导致的充填困难。完成充填作业后再加热使蛋白质凝固。

（2）消泡剂。消泡剂的主要作用是抑制煮浆过程中产生的泡沫。由于大豆蛋白具有典型的两亲分子结构，因此表现出较强的界面活性，磨浆过程中豆浆就会含有大量泡沫，煮浆时泡沫变得更多，稍不注意，就可能发生溢浆现象。泡沫的存在不仅使豆浆传热效率降低，延长煮浆时间，影响蛋白质的溶出，而且使豆腐内所含气泡增加，口感变得粗糙并使外观变差。因此在豆腐生产时，一般都要添加消泡剂，以克服上述缺点，提高生产效率及产品质量。消泡剂属表面活性剂，是一种同时含有亲油憎水基团和亲水憎油基团的有机化合物。它可被吸附在液体表面或水与油的界面上，从而降低液体的表面张力，起乳化和消泡的作用。豆腐生产中常用的消泡剂有酸败油类消泡剂、甘油酯类消泡剂、聚硅氧烷树脂类消泡剂和混合消泡剂几类。

在酸败油中添加氢氧化钙、碳酸钙或碳酸镁等后可作为消泡剂使用。豆腐生产中常用的酸败油是称为油脚的榨油副产品，其消泡效果是由钙、镁的表面活性作用产生的。一般氢氧化钙的添加量控制在 1/10 左右。在豆浆中添加这种消泡剂（1.0%左右）后，豆浆的 pH 会上升，影响凝固反应，结果使豆腐体积增大，持水力提高。其体积增大和持水力提高的程度因消泡剂的品质和用量不同而异。

甘油酯类消泡剂主要成分是甘油单酸酯。其消泡效果与其所含的脂肪酸的饱和程度有关，一般以不饱和脂肪酸形成的甘油酯的消泡效果最明显。甘油单酸酯有纯度为 40%～50%的未蒸馏品和纯度为 90%以上的蒸馏品两种。由于蒸馏品无异味，无臭，因此用它作为消泡剂对豆腐风味无任何影响。使用时，将甘油单酸酯（1.0%左右）分散在生豆浆中，充分搅拌，使其均匀分布后，再加热即可。

聚硅氧烷树脂有多种类型，用作消泡剂的聚硅氧烷树脂属于水分散型。它能消除残存在豆浆中的微细气泡，其消泡效果优于甘油酯。如将聚硅氧烷树脂与甘油酯配合使用，其消泡效果会更好。使用时，按剂量（在 1/10 000 以下）将其加入豆浆中，并使其混合均匀，即可达到消泡目的。

国外也开发了一种新型混合消泡剂，由聚硅氧烷树脂（0.7%）、脂肪酸甘油（90%）、磷脂（4.3%）和碳酸钙（5%）4 种成分组成。其消泡效果显著，但价格昂贵。

随着食品安全意识的增强，食品添加剂的使用越来越严格，目前国内食品添加剂使用卫生标准（GB2760—2014）允许在豆制品中使用的消泡剂只有高碳醇脂肪酸酯复合物（DSA-5），其最大使用量为 1.6g/kg，使用时均匀地加在豆糊中，一起加热即可。

（3）水。水是大豆制品生产中必不可少的，水质的好坏直接关系到大豆蛋白的溶解提取、凝固剂的使用量和豆腐的得率、质量等。大量的生产实践证明，软水制豆腐要比硬水好，表 4-30 所示为蛋白质含量 36%、水分含量 11%的大豆原料，用不同水源制成浓度为 10%的豆浆，测豆浆中蛋白质含量和制成豆腐得率的结果。

表 4-30　水质对豆腐得率的影响

水质	豆浆中蛋白质含量/%	豆腐得率/%
处理后的软水	3.69	44.0
纯水	3.62	41.5
井水	3.47	38.7
自来水	3.41	38.1
含 Ca^{2+}硬水/（300mg/kg）	2.49	26.5
含 Mg^{2+}硬水/（300mg/kg）	2.00	21.5

如表 4-30 所示，用软水制得的豆浆中蛋白质含量比自来水高，豆腐得率也较高。可见用软水生产豆腐可以大大提高大豆蛋白的利用率。另外，生产中应注意水的 pH，最好为中性或微碱性，而要尽量避免使用酸性或碱性较强的水。

2. 非发酵大豆制品的加工工艺

非发酵大豆制品的加工工艺如图 4-18 所示。

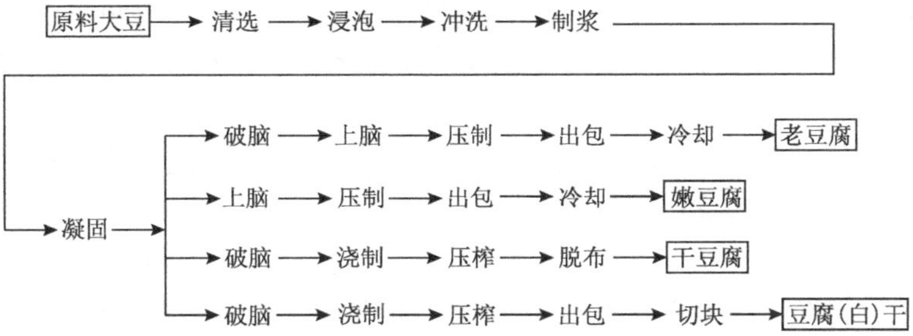

图 4-18　非发酵大豆制品（嫩豆腐、豆腐干及干豆腐等）的生产工艺流程

1）原料的选择及预处理　豆制品的质量好坏，很大程度上取决于原料大豆的品质。豆腐是由大豆中的蛋白质和脂肪凝固而成的，其中又以蛋白质的影响最大，因此，大豆的蛋白质含量越高，就越适合于豆腐的生产。

大豆干燥、流通和贮藏过程中的高温高湿条件，有可能使大豆不溶性蛋白含量增加，豆浆中的可溶性蛋白含量相对减少，降低了豆腐的得率。另外，大豆病虫害不但使豆制品的风味变坏，而且易影响产品的色泽和保存性。开裂和破碎的大豆在浸泡过程中易过分吸水使大豆腐败变质，因此要加以注意。

大豆贮藏时间对大豆制品的品质也有影响。虽然无霉变或未经热变性处理的大豆，无论新陈都可用来制作豆制品，但以色泽光亮、籽粒饱满、无虫蛀和鼠咬的新大豆为佳。与陈豆相比，以新大豆为原料生产时产品得率高、质地细微、弹性和口感好。不过由于大豆收获后都有一个后熟过程，因此，刚刚收获的大豆不宜使用，应存放 2 个月以上使其熟化后再用。比较理想的熟化时间是 3～9 个月。

决定大豆是否适合于豆制品生产可从豆制品的品质、得率和制作时的方便程度 3 个方面进行评价。

豆制品生产过程中，大豆皮作为豆渣被除去，因此大豆皮所占比例越小，豆制品的得率就越高。大豆皮的比例不但与不同品种间的皮厚有关，还与大豆颗粒的大小有关。颗粒越小，大豆皮所占比例就越大，得率也就越低。有研究证明，百粒重 15g 以下的小粒大豆的皮重占 8.3%，而百粒重 45g 以上的大粒大豆的皮重只占 5.9%。

在大豆制品的生产过程中，几乎都有浸泡过程。大豆的吸水速度有时依品种不同而改变。另外，由于极端过干燥产生的"石豆"很难吸水，磨浆时的破碎度受到影响，因此对制品的得率有较大的影响。

大豆蛋白含量是评价豆制品生产适用性的重要因素，但并不能简单化。首先，蛋白质的溶出率影响很大；其次，大豆蛋白的组成比较复杂，用高速离心沉降法分离后得到的大豆组分为 2S、7S、11S 和 15S，其中又以 7S 和 11S 为主。7S 凝胶呈软的粗糊状而 11S 凝胶较坚硬。大豆品种不同，所含 7S 组分和 11S 组分的比例相差很大，因此，所生产的大豆制品的品质也就变化很大。

2）清选　大豆在收获、贮藏及运输的过程中难免要混入一些杂质，如草屑、泥土、沙子、石块和金属等。这些杂质不仅有碍于产品的卫生和质量，而且也会影响机械设备的使用寿命，所以必须清理除去。豆制品生产中大豆除杂的方法可分为湿选法和干选法两种。干选法虽然除杂比较彻底但一般要经过筛选、风选、密度去石及磁选等，要求设备较多、投资大、占地面积大，因此应用受到一定限制。豆制品生产中使用的主要是湿选法。

湿选法的原理就是根据大豆与杂物相对密度的差异，先用水漂洗除去相对密度较小的草屑、霉豆和不够饱满的籽实等，再用流水槽或旋水分离器、振动式水洗机等除去泥土和相对密度较大的沙石等。

3）浸泡　经过清选的大豆，在磨浆之前要通过输送系统送入泡料槽中加水浸泡，使豆粒充分吸水膨胀，利于大豆粉碎后蛋白质溶出。

（1）浸泡程度。大豆的浸泡程度不但影响产品的得率，而且影响产品的质量。浸泡适度的大豆蛋白体膜呈脆性，在磨浆时蛋白质的结合体可得到充分破碎，使蛋白质能最大限度地溶离出来。浸泡不足，蛋白体膜较硬；浸泡过度，蛋白体膜过软。这两种情形都不利于蛋白体的机械破碎。蛋白质溶出不彻底，则可用于生产蛋白质含量少、产品得率低的大豆制品；而过度的浸泡大豆也没有多大意义。特别是温度较高时，过度浸泡会使大豆中的某些成分溶出，发生与预备发芽时相同的成分变化，这样，浸泡水中的溶出物进一步增加，除对产品的得率和品质有不良影响外，严重时可能会导致产品变质。另外，用浸泡过度的大豆制成的豆制品组织松散，没有弹性，持水性差。

生产实践证明，大豆的浸泡程度应因季节而异，夏季可泡至九成，冬季则需泡到十成。大豆充分吸水后的体积为未吸水前的2～3倍，因此，浸泡时的容器应是大豆体积的3～4倍。浸泡后以大豆表面光滑、无皱皮、豆皮轻易不脱落、手感有劲为原则。最简单的判断方法就是把浸泡后的大豆扭成两瓣，以豆瓣内表面基本呈平面、略有塌坑、手指掐之易断、断面已浸透无硬心为宜。

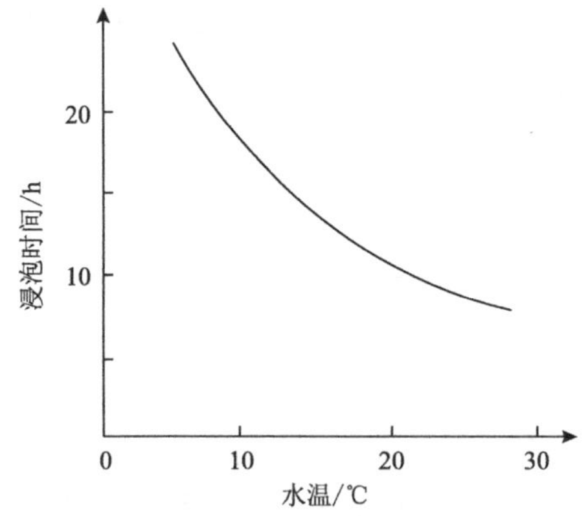

图 4-19　不同环境温度下大豆的最佳浸泡时间

（2）浸泡温度和时间。大豆的吸水速度与大豆的种类、水温和水质有关。其中以水温对浸泡时间的影响最大。大豆浸泡温度与时间的关系如图 4-19 所示。一般水温为 5℃时浸泡 24h，10℃时浸泡 18h，18℃时浸泡 12h，27℃浸泡 8h，温度越高，浸泡时间越短。但应该注意的是，浸泡大豆的温度不宜过高，否则大豆自身呼吸加强，消耗本身的营养成分，而且易引起微生物繁殖，导致腐败，比较理想的水温应为 15～20℃。在实际生产中，多采用自然水温。自然水温受季节、地区的气候影响较大，因此浸泡时间应灵活掌握，适时调整。

大豆的品种不同，产地不同，贮存时间不同，在同一环境下的浸泡时间也应不同。当年收获的新豆吸水能力强，凝胶复水也容易，浸泡时间应短些，但新大豆种皮比较嫩，浸泡时间对蛋白体膜的脆性影响不大，所以浸泡时间应比正常时间长点。对于贮存时间比较长的陈豆，细胞壁老化，吸水能力差，经浸泡后蛋白体膜的脆性也较差。生产实践证明，陈豆的浸泡时间在同样温度下要比新豆缩短 1h 左右，这样大豆蛋白体膜的脆性相对要好些。

（3）浸泡大豆的用水量。浸泡大豆的用水量一般为大豆的 2～3 倍，以保证大豆充分吸水。水少则大豆易吸水不足，水多浪费大。浸泡大豆用水最好不要一次加足，第一次加水以水浸过料面 15cm 左右为宜，待浸泡 3～4h 水位下降到料面以下 6～7cm 后，再加水至料面上 6～7cm 即可，这样在大豆浸泡好时，水位又可降到料面以下。

4）制浆

（1）磨浆。浸泡后的大豆用磨浆机粉碎制备生豆浆的过程称为磨浆。

A. 目的与要求。大豆经过浸泡后，蛋白体膜变得松脆，但要使蛋白质溶出，还必须进行适当的机械破碎。单从蛋白质溶出的角度来看，大豆破碎得越彻底，蛋白质越易溶出。但在实际生产中，大豆的磨碎程度是有限度的，磨得过细，大豆中的纤维会随着蛋白质一起滤到豆浆里，产品粗糙，色泽灰暗，死板发硬，而且往往还会因纤维对筛孔的堵塞，影响滤浆效果，产品得率反而降低。

从理论上讲，大豆蛋白体的直径为 2～20μm，磨碎大豆颗粒的直径就应在 2μm 以下。而在实际生产当中，综合溶出与分离效果看，粉碎细度为 100～120 目，颗粒直径为 10～12μm 时，比较适宜。实际颗粒比理论颗粒直径大的原因可能有两点：一是磨碎过程是一种挤压破碎，蛋白质膜被压成了薄片；二是破碎的蛋白质膜吸水溶胀，结果粒径增大。

一般制作老豆腐，豆糊细度以 80 目为宜，过滤细度 100 目左右；如果制作嫩豆腐，如南京嫩豆腐，豆糊细度以 100～110 目为宜，过滤细度应为 130～140 目。许多地方豆腐产率低，其主要原因是豆糊磨得粗细不当，分离后豆渣内蛋白质残存量太多。豆渣中蛋白质残存量不应超过 2.6%，豆渣呈细绒状，放在手上搓握团弄不粘手，挤压无白色浆汁。

B. 水的作用与加水量。大豆浸泡完毕，沥去泡豆水，经冲洗并沥尽余水后，即可进入磨内研磨。研磨时必须随料定量进水，其作用有 3 点：一是流水带动大豆在磨内起润滑作用；二是磨运转时会发热，加水可以起冷却作用，防止大豆蛋白受热变性；三是可使被磨碎的大豆中的蛋白质溶离出来，形成良好的溶胶体。

加水时的水压要恒定，水的流量要稳，要与进豆速度相配合，只有这样才能使磨出来的豆浆细腻均匀。水的流量过大，会缩短大豆在磨片间的停留时间，出料快，磨不细，豆糊有糁粒，达不到预期的要求；水的流量过小，豆在磨片间的停留时间长，出料慢，结果会因磨片的摩擦发热而使蛋白质变性，影响产品得率。

采用不同的磨浆设备时，在进料速度相同的情况下，其进水流量也不应相同。一般磨的转速越高，水的流量越大。石磨用水量要比砂轮磨少，磨豆时的加水量一般为泡好豆的 3～5 倍。

（2）滤浆。

A. 目的与工艺。滤浆又称为过滤或分离，其主要目的就是把豆糊中的豆渣分离除去（豆渣不但使豆制品的口感变差，而且会影响到凝胶的形成），制得以蛋白质为主要分散质的溶胶体——豆浆。另外，滤浆过程也是豆浆浓度的调节过程，根据豆糊浓度及所生产产品的不同，滤浆时的加水量也不同。

滤浆的工艺有两种：一种是把经研磨的豆糊先加热煮沸，然后过滤，称为熟浆法；另一种是把经过研磨的豆糊先除去豆渣，然后再把豆浆煮沸，称为生浆法。熟浆法的特点是豆浆灭菌及时，不易变质，产品弹性好、韧性足、有拉劲、耐咀嚼，但熟豆浆的黏度较大，过滤困难，因此豆渣中残留蛋白质较多（一般均在 3.0%以上），相应地大豆蛋白提取率减少，能耗增加，且产品持水性变差，易离析。离析水（豆腐放置一段时间后，豆腐中的水分会有一部分从豆腐中分离出来形成离析水）的增加又可能影响到豆腐的感官评价和购买欲望，适合于生产含水量较少的豆腐干、老豆腐等。生浆法与此相反，工艺上卫生条件要求较高，豆浆易受微生物污染而酸败变质，但操作方便，易过滤，只要磨浆时的粗细适当，过滤工艺控制适当，豆渣中的蛋白质残留量可控制在2.0%以下，且产品持水性好、口感滑润。我国多采用生浆法过滤，而日本多采用熟浆法过滤。

B. 典型滤浆设备与工艺。滤浆的方法很多，可分为传统手工式和机械式两种过滤法。家庭和小型的手工作坊主要应用传统的滤浆方法，如吊包滤浆和挤压滤浆。这种方法不需要任何机械设备，成本低廉，但劳动强度很大，过滤时间长，豆渣中残留蛋白质含量也较高。工厂化的机械滤浆方法主要有卧式离心机滤浆、平筛滤浆、圆筛滤浆及挤渣滤浆等。卧式离心机滤浆是目前比较先进、比较理想和工业生产应用最广泛的滤浆方法。它的主要优点是速度快、噪声低、耗能少、豆浆和豆渣分离较完全。另外，也有大豆粉碎机内部设置有过滤网，大豆磨浆过程中通过过滤网将豆浆和豆渣分离。采用这种方法，在磨浆过程中的能耗有所增加，但豆浆中只有很少一部分颗粒较小的豆渣需要进行进一步分离。

卧式离心机的结构如图4-20所示。豆浆由进料口进入，随装有尼龙网的锥形转鼓高速旋转，在强大离心力的作用下，浆渣分离，并分别由出浆口和出渣口排出，整个过程是连续的。卧式离心机可以单机单用，也可以多机联用，以提高蛋白质分离比率。其原理是将前一台离心机分离出的豆渣加入适量的水后再利用下一台离心机进行二次分离。第二次分离出来的豆渣再加入适量的水，然后利用第三台离心机进行再次分离。一般来说，前两次分离出的豆浆蛋白质含量较高，可直接用于生产。如将第一次豆浆用于加工豆腐干等含水量相对较低的产品，第二次豆浆可加工豆腐皮等，也可以将这两种豆浆混合使用。第三次分离的豆浆，蛋白质含量已很低，一般不直接用于生产豆制品，而是把它掺入到第一次分离出来的豆渣内，作为第二次分离的补充水，以达到充分利用大豆蛋白的目的。分离完毕后豆渣可作饲料或者生产大豆纤维食品（如通过发酵生产豆渣制品）。为了得到理想的分离效果，应特别注意以下几点：①分离过程中要分阶段定量加水，加水后要充分搅拌，使蛋白质充分溶解；②水温最好在55～60℃，以利于蛋白质分离；③分离过程要连续进行，尽量减少临时停车，以保证生产的稳定性及豆浆的浓度；④分离机的过滤网要选择适当，且应先粗后细，如第一级分离用80目过滤网，后面的分离则可采用100目过滤网。

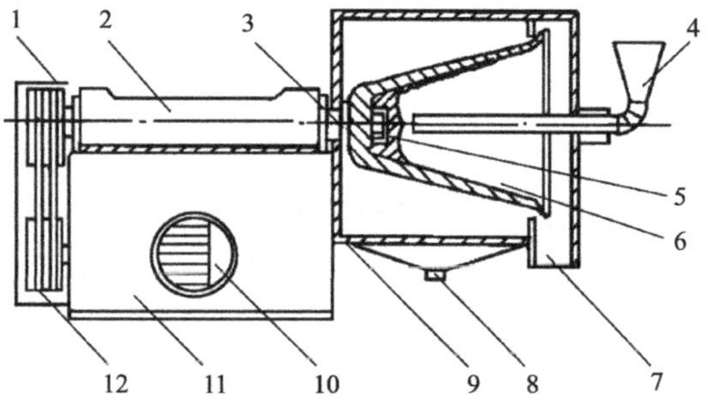

图4-20　卧式离心机的结构示意图

1. 皮带罩；2. 轴承盒；3. 主轴；4. 进料口；5. 分离伞；6. 离心转子；
7. 出渣口；8. 出浆口；9. 外套；10. 电机；11. 机座；12. 传动轮

（3）煮浆。生豆浆必须加热后才能形成凝胶，这一过程称为煮浆。煮浆是豆腐生产过程中最为重要的环节。因为大豆蛋白的组分比较复杂，所以蛋白质变性的温度（即煮浆温度）和煮沸时间应保证大豆中的主要蛋白质能够发生变性。另外，煮浆还可破坏大豆中的抗生理活性物质和产生豆腥味的物质，同时具有杀菌的作用。因此，按照传统经验，煮浆时一般应保证豆浆在 100℃的温度下保持 3～5min。不过，最近的研究表明，改良加热过程可有效地提高豆腐得率，改善豆腐的物性。

煮浆前要按照需要加入不同比例的水将豆浆的浓度调整好。一般来说，加水量越多，豆浆浓度降低，豆腐的得率就越高，但如果豆浆浓度过低，凝胶网络的结构不够完善，凝固后的豆腐水分离析速度加快，黄浆水增多，豆腐中的糖分流失增加导致豆腐的得率反而下降。因此，加水量应主要考虑所生产的豆腐品种和消费者的喜好。

目前所采用的煮浆方法主要有以下 4 种。

A. 土灶直火煮浆法。这种方法是我国传统的煮浆法，目前只有一些小型手工作坊还在沿用。土灶直火煮浆法主要以煤、秸秆等为燃料，成本低、简便易行，锅底轻微的焦糊味使豆制品有一种独特的豆香味，这是蒸汽煮浆所不及的。但是火力较难控制，易使豆浆焦糊，给产品带来焦苦味。使用土灶直火煮浆的要领：煮浆要快，时间越短越好，一般不超过 15min，在火候掌握上必须先文火，后急火。一般可先用文火煮 4～5min，待豆浆达到一定温度后，再开动鼓风机加大火力，一气煮开。

直火煮浆时，豆浆表面很容易产生泡沫，浮在豆浆表面，阻碍蒸汽散发，形成“假沸”现象，稍不注意，就会发生溢锅。所以加温时要随时用勺子向锅边拨动浮沫，保证浆面蒸汽顺利散发。必要时可使用一些消泡剂。当浆温上升到 92℃以上时，皂角素已被破坏，泡沫自然回落，豆浆表面形成一层薄膜，随着温度的升高，薄膜裂开，豆浆才真正滚沸。温度达 100℃以上，蛋白质变性彻底，应马上停火，并立即出锅，否则产品色泽灰暗，缺乏韧性。

B. 敞口罐蒸汽煮浆法。敞口罐蒸汽煮浆法在中小型企业中应用比较广泛。它可根据生产规模的大小设置煮浆罐。敞口煮浆罐的结构是一个底部接有蒸汽管道的浆桶。煮浆时，让蒸汽直接冲进豆浆里，待浆面沸腾时把蒸汽关掉，防止豆浆溢出，停止 2～3min 后再通入蒸汽进行二次煮浆，待浆面再次沸腾时，豆浆便完全煮沸了。之所以要采用二次煮浆，就是因为用大桶加热时，蒸汽从管道出来后，直接冲往浆面逸出，而且豆浆的导热性不是太好，因此豆浆温度由上到下降低，所以第一次浆面沸腾时只是豆浆表面沸腾，停顿片刻静止一下，在热的影响下，可使浆体上下对流，待温度大体均匀后，再放蒸汽加热煮沸，就可以使豆浆完全沸腾。

C. 封闭式溢流煮浆法。封闭式溢流煮浆法是目前比较理想的煮浆方法。它利用蒸汽煮浆的生产过程是连续的，能耗低，效率高，生产规模可大可小，适用性强。常用的溢流煮浆生产线由 5 个封闭式阶梯罐组成（图 4-21），罐与罐之间有管路连通，每一个罐都设有蒸汽管道和保温夹层，每个罐的进浆口在下面，出浆口在上面。生产时，先把第 5 个罐的出浆口关上，然后从第 1 个罐的进浆口向 5 个罐内注浆，注满后开始通汽加热，当第 5 个罐的浆温达到 98～100℃时，

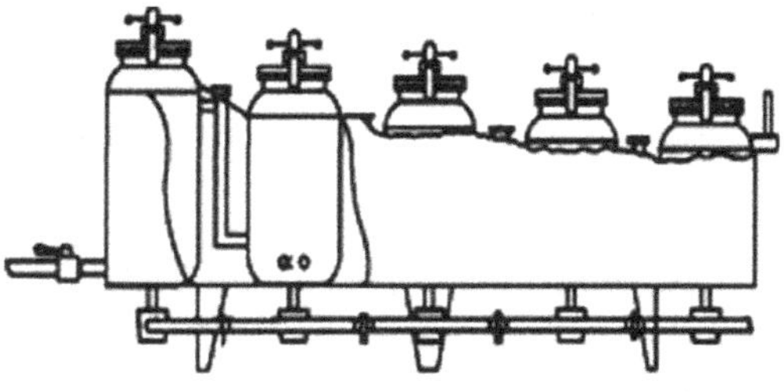

图 4-21　溢流煮浆罐结构

开始由第 5 个罐的出浆口放浆。以后就在第 1 罐的进浆口连续进浆，通过 5 个罐逐渐加温，并由第 5 个罐的出浆口连续出浆。豆浆温度分别控制为第 1 个罐 40℃、第 2 个罐 60℃、第 3 个罐 80℃、第 4 个罐 90℃和第 5 个罐 98～100℃。5 个罐的高度差均在 8cm 左右。采用重力溢流煮浆，从生浆进口到熟浆出口仅需 2～3min，豆浆的流量大小可根据生产规模和蒸汽压力来控制。凡采用蒸汽煮浆时，蒸汽压力最好保持在 600kPa 以上。否则蒸汽压力低，豆浆升温慢，充汽时间长，蒸馏水带入多，豆浆浓度及产品质量不易控制。

D. 通电连续加热煮浆法。日本的大型豆腐加工厂多采用通电连续加热煮浆生产线进行豆浆的加热。槽型容器的两边为电极板，豆浆流动过程中被不断加热，出口温度正好达到所需要的温度。这种方法的优点是自动化程度高、控制方便、清洁卫生且有利于连续式大规模生产。

无论采用哪种煮浆方法，煮浆时严格控制温度和时间是非常必要的。实验表明，豆浆只加热到 70℃，在凝固成型阶段豆浆不会凝固；加热到 80℃，凝固极嫩；90℃加热 20min，可以制成豆腐，但韧性差，且豆腥味较重；100℃加热 5min，制得的豆腐弹性好，香味纯正；加热温度超过 100℃，制得的豆腐发板，弹性差。所以，一般认为加热到 100℃并保持 3～5min 最理想。

5）凝固　凝固就是大豆蛋白在热变性的基础上，通过添加凝固剂使其由溶胶状态变成凝胶状态的过程。凝固是豆腐生产过程中最为重要的工序，可分为点脑和蹲脑 2 个部分。

（1）点脑。点脑又称为点浆，就是把凝固剂按一定的比例和方法加入到煮熟的豆浆中，使大豆蛋白溶胶转变成凝胶，即豆浆变为豆腐脑（又称为豆腐花）的过程，是豆制品生产中的关键工序。

豆腐脑是由大豆蛋白、脂肪和充填在其中的水构成的。豆腐脑中的蛋白质呈网状结构，而水分主要存在于这些网状结构内，按照它们在凝胶中的存在形式可分为结合水和自由水。其中结合水主要与蛋白质凝胶网络中残留的亲水基以氢键相结合，一般 1g 蛋白质能结合 0.3～0.4g 水，结合水比较稳定，不易从凝胶中排出；自由水是在毛细管表面能的吸附作用下存在于凝胶网络中，成型时在外力作用下易流出。所谓豆腐的持水性也称为保水性，主要是指豆腐脑在受到外力作用时，凝胶网络中自由水的保持能力。蛋白质的凝固条件决定着豆腐脑的网状结构及其持水性、柔软性和弹性。一般说来，如果豆腐脑的网状结构网眼较大，交织得比较牢固，其持水性就好，做成的豆腐柔软细嫩，产品得率也高；如果豆腐脑凝胶结构的网眼小，交织得不牢固，则持水性差，做成的豆腐就僵硬、缺乏韧性，产品得率也受到影响。另外，豆腐的失水率（豆腐放置一段时间后离析水的比率）主要受凝胶网络结构的影响。

研究表明，影响豆腐脑质量的因素有很多，如大豆的品种和质量、生产用水质、凝固剂的种类和添加量、煮浆温度（即豆浆的熟化程度）、点浆温度、豆浆的浓度与 pH、凝固时间及搅拌方法等。其中又以温度、凝固剂比例、豆浆浓度、pH、凝固时间和搅拌方法对豆腐脑质量影响最为显著。

A. 温度。点脑时蛋白质的凝固速度与豆浆的温度高低密切相关。豆浆的温度过高，易使豆浆中的蛋白质胶粒的内能增大，凝聚速度加快，所得到的凝胶组织易收缩，结构网眼小，持水性变差，凝胶结构的弹性变小，发死发硬。同时，由于凝胶速度太快，加入凝固剂时要求的技术较高，稍有不慎就会导致凝固剂分布不均，凝胶品质极差。点脑温度过低时，蛋白质胶粒的内能减小，凝胶速度变慢，形成凝胶网眼过大，导致豆腐含水量增高，产品也缺乏弹性，易碎不成型。图 4-22 是豆浆固形物含量 11.3%、蛋白质含量 5.3%时加入 0.6%的石膏作为凝固剂的凝固温度与豆腐硬度之间的关系。从图 4-22 可以看出，豆腐的硬度几乎随凝固温度的升高而直线增加。因此点脑温度应根据产品的特点和要求，以及所使用的凝固剂种类、比例和点脑方法的不同灵活掌握，一般为 70～90℃。一般来说，点脑温度越高，则豆腐的硬度越大，表面显得越粗糙。要求持水性好的产品，如嫩豆腐，点脑温度宜稍低一些，以 70～75℃为宜；要求含水量较少的产品，如豆腐干，点脑温度宜稍高一些，常为 80～85℃。以石膏为凝固剂时，点脑温度可稍高；盐卤为凝固剂时的点脑温度可稍低；而对于充填豆腐，由于凝胶速度特别快，因此一般要将豆浆冷却后再加入凝固剂。

B. 凝固剂比例。凝固剂的比例是影响点脑质量的最重要因素。凝固剂比例受到蛋白质含量和点脑温度的影响，但一般来说，凝固剂的量少，则凝固不充分而使豆腐硬度降低；凝固剂的量过多，则易发生造成凝胶不均，离析水增加，得率下降。图 4-23 是凝固剂添加量不同时，豆腐的硬度变化。

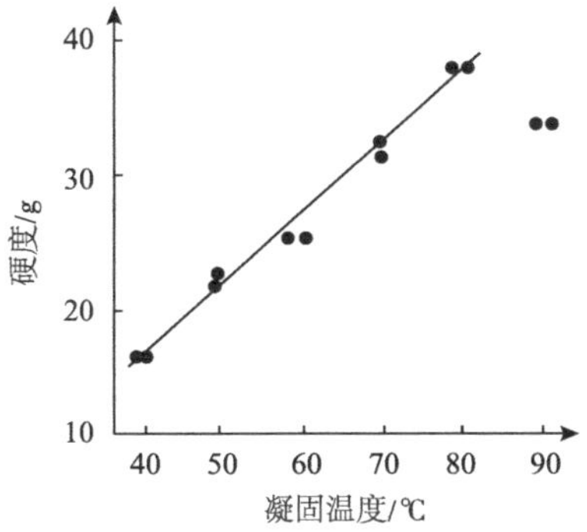

图 4-22　凝固温度与豆腐硬度的关系

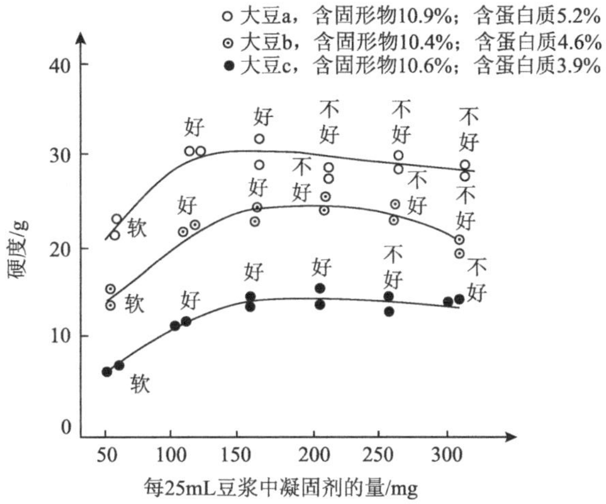

图 4-23　不同凝固剂添加量与豆腐硬度的关系

C. 豆浆浓度。豆浆的浓度是影响凝胶质量的另一个重要因素。豆浆的浓度主要是指豆浆中的蛋白质含量。如图 4-24 所示，豆浆的浓度高，点脑后形成的脑花太小，保不住水，产品发死、发硬，得率低；豆浆浓度低，生成的脑花块大，持水性好，有弹性。但浓度过高时，凝固剂与豆浆一接触，就会迅速形成大块脑花，造成凝胶不均和白浆等现象。点脑时豆浆中蛋白质浓度要求：老豆腐为 3.2%以上，嫩豆腐为 4.5%以上。因此，在控制整个生产过程的加水量时以 1kg 大豆生产的豆浆量为依据，嫩豆腐多为 6～7 倍而老豆腐多为 9～10 倍。

D. pH。豆浆的 pH 大小与蛋白质的凝固有直接关系。豆浆的 pH 低，即偏于酸性，加凝固剂后蛋白质凝固快，豆腐脑组织收缩多，质地粗糙；豆浆的 pH 过高，偏于碱性，蛋白质凝固缓慢，形成的豆腐花就会过于柔软，保不住水，不易成型，有时没有完全凝固，还会出现白浆。所以点脑时，豆浆的 pH 最好控制在 7 左右。pH 偏高时（高于 7.5）可用酸浆水调节；pH 偏低时（低于 6.5），可用 1.0%的氢氧化钠溶液调节。

E. 凝固时间。凝固时间对凝胶特性有很大的影响。图 4-25 是蛋白质含量为 5.3%、凝固剂的比例为 0.6%、凝固温度为 70℃时，不同凝固时间豆腐的硬度。从图中可以看出，豆腐的硬度在最初 40min 内变化最快，凝胶基本完成，但即使在 2h 后，豆腐的硬度也还在不断增加，因此冲浆后豆腐至少应放置 40min 以上，保证凝胶过程的完成。不过凝胶过程中应注意保温，防止温度下降过快影响后续成型过程。

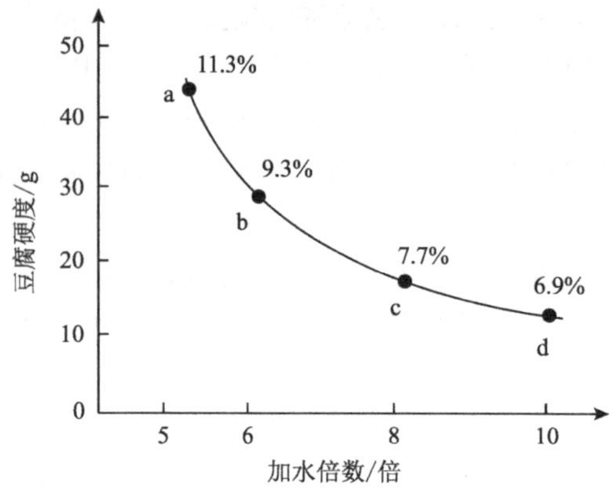

图 4-24　豆浆蛋白质含量与豆腐硬度的关系

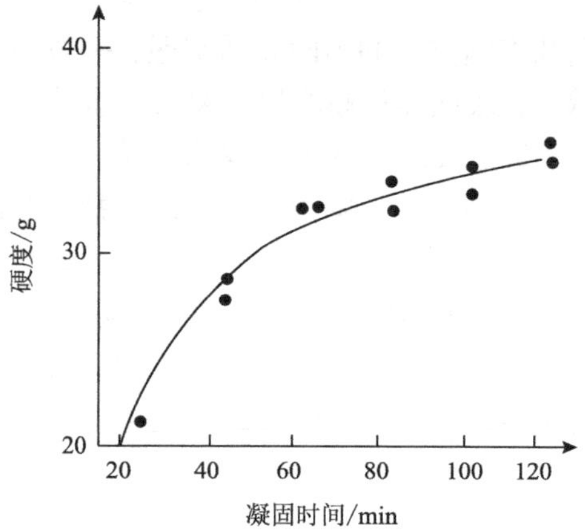

图 4-25　凝胶时间与豆腐硬度的关系

F. 搅拌。搅拌的目的是为了使蛋白质在凝固前与凝固剂完全、均匀地混合。豆浆的搅拌速度和时间，直接关系着凝固效果。图 4-26 是生产老豆腐时搅拌速度与豆腐体积的关系。搅拌速度越快，凝固剂的使用量就越少，凝固的速度就快，相应的凝固物的结构和体积变小、硬度增加。搅拌速度慢，凝固剂的使用量就多，凝固的速度缓慢，使得凝固物的体积增大、硬度降低。搅拌的速度要视产品品种而定，而搅拌时间要视豆腐花的凝固情况而定。豆腐花如已经达到凝固要求，就应立即停止搅拌，防止破坏凝胶产品。这样，豆腐花的组织状况就好，产品细腻柔嫩、有劲，产品得率也高。如果搅拌时间过长，豆腐花的组织被破坏，则凝胶的持水性差，品质粗糙，成品得率低，口味也不好。如果搅拌时间没有达到凝固的要求，豆腐花的组织结构不好，柔而无劲，产品不易成型，有时还会出现白浆，也影响产品得率。

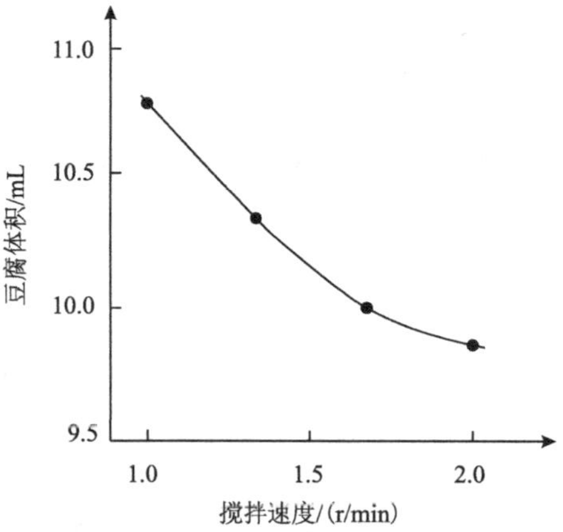

图 4-26　搅拌速度与豆腐体积之间的关系

搅拌方式一定要使缸面的豆浆和缸底的豆浆循环翻转，要保证豆浆与凝固剂完全和均匀地接触。在这种条件下，凝固剂能充分起到凝固作用，使大豆蛋白全部凝固。如果搅拌不当，可能使一部分大豆蛋白接触过量的凝固剂而使组织粗糙，另一部分大豆蛋白接触的凝固剂不足而不能凝固，影响产品的产量和质量。

（2）蹲脑。蹲脑又称为涨浆或养花，是大豆蛋白凝固过程的继续。从凝固时间与豆腐硬度的关系曲线可以看出，点脑操作结束后，蛋白质与凝固剂的凝固过程仍在继续进行，蛋白质网络结构尚不牢固，只有经过一段时间的静止，凝固才能完成，组织结构才能稳固。蹲脑过程宜静不宜动，否则，已经形成的凝胶网络结构会因振动而破坏，使制品内在组织产生裂隙，外形不整，特别是在加工嫩豆腐时表现更为明显。

蹲脑时间的长短应该适当，太短凝固不充分，太长凝固物温度下降太多，不利于以后各工序的正常进行，也有害于成品质量。一般情况下，油豆腐类蹲脑时间为 10～15min，干豆腐为 7～10min，老豆腐为 20～25min，嫩豆腐约需 30min。

6）成型　成型就是把凝固好的豆腐脑，放入特定的模具内，通过一定的压力，榨出多余的黄浆水，使豆腐脑紧密地结合在一起，成为具有一定含水量、弹性和韧性的豆制品。除加工嫩豆腐外，加工其他豆腐制品一般都需要在上箱压榨前从豆腐脑中排除一部分豆腐水，即所谓的破脑。在豆腐脑的网络结构中的水分不易排出，只有把已形成的豆腐脑适当破碎，不同程度地打散豆腐脑中的网络结构，才能达到生产各种豆制品的不同要求。破脑程度既要根据产品质量的需要，又要适应上箱浇制工艺的要求。嫩豆腐的含水量较高，可不经破脑；老豆腐只需轻轻破脑，脑花大小为 8～10cm 较好；豆腐干的破脑程度宜适当加重，脑块大小为 0.5～0.8cm 为宜；而生产干豆腐（薄百页）时豆腐脑则需完全打碎，以完全排除网络结构中的水分。

（1）嫩豆腐的成型。嫩豆腐的成型主要包括上脑（又称为上箱）、压制、出包和冷却等工序。

A. 上脑。嫩豆腐的压制成型是在豆腐箱和豆腐包内完成的，使用豆腐包的目的除了定型之外，还能在豆腐的定型过程中使水分通过包布排出，使分散的蛋白质凝胶靠拢并黏合为一体。豆腐包布网眼的粗细（目数）与豆腐制品的成型有相当大的关系。老豆腐宜采用孔隙稍大的包布，这样压制时排水较通畅，豆腐表面易成“皮”。嫩豆腐要求含水量高，不能排除过多的水，就必须用细布或绢布，所以嫩豆腐往往又称为绢豆腐。上脑操作的轻重应根据豆腐脑的凝固效果及破脑程度灵活掌握，但总的要求是快速、均匀。为使豆腐脑在型箱中受压均匀，上脑时中间部位的脑量宜多于四周。

B. 压制。豆腐脑上箱后，置于模型箱中，还必须加压定型。其作用是使蛋白质凝胶更好地接近和黏合，同时使豆腐脑内要求排出的豆腐水通过包布排出。加压时，主要应注意豆腐脑的温度和施加的压力及时间。压力是豆腐成型所必需的，但一定要适当。加压不足可能影响蛋白质凝胶的黏合，并难以排出多余的黄浆水。加压过度又会破坏已形成的蛋白质凝胶的整体组织结构，豆腐板而无劲，而且加压过大，还会使豆腐表皮迅速形成皮膜或使包布的细孔被堵塞，导致豆腐排水不足，内外组织不均。一般豆腐的压榨压力为 1～3kPa，老豆腐压力稍大，嫩豆腐压力稍小。

为使压制过程中蛋白质凝胶黏合得更好，除需一定的压力外，还必须保持一定的温度。如开始压制时，豆腐温度过低，即使压力很大，蛋白质凝胶仍然不能很好黏合，豆腐水不易排出，生产的豆腐结构松散无劲，略带苦味。比较理想的压制温度为 68～70℃，最低不能低于 65℃。豆腐脑在一定温度下加压，逐渐按模塑造成一定的形状，这个过程需要一定的时间，时间不足不能成型和定型。而加压时间过长，会过多地排出豆腐中应持有的水。一般压榨时间为 15～25min。

嫩豆腐的压制一般采用重物直接加压或豆腐专用压榨机压制，而很少使用液压机压制。国内外生产的豆腐压榨机主要是楔形链条式压榨机。该机的豆腐箱入口处压榨框之间的距离较大，出口处较小，对于水平运动在下轨道上的成型箱，开始时压力较小，逐渐加大。该机的加压大小和变化速度均为可调，对提高产品质量非常有益。此压榨机长约为 10m 压榨后，嫩豆腐的含水量要求在 90%左右，老豆腐含水量要求为 80%～85%。

C. 出包与冷却。豆腐压制完成后，应在水槽中出包，这样豆腐失水少、不粘包、表面整洁卫生，可以在一定程度上延长豆腐的保质期。豆腐出包后，应堆垛存放。每垛不超过 10 板，夏季不超过 8 板为宜。在豆腐出包堆垛的过程中，应做到“翻板快、放板轻、扔包稳、放框准、端得平、垛时稳” 。

（2）干豆腐的成型。干豆腐的成型主要包括浇制、压榨、脱布 3 道工序。

A. 浇制。干豆腐的浇制有手工浇制和机械浇制两种。

手工浇制是在定型箱内进行的，包布是一长条状的，使用时卷成卷。浇制时，首先将包布卷放在定型箱的一头，把包布的一头平铺在定型箱里，包布的幅度超过定型箱的宽度，铺放时每边留出 3cm，贴立在定型箱边上。舀起破碎后的豆腐脑，均匀地泼在铺好的包布上，每次泼的豆腐脑不要太多，厚度以 5～6mm 为宜。泼上一层后，要趁热将贴在箱子边的包布放下来，平铺在脑上，同时拉过布卷，再铺第二层，铺时严禁歪扭起皱和起泡。如此反复操作即可。

干豆腐质量的好坏，与泼脑关系密切。泼脑操作时，应注意以下几点：要趁热，温度最好掌握在 65～68℃；整个过程要一气呵成，以保证上下温度一致；泼脑要均匀一致，严防高低不平。

干豆腐泼片机（浇制机）主体就是一个网式传送带，长 8～12m，所用包布有上下 2 条。浇制时，豆腐脑通过管道和刮板均匀地泼在随网带运动的底布上，随后上布自动盖上，泼好的豆腐脑经过 8m 多长的自然脱水过程，到终端进入折叠小车，将豆腐脑与包布一同折叠起来，折叠小车上有预压箱套，当泼完一条包布后，放上压盖和重物预压。

采用机械泼脑时应注意以下几点：泼脑前将脑搅打破碎，并在泼脑过程中不断搅动，保证脑的稀稠均匀一致；包布的头、尾要留足，要求在 1m 以上；包布的长短要适当，一般以 40m 长为宜，这样可折叠成 50cm×50cm 的干豆腐 70～80 张；网带传送速度要适当，要求泼完的脑在经过 6～8m 的网带传送后，豆腐花的水分流失约在 70%。泼片机的结构如图 4-27 所示。

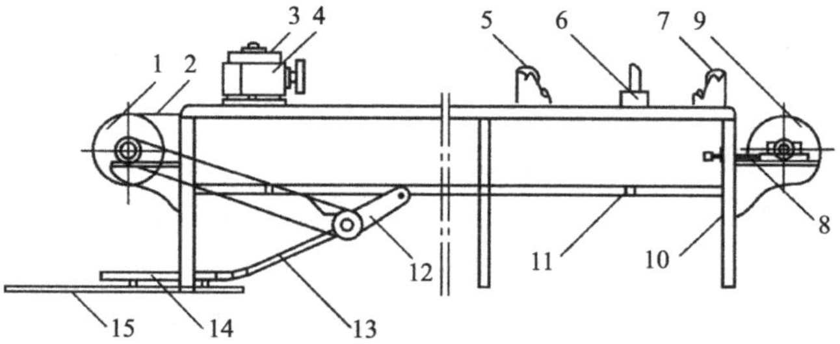

图 4-27　泼片机

1. 前滚筒；2. 铜网；3. 变速箱；4. 电动机；5. 上布；6. 豆脑盒；7. 下布；8. 调节螺栓；9. 后滚筒；10. 机架；11. 托滚；12. 曲柄；13. 连杆；14. 拖车；15. 轨道

B. 压榨。干豆腐的压榨分两个阶段，先是在特别的箱套内预压，其目的是使干豆腐基本定型，加压时不易跑脑、变型。预压时间为 3～8min，压力很轻。预压后取走箱套，放在压榨机内加压。压榨时要先缓后急，先轻后重，成品含水量要求为 55%～60%。

干豆腐压榨机有手动丝杠和液压机两种。前者主要用于小批量手工操作，后者多用于大批量工业化生产。其主要结构如图 4-28 所示。

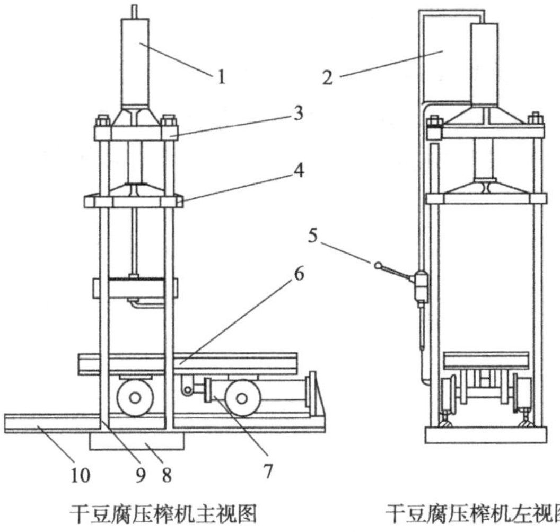

图 4-28 干豆腐压榨机

1. 压榨油缸；2. 油管；3. 上固定板；4. 压板；5. 手动阀；
6. 小车；7. 推车油缸；8. 基础座；9. 立柱；10. 导轨

C. 脱布。脱布又称为揭片。干豆腐压好后，要趁热脱布。手工脱布时，要把干豆腐放到平稳的案板上，将包布卷齐，豆腐脱净，脱下的干豆腐要排酸后再码垛。干豆腐脱布有专用的脱布机（揭片机），脱布机是和泼片机配合使用的。它是通过两个旋转的毛刷把干豆腐两面的包布刷下来，干豆腐落在输送带上送出机器外，2 条包布分别卷在 2 个辊上，以备泼脑再用。脱布机脱布速度快、效率高，适合于大批量生产，但产品破损率大，在生产素制品的工厂比较适用。脱布机的结构如图 4-29 所示。

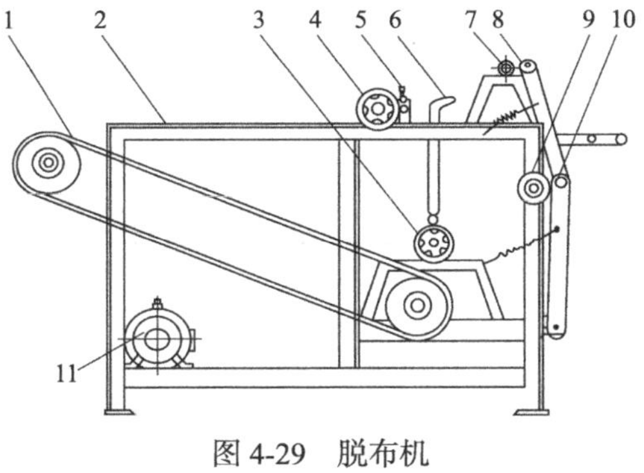

图 4-29 脱布机

1. 传动带；2. 揭布机架；3. 下端毛刷；4. 上端毛刷；5. 上压辊；6. 下压辊；
7. 压布轮；8. 卷布轮；9. 压布轮；10. 卷布轮；11. 电动机

（3）豆腐（白）干的成型。豆腐干的成型主要包括上板、压榨、出包和切块 4 道工序。

A. 上板。豆腐干从成型上一般可分为两种，即板干和模型干，它们的区别主要是在成型器具上，前者成型器具只有压板、套框和包布，北方使用比较多，上板前摆好底板，放上套框，铺好包布即可。后者成型器具有底板、竹帘、包布、花格和套框，上板前先摆好底板，再放好竹帘、花格和套框，最后铺上包布浇脑。此方法南方用得比较多。上板要求与嫩豆腐相似，轻快、均匀，厚薄适度，一般豆腐脑厚度以 5～6cm 为宜。

B. 压榨。豆腐干的压榨，不能单板操作，一般是将 30～40 板豆腐叠起来进行压榨。压榨器械主要是丝杠或液压机。上压时要求先轻后重、压力均匀、压正不偏、干湿适度，压榨时间一般为 20～30min。含水量要求控制在 60%～65%。

C. 出包与切块。先将豆腐干上面的包布全部揭开，然后翻扣在平板上，模型豆腐干按花格子模印切开即可；板干可根据再加工的要求切成不同的形状和大小。几种不同规格的豆腐干坯子标准如表 4-31 所示。

表 4-31　几种豆腐干坯切制标准（cm）

品种	形状	长度	宽度	长对角	短对角	厚度
白干	正方形	5.6	5.6			1.0
黑干	长方形	5.8	2.9			1.7
花干	长方形	8.4	5.6			1.0
熏花干	长方形	11.2	5.6			1.0
干尖	菱形			3.6	2.0	0.4
辣块	菱形			4.2	1.7	1.0
炸豆腐	正方形	2.0	2.0			2.0
鸡腿豆腐	长方形	5.2	1.0			2.0

切块方法有手工切制和机械切制两种。机械切制边形整齐，不连刀，效率高。多刀切干机的结构如图 4-30 所示。

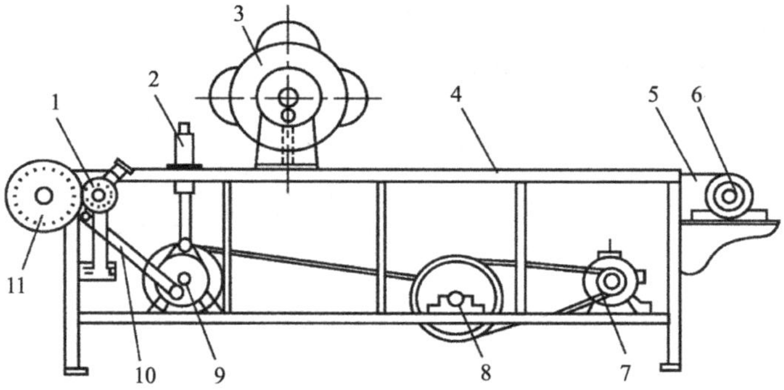

图 4-30　多刀切干机

1. 进给机构；2. 切刀架；3. 滚刀架；4. 机架；5. 传动带；6. 传动辊；7. 电动机；8. 传动轴；9. 偏心轮；10. 传动拉杆；11. 传动齿轮

豆腐干的横向切断是利用偏心轮带动的切刀，根据尺寸要求切断，刀架可以转动位置、角度，切出不同角度的形状。切块的宽度是通过滚刀决定的，滚刀架上一共有 4 种不同宽度的刀，需要哪种刀就把这种刀调到最低点，切出所需要的宽度。

3. 内酯豆腐的加工

内酯豆腐是采用新型凝固剂 δ-葡萄糖酸内酯制作而成的。这项技术在日本应用得最早也最广泛。进入 20 世纪 80 年代以来，这项新技术已开始在我国豆制品行业中应用，尤其在上海和江浙一带推广较快。尽管内酯豆腐的生产工艺与我国传统的嫩豆腐生产工艺有较大的差异，但就其产品的质地、组成而言，与传统工艺生产的嫩豆腐几乎没什么区别，所以说它是采用新工艺、新技术生产的嫩豆腐。

与传统豆腐生产工艺相比，内酯豆腐具有以下优点：生产过程的机械化、自动化程度高，工人劳动强度低，生产效率高；生产卫生条件较好，延长了豆腐的贮存期；产品有包装，因而易贮存、利销售、便携带；有利于发展花色品种，如虾仁豆腐、蘑菇豆腐、杏仁豆腐、鸡蛋豆腐、咖喱豆腐、咖啡豆腐等。

1）工艺原理　内酯豆腐的生产除利用了蛋白质凝胶性之外，还利用了 δ-葡萄糖酸内酯的水解特性。葡萄糖酸内酯并不能使蛋白质胶凝，只有其水解后生成的葡萄糖酸才有此作用。内酯水解在室温下（30℃以下）进行得非常缓慢，但加热之后水解速度迅速增加。

内酯豆腐的生产过程同样包括大豆的清洗、浸泡、磨浆、煮浆过程。煮浆使蛋白质形成前凝胶，为蛋白质的胶凝创造了条件；熟豆浆冷却后，为混合、灌装、封装等工艺创造了条件；混有 δ-葡萄糖酸内酯的冷熟豆浆，经加热后，即可在包装内形成具有一定弹性和形状的凝胶体——内酯豆腐。

2）生产工艺　内酯豆腐的生产工艺流程如图 4-31 所示。

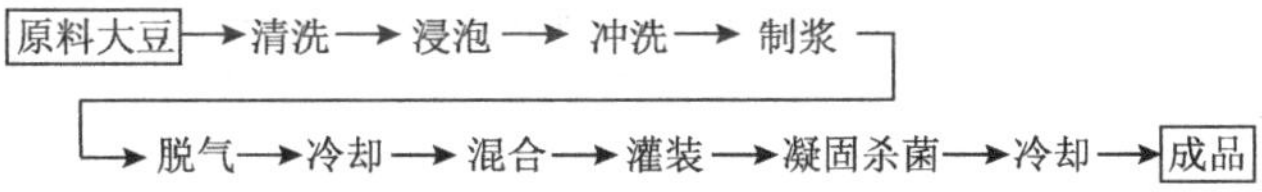

图 4-31　内酯豆腐生产工艺流程

（1）制浆。内酯豆腐生产的制浆过程与普通豆腐相同，只需控制加水量，使豆浆的含量为 10%～11%。内酯豆腐的豆浆浓度要比嫩豆腐和老豆腐高，一般以 1kg 大豆生产 5kg 豆浆为宜，豆浆的蛋白质含量在 4.5%以上。因为生产过程中豆浆的水分没有排出，因此如果豆浆浓度太低，则产品过嫩易碎，甚至不能成型；而如果浓度过高，则磨浆、滤浆都较困难，豆渣中的残留蛋白质增加，产品得率下降，且容易老化。图 4-32 所示为豆浆浓度与内酯豆腐硬度之间的关系，可供生产时参考。

（2）脱气。在豆浆的制备过程中难免会混入一些气体形成泡沫，在传统的豆制品生产过程中，主要是通过加消泡剂来达到消泡的目的。但这种方法很难彻底消除豆浆中的微小气泡。在一定条件下，豆浆中残溶的气体又会聚集起来，使产品的质地受到破坏，如出现气孔和砂眼等。为了彻底排出豆浆中的气体，生产出质地细腻、表面光洁、口感细嫩的内酯豆腐，引进了脱气工序。其设备结构如图 4-33 所示。通过脱气工序，不但可以较彻底地排出豆浆中的气体，而且还可以脱出一些挥发性的呈味物质，改善内酯豆腐的风味。

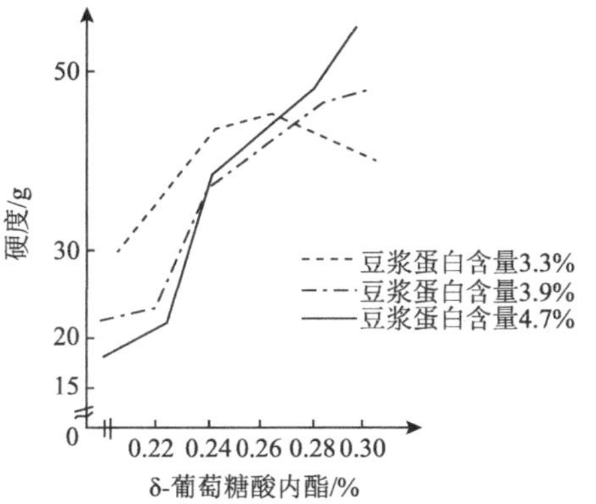

图 4-32　豆浆含量、δ-葡萄糖酸内酯添加量和硬度的关系

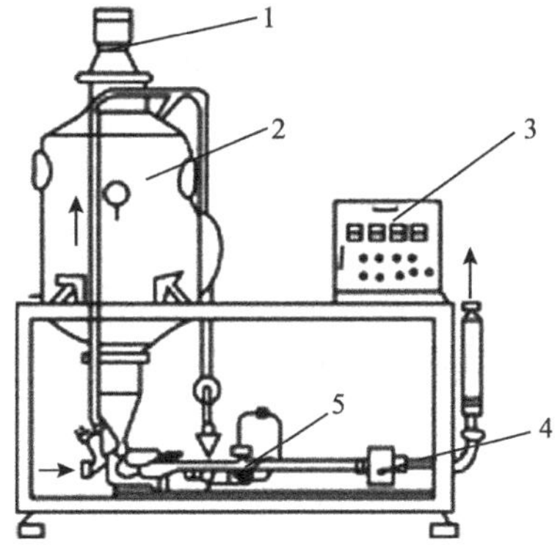

图 4-33　脱气装置结构

1. 扩散泵；2. 脱气罐；3. 电控箱；4. 出浆泵；5. 真空泵

（3）冷却、混合与灌装。根据δ-葡萄糖酸内酯的水解特性，内酯与豆浆的混合必须在30℃以下进行，否则凝固剂与热豆浆接触的瞬间就会凝胶，这对内酯与豆浆的充分混合及分装操作都有影响，因此必须先将煮熟的豆浆冷却。熟豆浆的冷却方法有很多，内酯豆腐生产中使用较多的是板式换热器。

如图4-32所示，内酯的添加量越多，产品的硬度越高，成型性越好。但当添加量超过0.3%（以豆浆计）时，产品酸味较大，所以一般生产中的使用量以0.25%～0.30%为宜。内酯与豆浆混合之前，必须用少量凉开水或凉熟浆溶化后加入混匀。即豆浆煮熟后，不允许再有生冷水滴进去，否则产品易出现水分离析现象。混合后的浆料，必须立即灌装，这是因为在加热前δ-葡萄糖酸内酯会发生加水分解而部分凝固。添加δ-葡萄糖酸内酯后一般需在15～20min内分装完，所以每次混合的浆料量也不宜过大。内酯豆腐用的包装袋或包装盒，必须是耐热（100℃以上）材料制成的，每个包装袋或盒的容积不宜过大，一般以400g为宜。

（4）凝固成型。豆浆与内酯混合包装后，进行装箱，连同箱体一起进入恒温床，进行热固成型。这时应该严格控制的工艺参数就是温度和时间（图4-34）。当水浴温度为90℃时，包装内的豆浆很快就会凝固，所得产品硬度较高。当温度接近100℃时，包装内豆浆处于微沸状态，在凝固的过程中会产生大量泡眼，而且还会因为凝固速度过快，凝胶收缩，出现水分离析、质地粗硬的现象。当温度低于70℃时，虽然豆浆也可凝固，但凝胶强度弱，产品过嫩，散而无劲。一般生产上采用的工艺参数为温度85～90℃，时间15～20min。热凝后的内酯豆腐一般需冷却强化后才能作为产品出售，这样可以增强凝胶强度，提高产品的保形性。冷却可以采用自然冷却，也可以进行强制冷却。强制冷却的设备也是一个保温床，不过它是一个低温恒温床。通过热凝和强制冷却的内酯豆腐，一般杀菌、抑菌效果较好，贮存期也较长。

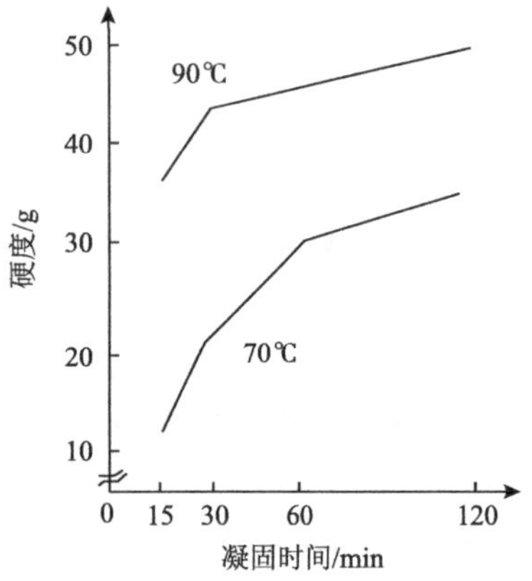

图4-34　凝固时间和硬度的关系

4. 腐竹的加工

1）工艺原理　腐竹是由热变性蛋白质分子依活性反应基团以次级键聚结成的蛋白质膜，其他成分在膜形成过程中被包埋在蛋白质网状结构之中。

豆浆是一种以大豆蛋白为主体的溶胶体，大豆蛋白以蛋白质分子集合体-胶粒的形式分散于豆浆之中。大豆脂肪以脂肪球的形式悬浮在豆浆里。豆浆煮沸后，蛋白质受热变性，蛋白质胶粒进一步聚集，并且疏水性相对升高，因此熟豆浆中的蛋白质胶粒有向豆浆表面运动的倾向。当煮熟的豆浆保持在较高的温度条件下时，一方面，豆浆表面的水分不断蒸发，表面蛋白质浓度相对增高；另一方面，蛋白质胶粒获得较高的内能，运动加剧，这样使得蛋白质胶粒间的接触、碰撞机会增加，次级键容易形成，聚合度加大，以致形成蛋白质膜，随时间的推移，薄膜越结越厚，到一定程度揭起烘干即为腐竹。

2）生产工艺　腐竹生产的一般工艺流程如下。

原料大豆→清洗→脱皮→浸泡→制浆→揭竹→烘干→包装→成品

（1）制浆。生产腐竹用大豆最好在浸泡前破瓣脱皮，这样所得产品色泽光亮，有利于提高产品质量。腐竹生产的制浆过程与豆腐生产的制浆过程极为相似，包括磨浆、滤浆、煮浆，但对豆浆浓度有一定要求。豆浆浓度低，蛋白质含量少，蛋白质分子不易产生聚合反应，因而影响成膜速度，使能耗加大。但固形物含量超过 6%时，由于豆浆形成胶体速度过快，腐竹得率反而降低。一般豆浆固形物含量为 5.1%时，腐竹得率最高。为了提高腐竹得率和成膜速度，通常在工业化生产中采用以下方法。

豆浆中分离大豆蛋白浓度为 1.5%～3.0%时，腐竹得率最高。因此，往豆乳中添加少量分离大豆蛋白能有效地提高腐竹得率。往豆浆中添加 0.1%的磷脂对腐竹得率有明显改进，磷脂是大豆蛋白膜的表面活性剂，它能促使大豆蛋白膜胶态分子团的形成，是腐竹生产上十分有用的乳化剂。磷脂可以与分离大豆蛋白开放的多肽键进行反应，形成脂-蛋白质复合物或将分散的蛋白质吸附在大豆蛋白质薄膜上。脂类的乳化作用对腐竹薄膜的形成有促进作用，为此，在腐竹生产时，往豆乳中添加浓度为 0.02%的少量红花油，能提高腐竹成皮速度。

（2）揭竹。将煮透的豆浆倒入锅内，然后用文火加热，使锅内温度保持在 85～95℃，同时不断向浆面吹风。豆浆在接触冷空气后，就会自然凝固成一层油质薄膜（约 0.5mm），然后用小刀从中间轻轻划开，使浆皮成为两片，再用手或竹竿分别提取。浆皮提取遇空气后，便会顺流成条。每 3～5min 形成一层浆皮后揭起，直至锅内豆浆揭干为止。揭竹工序中应该注意的 3 个因素是温度、pH 和通风条件。

A. 温度。最初浆皮黄亮，口味醇香，品质较好，后续浆皮渐变为灰黄色。这是因为在长时间的加热保温过程中，豆浆中的糖类受热分解为还原糖豆浆中的氨基酸特别是赖氨酸和苏氨酸与还原糖反应生成褐色的色素（即羰氨反应）。这不仅影响腐竹的色泽，而且造成某些氨基酸损失，破坏了蛋白质中氨基酸的配比，从而降低了蛋白质的营养质量。通过控制温度避免还原糖的大量产生，可以避免或防止褐变反应的发生。

图 4-35 是不同温度下腐竹的成膜速度、TUM（得到一定量的膜所要时间）的变化曲线。从图 4-35 可以看出，温度越高，成膜速度越快。但实践证明，将揭竹温度控制在 80℃左右，所形成的腐竹色泽最佳。若温度始终保持在 85℃以上，则腐竹的色泽发生由淡黄色向褐色的变化，且越来越深、越明显。

B. pH。在加热揭竹过程中，豆乳的 pH 会因有机物的分解而逐渐下降，且温度越高，下降越快。在一般情况下，豆浆的初始 pH 为 6.5 左右。如果豆浆的 pH 低于 6.2，豆浆便会出现黏稠状，表面结皮龟裂、不成片。试验表明，pH 为 9 时，腐竹的得率最高，但颜色较暗，因此 pH7～8 适宜。

C. 通风条件。加热揭竹车间要求空气流通，这样浆皮表面蒸发的水蒸气易及时排除，有利于结成浆皮。如果通风不好，豆浆表面的水蒸气分压过高，不利于水分蒸发和浆皮的形成。因此，揭竹车间的通风换气是腐竹生产的必要条件之一。

（3）烘干。浆皮揭起后，搭在竹竿上沥尽豆浆，然后应及时烘干。腐竹烘干的方法有两种，即暖房烘干和机械烘干。目前国内生产厂家大部分都是采用暖房烘干，机械化连续烘干用得很少。将挂在竹竿上的浆皮送到干燥室，在 35～45℃的温度条件下烘 24h，使其脱水

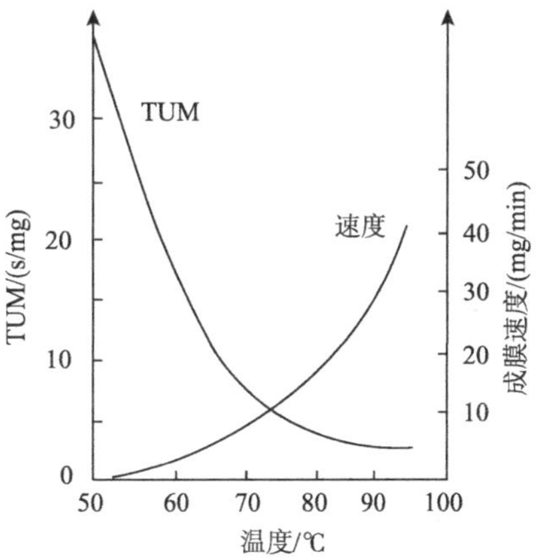

图 4-35 不同温度下腐竹的成膜速度和TUM 的变化

干燥。要求干燥要均匀，特别是在浆条搭接处或接触处含水量不能太高。干燥后即成腐竹，成品腐竹含水量为 8%～12%。

5. 其他非发酵豆制品的加工

1）*即食五香豆干的加工* 豆干是大豆经过制浆、掺膏粉、定卤、炸煮等工艺制成的一种传统风味食品。一般豆干的特点是外皮柔韧、内肉嫩滑、风味咸香爽口，久吃不厌，有"素火腿"的美誉，是佐酒下饭的最佳食品之一。同时，豆干含有人体必需的 8 种氨基酸，而且其比例接近人体需要，其中还含有不饱和脂肪酸、卵磷脂和丰富的钙、铁、磷及 B 族维生素，具有较高的营养价值。此外，大豆富含钾对心血管有利；所含丰富的异黄酮，对人体抗氧化、降血脂、抑制肿瘤也有良好的作用。

（1）工艺流程如下。

大豆 ⟶ 浸泡 ⟶ 磨制 ⟶ 滤浆 ⟶ 煮浆 ⟶ 制浆 ⟶ 豆干 ⟶ 炸煮 ⟶ 卤煮 ⟶ 干燥 ⟶ 包装 ⟶ 高压灭菌 ⟶ 成品

（2）操作要点。

A. 炸煮。采用棕榈油或棕榈油与猪油的混合油进行炸制。为防止油在高温中变质及豆腐片浮出油面，可使用连续密闭式油炸设备。油的加热通过电热方式进行，油温控制在 150～180℃，炸制时间约为 2min。

B. 卤煮。豆腐干滋味的形成是通过卤煮完成的，同时可添加各种香料、橘汁、牛奶等，以便生产出风味各异的豆腐干。卤煮时用电热敞口锅。将配好的料液倒入炸制过的豆腐干中，料液没过豆腐干，煮制到料液耗尽时倒锅重新加好料液，将原来上面的豆腐干没到下面，再煮 1 次出锅即可。

C. 干燥。将调味的豆腐干均匀地摊放在托盘中，放入烘箱，60℃烘 30min。

D. 包装、杀菌。将烘干的豆干真空包装，进行 121℃，20min 高压杀菌，冷却后即为成品。

（3）产品质量标准。

A. 感官指标。棕红色，具有五香豆干特有风味。

B. 理化指标。水分含量≤60%；铅（Pb）≤1mg/kg；总砷（以 As 计）≤0.5mg/kg。

C. 卫生指标。黄曲霉毒素 B_1≤5μg/kg；菌落总数≤750cfu/g；大肠杆菌≤40MPN/100g；致病菌：不得检出。

2）*即食豆腐皮的加工* 豆腐皮，又名腐衣、油皮、豆腐筋，色泽乳白或淡黄、半透明，是一种营养、健康、非发酵的干制豆制品。干燥的豆腐皮中含蛋白质 40%～50%、脂肪 21%～25%、碳水化合物 13%、灰分 2%、水分 9%。豆腐皮富含人体所需的 8 种氨基酸，且所含的蛋白质人体吸收率接近于 100%，同时钙、铁、镁、锌等无机盐的含量也较多。此外，豆腐皮中还有糖、磷及硫胺素、核黄素、烟酸等人体必需的营养成分，不含胆固醇，有"素中之荤"的誉称。

（1）工艺流程如下。

大豆 ⟶ 浸泡 ⟶ 磨制 ⟶ 滤浆 ⟶ 煮浆 ⟶ 制浆 ⟶ 豆皮 ⟶ 腌制 ⟶ 成型(切成小块) ⟶ 预煮 ⟶ 沥水 ⟶ 油炸 ⟶ 调味与拌料 ⟶ 包装 ⟶ 杀菌 ⟶ 成品

（2）操作要点。

A. 原辅料的选择。原辅料的选用在食品加工中的影响非常大。豆腐皮要选择新鲜、无霉变、无异味、色泽好、厚薄一致的原料；辣椒粉要选色泽红、辣味浓的红干尖椒；花椒粉也要选质量好的；其他各种调味料要求质优，符合食品安全要求。

B. 腌制。腌制主要是使豆腐皮有合适的含盐量及预涨发的目的。一般用 8%的食盐腌制 7～10 天即可，腌制过程中要注意管护，防止豆腐皮暴露于空气中而腐败变质。

C. 成型。用成型机或手工将豆腐皮切成 1cm × 3cm 的豆腐皮小块条。

D. 预煮。预煮的时间是关键，时间太长豆腐皮会软烂影响感官，时间太短则不能脱除豆腐皮的豆腥味等不愉快味道。采用沸水下料，然后大火力再次快速煮沸，约 90s 即捞出沥水备用，忌小火焖煮。

E. 油炸。将事先熬炼好的植物油加热到 185℃左右，将预煮后沥干水分的豆腐皮坯放入油锅内，并不断搅动防止受热不均，约 2min 待豆腐皮水分逐渐散发而上浮，并呈浅黄色或棕黄色时，用网瓢捞出沥油备用。

F. 调味与拌料。本产品以山椒味、麻辣味、香辣味等休闲风味为主。具体方法按工艺标准要求进行计量，配制盐、糖、辣椒等各种辅料，添加量可根据口味需要做适当调整。将豆腐皮投入到搅拌机里，再放上配制好的调味料，充分搅拌，达到混合均匀。

G. 包装。将拌和好调料的豆腐皮，分装入 100g 的小袋中，用真空机在 0.1MPa 条件下真空热合封口。要求包装封口平整、严密、结实，以防止密封不好造成微生物的二次污染。

H. 杀菌。将真空包装好的豆腐皮于 115℃条件下杀菌处理 15min，反压冷却室温即可。

（3）产品质量标准。产品质量标准同即食五香豆干的加工。

（二）发酵大豆制品

1. 酱油的加工

酱油（soy sauce 或 shoyu）为我国传统的发酵食品，是从大豆和小麦的发酵物中提取的一种棕黑色的液体，其作为调味料已食用了几千年，现已成为东西方最为普遍接受的大豆发酵产品。

1）酱油的种类　根据原料和制造方法不同，酱油基本上可分为 3 大类：发酵酱油、化学酱油和半化学酱油。根据地理位置分为中国酱油和日本酱油，而中国酱油又分为传统酱油和现代酱油。随着发酵工艺的不断改进，发酵酱油可分为 5 种方法：①天然晒露法，著名的“生抽王”“龙牌酱油”“舟山洛泗油”等名特产品均用此法；②稀醪发酵法；③分酿固稀发酵法；④固态无盐发酵法；⑤低盐固态发酵法。日本官方将酱油分为 5 类（表 4-32）。这种按产品品牌区分的分类方法，不仅在亚洲周边地区而且在欧洲和北美也较通用。

表 4-32　日本官方的酱油分类及其化学组成

酱油品种	颜色	pH	浓度/°Bé	NaCl/（g/100mL）	总氮/（g/100mL）	甲基氮/（g/100mL）	还原糖/（g/100mL）	乙醇/（g/100mL）
Koikuchi	深棕色	4.7	22.5	17.6	1.55	0.88	3.80	2.20
Usukuchi	淡棕色	4.8	22.8	19.2	1.17	0.70	5.50	0.60
Tamari	深棕色	4.8	29.9	19.0	2.55	1.05	5.30	0.10
Saishikomi	深棕色	4.8	26.9	18.6	2.39	1.11	7.50	痕量
Shiro	黄色至棕褐色	4.6	26.9	19.0	0.50	0.24	20.2	痕量

2）酱油制造原理 酱油制造是采用两步发酵法，第一步为固态发酵制曲，在有氧条件下产生各种酶；第二步为盐水发酵，主要是无氧发酵。在盐水发酵早期，曲中的酶将蛋白质水解为多肽或游离氨基酸，同时将淀粉水解为糖，从而为各种耐盐酵母菌和细菌提供作用底物。这些微生物为后期发酵中的主要菌种，所有这些酶解反应、生化反应和化学反应产生新的挥发性与非挥发性物质赋予酱油的色香味。

（1）制曲的作用。在酱油发酵过程中，大豆和小麦中的蛋白质、碳水化合物和油脂被谷氨酰胺酶、淀粉酶、脂酶、果胶酶和磷酸酶降解。采用 15℃发酵 30 天，然后 25℃发酵 120 天，最后在 28℃条件下发酵 30 天的发酵工艺，总氮从 0.98g/100mL 增至 1.69g/100mL，甲基氮从 0.36g/100mL 增至 0.94g/100mL，氨态氮从 37.1%增至 55.7%，总氮利用率从 44.7%增至 83.1%，同时蛋白酶和淀粉酶的活性下降，pH 下降。

（2）乳酸菌和酵母菌发酵。乳酸菌和酵母菌在酱油盐水发酵过程中起主要作用，在新制酱醪中，曲中不耐盐的酵母菌和乳酸菌很快遭到破坏，枯草杆菌仅以芽孢形式存在，耐盐性好氧微生物因缺氧也迅速消失，结果在酱醪中主要作用的微生物为耐盐的乳酸菌如大豆足球菌[或嗜盐足球菌（*Pediococcus halophilus*）]、酵母菌如鲁氏接合酵母（*Zygosaccharomyces rousii*）和假丝酵母（*Candida versatillis*）等。

在发酵过程中嗜盐足球菌首先生长并将结构简单的糖转化为乳酸，pH 从 6.5～7.0 降为 5.5，同时生成 CO_2 帮助厌氧菌生长，这可能产生令人不快的风味和气味，因此间歇短暂的搅拌是必要的。当乳酸发酵衰减，鲁氏接合酵母、球拟酵母和一些其他酵母导致醇类与酚类化合物积聚。另外，在发酵过程中霉菌如米曲霉、酱油曲霉、念珠霉、青霉和根霉可能出现在酱醪表面，然而它们对发酵和老化无任何作用。

随着发酵的进行，甘氨酸、丙氨酸、缬氨酸和亮氨酸含量上升，天冬氨酸、丝氨酸、组氨酸、脯氨酸、精氨酸和酪氨酸含量下降，主要是因为乳酸菌的去羧基作用，谷氨酸在达到峰值后降低，这也可能是由于乳酸菌的去羧基作用。

为加快酱油发酵初期乳酸发酵的速度，可在醪中添加纯种乳酸菌。同样，为加快乙醇发酵，缩短发酵时间，有时将纯种酵母如鲁氏接合酵母在 pH 降至 5.3 时（通常在制醪后 3～4 周）添加进去，球拟酵母和鲁氏接合酵母一起添加可获得良好的挥发性气味。

（3）颜色和风味的形成。酱油的味觉包括咸、鲜、甜、酸、苦五味，其中的鲜味是应用与调料的主要风味。酱油鲜味来源首先是由米曲霉分泌的蛋白酶、肽酶及谷氨酰胺酶作用后水解生成的氨基酸，其中以谷氨酸含量最多，其鲜味浓厚，赋予酱油特殊的调味作用。酱油中氨基酸含量见表 4-33。其次，糖代谢时，在转氨酶的作用下也能产生谷氨酸，增加了酱油的鲜味。某些低级肽，如谷氨酸-天冬氨酸、谷氨酸-丝氨酸、L 型氨基酸的二肽也具有鲜味。如果在酱油中添加鸟苷酸、肌苷酸等核苷酸与谷氨酸钠盐起协调作用，也可提高酱油的鲜味。

表 4-33 酱油中各种氨基酸含量（mg/mL）

名称	含量	名称	含量
赖氨酸	3.68	谷氨酸	12.08
组氨酸	1.42	脯氨酸	6.97
精氨酸	6.60	甘氨酸	2.90
半胱氨酸	0.26	色氨酸	0.61

续表

名称	含量	名称	含量
天冬氨酸	4.73	甲硫氨酸	1.99
苏氨酸	3.06	异亮氨酸	3.83
酪氨酸	0.72	亮氨酸	6.78
丝氨酸	9.40	苯丙氨酸	1.79

在盐水发酵过程中，曲中的蛋白酶将蛋白质水解为氨基酸，其中谷氨酰胺酶是必要的，因它可将谷氨酰胺转化为谷氨酸。若谷氨酰胺酶不足或失活，谷氨酰胺通过非酶促反应向风味不及谷氨酸的焦谷氨酸转化。

酱油的甜味主要来源于淀粉水解的糖，包括葡萄糖、麦芽糖、半乳糖，以及部分呈甜味的氨基酸如甘氨酸、丙氨酸、苏氨酸、丝氨酸、脯氨酸等。此外，米曲霉分泌的脂肪酶能将油脂水解成甘油和脂肪酸，甘油也有甜味。

酱油的酸味主要来源于有机酸，如乳酸、琥珀酸、乙酸等。酱油的酸味是否柔和取决于酱油的有机酸与其他固形物之间的比例是否协调。例如，当酱油的总酸含量为 1.4g/100mL 时，其中乳酸为 1076.4mg/100mL、琥珀酸为 48.6mg/100mL、乙酸为 173.6mg/100mL、柠檬酸为 12.9mg/100mL，pH 为 4.6～4.8 时，酸度为最适量，增加了酱油的风味，产生爽口的感觉。当总酸超过 20g/100mL，如果其他无盐固形物不相应提高，则酱油酸味突出，质量受到影响。

酱油不应有明显的苦味，但微量的苦味物质能给酱油以醇厚感。酱油中呈苦味的物质主要有亮氨酸、酪氨酸、甲硫氨酸、精氨酸等氨基酸类。某些短肽类如谷氨酸-酪氨酸、谷氨酸-苯丙氨酸等及食盐中的氯化钙与硫酸镁过多时也会带有苦味。

酱油咸味的唯一来源是食盐的成分氯化钠，含量一般约为 18g/100mL。酱油中含有大量的有机酸、氨基酸、糖等呈味物质，所以其咸味比较柔和。酱油中如果氯化钠含量过高，则有咸苦感，另外食盐还有防腐的作用。

在发酵和精制过程中，发生一些化学反应、物理化学反应、生物化学反应和酶反应，这些复杂的反应导致颜色和风味的形成。例如，在日本浓口酱油酿造过程中，大约 50%的颜色是在发酵和老化过程中形成的，另外的 50%在巴氏杀菌过程中形成，两者都被认为主要是热褐变即美拉德反应，而非酶促反应。

3）酱油的生产工艺　酱油生产大部分已实现工业化，但作坊式生产在某些地方仍然普遍。酱油生产工艺因地域和品种不同而异，但基本步骤和原理是相似的。

（1）传统的作坊式生产。传统的家庭作坊式生产一般在春季开始。大豆蒸煮后用竹篮沥干，然后与少量的小麦相混合，混合物置于竹篱中培养一周左右制曲，霉菌为自然接种或将前一批的曲与大豆混合，也有在混合物上覆盖一层苦艾类植物以提供霉菌。

制好的曲及盐水溶液置于大陶罐中，置于室外让醪在阳光下曝晒数周，在盐水发酵晚期，将竹篮没入发酵醪中，收集溶液转入另一陶器中，再在太阳下曝晒数周，成品为一等酱油。将新配盐水再加入残余醪中，经两次以上提取分别得到二级和三级酱油，新加入的盐水仍需再在太阳下曝晒数周。

（2）工业化生产。大多数酱油厂已经实现工业化，以脱脂豆粕和小麦麸糠（两者配比 3∶2）

为原料，预处理后用曲霉接种，然后将成熟的曲与少量的盐水（为常量的一半，含大约 3/4 的盐量）在相对高的温度（40～45℃）下发酵，在此低水、低盐和高温条件下，发酵在 3 周内完成。

发酵醪转移到另一罐中与新的盐水混合，然后在 80℃加热，罐中液体靠重力沉降分离。酱油最终与苯甲酸混合，澄清后装瓶出售。此法使制曲时间由 48h 降为 24h，且大大降低了发酵时间。但最终产品的氨基氮与总氮比却没有传统酱油高。另外，因为使用麸糠及盐水发酵时间短，没有乙醇发酵，从而使产品风味与日本酱油的风味不同。

A. 种曲制造方法。种曲制造工艺流程如图 4-36 所示。

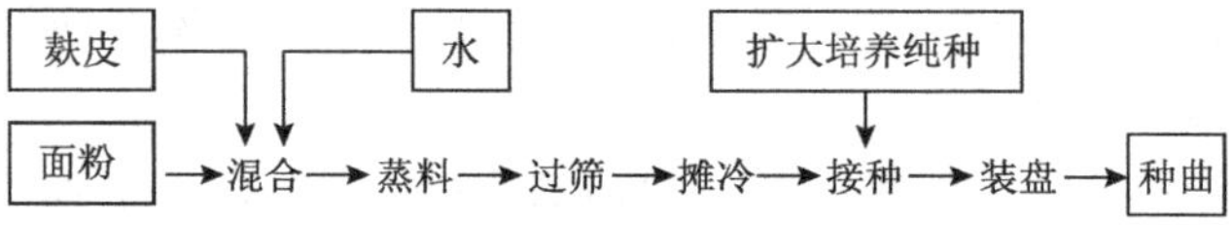

图 4-36　种曲制造工艺流程

将麸皮与辅料用拌和机拌匀，加 40%～50%的水，蒸熟过筛后再补充清洁的冷开水 30%～45%，为防止污染，可在冷开水中添加按总原料计 0.3%的食用级冰醋酸或 0.5%～1.0%乙酸钠拌匀，待曲料冷却至 40℃左右，接入三角瓶扩大培养纯种，纯种用量为总料的 0.5%～1.0%。翻拌均匀，使米曲霉分生孢子广泛分布于曲料上。制曲时最好应用新鲜种曲，暂时不用的种曲应在盘内摊成薄层，置阴凉通风处，使之自然干燥。

B. 制曲。制曲工艺流程如图 4-37 所示。

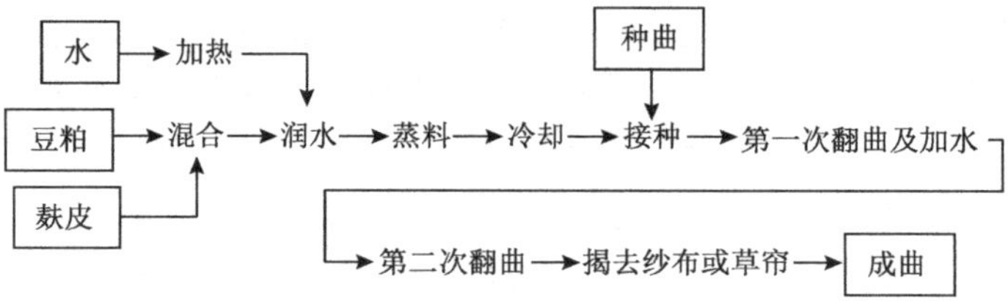

图 4-37　制曲工艺流程

豆粕（饼）蛋白质含量丰富，其分解的氨基酸是酱油鲜味的主要来源，可作为制曲的主料；麸皮既适于米曲霉的生长繁殖，又适于米曲霉分泌酶类，可以作为辅料。两者搭配使用（一般为 10∶1），是较理想的制曲原料。

豆粕如用大量的水浸泡，其中的成分会因浸出而损失，因此必须有加水与润水两道连续工序，一般以曲料水分达 50%左右较为适宜。加水后蛋白质易变性，淀粉易糊化，且使米曲霉生长繁殖有充足的水分。

蒸料的目的是使蛋白质适度变性，使酶易于作用，并杀灭原料中的微生物。通常采用高压短时蒸料，如 0.18～0.20MPa 下维持 3～5min。蒸料后迅速降温排气，在 3min 内降至常压，15min 内温度降至 45℃。

种曲用量为投料量的 0.3%左右，接种温度为 40℃左右。制曲最初 4～5h 为孢子发芽期，产品温度维持在 32℃左右为宜；此后至培养 12h 左右为菌丝生长期，此时要通风调温至 35℃左右，11～12h 品温上升迅速，曲料因菌丝生长而结块，品温温差较大且有超过 35℃的趋势，此时进行第一次翻曲。第一次翻曲后，菌丝发育旺盛，进入菌丝繁殖期，此阶段维持 5h 左右，曲料面层产生裂缝，品温相应上升超过35℃，进行第二次翻曲。此后，品温逐渐下降，进入孢子着生期，但仍应维持品温30～34℃，培养24h左右孢子逐渐成熟，曲料呈现淡黄色至嫩黄色。

制曲时间一般为 22～26h，以蛋白酶活力达最高点来确定。通风制曲的操作要点归纳为“一熟、二大、三低、四均匀”，即原料要蒸熟；曲料水分大，通风量要大；入池品温低，制曲品温低，进风风温低；原料混合及润水均匀，接种均匀，装池疏松均匀，料层厚薄均匀。

C. 液化及糖化。淀粉颗粒糊化后能被 α-淀粉酶分解成小分子的糊精和少量糖分，使淀粉黏度降低，再进一步利用麸皮中的β-淀粉酶（或其他糖化剂）进行糖化，即可使短分子的糊精全部变成麦芽糖或葡萄糖。用此法取代淀粉原料的制曲工序，可以节约粮食并方便生产，其工艺如图 4-38 所示。

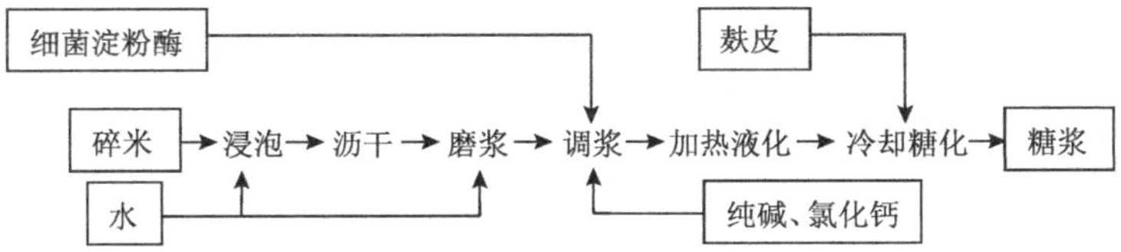

图 4-38 液化及糖化工艺

将米在常温浸泡 0.5～1.0h 后，用钢片式磨粉机磨细，边磨边加约 1.5 倍的水，粉浆要求越细越好。用水将粉浆调至 18～20°Bé，再用碳酸钠调 pH 至 6.2～6.4 以适于酶作用，然后加入 0.2%的氯化钙和 100U/g 的淀粉酶制剂。将料浆缓缓升温至 85～90℃，维持 10～15min，用碘液检验呈金黄色时再逐步升温至煮沸。

D. 发酵。

低盐固态发酵法。低盐固态发酵法是在无盐固态发酵法的基础上，根据日本（1955 年）的酱油固体发酵堆积速酿法，结合我国实情而改进的方法，总结了几种发酵方法的经验而建立。例如，前期采用天然发酵的固态酱醅；后期发酵阶段，则仿照稀醪发酵。此外，还吸收了无盐固态发酵中浸出淋油的经验。

成曲拌和盐水（12～13°Bé）或稀糖浆盐水加热到 55℃左右拌曲入池，入池后品温要求在 40～45℃，并定期淋浇。前期保温发酵时间为 15 天；后期降温发酵期也为 15 天，品温要求降到 30～35℃，并保持此温度进行酒精发酵和后熟作用。低盐固态发酵法的生产工艺如图 4-39 所示。

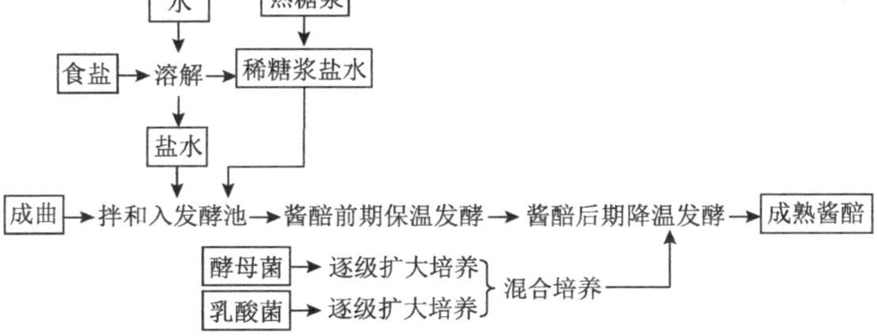

图 4-39 低盐固态发酵法的生产工艺

低盐固态发酵工艺是利用酱醪中食盐质量分数在10%以下时对酶活力的抑制作用影响不大，在无盐固态发酵的基础上发展起来的。它的优点是：酱油色泽较深，滋味鲜美，后味浓厚，香气可比无盐固态发酵有显著提高；生产不需要添置特殊的设备，操作简便，生产成本较低；提取酱油仍可采用浸出淋油的方法；原料蛋白质利用率和氨基酸生成率较高，得率也稳定。它的缺点是：发酵周期比无盐固态发酵周期长，因此要增加发酵容器；酱油香气不及晒露发酵、稀醪发酵和分酿固稀发酵。

采用低盐固态工艺容易满足消费者对酱油的大量需要，而且根据近年来国内的研究，如果采用多菌种制曲及多菌种后发酵，还可较显著改进产品风味。

高盐稀醪发酵法。高盐稀醪发酵法的工艺流程如图 4-40 所示。该法适用于以大豆、面粉为主要原料，配比一般为 7∶3 或 6∶4，成曲加入 2～2.5 倍的 18°Bé/20℃盐水，于常温或 30℃左右保温发酵 3～6 个月的发酵工艺。

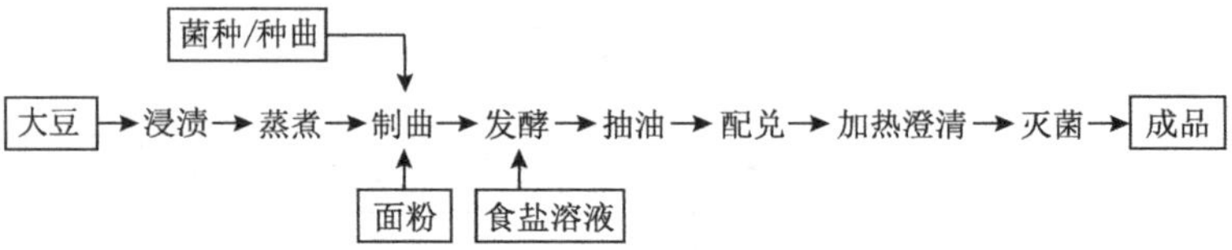

图 4-40　高盐稀醪发酵法的工艺流程

该法的特点是发酵周期长，发酵酱醪成稀醪态。该法生产的酱油香气浓郁，风味好，许多著名品牌酱油均用此法生产。

固稀发酵法。小麦精选去杂后，于 170℃焙炒至淡茶色，粉碎后按豆粕与小麦比为 7∶3 或 6∶4 混合，接入种曲，按低盐固态法通风制曲。成曲按 1∶1 拌入 12～14°Bé 盐水，入池保温（40～42℃）发酵 14 天，然后补加两次盐水，盐水浓度为 18°Bé，加入量为成曲的 1.5 倍，此时酱醪为稀醪态，保温 35～37℃在通气搅拌条件下发酵 15～20 天。稀醪发酵结束后，在 28～30℃温度下发酵 30～100 天。从第一次及第二次榨出的生酱油，经澄清后，加热制成各级成品酱油，其工艺流程如图 4-41 所示。

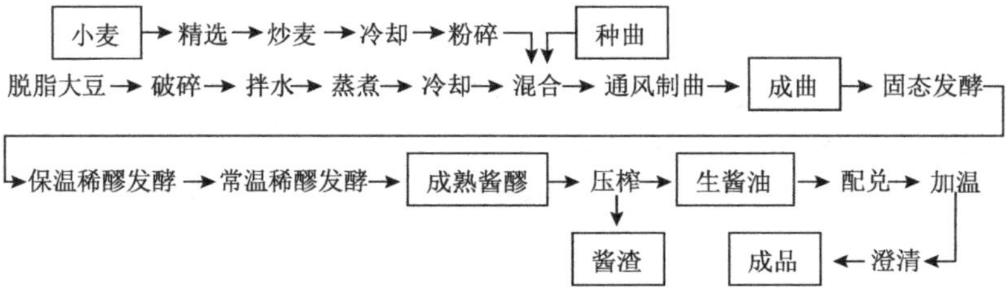

图 4-41　固稀发酵法工艺流程

分酿固稀发酵法。分酿固稀发酵法工艺流程如图 4-42～图 4-44 所示。

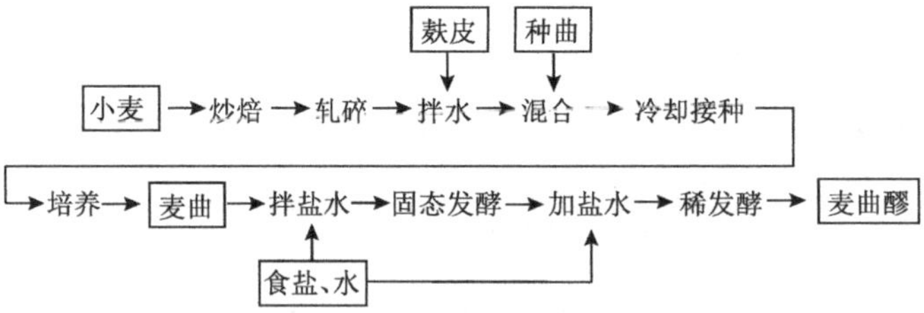

图 4-42　麦曲醪发酵工艺流程

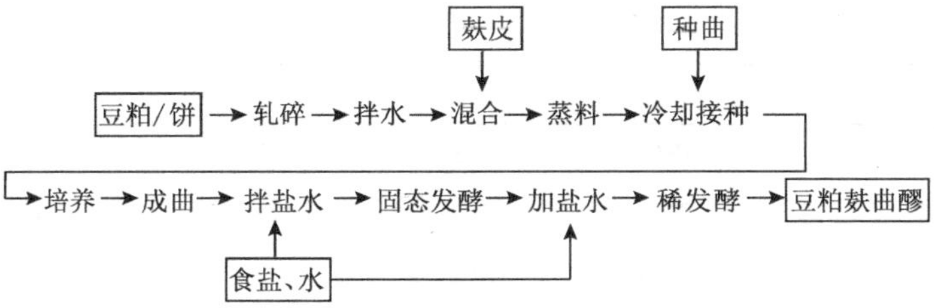

图 4-43　豆粕麸曲醪发酵工艺流程

图 4-44　混合发酵工艺流程

分酿固稀发酵是一种继稀醪发酵之后改进的速酿法。它利用不同温度、盐度及固稀发酵的条件，同时控制糖分对蛋白酶的影响，使各种酶充分发挥作用。蛋白质原料（大豆）和淀粉原料（小麦）分开制醪，豆粕曲采用高温低盐制醪，小麦曲采用低温制醪。高温条件下（47～52℃）蛋白酶和淀粉酶的水解能力强，从而产品酱味充足，上色快；而低温（30～39℃）有利于酵母菌及细菌的作用，可提高产品中乙醇、有机酸和酯类物质的含量。先低盐固态发酵后加盐水稀醪发酵的方法，可以得到高质量的产品。

该法的优点是：先采用固态低盐发酵，减少食盐对酶活性的抑制，有利于蛋白质的分解和淀粉的糖化；发酵期比稀醪发酵缩短，一般只要 30 余天；产品色泽较深，香气较好，属于醇香型；后期酱醪稀薄，与稀醪发酵一样，便于保温、空气搅拌及管道输送，适于大规模的机械化生产。它的缺点是：生产工艺较复杂，操作也较繁琐，酱油提取需要压榨设备，压榨过程繁琐复杂，劳动强度甚高；稀醪发酵阶段需要酱醪输送和空气搅拌设备。

E. 酱油的半成品处理。酱油的半成品处理主要是通过浸提得到不同等级的酱油，其工艺流程如图 4-45 所示。

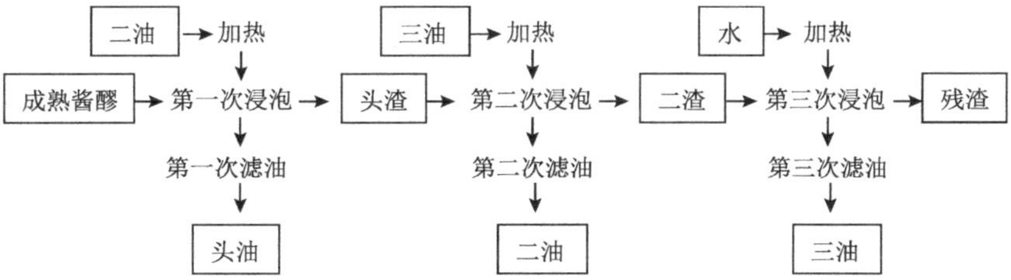

图 4-45　浸出工艺流程

4）酱油的品质及质量标准

（1）酱油的品质。几种国产名牌酱油的主要品质指标如表 4-34 所示。

表 4-34　几种产地酱油品质指标（干基）

项目	湖南	舟山	天津	上海	广东	北京
全氮/%	≥1.60	1.50～1.60	1.60	≥1.80	≥1.30	≥1.76
氨基态氮/%	≥0.84	0.75～0.80	0.80	≥0.90	≥0.80	≥0.85

续表

项目	湖南	舟山	天津	上海	广东	北京
无盐固形物/%	—	≥19.00	17.85	≥22.00	≥13.00	≥20.00
含盐量/%	21～22	22	≥17	17～19	≥23	17～19
还原糖/%	≥10.0	6.5～7.0	4.7	≥7.5	≥3.5	≥8.0
总酸/%	≤2.5	—	≤2.5	≤2.5	1.4～1.8	≤2.5
乙醇/%	—	—	—	≥1.0	—	—
谷氨酸/%	—	—	1.30	≥1.35	—	—
色率	—	1.7～2.0	2.7	2.0～3.0	≤0.7	2.5
浓度/°Bé	≥32	≥32	—	24～26	≥23	24～26
pH	—	4.5～4.6	—	4.6～4.8	—	4.6～4.8

注：“—”表示无数值

A. pH 及含盐量。品质好的酱油含盐量通常为 18%，pH 为 4.6～4.8。pH 低于此范围则被认为过酸，通常是杂菌产酸所致。

B. 氮的利用率。酱油的另一质量指标为氮的利用率，其值为最终产品中可溶性氮与原材料中氮的百分比，它反映了酶的转化效率。总的可溶性氮为酱油中含氮物的总浓度，是酱油的质量标准之一。

氨基态氮/全氮是酱油总体质量评价标准，比率越高，品质越好，氨基态氮一般占全氮的 50%～60%，原材料、蒸煮条件、种曲和盐水发酵工艺都对品质有影响。

C. 其他化学成分。许多其他参数被用来评价商品酱油的品质，包括甘油、乙酰丙酸、羟基苯甲酸和乙醇含量。甘油前面已经提及。乙酰丙酸在天然发酵酱油中不存在，是大豆原料酸水解或人为控制的其他化学反应产生的，因此存在该酸表示应用了化学法加工。另一参数是 γ-戊酮酸乙酯，它是在添加化学水解的脱脂豆粕酱油醪中的酵母代谢产物，因此其含量反映混合到常规酱油醪中的化学水解物的含量。羟基苯甲酸是大多数商品酱油中添加的防腐剂。乙醇通常是天然发酵产生的，含量一般为 1.0%～2.2%，而 Tamari 酱油常低于 1.0%，含量过高则可能是作为防腐剂添加的。

D. 真菌毒素。酱油和其他发酵产品中是否含有黄曲霉毒素曾引起人们的关注，因为其主要产生霉——黄曲霉，与米曲霉关系很近。然而经过广泛的调查和实验，证明曲中没有菌株会产黄曲霉毒素。曲中曲霉属霉菌也不生产其他不致癌且毒性较黄曲霉毒素低的真菌毒素，如曲霉酸、曲酸、β-硝基-3-戊酮酸、草酸和甲酸；用这些霉菌培养大豆与小麦的混合物，其含量也不足以对人体产生危害，因此酱油是安全的。

（2）酱油的质量标准。酱油的质量标准参照 GB18186—2000。

A. 酱油的卫生标准。酱油的卫生标准见表 4-35。

表 4-35 酱油的卫生标准（GB2717—2003）

项目	指标
氨基态氮/（g/100mL）	≤0.4
总酸（以乳酸计，适用于烹调酱油）/（g/100mL）	≤2.5
砷（以 As 计）/（mg/kg）	≤0.5

续表

项目	指标
铅（以 Pb 计）/（mg/kg）	≤1
黄曲霉毒素 B_1/（μg/kg）	≤5
食品添加剂	按 GB2760—2014 规定
菌落总数（适用于餐桌酱油）/（个/mL）	≤30 000
大肠菌群/（MPN/100mL）	≤30
致病菌（系指肠道致病菌）	不得检出

注：MPN 为大肠杆菌最大可能数

B. 酱油的感官和理化指标。

a. 高盐稀醪发酵酱油。适用于以大豆（或脱脂大豆）、小麦（或小麦粉）为原料，采用高盐稀醪发酵工艺（或固稀发酵工艺）生产的酱油；不适用于以 GB18186—2000 标准酱油为基础，经加工再制的各类酱油产品。其感官指标和理化指标分别见表 4-36 和表 4-37。

表 4-36 高盐稀醪发酵酱油感官指标

项目	一级	二级	三级
色泽	红褐色或浅红褐色，色泽鲜艳	红褐色或浅红褐色	红褐色或浅红褐色
香气	具有较浓的酱香及酯香	具有酱香及酯香	具有酱香
滋味	滋味鲜美、醇厚、咸甜适	味鲜、咸甜适口	鲜咸适口
体态	澄清	澄清	澄清

表 4-37 高盐稀醪发酵酱油理化指标（g/100mL）

项目	一级	二级	三级
可溶性无盐固形物	≥13	≥10	≥8
全氮（以氮计）	1.3	1.0	0.7
氨基态氮（以氮计）	0.70	0.55	0.40

b. 低盐固态发酵酱油。GB18186—2000 标准适用于以脱脂大豆（或大豆）及麸皮、麦粉等为原料，经蒸煮、制曲，并采用低盐（食盐含量为 6%～8%）固态（水分含量为 50%～58%）发酵方法生产的酱油。其感官指标和理化指标分别见表 4-38 和表 4-39。

表 4-38 低盐固态发酵酱油感官指标

项目	特级	一级	二级	三级
色泽	具有鲜艳的深红褐色	具有鲜艳的红褐色或棕褐色	具有鲜艳的浅红褐色或棕褐色	具有鲜艳的浅棕褐色
香气	酱香浓郁，无不良气味	酱香较浓，无不良气味	有酱香，无不良气味	微有酱香，无不良气味
滋味	味鲜美、醇厚，咸淡适中，无异味	鲜美、纯正，咸淡适中，无异味	味较鲜、纯正，咸淡适中，无异味	味正，咸淡适中，无异味
体态	澄清，浓度大	澄清，浓度较大	澄清，浓度适中	澄清，浓度较小

表 4-39　低盐固态发酵酱油理化指标（g/100mL）

项目	特级	一级	二级	三级
可溶性无盐固形物	≥20.00	≥18.00	≥15.00	≥10.00
全氮（以氮计）	1.60	1.40	1.20	0.80
氨基态氮（以氮计）	0.80	0.70	0.60	0.40

2. 豆酱的加工

豆酱是以大豆为主要原料的一种酱类，也称为黄豆酱、黄酱或大豆酱，北方又称为大酱。它是利用米曲霉为主的微生物作用而制得，因此其制曲和发酵与酱油基本相同。由于大豆酱往往直接作为菜肴食用，所以卫生方面要求较为严格。

1）豆酱的分类　豆酱（黄酱）分为黄稀酱和黄干酱，还有黑酱（表 4-40）和瓜子酱，均采用大豆、面粉制曲，但瓜子酱的特点是面粉多、大豆少。以豆酱（黄酱）及面酱（甜面酱）为主料，再加入各种辅料，如花生、芝麻、辣椒、虾米、肉类及其他调味料，可以制成许多各式花色酱制品，品种十分繁多。

表 4-40　豆酱的分类

产品	制曲原料	发酵工艺
黄稀酱	大豆、面粉	低盐固态发酵或盐水发酵
黄干酱	大豆、面粉	低盐固态发酵
黑酱	大豆、面粉	高温发酵

2）酱和曲的制造原理　所有豆酱均需经过原料处理、制曲、配料混合和发酵工序。原料处理包括浸泡和加热，浸泡可水化蛋白质和其他成分，利于后来加热时蛋白质变性和豆子软化。加热的作用：使蛋白质变性从而易被曲中霉菌利用，易被酶水解；使胰蛋白酶抑制剂和血细胞凝集素失活；软化大豆；杀灭大豆中的微生物，去除豆腥味等。小麦粉使用前通常汽蒸或焙炒，使 β-淀粉转化为 α-淀粉，从而易被霉菌产的淀粉酶利用。

制曲过程中，霉菌产酶主要有蛋白酶、淀粉酶、谷氨酰胺酶、半纤维素酶、果胶酶和酯酶等。前三种酶对最终产品的品质影响较大。当然还有一些其他酶，甚至有些未被发现的酶在起作用。例如，米曲霉生产酱和酱油时通常会产生可水解皂苷的皂苷水解酶。发酵时产生把淀粉水解成糊精、麦芽糖和葡萄糖的淀粉酶，使产品有甜味；还产生把蛋白质、多肽水解成水溶性含氮化合物如寡肽和氨基酸的蛋白酶、肽酶等；同时产生把油脂水解为甘油和脂肪酸的脂肪酶。豆酱的鲜味主要源于谷氨酸。

酶解过程产生的单糖被酵母和乳酸菌利用，在无氧条件下分解为酸、醇和其他物质，如非挥发性胺类［包括酪胺、组胺和苯乙胺（phenethlamine)］。已有酪胺、组胺的产生菌从酱中分离出来。

豆酱生产中常见的酵母菌是耐高盐酵母菌，如能耐 18%的食盐。另外，重要的酵母菌还有易变球拟酵母和埃契氏球拟酵母等。鲁氏接合酵母为发酵型酵母，能利用葡萄糖发酵生成乙醇、甘油和琥珀酸等，这些成分既是豆酱的风味物质又是香气成分，特别是乙醇，它是多种香气成分的前驱物质。易变球拟酵母和埃契氏球拟酵母为酯香型酵母，能生成 4-乙基愈创木酚、4-乙基苯酚等香气成分。

乳酸菌与酵母菌的联合作用生成的乳酸乙酯是豆酱香气的一种特殊成分，若在酱醅发酵期人工添加纯种培养的酵母菌，低温下进行较长时间的发酵，会使豆酱具有较理想的香气。

发酵和老化过程中，伴随着复杂的化学和生物反应，如酸与醇合成生成酯，氨基酸与糖反应产生部分颜色和风味，所以通常色深的产品风味浓郁。

3）曲法大豆酱的生产工艺

（1）以大豆为原料的制酱工艺。

A. 原料。

大豆。虽然几乎所有的大豆均可制酱，但最好选用符合下述要求的大豆：种皮薄，颗粒均匀，无皱皮，相对密度大，吸水率和持水率高，可溶性碳水化合物高，蛋白质含量高而含油和含钙量低，干燥无霉烂变质现象。

面粉。面粉是主要的碳源，通常使用未变质的标准粉。

食盐。因酱类可直接食用，故应选用纯度高达95%的再制盐，且要求盐中铁的含量低于1×10^{-6}。

水。酱中含水约55%。因钙可导致蒸煮大豆变硬，而铁离子可加速酱在发酵和贮藏期的褐变，故制酱用水应符合饮用水标准，钙、铁含量低。

B. 制曲。原料配比为大豆100kg、标准粉40～60kg。大豆处理主要为洗涤、浸泡和蒸煮工序，均与酱油生产的天然晒露法相同。面粉处理可炒焙或干蒸，也可加少量水后蒸熟，但蒸后水分增加，不利于制曲。

制曲工艺流程如图4-46所示。制种曲的菌株多用米曲霉3.040或3.042。种曲用量为原料量的0.15%～0.30%，接种前种曲先与面粉拌和均匀。为减少豆酱中麸皮含量，最好使用从种曲中分离出的孢子（曲精）。

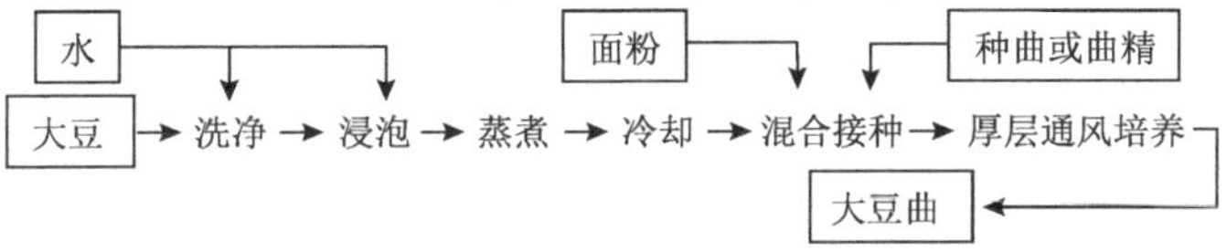

图4-46 制曲工艺流程

制曲方法基本与酱油生产相同，接种品温40℃左右。由于豆粒较大，水分不易挥发，故制曲时间应适当延长。可用2日曲或3日曲，大多用2日曲。但这两种曲含水量不同，可在制曲添加盐水时酌情增减。

C. 制酱。豆酱发酵方法与酱油生产相同，有晒露法、保温速酿法、无盐固态发酵法及低盐固态发酵法等。目前普遍采用低盐固态发酵法，其成品色泽浓厚、味浓醇、后味强、香气好，能与晒酱相媲美，制酱工艺流程如图4-47所示。

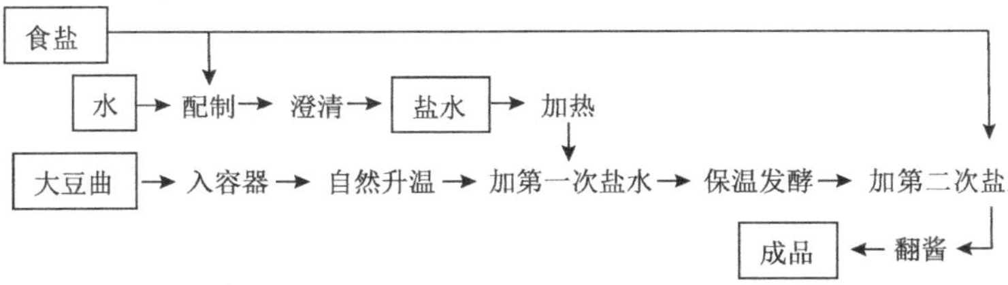

图4-47 制酱工艺流程

盐水用量。100kg 大豆曲，第一次加 14.5°Bé 盐水 90kg。酱醅前发酵结束后，再加 24°Bé 盐水 40kg 及细盐 10kg。食盐水需置于澄清桶内澄清后使用。

制酱操作。先将大豆曲置于发酵容器内摊平并稍加压实后，品温很快自然上升至 40℃左右。此时可加入 60～65℃的盐水，并用一层细盐封面、加盖。加盐水后品温通常为 45℃左右，以后每天早、晚各检查一次品温，维持该温约 10 天后，再第二次添加食盐水并用细盐封面。然后通入压缩空气，使细盐溶化并与物料混合均匀，再在室温下发酵 4～5 天即可。

成品。豆酱出厂前需控制卫生，使产品品质符合国家 GB2718—2003 的“酱类卫生标准”。

（2）以豆片为原料的制酱工艺。

A. 豆片处理。将大豆除杂后，加温至 60～70℃，使其软化并及时压成片状，再破碎成 2～3mm 颗粒，输入旋转式蒸煮锅。先通入蒸汽干蒸，待压力升至 0.050～0.075MPa 时，停止进汽。气压下降后，每 100kg 豆片加水 60～70kg。边旋转边润料 20min，然后降压出锅。也可不干蒸而直接加 80℃水 50kg，经拌和机拌匀后入蒸煮锅，0.15MPa 蒸 30min 即可。熟豆片呈棕黄色。

B. 制曲。同整粒大豆制曲。

C. 制酱。先将豆片曲堆积自然升温至 40℃左右，再按 100kg 豆片加入 19°Bé、50℃澄清盐水 150kg，由绞龙输入发酵容器。成曲拌盐水以先少后多为原则，最后将剩余盐水浇淋于面层，然后耙平并轻轻压实。用聚乙烯薄膜封口，并加盖保温。

发酵的第 1～5 天、第 6～10 天、第 11～15 天品温分别控制在 45℃、47℃和 52℃左右。其间第 5 天及第 10 天，各翻酱 1 次。

D. 后处理。磨细。成品酱直接出售，也可用钢磨磨细，磨细时可按酱体的干湿度适当添加盐水，以达质量指标。

杀菌、加防腐剂。为了符合产品质量指标，豆酱需灭菌。可将酱用夹层锅或盘管加热至 65～70℃，保温 10～15min，趁热包装即为成品。也可趁热加入酱 0.1%的苯甲酸钠，作为散装成品出厂。

4）**酶法酿制豆酱工艺**　　酶法酿制豆酱采用固态酶制剂或液态酶制剂两种方法。下面介绍固态酶制剂的制酱工艺。

（1）固态酶制剂的制备。

A. 菌株。沪酿 UF328。

B. 种曲制备。从菌种试管斜面、三角瓶培养到曲盘制种曲的培养过程，同酱油生产。

C. 固态粗酶制剂制法。

原料处理。按麸皮 3 份、玉米粉 3 份、糖糟 3 份、米糠粉 1 份的比例混合，再添加碳酸钠 1%～2%、水 75%；或豆饼粉 3 份、玉米粉 4 份、麸皮 3 份混合，再加碳酸钠 2%、水 75%，然后将物料输入加压蒸料桶，在 0.1MPa 压力下蒸 20min 后，冷却至 40℃。碳酸钠应先溶解于水后，再拌入原料中。

接种。接入原料质量 0.3%～0.4%的种曲拌匀后，输入厚层通风制曲池。

开始培养到第一次翻曲。初始室温为 28～30℃，品温为 30～32℃。先静置培养，经 8～10h 后，品温上升至 35～37℃时，进行间歇通风，使品温维持在 30～32℃。当品温高于 32℃而采取间歇通风不能降温时，则应进行连续通风，以控制品温为 32～35℃。培养 14～15h 后，曲料表面已明显生长白色菌丝，料层边已结块，品温迅速升至 37℃或更高，应进行第一次翻曲或铲曲，使品温下降。

第二次翻曲及补水。第一次翻曲后，继续连续通风培养 20～22h，曲料菌丝丛生、水分较少。这时即可进行第二次翻曲，并补加用 NaOH 溶液调至 pH 为 8～9 的水。补水量以曲料含水量达 50%左右为准。

第三次翻曲、成曲。补水拌匀后，继续通风培养，保持室温 26～28℃、品温 30～32℃。培养至 32～34h，进行第三次翻曲或铲曲，并在室内地面泼水，以保持曲室相对湿度达 98%左右，使曲料不生干皮而菌丝得以旺盛生长、产酶量大。经 46～48h 培养，中性蛋白酶活力达 5000U/g 以上时，即可出曲。成曲在 40℃以下干燥至水分 10%以下，粉碎后即为粗酶制剂。

（2）原料及其处理。

A. 原料配比。大豆 100kg、面粉 40kg、24°Bé 盐水 280kg。

B. 大豆处理。将大豆压扁后加水 45%拌匀，入蒸锅以 0.15MPa 压力蒸 30min 即可。

C. 面粉处理。将总量 97%的面粉加 30%水拌匀后，在常压蒸锅中蒸 15～20min，或在压力锅中 0.05MPa 压力下蒸 2min。蒸熟的面糕呈玉色，入口时不粘牙，味微甜。

（3）制醪。将总量 3%的面粉加盐水调为 20°Bé，再加氯化钙 0.2%，并用碳酸钠调 pH 至 6.2。然后加 100U/g 原料面粉的 α-淀粉酶，搅匀后升温至 85～90℃，保温液化 10～15min，再升温至 100℃灭菌 2～3min，然后冷却至 65℃并加入 As.3.324 黑曲霉 7%，保温糖化 3h。醪液糖化后冷却至 30℃，接入 5%的乙醇酵母培养液，25～28℃发酵 3 天即成酒醪。

（4）制豆酱。将上述熟豆片和面糕混匀并降温至约 50℃，加盐水、酒醪及粗酶制剂（中性蛋白酶活力为 350U/g 大豆原料），充分拌匀后输入发酵池。

发酵期为 15 天，前期、中期和后期各为 5 天，控制品温分别为 45℃、50℃、55℃。期间每 2 天翻酱 1 次。若条件允许，可将成熟豆酱降至常温后再陈酿 1 个月，以利于增香。

成熟豆酱经磨细，65～70℃灭菌 10～15min 后，即可趁热包装为成品；也可加入 0.1%的苯甲酸钠，作为散装成品出厂。酶法豆酱的质量指标与曲法豆酱相同。

5）豆酱成品质量　豆酱的质量标准（GB/T24399—2009），有感官指标、理化指标和卫生标准等内容（表 4-41～表 4-43），供参考。

表 4-41　豆酱感官指标

项目	内容
色泽	红褐色或棕褐色，鲜艳，有光泽
香气	有酱香和醇香气，无其他不良气味
滋味	味鲜而醇厚，咸淡适口，无苦味、焦煳、酸味及其他异味
体态	黏稠适度，不稀不稠，无霉花，无杂质

表 4-42　豆酱理化指标（g/100g）

项目	指标	项目	指标
水分	≤60.00	氨基态氮（以氮计）	≥0.60
食盐	≥12.00	还原糖（以葡萄糖计）	≥3.00
总酸	≤2.00		

表 4-43　豆酱的卫生标准（GB/T 24399—2009）

项目	指标	项目	指标
砷（以 As 计）/（mg/kg）	≤0.5	食品添加剂	按 GB2760 规定
铅（以 Pb 计）/（mg/kg）	≤1	大肠菌群/（MPN/100mL）	≤30
黄曲霉毒素 B_1/（μg/kg）	≤5	致病菌（系指肠道致病菌）	不得检出

注：MPN 为大肠杆菌最大可能数

3. 豆豉的加工

豆豉是我国传统的发酵食品，自古以来就广泛用于烹调菜肴，在日本及东南亚食用也较为广泛。豆豉主要是用大豆或黑豆接种发酵而成。

1）豆豉的种类　我国豆豉种类繁多，有咸豆豉与淡豆豉之分。淡豆豉主要是药用，加入不同的调味辅料即可衍生出各具特色的调味型豆豉。

豆豉按水分含量的高低又可分为干豆豉与水豆豉两种。干豆豉豆粒松散完整，油润光亮，多产于南方，如湖南豆豉、四川豆豉。水豆豉在发酵时加入水分多，产品含水量较高，豆豉柔软黏连，多产于北方及一般家庭制作。

按制曲时参与的微生物不同，豆豉又可分为曲霉型、毛霉型和细菌型 3 类。利用曲霉酿造豆豉是我国最早、最常用的方法。毛霉型豆豉在全国同类产品中产量最大，也最富有特色，主要产于四川，以三台豆豉最负盛名。细菌型豆豉产量甚少，以山东水豉为代表，一般家庭制作大都属细菌型豆豉。

2）豆豉的一般生产过程

（1）工艺流程。豆豉的生产工艺流程如图 4-48 所示。

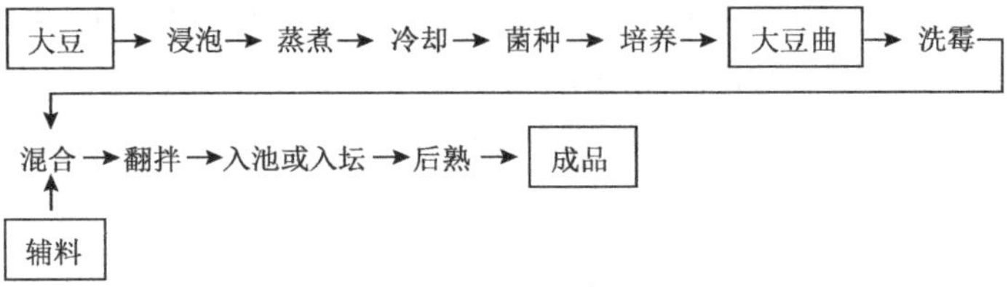

图 4-48　豆豉的生产工艺流程

（2）原料处理。豆豉以豆类为原料，尤以黑豆为佳。黑豆皮较厚，制出的成品色黑，颗粒松散，不易发生破皮烂瓣现象，且含有黑色素，营养价值较高。

A. 选料。选择颗粒饱满均匀、新鲜，蛋白质含量高，无虫蚀、无霉烂变质及杂质少的成熟大豆。

B. 浸泡。称取大豆入池，加水淹没豆子 30cm 左右，水温在 40℃以下，浸泡 2～5h。视气温情况要灵活掌握，中间要换一次水。至 90%以上豆粒无皱皮、含水量 45%左右为宜。

C. 蒸煮。民间制作多用水煮豆，后改为蒸。蒸豆用常压蒸煮 4h 左右，工业生产采用旋转式高压蒸煮罐，在 0.1MPa 压力下蒸 1h 左右即可，以含水量 45%左右为宜。蒸后的熟豆有豆香味，易粉碎，用手指捻压能成薄片。水分过低对微生物生长繁殖和产酶均不利，成品发硬不酥；水分过高时制曲控温困难，杂菌易于繁殖，豆粒容易溃烂。

（3）制曲。传统豆豉制曲为自然接种，利用适宜的温度、湿度等条件，促使有益于豆豉酿造的微生物生长繁殖并产生复杂的酶系，生成丰富的代谢产物，使豆豉具有鲜美的滋味和独特的风味。由于利用微生物不同，制曲工艺也有差异，现分别介绍如下。

A. 曲霉制曲。

a. 天然制曲。大豆蒸煮后冷却至35℃，装入竹簸箕（内厚2～3cm，四周厚，中间薄），移入曲室，在室温26～30℃、品温25～35℃条件下培养。

入室24h品温上升，豆粒稍有结块。48h左右表面布满菌丝，豆粒结块，品温可达37℃，此时进行第一次翻曲，用手搓散豆粒，并互换竹簸箕上下位置使温度均匀，有利于分生孢子的形成，翻曲后品温下降至32℃左右。再过48h品温又回升到35～37℃，应开窗通风降温，保持品温33℃左右。当曲料又结块且出现嫩黄绿色孢子时，进行第二次翻曲。以后保持品温在28～30℃，6～7天出曲。成曲水分含量21%左右，豆粒有皱纹，孢子呈暗黄绿色，用手一搓可看到孢子飞扬，掰开豆粒内部大都可见菌丝。

天然制曲受季节气温的限制，不能常年生产，且制曲周期较长，因而制约了豆豉生产的发展。近年来采用酿造酱油的优良菌株沪酿3.042接种制豆豉曲，制曲周期仅3天，可以常年生产。

b. 纯种制曲。大豆经煮熟出锅，冷却至35℃，接入沪酿3.042种曲0.3%，拌匀入室，装入竹簸箕中，厚2cm左右。保持室温25℃，品温25～35℃，22h左右豆粒结块，表面布满白色菌丝。当品温上升至35℃左右，进行第一次翻曲。72h左右豆粒布满菌丝和黄绿色孢子即可出曲。采用沪酿3.042酿制的豆豉味鲜。福建省福安酱醋厂以沪酿3.042为出发菌株，诱变筛选出一株蛋白酶活力较低但风味好的新菌株曲霉3.798，用于豆豉制曲，产品颗粒松散完整，醇香浓郁，滋味鲜美，理化指标符合专业标准。

B. 毛霉制曲。

a. 天然制曲。大豆经蒸煮，冷却至30～35℃，入曲室上簸箕或晒席（厚度3～5cm），冬季入房，室温2～6℃，品温5～12℃。制曲周期因气候变化而异，一般15～21天。入室3～4天豆豉可见白色霉点；8～12天菌丝生长整齐，且有少量褐色孢子生成；16～26天毛霉转老，菌丝由白色转为浅灰色，质地紧密，直立，高度0.3～0.5cm，同时紧贴豆粒表层有暗绿色菌体生成，此时即可出曲。每100kg原料可得成曲125～135kg。

自然毛霉制曲要求温度低，只能在冬季生产，制曲周期长不利于生产的发展。四川省成都市调味品研究所从自然豆豉曲中分离出纯种毛霉，经过耐热驯化，定名为M.R.C-1号菌种，具有在25～27℃下生长迅速，菌丝旺盛，适应性强，蛋白酶、糖化酶等主要酶系活力高的特点，制成曲质量好，不受季节性限制，可以常年生产。制曲周期由15～21天短到3～4天，制成品的感官、理化和卫生指标均能达到优质毛霉型豆豉的质量标准。

b. 纯种制曲。大豆蒸煮后，冷却至30℃，接种纯种毛霉种曲0.5%，拌匀后入室。装入已杀菌的簸箕内，厚3～5cm，保持品温23～27℃培养。入室24h左右豆粒表面有白色菌点，36h豆粒布满菌丝且略有曲香，48h后毛霉生长旺盛，菌丝直立由白色转为浅灰色，孢子逐渐增多，通常第3天即可出曲。

C. 细菌制曲。山东水豉及一般家庭制作豆豉大都采用细菌制曲。家庭小量制作时，将大豆水煮，捞出沥干，趁热用麻袋包裹，保温密闭培养，3～4天后豆粒表面布满黏液，可牵拉成丝，并有特殊的豆豉味即可出曲。

值得注意的是，在干燥荒漠地区制作细菌型豆豉，有时会伴生肉毒杆菌。新疆地区曾发生多起食用家庭制作的细菌型豆豉导致肉毒杆菌中毒的事件。

（4）制醅发酵。豆豉制曲方法各异，产品种类繁多，制醅操作各不相同，现分别介绍如下。

A. 米曲霉干豆豉。

a. 水洗。水洗的目的在于洗去豆粒表面附着的孢子、菌丝和部分酶系，使豆豉生产原料的水解有一定限度。一方面，大豆中的蛋白质、淀粉能在一定的条件下分解成氨基酸、糖、醇、酸、酯等以构成豆豉的风味物质；另一方面，不致因过度分解使可溶物增多而从豆粒中流失出来，造成豆粒表面粗糙、变形和失去光泽，因而能使产品保持颗粒完整、油润光亮的外形和特殊的风味。此外，经过水洗去除菌丝和孢子可以避免产品有苦涩味。

将成曲倒入盛有温水的池（桶）中，洗去表面的分生孢子和菌丝，然后捞出装入筐中，用水冲洗至成曲表面无菌丝和孢子，且脱皮甚少。整个水洗过程控制在 10min 左右，避免因时间过长豆豉曲吸水过多而造成发酵后豆粒容易溃烂。水洗后成曲水分为 33%～35%。

b. 堆积吸水。水洗后将豆曲沥干、堆积，并间歇洒水，调整豆曲含水量 45%左右。水分过高会使成品脱皮、溃烂，失去光泽；水分过低对发酵不利，成品发硬，不酥松。

c. 升温加盐。豆曲调整好水分后，加盖塑料薄膜保温。经过 6～7h 的堆积，品温上升至 55℃，可见豆曲重新出现菌丝，有特殊的清香气味，即可迅速拌入食盐。

d. 发酵。成曲升温后加入 18%的食盐，立即装入罐中至八成满。装时层层压实，盖上塑料薄膜及盖面盐，密封置室内或室外常温处发酵，4～6 个月即可成熟。

e. 晾豉。将发酵成熟的豆豉分装在容器中，放置阴凉通风处晾干至水分在 30%以下即为成品。

B. 米曲霉调味水豆豉。

a. 晾晒扬孢。将成曲置阳光下晾晒，使水分减少便于扬去孢子，避免产品有苦涩味。在晾晒过程中紫外线照射可以消灭成曲中的有害微生物，有利于制曲发酵。成曲晒干后扬去孢子备用。

b. 加调味料。取西瓜瓤汁与食盐、香料等混匀，加入晒干去衣的成曲，拌匀装入缸中置于阳光下。待食盐溶化、豉醅稀稠适度即可装坛。

c. 原料配比。大豆 100kg、西瓜瓤汁 125kg、食盐 25kg、陈皮丝、生姜、茴香适量。

d. 发酵。豉醅装坛后密封置室外阳光下发酵 40～50 天即可成熟。成品即西瓜豆豉；以果汁或番茄汁代替西瓜瓤汁即为果汁豆豉、番茄汁豆豉。

C. 毛霉型豆豉。

a. 拌料。将成曲倒入拌料池内，打散加入定量食盐、水，拌匀后浸焖 1 天，然后加入白酒、酒酿、香料等拌匀。

b. 发酵。将拌匀后的醅料装坛或浮水罐中，装时层层压实至八成满，压平，盖塑料薄膜及盖面盐后密封。用浮水罐装的不加老面盐，加上倒覆盖，罐缘加水，经常保持不干涸，每 7～10 天换 1 次水，以保持清洁。用浮水罐发酵的成品最佳。装罐后置常温处发酵 10～12 个月即可成熟。

c. 原料配比。大豆 100kg、食盐 18kg、白酒 3kg（体积分数为 50%以上）、酒酿 4kg、水 6～10kg（调整醅含水量在 45%左右）。

D. 无盐发酵制醅。以上的发酵醅中均加入一定量的食盐，以防止腐败和调味。由于醅中大量食盐的存在抑制了酶的活力，致使发酵缓慢，成熟期长。无盐制醅发酵没有食盐对酶活力的抑制作用，发酵期可缩短到 3～4 天，同时利用豆豉曲产生的呼吸热和分解热可以达到防止发酵醅腐败的温度。

a. 米曲霉曲无盐发酵。成曲用温水迅速洗去豆粒表面的菌丝和孢子，沥干倒入拌料池，洒入 65℃左右的热水至含水量为 45%左右。立即投入保温发酵罐中，上盖塑料薄膜后加盖面盐，保持品温 55～60℃。56～57h 出醅，然后在拌料池中加入 18%的食盐，拌匀后装入罐或其他容器内，静置数日待食盐充分溶化均匀即可。如无保温发酵容器，成曲拌入热水至含水量 45%左右，并加入 4%的白酒（体积分数为 50%以上），加盖塑料薄膜及其他保温覆盖物堆积升温，56～72h 后即可再拌入 18%的食盐。加白酒的目的是预防自然升温产生腐败。

b. 毛霉曲无盐制醅。成曲加 65℃热水至含水量 45%，加入配料中的白酒、酒酿，迅速拌匀，堆积覆盖自然升温或入保温发酵容器中，保持品温 55～60℃。56h 后，加入定量食盐即得成品。

（5）包装。包装容器必须具有经济实用、造型美观、携带方便、易于保存和食用方便的特点。豆豉包装有塑料袋、复合塑料袋、纸筒内衬塑料袋的小包装和竹篓、瓦罐大包装。包装容器要清洁卫生并经过灭菌处理，包装时要注意清洁卫生，防止污染。

3）*产品质量*　产品的感官指标、理化指标、卫生标准分别见表 4-44～表 4-46。

表 4-44　豆豉的感官指标

项目	米曲霉干豆豉	毛霉型豆豉
色泽	黑褐色，油润光亮	黑褐色，光亮
香气	酱香，酯香浓郁	酯香浓郁，无不良气味
滋味	无不良气味，咸淡可口，无苦涩味	鲜美可口，无苦涩味
体态	颗粒完整，松散	颗粒完整，松散成形

表 4-45　豆豉理化指标

项目	指标	
	米曲霉豆豉	毛霉型豆豉
水分/%	≤30	44
蛋白质/%	25	22
氨基态氮（以氮计）/%	0.6	0.6
总酸（以乳酸计）/%	2.0	2.0
盐分（以 NaCl 计）/（g/100g）	12	12
还原糖（以葡萄糖计）/%	2.5	2.2

表 4-46　豆豉的卫生指标

项目	指标	项目	指标
杂菌总数	<45 万个/g	铅（以 Pb 计）	<1mg/kg
大肠杆菌群近似值	≤30 个/10	食品添加剂	按 GB2760—2014 规定
致病菌	不得检出	黄曲霉毒素	<5μg/kg
砷（以 As 计）	<0.5mg/kg		

4. 腐乳的加工

腐乳的生产过程是将大豆浸泡，经磨浆、滤浆、煮浆、点脑（点浆）、压榨、切块制成豆腐白坯，再经过接种、前期培菌、搓毛、盐渍成盐坯（也有不经盐渍成盐坯的），将配制好的汤料与盐坯一同装入坛中密封，经自然或保温发酵而成。

腐乳的营养价值很高，含蛋白质14%以上、脂肪5%以上、碳水化合物6%以上，每100g热量为544kJ，并含有较多的B族维生素，尤其是维生素B_{12}，100g红腐乳中维生素B_{12}含量为0.7mg，而每100g青腐乳中维生素B_{12}含量为1.88～9.80mg。其蛋白质在微生物酶的作用下生成低分子肽及氨基酸，尤其是必需氨基酸含量较为丰富。

1）腐乳的品种　腐乳又称为豆乳腐，其口味鲜美、风味独特、质地细腻、营养丰富，是我国著名的传统酿造调味品之一，至今已有1000余年的历史。古籍中常见有酱腐乳、糟腐乳、白腐乳的记载，清朝初期又创造了青腐乳（臭豆腐）的制造方法，形成腐乳中风味独特的产品。我国现代腐乳的种类很多，大体上可分为红腐乳、白腐乳、青腐乳、酱腐乳及各种花色腐乳，主要是以表面的颜色、原材料的配方及酿造后呈现出来的不同风味而区分，生产工艺过程大体相同。

2）腐乳生产机制　用大豆酿制腐乳的过程主要是蛋白质变化的过程，这种变化主要是靠物理化学和生物化学变化来完成的。物理化学过程主要是浸豆、磨豆、滤浆、煮浆、点浆、上榨、压榨、划块成型等。生物化学过程主要是将白坯培养成为毛坯，称前期培菌（发酵），在此期间分泌各种酶系，主要是蛋白酶，然后腌制并配入各种辅料（红曲、面曲、酒酿等）进行后期发酵。按其生产工序可分为制豆腐坯（又称为白坯）、前期培菌（发酵）及后期发酵。

（1）大豆蛋白在豆腐坯制作过程中的变化机制。豆腐坯制作过程中的变化机制即豆腐加工过程中蛋白质的变化机制，在第四章第一节已经作了详细的介绍，这里不再论述。

（2）毛霉生长变化过程与发酵机制。

A. 毛霉生长变化过程。在酿造腐乳过程中，毛霉培养分3个步骤。首先是在无菌室内进行试管移植，在（30±1）℃培养72h（即第二代）。其次是以麸皮或大米为培养基进行克氏瓶接种培养，一般在28～30℃培养72h（即第三代），也称为扩大培养。克氏瓶内菌种的质量要求是：菌丝饱满、粗壮有力、有浓厚的曲香气，瓶底板无花斑点（杂菌）。再次是前期培菌，以豆腐坯为培养基，将克氏瓶中菌种均匀接种于豆腐坯表面。在培养过程中，要求相对湿度控制在（95±1）%。这样既有利于毛霉生长繁殖，又能保持菌丝白嫩，还能延长产酶期。

前期培菌阶段，毛霉的生长大致分为孢子发芽生长期、菌丝生长旺盛期和菌丝产酶期。在菌丝生长前期，坯中蛋白质已开始被酶水解，水溶蛋白增多。

B. 发酵机制。腐乳发酵分为前期培菌（发酵）和后期发酵。前期培菌主要是培养菌系，后期发酵主要是酶系与微生物协同参与生化反应的过程。

前期发酵的作用有两点：一是使坯表面有一层菌膜包住，形成腐乳的形状；二是使毛霉分泌大量蛋白酶，以利于蛋白质水解。在蛋白质水解过程中需要多种酶系，主要是内肽酶和外肽酶的协同作用。经过前期培菌后，豆腐坯的含水量由原来的73%下降到64%，毛坯块形状变小、坯身变硬，毛坯中的氨基酸含量达0.08%～0.14%。

腌制的目的是使毛坯渗透盐分，析出水分，坯身收缩，坯体变硬。咸坯入坛后加酒的目的首先是利用乙醇抑制微生物的生长繁殖，防止霉变；其次是利用乙醇对蛋白酶的抑制作用，使蛋白酶作用缓慢，促进其他生化反应，生成腐乳的香气；再次，乙醇能合成酯类等芳香物质，形成腐乳独特的风味。

脂肪酶将脂肪水解为甘油及脂肪酸，甘油可被细菌进一步转化为各种有机酸。

（3）腐乳色、香、味、体的形成机制。

A. 色。按添加配料的不同，腐乳大致分为白腐乳和红腐乳2种。前者不添加红曲，成品呈黄白色至金黄色；后者添加红曲，使成品染上红色。

豆腐发酵后，从原来的白色变为黄白色乃至金黄色，这与氧化酶有关。酪氨酸酶催化酪氨酸氧化成为多巴醌，多巴醌经分子内部加成及重排和进一步氧化、偶合后形成高聚物，这就是黑色素。因此，白腐乳暴露于空气中即逐渐变黑，故常在后发酵时用纸盖在腐乳表面，让腐乳汁液浸没腐乳表面，后发酵成熟时将纸取出，添加封面食用油脂，以防腐乳变黑。

红腐乳的红色仅是一种覆盖在腐乳表面的红色素，汁液的红色也是红色素的悬浊液，这种红色素是由红曲霉所产生的。后发酵时，红色素稍溶于配料的酒中，但由于乙醇含量低，溶解度不大，因此只能使腐乳的表层染上红色，而腐乳内部还是淡黄色的。

B. 香。腐乳发酵虽然主要是靠毛霉（或根霉）的蛋白酶（红腐乳还有米曲霉及红曲霉的蛋白酶及淀粉酶）作用，但生产时难免感染上杂菌。腐乳中除毛霉（或根霉）及米曲霉、红曲霉之外，还有青霉、交链孢霉、枝孢霉、酵母菌、芽孢杆菌、链球菌、小球菌、棒杆菌等。由于它们的协同作用，使代谢产生的各种有机酸和乙醇形成多种酯类，构成腐乳的特殊香气。发酵后添加的各种辅料，如辣椒、胡椒、咖喱、芝麻油等，也赋予腐乳各具特色的香气。

C. 味。腐乳的鲜味来源是氨基酸，主要是谷氨酸钠、天冬氨酸钠、谷氨酰胺等，其中谷氨酸钠的呈味力最强。腐乳中氨基态氮含量为 0.5g/100g 以上。此外，菌体自溶后，核酸降解生成强助鲜剂——5′-鸟苷酸和 5′-肌苷酸，增添了腐乳的鲜味。

大豆含碳水化合物约 25%，淀粉含量仅为 0.4%～0.9%，生产时半纤维素与纤维素留在豆渣中，而蔗糖与野芝麻四糖则大量溶解于黄泔水，只有少量留在豆腐中。故发酵后用的卤汤以含糖分高的甜酒酿卤为主，同时还加入适量面曲等。成品腐乳含糖 5%左右，有适当的甜味。

蛋白质缓冲能力很强，虽然微生物代谢产生各种有机酸，pH 一般维持在 4.8～5.1，但口尝不会感到有酸味。腌制过程中加入的食盐，赋予了腐乳的咸味。

D. 体。腐乳外层的被膜是由霉菌的菌丝体构成的，质地嫩滑。若前发酵期霉菌生长均匀，被膜完整，则腐乳不易破碎，被膜内腐乳体态柔嫩；反之，则被膜不完整，腐乳易破碎。因此在前期培菌阶段应使霉菌生长旺盛，使腐乳坯表面都布满菌丝，且要防止杂菌污染。为此，除纯菌培养外，还要控制发酵温度、湿度及卫生状况。

豆腐坯经发酵后变得柔嫩，是由于蛋白质降解为相对分子质量较小的水溶性物质。如果腐乳口感粗糙，则说明蛋白酶活力低。

成熟腐乳酒味消失，具有腐乳特有的香气，相对密度较其汁液略小。转动包装瓶子时，腐乳会离开瓶底随之转动。

只要霉菌生长良好，控制腌坯用盐量、加酒量及腌制时间，腐乳就不会出现硬心或不成块等问题。

3）*腐乳生产的原料和辅料*　制造腐乳的原料主要是大豆，也有用脱脂大豆的。辅料的种类很多，主要有食盐、黄酒（或其他酒类）、红曲、面膏、食糖及各种香辛料。

（1）蛋白质原料。豆腐乳的蛋白质原料有大豆、冷榨豆片及豆粕 3 种。

A. 大豆。大豆是酿造豆腐乳的最好原料。因大豆未经提油处理，所以制成的腐乳柔、糯、细，口感好。

B. 冷榨豆片。冷榨豆片是大豆经低温榨油后的豆饼。其脂肪含量已显著减少，而蛋白质、糖分等所占比例相对增加。由于在榨油过程中受到温度等理化因素的影响，其中蛋白质已部分变性，因此用冷榨豆片制造的豆腐在质量和产量上都受到一定的影响。冷榨豆片的成分见表 4-47。

表 4-47　冷榨豆片的成分（%）

成分	水分	粗蛋白	粗脂肪	碳水化合物	灰分
含量	12	44～47	6～7	18～21	5～6

C. 豆粕。大豆经软化轧片处理，用溶剂萃取脱脂的产物称为豆粕。用于腐乳生产的豆粕要求采用低温真空脱溶法（80℃以下），使豆粕中保留较高比例的水溶蛋白（含量见表 4-48），以提高原料的利用率和品质。

表 4-48　低温真空脱溶豆粕中水溶蛋白保存率（%）

序号	名称	粗蛋白	水溶蛋白	水溶蛋白占粗蛋白的百分率	水溶蛋白保存率
1	大豆	40.69	36.99	90.91	95.41
	粕	49.08	42.57	86.74	
2	大豆	40.04	36.89	92.13	94.30
	粕	47.85	41.57	86.88	
3	大豆	40.61	37.53	92.42	95.35
	粕	48.57	42.80	88.12	
4	大豆	40.25	36.85	91.55	92.44
	粕	46.98	39.76	84.63	
5	大豆	40.74	37.63	92.37	95.11
	粕	47.24	41.50	87.85	
6	大豆	40.30	36.95	91.69	95.81
	粕	47.33	41.58	87.85	
7	大豆	39.69	36.82	92.77	93.75
	粕	49.21	42.80	86.97	
8	大豆	39.63	36.58	92.30	94.38
	粕	48.26	42.04	87.11	
平均		44.15	39.43	89.52	94.57

注：1～8 为平行试验

（2）水和凝固剂。水和凝固剂与豆腐加工工艺中相同，在第四章第一节已经作了详细的介绍，这里不再论述。

（3）食盐。腐乳腌坯时需要适量的食盐。食盐在腐乳中有多种作用，如使产品具有咸味、与氨基酸结合增加鲜味、抑制某些微生物生长、防止豆腐乳变质等。对食盐的质量要求是干燥且含杂质少。

（4）调味料。调味料的主要作用是改变豆腐乳的风味，增加花色品种。

A. 黄酒。黄酒具有酒度低、性醇和、香味浓的特点，酿造时适量加入，可增加香气成分和特殊风味，提高豆腐乳的档次。

B. 红曲。红曲是红曲霉菌在米粒上繁殖而成的曲米，红曲色素由红曲霉红素（$C_{22}H_{24}O_5$）和红曲霉黄素（$C_{17}H_{22}O_4$）组成。红曲霉红素和红曲霉黄素微溶于水，易溶于乙醇、乙酸、丙酮等有机溶剂中，芳香无异味，稀溶液呈鲜红色，浓度增大后呈红褐色，经光照会退色。

酿造腐乳时，添加红曲色素可把坯表面染成鲜红色。

C. 面曲。面曲即面糕曲，是制面酱的半成品。腐乳酿造时使用晒干的面曲可给后发酵增加酶源，使成品中糖分含量增加。

D. 糟米。糟米也称为酒酿糟，是制糟方的主要辅料。糟方腐乳外形美观、饱满，风味别致，糟香扑鼻，可促进食欲。

腐乳生产中使用的调味料还有花椒、红辣椒、茴香、陈皮、大蒜、葱、姜等。

4）腐乳生产工艺　　腐乳生产工艺流程如图 4-49 所示。

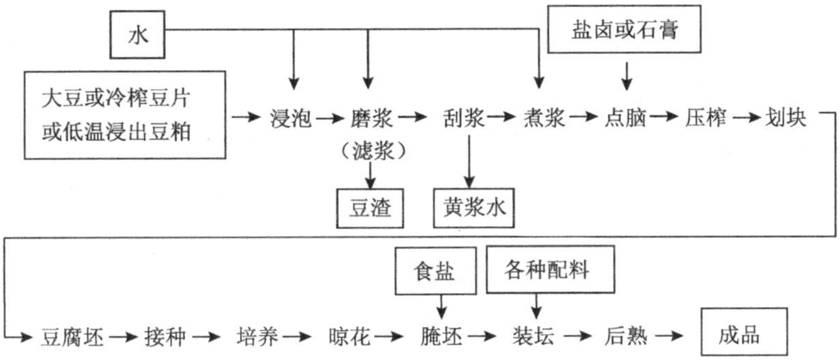

图 4-49　豆腐乳生产工艺流程

（1）豆腐坯制作。制豆腐坯的过程与第四章第一节介绍的豆腐加工过程相同。用切块机将压榨好的豆腐坯按各地区品种规格要求切成小块。划块有热划、冷划两种。如果趁热划块，则划块时要适当放大，使划成的豆腐坯冷却后的大小符合规格；冷划是待豆腐坯冷却、水分散发、体积已缩小后，再按原定的规格大小划。豆腐坯制成后，立即接种，并进行培养。

（2）前期培菌。

A. 接种。取生长良好的新鲜克氏瓶斜面，每瓶加入冷开水 750～1000mL（热天适当减少）。用接种环洗下孢子，用纱布过滤后，制成的孢子悬液作接种用。

将豆腐坯摆入笼格或框内，侧面竖立放置，均匀排列，其竖立 2 块之间需留有一块大的空隙。将孢子悬液按每 100kg 大豆使用两只克氏瓶孢子的比例（夏天加倍）喷雾到豆腐坯上，使豆腐坯的前、后、左、右、上 5 个面喷洒均匀。

B. 培养与晾花。豆腐坯接种后，将笼格或框置于培养室内叠放，上层加盖。培养的室温要求保持在 26℃，在 20h 后才见菌丝生长，可进行一次翻笼（上下笼格调换）以调节上下温差，使生长速度一致；28h 后菌丝已大部分生长成熟，进行第二次翻笼；44h 后进行第三次翻笼，此时菌丝生长较快、较密；52h 后菌丝基本上长好，开始适当降温；68h 后散开笼格冷却。

夏天气温较高，如无降温设备，豆腐坯接菌种后，表面水分要吹干才可进入培养室。入室后需使水分再度挥发才能盖布。10h 后可见菌丝生长，13h、20h、25h 后分别进行第一次、第二次和第三次翻笼，28h 后菌丝已基本长好，32h 后散开笼格降温，前期发酵即可结束，这种散开笼格降温的过程，在工艺上称为晾花。降温时间应在菌种全面长好时进行，过早将影响菌丝的生长繁殖，过晚则因温度升高而影响产品质量。降温一方面使菌丝成熟，增强酶的活性；另一方面可迅速冷却，延长产酶期。

（3）后期发酵。

A. 腌坯。前期发酵结束即可进行腌坯。腌坯的操作是在离缸底 18～20cm 处铺放圆形木板一块，中心有直径约 15cm 的孔，把豆腐毛坯放在木板上沿缸壁外周逐渐排至中心，每圈相互排紧。在排列时，未长菌丝的一面应靠边，勿朝下，防止成品变形。

在排毛坯的过程中，先在底部木板上撒上薄层食盐，再按分层加盐的办法将盐撒到坯上，并逐层增加，最后在缸面铺上较厚的盐层。食盐的用量是按每万块（每块大小为 4.1cm×4.1cm×1.6cm）春秋季为 60kg、冬季为 57.5kg、夏季为 62.5～65kg。腌坯 3～4 天后要压坯，即加入食盐水（或毛花卤，即腌坯后的盐水），超过腌坯面，使上层增加咸度。腌坯时间冬季为 13 天，春秋季节为 11 天，夏季为 8 天。腌坯结束后，抽出盐水，放置过夜，使豆腐乳坯干燥收缩。

B. 装坛。配料与装坛是腐乳后熟的关键。腐乳的品种很多，各地区根据豆腐坯的厚薄及配料的不同而制成不同的品种。

配料前先把缸内腌坯取出，块块搓开，再点块计数，装入洗净的干燥坛内，根据不同品种给予不同配料。现以小红方、小油方、小糟方、小醉方、青方及小白方为例，说明豆腐乳的生产方法。

a. 小红方。每万块（每块大小为 4.1cm×4.1cm×1.6cm）用酒总量为 100kg，酒精体积分数为 15%～16%、面曲 2.8kg、红曲 4.5kg、糖精 15g。一般每坛为 280 块，每万块可盛 36 坛。

染坯红曲卤配制：红曲 1.5kg、面曲 0.6kg、黄酒 6.25kg，浸泡 2～3 天，磨碎至细腻成浆后再加入黄酒 18kg，搅匀备用。

装坛红曲卤配制：红曲 3kg、面曲 1.2kg、黄酒 12.5kg，浸泡 2～3 天，磨碎至细腻成浆后再加入黄酒 57.8kg、糖精 15g（用热开水溶化），搅匀备用。

小红方装坛方法是腌坯先在染坯红曲卤中染红，块块搓开，要求六面染到，不留白点。染好后装入坛内，然后将红曲卤灌入，至液面超出腐乳约 1cm。每坛再按顺序加入面曲 150g、荷叶 1～2 张、封面食盐 150g，最后加封面土烧酒 150g。

b. 小油方。每万块（每块大小为 4.1cm×4.1cm×1.6cm）用酒总量为 100kg，腌坯装坛后灌酒卤超过腐乳 1cm，然后每坛面上加砂糖 250g，顺序加荷叶 1～2 张、封面食盐 150g，封面再加土烧酒 150g，小油方灌卤全部为混合酒（酒精体积分数在 16%左右），并将糖精 50g 用热开水溶化，再混合在混合酒内。

c. 小糟方。每万块（每块大小为 4.1cm×4.1cm×1.6cm）用酒总量为 95kg（包括糟米中加酒），均为混合酒，酒精体积分数为 14%左右，糟米折合糯米为 20kg，即每坛平均放 0.5kg 糟米。小糟方的装坛方法是装一层腌坯加一小碗糟酒，每坛面上封面食盐 150g，但不加封面酒。

d. 小醉方。每万块（每块大小为 4.1cm×4.1cm×1.6cm）用酒总量为 105kg，腌坯装块后，先加花椒一小撮（约十多粒），全部用黄酒灌卤，灌至超出腐乳面 1cm，按顺序加荷叶 1～2 张、封面食盐 150g、封面土烧酒 150g。

e. 青方。青方（每块大小为 4.2cm×4.3cm×1.8cm）一般在春夏季节生产，要求水分为 75%～76%，腌坯后含氯化物在 14%以下。装坛时使用的灌卤液为 8～8.5°Bé 卤液，是由冷开水 450kg（每万块）、黄浆水 75kg 再加毛花卤及盐水配制而成的。青方卤要当天配料当天应用，灌卤至封口为止，每坛加封面土烧酒 50g。

f. 小白方。小白方（每块大小为 3.1cm×3.1cm×1.8cm）一般在秋天和冬天生产，冬天供应。豆腐坯要求水分约为 82%。毛坯直接在坛内腌坯 4 天，每坛装 350 块，腌坯用盐 0.6kg，灌卤盐水和新鲜毛花卤加冷开水配成 8～8.5°Bé，灌至坛口为宜。每坛加封面黄酒 0.25kg。

卤的配制一般是毛花卤，鲜味好，但易使腐乳色青带臭味，如盐水多则腐乳色也呈白色，但鲜味较差。

C. 包装与贮藏。腐乳按品种配料装入坛内后，擦净坛口，加盖，再用水泥或猪血封口；也可用猪血拌和石灰粉末，搅拌成糊状物封口。

腐乳的后期发酵主要是在贮藏期间进行。由于豆腐坯上生长的微生物与配料中的微生物在贮藏期内引起复杂的生化作用，从而促使豆腐乳成熟。

腐乳的成熟期因品种、配料不一而有快慢，一般在常温下6个月可以成熟。糟方与油方因糖分高，宜于冬天生产，以防变质。青方与白方因含水量大、氯化物低、酒精度少，所以成熟快，但保质期短。青方1～2个月成熟，小白方30～45天成熟，均不宜久藏。

D. 成品。腐乳贮藏到一定时间，当感官鉴定舌觉细腻而柔糯，理化检验符合标准要求时，即为成熟产品。

5）腐乳的质量标准　腐乳的质量标准，根据SB/T10170—2007的规定，感官指标、理化指标和卫生指标等各项要求见表4-49～表4-51。

表4-49　腐乳的感官指标

项目	红腐乳	白腐乳	青腐乳	酱腐乳
色泽	表面呈鲜红色或枣红色，断面呈杏黄色或酱红色	呈乳黄色或黄褐色，表里色泽基本一致	呈豆青色，表里色泽基本一致	呈酱褐色或棕褐色，表里色泽基本一致
滋味、气味	滋味鲜美，咸淡适口，具有红腐乳特有气味，无异味	滋味鲜美，咸淡适口，具有白腐乳特有香气，无异味	滋味鲜美，咸淡适口，具有青腐乳特有气味，无异味	滋味鲜美，咸淡适口，具有酱腐乳特有香味，无异味
组织形态	块形整齐，质地细腻			
杂质	无外来可见杂质			

表4-50　腐乳的理化指标

项目		红腐乳	白腐乳	青腐乳	酱腐乳
水分/%	≤	72.0	75.0	75.0	67.0
氨基态氮（以氮计）/(g/100g)	≥	0.42	0.35	0.60	0.50
水溶蛋白/(g/100g)	≥	3.20	3.20	4.50	5.00
总酸（以乳酸计）/(g/100g)	≤	1.30	1.30	1.30	2.50
食盐（以NaCl计）/(g/100g)	≥	6.5			

表4-51　腐乳的卫生指标

项目	指标	项目	指标
砷（以As计）含量/(mg/kg)	≤0.5	食品添加剂含量	按GB2760—2014规定
铅（以Pb计）含量/(mg/kg)	≤1.0	大肠菌群/(MPN/100g)	≤30
黄曲霉毒素B_1含量/(μg/kg)	≤5	致病菌/(系指肠道致病菌)	不得检出

注：MPN指大肠杆菌最大可能数

5. 发芽大豆及其制品的加工

发芽大豆及发芽大豆制品中含有多种抗氧化成分，除维生素 E 和维生素 C 外，豆芽中还含有异黄酮、多肽等具有抗氧化活性的功能性因子。大豆在发芽过程中发生了一系列生理和化学变化，使大豆中的许多不良性质，如气味、抗胰蛋白酶因子等得以克服和改进，风味及口感也有所变化，而且发芽大豆中含有丰富的维生素 C，大豆的营养价值也得到提高。将适当发芽的大豆制成的豆腐营养价值丰富，口感和风味较佳，利于人体消化吸收。

1）生长条件对豆芽品质的影响

（1）生长条件对豆芽中维生素 C 含量的影响。豆芽中维生素 C 含量在温度达到 25℃时最高，因为温度过高或过低都不利于发芽时大豆体内的酶类作用；pH 为 7 时维生素 C 含量最低，可能是由于维生素 C 在酸性环境中稳定，而在稍碱性环境中则利于豆芽的生长；维生素 C 含量随浸泡时间的增长而增加；在培养时间为 3 天时维生素 C 含量最高，因为时间过短来不及发芽，而时间过长又会产生烂根等现象，使维生素 C 含量有所减少。

（2）生长条件对豆芽感官的影响。温度为 25℃时豆芽感官评定平均值最高，这是因为温度过低对豆芽生长不利，芽长和粗细都达不到消费者需要的水平，而温度过高又很容易出现烂根现象，严重影响外观；豆芽感官评定平均值在 pH 为 7 时最高；豆芽感官评定平均值随浸泡时间的延长而降低，这是因为豆芽随时间延长吸水率增加，在发芽过程中很容易出现腐烂及酸臭等现象，严重影响外观；豆芽感官评定平均值在培养时间为 3 天时达到最大值，这是因为发芽时间过短发芽成熟度不够，芽长和粗细非常不理想，而发芽时间过长，豆芽的脆度会降低，而且色泽会出现发黑等现象，对生产豆芽非常不利。

（3）生长条件对豆芽水分含量的影响。豆芽的水分含量随着温度的升高而增长，这是因为温度的升高能够促进种子的吸水速度，从而使豆芽中水分含量增加；豆芽的水分含量随着 pH 的升高而逐渐降低，但是变化程度不大；浸泡时间为 4～6h 时，水分含量有所降低，这是由于温度的影响造成这个小波动的，而浸泡时间为 6～8h 时，豆芽中水分含量迅速增加，这是由于豆芽是用水分培养的。浸泡时间的长短对大豆吸水率有很大影响，大豆在吸水后内部物质转化和呼吸作用才开始萌发，所以一定范围内浸泡时间越长，水分含量越高。豆芽中水分含量随着培养时间的延长而增长，这是因为大豆在发芽过程中就是种子萌发的过程，大豆生长过程中随着组织的不断分化，水分含量不断增加。

（4）生长条件对豆芽得率的影响。豆芽的得率在 20～25℃时急剧增长，而 25～30℃增长较为缓慢，这是因为大豆发芽必须在适宜的温度下进行，大豆发芽是体内生理生化反应的结果，20℃温度太低不适合大豆发芽；pH 为 6～8 时，豆芽得率仅有较小幅度的增加，可见 pH 对大豆得率影响很小；大豆得率随着浸泡时间的增长有所增加，这是因为浸泡时间过短，大豆吸水率过低而导致最终得率低，但是时间过长也会造成大豆无氧呼吸而使发芽力降低；豆芽得率随着培养时间的增加而急剧增长，因为大豆发芽是一个种子萌发的过程，培养时间过短会造成大豆发芽率低而使得率过低。

2）发芽豆腐的加工

（1）发芽豆腐的工艺流程。

发芽大豆 ⟶ 浸泡 ⟶ 磨浆 ⟶ 滤浆 ⟶ 煮浆 ⟶ 消泡 ⟶ 凝固 ⟶ 破脑 ⟶ 压榨

（2）工艺要点。将发芽大豆用清水冲洗两遍后，与水以一定的配比进行磨浆，将所得豆浆用 120 目筛过滤，将所得生豆浆加热至沸，同时加入大豆质量 0.1%的消泡剂以防止豆浆的假沸。豆浆 95～100℃下煮沸 5min。待豆浆冷却至 80℃时，添加一定量的氯化镁溶液。80℃下保温 20min，然后将其破脑，进行压榨。用 10cm×10cm×6cm（长×宽×高）的敞口容器，先在 3.73kPa 压力下加压 10min，然后在 7.45kPa 压力下加压 40min 后得豆腐成品。在 4℃下保存备用。

（3）加工条件对发芽大豆豆腐品质的影响。

A. 豆浆浓度对豆腐品质的影响。随着豆浆浓度的升高，豆腐的产率呈先下降后上升再下降的关系，持水性呈逐渐降低的趋势。在豆芽与水质量比为 1∶4 时，得率最高。这是因为当豆浆浓度过高时，使用凝固剂的量不足而不能完全使豆浆中的蛋白质凝固，从而使很大一部分蛋白质随黄浆水流失；而当豆浆浓度过低时，形成的豆腐凝胶小保不住水分，也会造成产率的下降。持水性随着豆浆浓度的增加而下降，这是因为蛋白质的分子质量影响蛋白热凝胶的强度，当蛋白质分子质量低时，不利于豆腐凝胶网络的形成。随着加水量的增多，豆腐的硬度由硬逐渐变软，豆芽味道变弱，当豆芽与水的质量比为 1∶（3～5）时，弹性较好。结合感官评定结果，豆芽与水的质量比为 1∶（3～5）时，豆腐的品质较好。

B. 凝固剂添加量对豆腐品质的影响。随着 $MgCl_2$ 添加量的增加，豆腐的产率和持水性都是先增加后下降的趋势。因为当 $MgCl_2$ 添加量过少时，造成豆浆中的蛋白质不能完全被凝固，从而导致豆腐产率和持水性不高。Mg^{2+}能够取代蛋白质中的 H^+，当添加 $MgCl_2$ 的量过高时，会使豆浆 pH 降低，蛋白质的溶解度也降低，网状结构的结合力减弱，凝固物变得严重收缩，产率和持水性变低。结合感官评价，$MgCl_2$ 添加量为 0.44%～0.62%时，制作出的豆腐较好。

C. 豆芽长度对豆腐品质的影响。随着所用发芽大豆芽长的增加，豆腐的产率、持水性都呈现降低的趋势。在发芽大豆芽长为 2mm 时，产率和持水性都最高。发芽大豆芽越长，其所含的纤维素就越多，同时所含的水分也多。纤维素会影响 Mg^{2+}与蛋白质的结合，水分增加会使豆浆的浓度变低，从而造成豆腐的产率和持水性的下降。同时，随着芽长的增加，做成的豆腐有独特的豆芽风味，但是当豆芽中纤维素含量过多时，做成的豆腐也会影响口感。因此结合感官评定结果，芽长 2～6mm 的豆芽做出的豆腐品质较好。

3）发芽大豆复合乳的加工

（1）发芽大豆复合乳的工艺流程如图 4-50 所示。

（2）工艺要点。

A. 大豆籽粒发芽。选择籽粒饱满、大小均一、无虫蛀、无霉变、不开裂的完整大豆籽粒，30℃下浸泡 8h，浸泡后在 30℃下发芽。

B. 豆腥味脱除与豆乳制备。发芽大豆磨浆前用一定质量分数的 $NaHCO_3$ 溶液 80℃处理 2min，清水洗净籽粒表面碱液后去皮；按发芽大豆与 70℃热水质量比为 1∶4 的比例进行磨浆，用 120 目尼龙纱网滤出浆液，煮沸、冷却。

C. 发芽豆乳与牛乳的复合。用豆乳与牛乳按一定比例复合，加入少许精制食盐进行调配、均质，经 135℃超高温瞬间灭菌后无菌包装。

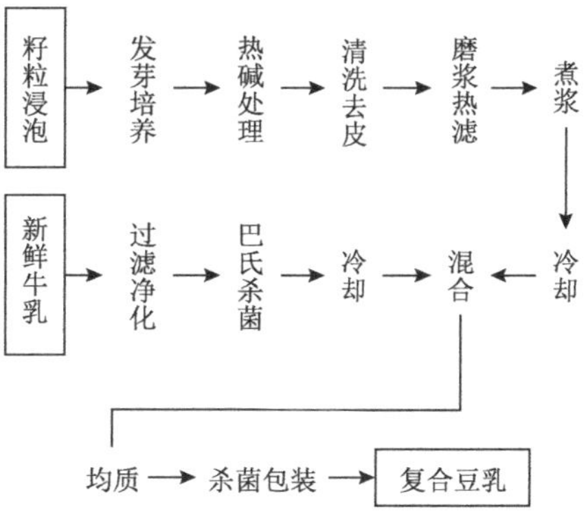

图 4-50　发芽大豆复合乳的工艺流程

（3）加工条件对复合乳品质的影响。

A. $NaHCO_3$浓度对豆乳豆腥味的影响。$NaHCO_3$质量分数在0～0.2%内，随着$NaHCO_3$质量分数增加豆腥味减轻，豆乳风味得到改善；质量分数在0.2%以上，基本不影响豆腥味；$NaHCO_3$质量分数超过0.5%时，豆乳制品产生咸味。由此可见，$NaHCO_3$质量分数对豆乳风味有重要影响。

B. 发芽对豆乳化学组分的影响。用发芽大豆制成的豆乳，可溶性蛋白和游离氨基酸分别比未发芽豆乳增加47.62%和10.22%，脂肪和总固形物分别降低21.58%和10.93%，每100mL豆乳中植酸含量比未发芽豆乳减少20.16mg。由此可见，用发芽大豆制成的豆乳能改善豆乳制品的营养。

C. 豆乳、牛乳的混合比例对复合乳质量的影响。经调制后的复合乳，随豆乳比例减小，粗蛋白含量略有降低，其他指标均比纯豆乳高，复合乳品品不出豆腥味，其中豆乳和牛乳以4∶6的体积比复合时牛乳味明显，豆乳风味得到改善。牛乳中除粗蛋白比豆乳低外，游离氨基酸、脂肪和固形物含量较豆乳高，因而复合乳中随着牛乳比例的增加，粗蛋白含量下降，可溶性蛋白、氨基酸、脂肪和总固形物含量增高；纯豆乳有轻微豆腥味，与牛乳复合后，由于牛乳含较高的脂香气成分，且加入少量的NaCl后，豆腥味能被较好地掩盖，容易为人们接受。

由此而言，大豆在发芽过程中吸收水分和氧气，生理活动变得活跃，蛋白质、脂肪、多糖等贮藏物质分解成小肽、氨基酸、脂肪酸和单糖等小分子，因而发芽大豆的蛋白质消化率高于未发芽大豆。维生素中除维生素E外，其他维生素尤其是维生素C含量迅速上升。同时植酸、植物凝集素和胰蛋白酶抑制剂等抗营养因子、棉子糖和水苏糖等胀气因子被降解，提高了大豆的营养价值。大豆发芽过程中，赖氨酸、色氨酸和甲硫氨酸含量增加，因而对包括人类在内的单胃动物来说，发芽大豆的生物学效价比不发芽大豆高。尽管大豆发芽后赖氨酸含量有了较大提高，但是甲硫氨酸含量仍然极微，在发芽豆乳中添加牛乳可补充这两种氨基酸的不足。因此，复合乳中氨基酸等营养素比例协调，更能满足人体健康的需要。

大豆腥味主要是由脂氧酶氧化不饱和脂肪酸，生成醇、醛和酮等小分子的挥发性物质所致。去除豆腥味的方法包括物理脱腥、化学脱腥及生物工程脱腥，或通过育种的手段降低脂氧酶活性。然而，从发芽和加工工艺角度来解决豆腥味问题不失为一个有效的途径。发芽大豆用热碱处理、热水磨浆和分离渣浆、煮沸豆乳后，制成的豆乳风味明显优于未发芽或发芽后未经热碱处理的原料制成的豆乳。牛乳和发芽豆乳复合后，牛乳的脂香气成分使得复合乳口感圆润、乳香味浓、营养完全。

6. 其他发酵大豆制品的加工

1）天培的加工　天培，又称为印尼豆豉，是另一种发酵大豆食品。人们广泛认为天培起源于几个世纪前的印度尼西亚，是用根霉菌发酵去皮并煮熟的大豆制得。新鲜的天培是蛋糕状，有白色菌丝体覆盖并分布在其表面上，有一种清新的酵母味。当切片油炸时，天培就会产生坚果风味、悦人的香气和松脆的组织状态。与大多数其他用作风味物质的发酵大豆食品不同的是，天培可以作为主菜或者肉的替代品。另外，大多数其他发酵大豆食品都需要较长的发酵时间和复杂的发酵过程，而天培的生产过程不但时间短，而且简单易行。

在大豆制品已成为饮食主要部分的国家（如泰国、中国和日本），天培并不知名，但是在印度尼西亚、新几内亚和苏门答腊，它是最受欢迎的发酵食品之一。在马来岛、北美及荷兰的印度尼西亚移民也食用天培。因为天培的质地像肉，同时又有蘑菇的风味，所以很适合西方人的口味。天培在美国和世界的其他地方已成为素食主义者喜爱的食物。

天培和其他传统的大豆制品一样，最初生产时也不清楚其生物化学和微生物学机制。直到20世纪50年代后期，美国的科学小组开始研究有关天培发酵的科学原理，才揭开这一谜底。从那时起，人们开展了关于天培发酵的许多方面研究，其中包括质量因素、大豆发酵后的生物学和营养学变化，以及天培霉菌的生理和生化特征。最近几年一些欧洲科学家又重新对天培产生了兴趣。

（1）天培的种类。在印度尼西亚，根据使用的原料不同，天培有很多种类，其中包括用大豆制成的Kedelai天培、用豆渣（生产豆浆或豆腐过程中的副产品）制成的Gembus天培、用椰子滤饼制成的Bongbrek天培、用花生饼制成的Bungkil天培。因为Kedelai天培或者大豆天培是最流行的一种，因此通常说的“天培”就是指大豆天培。

在世界的其他地方，一些用不同原料制得的类似天培的新型产品得到了发展，但大多数仍在实验室中进行。这些产品用一些豆科植物（如菜豆、蚕豆、豌豆、鹰咀豆、羽扇豆、豇豆）和谷类作物（如小麦、小黑麦、高粱）制得。

（2）准备过程。制作天培的方法很多，其中两个具有代表性的方法是传统方法和工厂使用方法。前者主要在家庭和印度尼西亚商业生产中使用，而后者主要在美国的商业天培生产中应用。另外，还有实验室用的培养皿生产工艺。

A. 传统方法。传统上，制作天培是印度尼西亚的一种家庭艺术。虽然它的制作方法在各个家庭中有所不同，但是主要步骤是基本相同的（图4-51）。大豆先清洗，然后在水中煮沸30min使豆皮变松，之后用手或脚摩擦除去豆皮并用水清洗。脱皮的大豆浸泡一夜使其充分水化和进行乳酸发酵。浸泡和脱皮的大豆再煮沸60min，利用竹编的篮子排水并平铺在平坦的表面上冷却到室温。在一些地方，大豆被浸泡到种皮很容易用手除去的程度，然后用水洗，之后煮沸至大豆变软，通常至少30min。这样能免去两步的蒸煮工艺。

冷却后的大豆接种发酵剂的培养物或来自前一批次的曲子发酵剂，并用香蕉叶或打孔的塑料袋包裹。发酵在室温下进行大约需要18h，或者直到大豆完全被白色的菌丝缠结。也可以把大豆散放在底部有孔的铝盘或金属盘里，用多层香蕉叶、带孔的蜡纸或塑料膜覆盖。

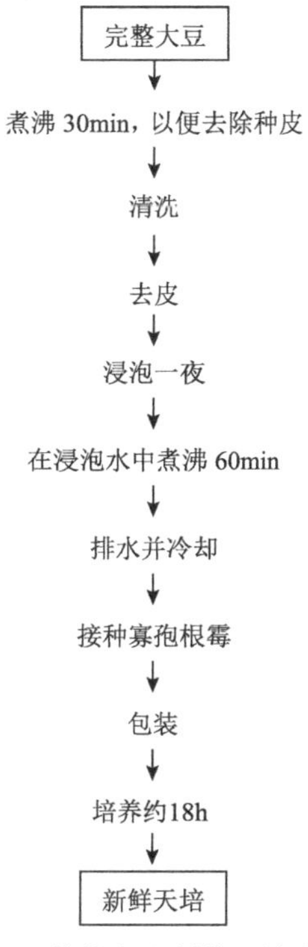

图4-51 传统方法制作天培流程图

B. 实验工厂生产方法。此方法主要涉及原料大小分级、干燥去壳、添加乳酸并发生一定的水合作用、蒸煮、排水、冷却、用纯霉菌发酵剂接种和发酵。分级后的大豆在93℃下加热10min使其种皮变松、冷却，然后用适当放置的石磨机将大豆破碎，用重力分离机和风选机将种皮除掉。去皮后的大豆用水浸泡，也可以用0.85%的乳酸在25℃下浸泡2h或100℃下浸泡30min，添加乳酸可以使pH降至4.3～5.3，这样能控制天培中污染细菌的生长。水化大豆在浸泡液中煮 60min，在排水冷却后，大豆就用粉碎的、含有菌丝和孢子的寡孢根霉（*Rhizopus oligosporus*）发酵剂进行接种，接种后的大豆平铺在有孔的盘子里，并用蜡纸覆盖以防止脱水和过度氧化，再将这些盘子放在温度保持在 35～37℃、相对湿度为 75%～78% 的培养室中，18h 后，霉菌就覆盖在所有的大豆上，就可以准备收获天培了，再经过脱水和塑料袋包后进行运输和贮藏。

C. 平皿法。Hesseltine 等（1963）描述了实验室中制作天培的平皿法，使用去壳的大豆、谷麦作为起始原料。这一方法其余的步骤与传统方法大致相同，除了以下几个方面：浸泡、加工后的大豆用纯的天培霉菌接种并用培养皿稍作包装，再在 31℃下培养 20～24h。平皿生产过程现已广泛用于生天培饼的商业生产。

（3）相关的微生物。Hesseltine 等（1963）对在印度尼西亚生产的多种天培进行了真菌分离，结果发现只有根霉能实现天培的纯培养发酵。他们还发现在研究的 40 株根霉中有 25 株是寡孢根霉（*R. oligosporus*），其他的分别为黑根霉（*R. stolonifer*）、无根根霉（*R. arrhizus*）、米根霉（*R. orgzae*）、台湾根霉（*R. formosensis*）和厚壁孢子根毛霉（*R. chlamydosporus*）。可以明显地看出，印度尼西亚发酵天培的主要菌种是寡孢根霉。Saono 等（2002）的发现也得到了进一步的证实，他们在印度尼西亚市场上搜集不同种的天培样品 81 种，并分离得到了 118 个菌株。

除了根霉，天培中还含有大量产生芽孢或不产芽孢的细菌，同时也存在酵母和其他微生物。Saono 等（2002）从 81 个天培样品中分离出 69 种霉菌、78 种细菌和 150 种酵母。他们发现细菌是发酵中不需要的，因为它们在发酵过程中的生长导致天培的不良风味。Mulyowidarso 等（1990）报道了寡孢根霉发酵过程中细菌的菌数（10^8～10^9 cfu/mL），短小芽孢杆菌（*Bacillus pumilus*）和短芽孢杆菌（*B. brevis*）在细菌中占优势，同时干酪乳杆菌（*Lactobacillus casei*）、肺炎克雷伯氏菌（*Klebsiella pneumoniae*）和阴沟肠杆菌（*Enterobacter cloacae*）也在发酵中起作用。

天培中的细菌并非都是无益的。在浸泡过程中某种细菌使大豆酸化，这有助于在随后的发酵过程中霉菌的生长。为提高浸泡过程中细菌的作用，传统天培生产者通常将前一批的浸泡液添加一部分到新的浸泡液中。

（4）影响天培发酵的因素。良好的天培发酵应该满足两个条件。首先，大豆应被霉菌菌丝紧密结合呈糕状；其次，大豆必须被霉菌产生的酶类部分消化。因此，天培发酵的焦点是霉菌的生长，任何影响霉菌生长的因素同样会影响到天培发酵。

A. 发酵剂。获得一种合适的发酵剂对于生产高质量的天培是十分必要的。天培生产中主要使用 3 种发酵剂。

第一种也是最简单的一种是来自于发酵好的前一批天培。它们通常被烘干或晒干，然后磨成粉末使用。

第二种是传统的原料，即通常所说的“乌扎拉”（Usar）。其商业制备方法如下：先在盘里放一片木槿叶，使叶子少毛的一面向上，然后在叶的表面撒 10～30 粒接种的大豆。第二片叶子少毛的向下形成夹层状，同样地制备很多像这样的“三明治”，再用带孔的塑料袋包扎后放在木缸中。在发酵过程中，霉菌在大豆及叶子少毛的一面上生长。发酵几个小时后，除去含有霉菌孢子的叶片，晒干、贮存直到使用其接种时再拿出来。一小片叶片就可以接种经浸泡、去壳、加热处理后的 3kg 干大豆。这种方法在印度尼西亚很流行，因为它生产的菌种比第一种相对要纯。

第三种发酵剂是用纯寡孢根霉（*Rhizopus oligosporus*）培养制得的粉末或悬浮液。这种发酵剂相对较新，并且在西方国家更受欢迎。

B. 去皮和氧化。由于在完整的豆粒中天培霉菌的长势并不十分好，因此去皮就成为了天培发酵所必需的步骤。虽然一般霉菌的生长需要氧气，但寡孢根霉却不像其他霉菌那么十分需要氧气。实际上，应该避免过度的氧化，因为过度的氧化会使天培的表面和孢子脱水而导致产生不良的黑色孢子和表观恶化。

氧化度由大豆的大小及发酵容器中大豆层的厚度所决定。由于大团块的表层以下氧气过少使霉菌不能生长，所以霉菌不易在大豆粉和玉米片上培养。发酵时小片的最佳厚度为0.2～0.4cm。为了制成优质天培，发酵基质的厚度应不超过3cm。否则，霉菌在基质中央的长势就会劣于较薄的豆片。另外，发酵天培所使用的容器，无论是盘还是塑料袋都应该有孔以便易于进行空气的交换。

C. 湿度。天培发酵是个固态发酵或者说是固态底物发酵的例子，固态发酵是指微生物在无自由水或近乎缺水（自由水）的固态基质中的生长。因此，相对湿度和底物的吸水能力决定着底物的水分含量。一般来说，相对湿度高和底物吸水力强对优质天培的生产是绝对必需的。

在天培发酵过程中，多糖酶及其特殊活性的产生也取决于大豆底物的水活性。多聚半乳糖醛酸酶和木聚糖酶的最佳水活性值范围为0.99～1.00，这与菌丝生长的所需条件恰巧一致，比较而言，内纤维素酶的最佳水活性值为0.98，这一条件使菌丝的生长大为减弱。

D. 温度。温度是细菌生长的又一关键因素。Steinkraus等（1978）报道，当发酵温度低于25℃时，就可以生产出较好的天培。然而，发酵需要5天完成；相比之下，37℃下发酵只需1天，可见天培的最佳发酵温度应略高于室温。后来Hesseltine等（1983）的研究显示根霉的生长温度多为14～44℃。De Reu等（1995）研究了初始底物温度对寡孢根霉萌发的影响情况。他们发现在不同的温度下用霉菌接种大豆，然后在30℃下培养，其霉菌生长曲线在上升区域和下降区域都存在一个停滞阶段。接种温度为25～37℃时，停滞阶段的最大差值为3h。

E. 酸度。在印度的传统发酵过程中，大豆在浸泡时发生了微生物的自然发酵。在约28℃时，12～48h期间，寄居在大豆中和浸泡容器的微生物群落成了乳酸/乙酸混合发酵的发酵剂，这一发酵使原来的pH由6.5～7.0降至4.5～5.5，主要的微生物是一些乳酸菌和酵母菌。然而，在具有不同自然微生物群落的温和气候条件下和更加严格的消毒处理之后，大豆在浸泡过程中的自然酸化并不总是发生或者发生很少。纯粹的酸化导致大豆子叶中的pH呈中性，这为像芽孢杆菌属（*Bacillus* sp.）和肠细致病菌这类有害的酸敏感细菌创造了良好条件，使它们在随后的发酵过程中生长。

因此，为了保证良好的酸化和防止有害细菌的污染，传统天培生产者通常从前一批浸泡水中取一些加入到新一批浸泡水中，这种方法就是通常所说的加速酸化法。Osaki等（1985）报道，在实验室条件下这种方法导致了活跃的乳酸发酵，进一步的研究显示通过这种加速酸化法在浸泡大豆过程中形成了许多有机酸。在30℃下发酵24h后，乳酸是主要的有机酸（2.1%，质量/浸泡水体积），而乙酸和柠檬酸各占0.3%和0.5%，浸泡水的pH从6.0降至3.9。然而，用新水加工时，大豆中乳酸盐/乳酸和乙酸盐/乙酸的值分别降低0.45和0.51。在随后的发酵中，水悬液的萌发就会在pH约为4.0时因乙酸而推迟6h。然而，乳酸和柠檬酸能增强液体介质中的萌发，但不会增加大豆底物的发芽。

F. 固形物的损失。天培生产中许多加工步骤会导致大豆固形物的损失，包括浸泡、去皮、排水和发酵等。有报道表明，天培生产过程中总干物质损失为 21.9%，它们可以归因于以下生产步骤：去皮损失 8%，浸泡和蒸煮损失 12.2%，发酵损失 1.7%。总损失量还与大豆的类型（整粒或碎瓣）和所用的品种有关。使用大豆碎粒通常会比全大豆失重多。

为了防止在生产过程中水溶性物质的损失，人们建议用最小量的水处理大豆，即刚好浸没大豆，或者在高压消毒之前用一定量的水喷雾，那么加工中的水分就能被保留。然而弃去浸泡和加工用水从某种程度上有助于除去或减少来自大豆的抗营养因子，如植酸、低聚糖等，因此提高了终产品的营养价值。某些情况下，大豆中水溶性和热稳定性物质的存在不仅抑制霉菌生长，而且也抑制了蛋白水解酶的形成。因此，在处理过程中使用少量水和不除去加工水，会导致霉菌生长较差和孢子形成较多，终产品有不良的气味及风味，这一过程也使不良细菌生长，并导致天培的品质下降。

（5）发酵过程中的变化。在发酵过程中有很多变化，其中包括温度、pH 和大豆底物化学组成的变化，所有这些变化都是由微生物的生长和酶的作用所引起的。

A. 一般变化。据 Schroder 等（2006）的研究，在 37℃下发酵的最初 20h 里，霉菌孢子开始萌发，培养基质的温度逐渐升高。在随后的 5h 内，霉菌开始大量生长直至顶峰，然后逐步减弱。随着霉菌的生长，基质的温度也产生变化。在生长的最高峰，温度高达 43～44℃。这时，大豆被霉菌菌丝相互紧密缠结成网状，天培就可以收获了。这阶段之后，霉菌形成孢子并由于蛋白质的降解产生氨气。在整个发酵过程中，pH 从最初的 5.0 升到最后的 7.6。pH 从 6.0 变化至 6.7 时是霉菌生长最迅速的阶段，因此优质天培生产的最佳 pH 为 6.3～6.5。

微生物在生长过程中也产生了各种酶类，其中包括蛋白酶和酯酶。酶使大豆成分降解，导致一些组分的变化。然而，由于天培霉菌产生的酶类有限，天培与味噌和酱油相比产生的变化相对不明显。一般来说，天培与未发酵的去皮大豆相比，游离氨基酸和游离脂肪酸有所增加，脂类略有减少（主要是由于干物质减少），碳水化合物略有增加，蛋白质和灰分无明显变化。

B. 蛋白质的变化。虽然总的蛋白质含量和氨基酸种类保持相对不变，但在天培发酵中游离氨基酸的数量明显增加。在发酵过程中，水溶性氮随时间的延长而增加。在发酵 72h 后，水溶性氮含量在 25℃、30℃、36℃及 37℃的转鼓反应器里分别为 18.5%、25.4%、27.7%和 34.0%，而蒸煮好的大豆在天培发酵前可溶性氮含量只有 2.0%。β-伴大豆球蛋白比大豆球蛋白水解快速，这两种大豆蛋白组分的主要区别在于其化学结构的不同。

在根霉的不同菌属之间水解能力存在很大差异。一些菌株在标准发酵后释放的氨基酸是其他菌株的 5 倍。细菌和根霉混合发酵时游离氨基酸含量降低，但总氨基酸的含量升高。

C. 脂类化合物的变化。De Reu 等（1985）研究了用寡孢根霉进行的天培发酵过程中大豆脂类化合物的变化，在 37℃发酵 69h 后，甘油酯的水平从 22.3%降至 11.5%（质量百分比，干物质），同时游离脂肪酸增加，这与前人的报道一致。尽管人们认为从中性脂类化合物中释放出的大部分脂肪酸作为一种碳源被寡孢根霉（*Rhizopus oligosporus*）同化，在终极产品中，游离脂肪酸达到约 4.3%。只有少量的游离甘油产品表示甘油三酯主要被水解为部分的甘油酯和游离脂肪酸。Bisping 等（1998）报道，在天培发酵过程中，亚油酸和 α-亚麻酸的浓度降低，而油酸的浓度增加。在脂肪酸合成过程中，根霉只产生 τ-亚油酸而不产生 α-亚麻酸，变动外部参数影响 τ-亚麻酸的量。

根据脂类化合物的变化和其他变化，Sudarmadji 和 Markakis（1978）将天培发酵划分为3个阶段：主要阶段、过渡阶段和变质阶段。主要阶段在32℃持续约30h，在此阶段，微生物的生长、脂类分解和温度均提高，产品具有良好感官品质。过渡阶段在第一阶段后持续24h，此阶段霉菌生长、脂类分解沉降和温度均降低，产品仍可接受。当细菌开始生长，脂类分解再次出现时变质阶段开始，导致天培品质的迅速变质。

D. 糖类和其他成分的变化。在天培发酵中，寡孢根霉（*R. oligosporus*）产生聚合酶降解大豆细胞壁。试验的所有聚合酶的最大活性发生在接种后 20～30h。水活性对于这些酶的产生起重要作用。Graffham 等（1985）报道研究的所有根霉菌种在不添加维生素的葡萄糖-铵-盐介质中生长，但大豆中主要引起肠胃胀气的低聚糖、棉子糖或水苏糖不能作为唯一碳源和能源被利用。植酸和磷酸盐也不作为碳源被任何菌种利用。

Ikeda 等（2008）用脱脂大豆研究在天培发酵过程中异黄酮的变化，发酵前，脱脂大豆主要含有异黄酮苷。在31℃发酵40h后，天培既含有异黄酮苷，又有其配糖基。由此，其抗氧化活性升高。

E. 维生素产量的变化。Murata 等（1989）报道，在天培发酵过程中，几种维生素含量显著增加，包括核黄素、维生素 B_6、烟酸、泛酸、生物素和叶酸。

（6）贮藏。天培应该在大豆子叶生长完全并结合成一个紧密的饼时收获。新鲜的天培是易腐的产品，它通常在制作当天食用。如果在室温下贮存超过2天，新鲜的天培变得不宜食用，因为风味消失，并在贮藏中由于污染的微生物生长和酶的作用释放出氨产生难闻气味。

一些方法可以延长产品的货架期，包括干燥、油炸、巴氏杀菌、冷冻、冰冻及这些方法的混合使用。一个传统的方法被许多印度尼西亚人沿用至今，即将天培切成薄片，然后在太阳下晒干。另一种方法是发酵完全后立即进行巴氏杀菌（或漂白）。当这个过程与冷冻或冰冻共同使用时，对延长天培货架期非常有效。一个较新的方法是将天培放在一个封闭的罐子中保存。Iljas 报道，放在封闭罐子中的、杀菌后的天培片可以在室温下贮存10周而在产品的可接受性上无任何明显改变。

（7）营养价值。从干物质的角度来说，新制天培约包含蛋白质48.1%、脂肪24.7%、碳水化合物23.9%和灰分3.3%，这个组成与脱皮蒸煮的大豆相似。因此，天培发酵对大豆的组分影响较小。然而，发酵导致的多种维生素（包括烟酸、核黄素、泛酸维生素 B_6 和维生素 B_{12}）的增加有重要的营养意义，尤其是在不添加合成维生素的情况下。

关于通过动物喂养试验研究评定天培的营养还存在着争议。大多数调查者没有发现天培和部分加热而未发酵的大豆之间的蛋白质功效比值（PER）的明显差别；一些调查者研究老鼠平均每日获得的体重增加，认为天培发酵提高了其营养价值。无论如何，相对于未加工的大豆，天培较高的营养价值是毫无疑问的，在印度尼西亚，天培被认为是一种有营养并易消化的食物。并且由寡孢根霉（*R. oligosporus*）产生抗菌剂和天培抗氧化活性的发现可能为营养学的研究打开一个新的领域，并可能为天培在人们饮食中的真正价值提供一个更清楚的解释。

2）纳豆的加工　纳豆，也称为日本拉丝豆豉，主要特征为黏糊状、味甜且有特征的氨味。近年来由于其特殊生理功能的发现，特别其纤溶（溶血栓）功能，使它成为研究的热点。许多学者已经证明纳豆中一些物质能帮助人体抵抗某些疾病或具有一些重要的生理作用，如抗癌作用、抗氧化性、溶血栓性、降血压及抗致病菌。

（1）纳豆的生产工艺。纳豆的发酵相对简单，仅需要一种微生物——纳豆杆菌，其工艺流程如图 4-52 所示。

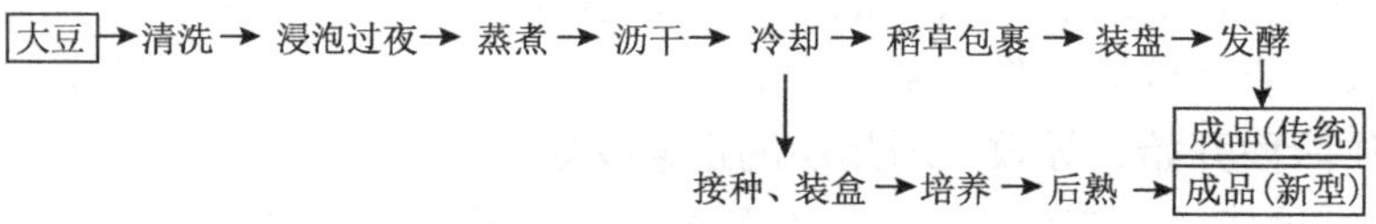

图 4-52　纳豆的生产工艺流程

（2）操作要点。

A. 原料选择。圆而小且富含可溶性糖的大豆是生产纳豆的理想原料，小粒豆具有较大的表面积因而吸水快，蒸煮时间短，微生物可快速生长。可溶性糖可作为纳豆菌最初的碳源和能源，其含量高有利于微生物的生长，并使最终产品带有甜味。

B. 原料的处理。大豆清洗后用 3 倍（质量分数）的水浸泡过夜（室温 15℃），在 121℃下蒸煮 25～30min，沥干，冷却到 40℃。

C. 蒸煮。大豆蒸煮时控制在 1.5kgf/cm^2[①]压力下，随着时间延长其硬度逐渐降低，蒸煮不到 30min 的纳豆带蓝色，而超过 30min 会变红。当蒸煮 30～40min 时，所需的发酵时间最短，而样品中纳豆杆菌的含量最高。最佳的大豆蒸煮时间为 30～40min，其主要原因是大豆中的蛋白酶和 γ-谷氨酸转肽酶的酶活、可溶性氮的百分比及黏性物质的拉丝性通常随蒸煮时间延长而增加，30min 时达到巅峰，随后又有所下降。此外，蒸煮前浸泡时间和浸泡 pH 对纳豆的品质也有影响。

D. 接种。现代接种法是在 60kg 大豆中接入 5～10mL 培养液再装盘，最佳接种量为大豆量的 1%～3%。在 pH 为 7.0、NaCl 含量 2%、温度 40℃下培养，0～4h 为纳豆菌（纳豆芽孢杆菌）的延滞期，4～14h 为对数生长期，14～20h 为稳定期，20h 后为衰亡期，所以纳豆菌的最佳接种种龄是 14～20h。一般为 40℃、14～20h 或 38℃、20h，后熟为 5℃、24h。

E. 发酵。发酵有自然接种和人工接种两种方法。自然接种是将蒸煮好的大豆用稻草包好，放于木盘中。稻草的作用是提供枯草芽孢杆菌，并吸收发酵放出的氨味，给纳豆提供风味。过度发酵会产生氨，这不仅影响纳豆的风味，而且会破坏纳豆芽孢杆菌，促进其他微生物的生长。

F. 贮藏。与其他的无盐发酵产品一样（如天培），纳豆易变质，其品质劣化取决于贮藏温度和时间。在 5℃条件下可贮藏 15 天，其气味和外观无任何劣化迹象。但在 15℃和 25℃条件下分别贮藏 4 天和 2 天即产生氨味；再分别贮藏 7 天和 2 天后，品质完全变坏；再继续贮藏，纳豆表面会产生一层白色的沉积物，主要是劣化过程中产生的酪氨酸和磷酸镁氨。除贮藏外，干燥是另外一种提高纳豆保藏品质的有效方法，将新鲜的纳豆在低温下干燥到含水量低于 5%，然后将其粉碎成粉末，可作为配料用于点心和汤料中。

第二节　花生蛋白的加工工艺

一、花生球蛋白的制备

目前主要有两种方法用于提取花生球蛋白：冷冻沉淀法和硫酸铵沉淀法。硫酸铵沉淀法

① $1kgf/cm^2=9.806\ 65\times10^4Pa$

分离提取花生组分是基于蛋白质盐析特性，可以将花生球蛋白、伴花生球蛋白Ⅰ、伴花生球蛋白Ⅱ3 种组分分开，由于条件限制，硫酸铵沉淀法仅适用于小规模提取的实验室研究，不适合产业化生产。冷冻沉淀法是利用花生球蛋白具有低温冷沉这一特性对花生蛋白组分进行分离。

1. 冷冻沉淀法

脱脂花生粉溶于 0.2mol/L 磷酸盐缓冲液（pH7.9），搅拌 4h，4℃流动水下透析 24h，此时，花生球蛋白沉淀下来而伴花生球蛋白是可溶的。在 2℃下静置 17h，所得沉淀复溶在磷酸盐缓冲液（pH7.9）中，重复沉淀，得到花生球蛋白。

2. 硫酸铵沉淀法

硫酸铵沉淀法是一种蛋白质分级分离方法，属于溶解度分级法，是一种选择性的沉淀方法。由于各种蛋白质的表面极性范围和带电荷数目不同，并且在蛋白质表面的分布也不同，导致其盐析顺序上的差异，从而将蛋白质分级分离。该方法是利用饱和度为 0～40%的硫酸铵可以使花生球蛋白从溶液中析出的原理进行的。根据不同学者采用的缓冲溶液及硫酸铵饱和度的不同，又可将硫酸铵沉淀法分为以下几种。

1）*Tombs 法*　脱脂花生粉以 10%（*m/V*）的比例添加到 10%NaCl 溶液中，在（25±2）℃下，搅拌 4～6h。提取液在（25±2）℃下以离心力 4300*g* 离心 45min。花生球蛋白通过添加固体硫酸铵至最终饱和度 40%（*m/V*）沉淀下来，在（25±2）℃下，以离心力 6700*g* 离心 30min。沉淀复溶在 10%NaCl 溶液中，重复 3 次，以获得较纯的花生球蛋白。沉淀花生球蛋白复溶在蒸馏水中，反复透析，冷冻干燥，贮藏在 4℃下备用。

2）*Yamada 法*　脱脂花生粉溶于含 0.5mol/L NaCl 的 0.01mol/L 磷酸盐缓冲液（pH 7.9）中，搅拌提取 1h，离心去沉淀，在上清液中添加固体硫酸铵粉末直至其饱和度达到 40%，添加过程要缓慢搅拌，保持 5～10min 加完。将上述混合液在 4℃冰箱中保持 3h，将沉淀溶于最小量的磷酸盐缓冲液中，用冷却的双蒸水进行透析 24h 后，冷冻干燥即得花生球蛋白组分，贮藏在 4℃下备用。

3）*杨晓泉法*　将脱脂花生粉加入到经预冷的 10mmol/L 的磷酸盐缓冲液（pH 7.9）中，缓冲液中含 2mol/L NaCl；1mmol/L 苯甲基磺酰氟（PMSF）及 10mmol/L β-巯基乙醇，高速分散 20min，在 4℃条件下搅拌提取 3h。而后采用高速冷冻离心机，在转速 16 000r/min 下离心 30min。去掉沉淀，将上清液在磁力搅拌器作用下加入硫酸铵固体粉末至饱和度达到 40%，常温下（25℃）静置保持 3h，待沉淀完全分离下来后离心，转速 1280r/min 离心 20min，收集沉淀，将沉淀溶于最小量的磷酸盐缓冲液中，用冷却的双蒸水进行透析 24h 后，冷冻干燥即得花生球蛋白组分，贮藏在 4℃下备用。

4）*Govindaraju 法*　脱脂花生粉按料液比 10%（*m/V*），溶于含 0.5mol/L NaCl 的 0.01mol/L 磷酸盐缓冲液（pH 7.9）中，在 4℃条件下搅拌提取 1h，采用高速冷冻离心机，在 10 000r/min 离心 30min。将上清液在不断缓慢搅拌过程下，缓缓加入硫酸铵固体粉末，使其饱和度达到 18g/100mL，在 4℃条件下混合液静置 3h 后 10 000r/min 离心 30min，将沉淀再次溶于磷酸盐缓冲液，并再次加入硫酸铵达到 18g/100mL 饱和度，10 000r/min 离心 30min，收集沉淀，将沉淀溶于最小量的磷酸盐缓冲液中，用冷却的双蒸水进行透析 24h 后，冻干得花生球蛋白粗品，贮藏在 4℃下备用。

二、伴花生球蛋白Ⅱ的制备

伴花生球蛋白Ⅱ根据其沉降系数，在花生总蛋白中称为 8S 组分。由于品种的不同，其占总蛋白的 15%～25%，分离伴花生球蛋白Ⅱ的主要方法是硫酸铵沉淀法。

Johnson 等（1953）采用以下步骤：用 40g/100mL 饱和度的硫酸铵提取花生蛋白粉；继续添加硫酸铵至 65g/100mL 饱和度；分离沉淀蛋白；在上清液中添加硫酸铵至 85g/100mL 饱和度；通过超速离心分析，该法获得了大部分伴花生球蛋白Ⅱ和很大比例的伴花生球蛋白Ⅰ（2S）。Naismith 等（1958）采用 10%NaCl 溶液提取花生蛋白，用 85g/100mL 饱和度的硫酸铵进行沉淀。沉淀溶于 pH 为 7.0 的磷酸盐缓冲液中，调节 pH 低至 4.7（μ=0.025）。上清液在 4℃下沉淀。采用添加明矾再次沉淀，纯化了 Johnson 方法所得 65～85g/100mL 饱和度硫酸铵沉淀，但仍含有伴花生球蛋白Ⅰ。杨晓泉等（2001）将已达 40g/100mL 硫酸铵饱和度并离心除去花生球蛋白的溶液，继续加入固体硫酸铵，使饱和度达 65g/100mL，静置 3h 后 10 000*g* 离心 20min，收集沉淀，透析、冷冻干燥得伴花生球蛋白Ⅱ。

三、伴花生球蛋白Ⅰ（2S）的制备

1. 高盐缓冲液提取，硫酸铵分级沉淀法

花生种子脱种皮，取子叶在液氮中破碎成粉，用已烷脱脂。脱脂粉风干后加入预冷的 10mmol/L 磷酸缓冲液（pH 为 7.9，含 2mol/L NaCl）、10mmol/L β-巯基乙醇及 1mmol/L 苯甲基磺酰氟。高速捣碎 10min，4℃过夜提取，20 000*g* 离心 30min（4℃）。上清液用硫酸铵分级沉淀，收集 65%～85%（*m*/*V*）硫酸铵沉淀的蛋白质组分装入透析袋，用双蒸水透析 24h（4℃），样品冷冻干燥后即为提取分离的伴花生球蛋白Ⅱ粗品。将粗品按一定比例溶于低盐提取缓冲液，过 SephadexG-100 凝胶柱（2.6cm×50cm）。洗脱液为提取缓冲液，蠕动泵流速为 25mL/h，10min 间隔自动收集，监测 280nm 吸收，收集所需峰值样品，合并后用双蒸水透析 24h（4℃），样品冰冻干燥后即为伴花生球蛋白Ⅰ。

2. 低盐缓冲液提取，加热分离法

脱脂花生粉加入 50mmol/L Tris-HCl 缓冲液（pH 为 8.2，含 0.5mol/L NaCl）、10mmol/L β-巯基乙醇及 1mmol/L 苯甲基磺酰氟，漩涡振动混合 10min，4℃提取过夜。23 000*g* 离心 20min（4℃），提取 2 次，合并上清液，100℃水浴 10min，冰浴冷却 15min，10 000*g* 离心 10min，上清液用 PEG-6000 浓缩，样品冷冻干燥即为伴花生球蛋白Ⅰ。

综上所述，花生蛋白不同组分的制备通常采用以下方式：首先将全脂花生粉或者脱脂花生粉用水、缓冲液、碱性溶液或者盐溶液溶解；然后将溶解的蛋白质根据其一种或多种理化特性进行分离，通常考虑因素有硫酸铵饱和度、pH、溶解特性、色谱分离条件或者温度（加热、冷沉淀）。凝胶电泳技术作为一种手段，可用于鉴定分离的效果和其遗传变异情况，依据各个条带的纯度和离解度，区分出多肽亚基的数目和类型。

四、花生蛋白粉的制备

目前提取花生蛋白的方法很多，国内外生产提取花生蛋白的常用方法主要有压榨法、低温预榨-浸出法、水剂法、膜分离技术及水酶法等。

1. 压榨法

压榨法是目前国内最为常用的提取花生油和花生蛋白的方法。低温压榨能够显著降低蛋白质变性率，提高蛋白质的质量，是大力提倡采用的加工方法。近年国内成功研究开发出一种新的干法低温压榨工艺，整个加工过程中温度控制在65℃以下，得到低变性花生蛋白和花生油，获得了国家专利，并实现了工业化生产。

干法低温压榨工艺的主要流程如下。

花生仁→精选→低温烘烤→脱红衣→低温压榨脱脂→超微粉碎→低变性花生蛋白粉

主要工艺条件是花生仁先在60℃条件下进行烘干，脱去花生红衣，然后采用液压榨油机进行2次脱脂。将脱脂后的花生粕超微粉碎，得到低变性花生蛋白粉。整个处理过程的最高温度不超过 65℃。干法加工工艺的优越性在于避免了花生中的水溶性维生素和矿物质的流失，而低温加工的优越性在于保留了天然植物营养物质的活性，还能显著节约能源，避免环境污染，是绿色环保的生产工艺。

采用低温压榨技术生产的花生蛋白粉，能有效避免高温加工过程和其他化学成分对花生中所含天然活性成分的破坏。

2. 低温预榨-浸出法

项秀兰等（1996）采用低温预榨-浸出（6号溶剂，温度一般在30℃左右，压力为0.4～0.5MPa）油脂，制得的花生粉含蛋白质55%以上。但由于6号溶剂浸出技术在脱溶过程中需要高温，使花生蛋白变性较大，为此樊云霞等（2002）探索了4号溶剂低温浸出技术，并成功地制取了花生脱脂蛋白粉。尽管如此，这些有机溶剂还是存在易挥发性强、易燃、易爆、影响工厂的安全、卫生等一系列问题，这就促使考虑研究出一种既能取油又能获得不变性蛋白的方法来代替上述方法。工艺流程如图4-53所示。

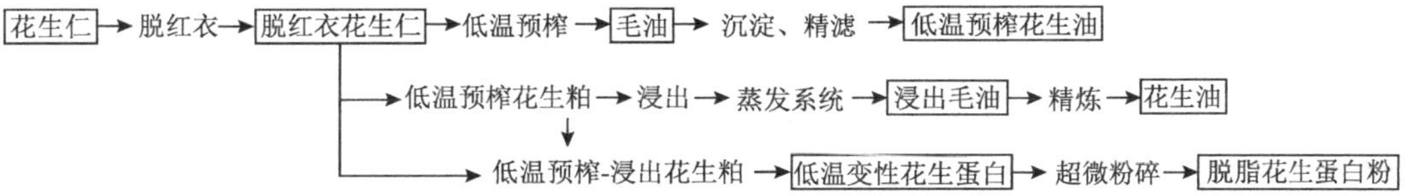

图4-53 低温预榨-浸出法工艺流程

工艺特点如下。

（1）首次将“花生低温预榨技术”与“花生饼浸出、湿粕低温脱溶技术”组装集合、集成创新，建成了我国第一条花生脱红衣、低温预榨、浸出、低温脱溶制油同时制备花生蛋白产品的规模化工艺生产线，生产的低温压榨花生油达到压榨一级花生油国家标准（GB1534—2003），脱脂花生蛋白粉的蛋白质含量（N×6.25，干基）达到60%以上，NSI达60%以上。

（2）该生产线在工艺上具有较大的灵活性和适应性。其生产的低变性花生粕是加工花生浓缩蛋白、花生分离蛋白、组织化花生蛋白、花生蛋白肽、花生蛋白奶等深加工产品的优良基料。

3. 水剂法

Sugarman 等（1956）首创了用水作溶剂沿用浓缩蛋白的生产工艺从花生中同时分离油和蛋白质。贝惠玲（2001）对水剂法制取花生蛋白粉工艺进行改进，经试验，选择了 96℃热烫 5min 的钝化脂肪氧化酶工艺，杀菌温度为 85℃，时间 10min；喷雾干燥要严格控制排风温度在 78～80℃，能使蛋白粉在冲调饮用时具有良好的溶解性和稳定性。其蛋白质的分散度指数（PDI）可达 98%以上。张伟等（2006）运用二次回归正交旋转组合对水剂法提取蛋白质的工艺进行了优化，对所提取的花生蛋白进行了含量测定，其蛋白质含量达到了 90.43%。但经多年生产实践证明，水剂法存在一些问题，如出油率低于溶剂浸出法（约为浸出法的 95%）、蛋白质与油脂分离能耗大、生产过程中的卫生要求高等，严重限制了其在生产中的大规模应用。

4. 膜分离技术

Lawhon 等（1980）利用水剂法和超滤膜分离技术结合从花生中得到油和花生蛋白产品。制成油水乳化液离心分离后用工业化的超滤膜过滤，膜渗透率为 70 加仑①/平方英尺②/天（gal/ft/d）。喷雾干燥后所得蛋白质产品的氮溶解性高、味温、色白。国内学者项秀兰等（1996）利用水溶法结合超滤膜、反渗透技术提取油和花生蛋白，经碱溶后用三相离心分离机分离出蛋白质、油脂和不溶物，而后用超滤技术提取蛋白质，再用反渗透处理废液，所得蛋白氮溶解指数为 96.1%。由于国内滤膜制备技术相对滞后，该项技术未能大规模用于生产。

5. 水酶法

Olsen 和 Alder（1979）为解决低含油量油料水提油脂得率低的问题，将微生物蛋白酶运用到大豆油脂和蛋白质的水法分离中，开启了水相酶解提取植物油的研究工作。随着生物工程技术的发展，酶制剂逐渐在食品工业上得到应用。用酶处理法取得油脂是近几年来研究和应用的一种新工艺。刘志强等（1999）利用复合酶系处理水剂法花生制油过程中碾磨后的油料，实验得出：出油率为 95.4%，蛋白质得率为 74.6%，与传统水剂法相比，出油率提高 4%～8%，花生蛋白回收率提高 3%～9%，且花生蛋白的功能性如溶解性、乳化性等均有明显改善。王瑛瑶等（2003）也采用了水相酶解方法来提取花生油，清油与花生水解蛋白得率分别达到 86%与 89%，取得了较好的效果，其工艺与前人不同，碱提取位于酶解之前，且只采用了蛋白酶进行水解。由于水酶法提得的花生油在香味上要次于蒸炒压榨工艺得到的花生油，且存在破乳困难等技术问题，故目前未实现产业化。

五、花生浓缩蛋白的制备

以脱脂花生蛋白粉为原料制备花生浓缩蛋白并全面比较其功能性质的研究较少。前人（Yu et al.，2007；张维农等，2002；刘大川等，1996）主要采用碱提酸沉法、混合溶剂法、稀酸沉淀、乙醇洗涤、稀酸沉淀与乙醇洗涤相结合等方法制备花生浓缩蛋白。温士谦（1988）采用蛋白质热敏性分离原理，将脱脂花生蛋白粉溶于水中，加热使部分蛋白质变性而沉淀，而溶解部分用热水浸出制得花生蛋白产品。该法存在制得的产品蛋白质得率低且难以掌握蛋白质变性程度等缺点，所以未推广使用。刘大川等（2001）研究了花生浓缩蛋白的制备方法，主要包括酸沉淀制备法、乙醇洗涤制备法、稀酸沉淀和乙醇沉淀相结合制备法和已烷/含水乙醇混合溶剂制备法。4 种浓缩蛋白的制取工艺尽管不同，但产品得率都相差不大。用酸沉淀法生产的花生浓缩蛋白色泽和风味较差，用乙醇洗涤法及稀酸沉淀和乙醇洗涤相结合法制备的产品色泽和风味均较好，但产品的氮溶解指数（NSI）降低。用已烷/95%乙醇混合溶剂制备的花生浓缩蛋白，大大提高了产品的氮溶解指数（NSI），其功能性也比较优良。但是该工艺存在的问题是工业过程中乙醇的回收及已烷/95%乙醇混合溶剂的混合比难以保持恒定。

① 1 加仑（gal）=4.546 09L；② 1 平方英尺（ft）=0.0929m^2

Yu 等（2007）通过等电沉淀法制备了花生浓缩蛋白（蛋白质含量为 85%）。其功能性方面，除凝胶性略差之外，其他功能性质均等同或优于同方法制备的大豆浓缩蛋白。几种花生浓缩蛋白的制备工艺如下。

1）酸沉淀法制备花生浓缩蛋白　称取一定量的脱脂花生饼粕粉碎过筛，或者是花生蛋白粉加入 10 倍的水，在一定温度下浸提搅拌，然后加入一定浓度的盐酸，调节溶液的 pH 到 4.5 左右然后再搅拌一定时间，当蛋白质沉淀之后进行离心分离，去掉乳清水，然后再将沉淀物进行两次的水洗分离，所得物加碱中和脱水低温干燥，粉碎过 100 目筛即得花生浓缩蛋白。

2）乙醇洗涤法制备花生浓缩蛋白　称取一定量的脱脂花生蛋白粉粉碎过筛，在一定温度下加入 7 倍的 60%～65%的乙醇进行洗涤，并且搅拌一定的时间，使饼粕中的可溶性糖分、灰分及部分的醇溶蛋白溶解，然后离心分离，液体回收乙醇，所得的固体物质再用 95%乙醇进行二次洗涤，离心分离，蒸发回收乙醇粉碎过筛得到花生浓缩蛋白。

3）己烷/95%乙醇混合溶剂制备花生浓缩蛋白　称取一定量的花生饼，于一定温度下加入比例适当的己烷/95%乙醇混合溶剂，浸出一定的时间。湿粕低温脱溶得到花生浓缩蛋白。混合油冷却后，分成己烷相和乙醇相。己烷相蒸馏回收己烷后得到花生浸出毛油，乙醇相蒸馏回收乙醇。

以上几种方法均以脱脂后残油较低的花生蛋白粉为原料，利用蛋白质在等电点处溶解度最小或有机溶剂沉淀的方法除去少量水溶性糖分、灰分和其他可溶性成分，再通过低温干燥、粉碎制得花生浓缩蛋白。

六、花生分离蛋白的制备

花生分离蛋白制备方法主要包括碱提酸沉制备法和超滤膜制备法。胡晓军等（1998）以水溶剂法提取的富含花生蛋白的饼粕为原料，进一步提取水溶、酸溶、碱溶花生分离蛋白，并对其营养成分、氨基酸组成进行分析。用凝胶层析和 SDS-PAGE 测定出分离蛋白相对分子质量主要分布在 97 000、77 000、22 000～25 000 和 15 000～17 000 四个范围内。李明姝等（2004）对碱提酸沉法制取花生分离蛋白的工艺进行优化，制取的花生分离蛋白纯度可达 90.21%，蛋白质回收利用率可达 75.74%。刘大川等（1998）采用超滤膜法制备花生分离蛋白，产品蛋白质得率高达 95.8%，水溶蛋白含量为 92.3%。用超滤膜法制备的花生分离蛋白纯度明显优于碱提酸沉法制备的花生分离蛋白，而且功能特性也有显著的提高。但是目前尚需解决的技术问题是超滤膜的污染及适宜的清洗方法。花生分离蛋白制备工艺如下。

1）碱提酸沉法制备花生分离蛋白　称取一定量的脱脂花生粉，用 15 倍的 pH 为 8.5 的稀碱液浸提 25min，温度为 25℃，搅拌速度为 30～50r/min，离心分离后去掉残渣，所得蛋白液用 2mol/L 盐酸调节 pH 至等电点（4.5 左右），再离心分离得分离蛋白，低温干燥后粉碎过 100 目筛，即得产品。

2）超滤膜法制备花生分离蛋白　称取一定量的脱脂花生粉，用 30 倍的 pH 为 9.0 的稀碱液于 40℃下浸提 40min，搅拌速度为 30～50r/min。然后离心分离得浸提液，经预过滤净化后，用聚砜内压式中空纤维膜进行超滤，截留分子质量为 8×10^4Da 花生蛋白。膜分离的最佳工艺条件：蛋白浸提液 pH9.0、超滤压力 0.09MPa、温度 50℃。当透过液的体积为原蛋白浸提液体积的 1.25 倍以上时即停止超滤，将截留物低温速冷然后冷冻干燥即得到花生分离蛋白。

第三节　芝麻蛋白的加工工艺

芝麻蛋白是一种互补性很好的蛋白质，含硫氨基酸含量较大豆蛋白高。芝麻饼和分离蛋白都含有大量的甲硫氨酸（2.5%～4.0%）和其他含硫氨基酸（3.8%～5.5%），赖氨酸是第一限制氨基酸，虽然大多数品种含量不足，但黑芝麻中的含量则较高。Evans 和 Bandemel（2012）发现一份芝麻蛋白掺和一份大豆蛋白后与酪蛋白有相同的营养价值。大豆蛋白赖氨酸高甲硫氨酸低恰好互补芝麻蛋白，两者均提高了营养价值。把芝麻饼作豆类食品的添加物比用甲硫氨酸在消化道中更能充分地释放氨基酸，用蛋白质补充蛋白质比用个别氨基酸补充蛋白质更能提供其他必需氨基酸的数量，并且增加蛋白质的利用率。这是芝麻蛋白最合理、最有价值的使用方法。

（一）脱脂芝麻粕粉

脱脂芝麻粕粉蛋白质含量为 35%～45%，其含量取决于制油方法和籽是否脱皮。溶剂浸出粕残油降至 0.6%～0.7%，是很好的家畜饲料，这种蛋白质富含甲硫氨酸和胱氨酸，但赖氨酸含量较低。饼的色泽从浅黄色至灰黑色，主要取决于籽色的类型。暗色粕常比浅色粕味苦，因而后者更受欢迎。

从芝麻籽中可得到 4 种类型的粕，即全籽芝麻粉、脱皮芝麻籽粉、脱脂全芝麻籽粕粉和脱皮脱脂芝麻粕粉。其中最普通的是脱皮脱脂芝麻粕粉。脱脂芝麻（蛋白）粕粉的生产工艺流程如下。

芝麻 ⟶ 清选 ⟶ 计量 ⟶ 破碎、轧坯、调质处理 ⟶ 蒸炒 ⟶ 预压榨 ⟶ 预榨饼 ⟶ 浸出 ⟶ 脱脂芝麻粕 ⟶ 饲用芝麻(蛋白)粕粉

（二）芝麻浓缩蛋白和芝麻分离蛋白

芝麻被广泛加工成几种高蛋白产品，如浓缩蛋白和分离蛋白。浓缩蛋白和分离蛋白的蛋白质含量分别为 70%和 90%。与许多油料不同，芝麻从脱皮脱脂芝麻粕粉制得的浓缩蛋白和分离蛋白不含任何不良的色素、异味物和毒素。

芝麻蛋白用各种盐和碱溶液萃取，蛋白质萃取率随萃取介质、pH 和时间而变化，氢氧化钠（0.04mol/L）是最适合的溶剂，可萃取粕中约 90%的氮。

由于蛋白质在等电点时的溶解度最小，大多数分离蛋白是通过在适合的溶剂中萃取，再在等电点附近沉淀的方法制备的，其中芝麻蛋白的等电点为 4.5～4.9。芝麻蛋白用盐和碱萃取，在 pH4.5 区域的溶解度最小。在碱液中用逆流接触溶解蛋白质并在 pH4.5 时沉淀，在此 pH 条件下有 50%的植酸盐被去除，同时仅 17.5%的蛋白质被溶解，最终的分离蛋白含 91.4%的蛋白质，几乎不含植酸盐。

1. 芝麻浓缩蛋白加工工艺

对于芝麻这一类含油量高、蛋白质丰富的原料来说，采用水酶法，同时制取油脂和芝麻浓缩蛋白，是一种比较好的加工方法。

1）*原理与工艺*　　在水剂法加工工艺的基础上，在加工工艺中引入果胶酶、纤维素酶水解细胞壁的组成成分——纤维素和半纤维素，以及蛋白水解酶水解蛋白质，有效地将碾磨

粉碎时未被破碎的芝麻细胞壁适度水解，使尽可能多的亚细胞成分——芝麻油脂和芝麻蛋白释放出来，在工艺上提高出油效率、降低蛋白质产品中的残油量。水酶法生产芝麻油和浓缩蛋白加工工艺如下所示。

芝麻→清选→脱皮→烘干→碾磨→浸出→灭酶→离心分离→芝麻蛋白浆液→浓缩→干燥→芝麻浓缩蛋白

原料（芝麻）进入组合处理筛，除去杂质和不规则的芝麻。在远红外烘干机中烘干，使芝麻表皮迅速烘干脱水，而芝麻内部料温不高于60℃。这样烘干后，芝麻仍然保持天然芝麻固有的性质，没有熟化。表皮已经脱水的芝麻在脱皮机中滚揉脱皮，然后进入磨机碾磨。芝麻碾磨后自流落入连续浸取器，再定量加入1∶10的稀碱水（或中性水）和酶制剂，水温低于85℃，边搅拌边输送到出料端，再由泵送到高位罐，应用高位罐压力自流进入卧螺离心机，进行固-液分离。淀粉残渣经洗涤后再进入卧螺离心机进行分离。从两台离心机出来的蛋白液，由泵送到高位罐，自流进入管式离心机中进行液-液分离，得到乳化油和蛋白液。乳化油进入储液缸，再由油泵送到破乳锅中破乳，破乳油经管式离心机分离除去残渣和水，得到的芝麻油含有1%左右的水分，需再送到真空脱水器中脱水，最后可得到精制的芝麻油。输送泵将蛋白液送到管式灭菌器，灭菌后暂存于储液缸，再经真空吸入到浓缩器中，进行真空浓缩。浓缩液经泵输送到蛋白浆储缸，在离心式喷雾干燥机中干燥成粉状浓缩蛋白粉。

2）技术操作要点

（1）芝麻的清选、脱皮、碾磨。要求芝麻清选后含杂量≤0.1%，芝麻脱皮>98%，碾磨时料浆温度不得超过80℃，粒度控制在10μm以下。

（2）浸出、灭酶。芝麻经不同的干法碾磨设备碾磨，粒度要求达到15μm以下，然后按照1∶10的比例加入稀碱水同时搅拌，让溶液的pH以不超过7.5为最佳，同时加入纤维素酶和中性或碱性蛋白水解酶，搅拌均匀并浸取30～60min。果胶酶、纤维素酶水解芝麻细胞壁，特别是完整的含油和蛋白质的芝麻细胞壁，蛋白酶水解相对分子质量较高的蛋白质和芝麻油体外膜上的膜蛋白、甾醇蛋白和钙蛋白，使芝麻蛋白和芝麻油更充分地分散于浸出液中。经果胶酶、纤维素酶和蛋白水解酶水解后的芝麻蛋白液，不经灭酶处理可能会把具有活性的微生物酶转移到芝麻加工产品蛋白质粉中，对蛋白质产品的安全产生威胁，必须按照微生物酶的灭酶要求（90℃、10min）进行灭酶。

（3）离心分离。先选用卧螺离心机进行固-液分离，将皮和残渣除去，再用碟式离心机或管式离心机进行液-液分离，即可将乳化油和蛋白液分开。

（4）酸沉。如果生产等电点不溶性浓缩蛋白粉，可选用三相离心分离机或喷渣式两相分离机将油脂分离出去，残渣和蛋白液集中在一起，用盐酸调节溶液的pH为4.5～4.8，蛋白质和残渣即可沉淀出来，从而除去水溶性的糖类物质。

（5）灭菌和均质。由碟式离心机分离出来的不含油的蛋白液，送到板式杀菌器中灭菌，温度85℃，时间15s。杀菌后的蛋白液用高压均质机在20～25MPa压力下进行调质处理。蛋白液再经真空吸入到浓缩锅，在温度为55℃、残压为8～10kPa的条件下进行浓缩，蒸汽压力为0.15～0.20kPa。

（6）喷雾干燥。浓缩好的料液可用压力喷雾法或离心喷雾法干燥，如果要生产大颗粒产品，适宜选用离心喷雾法。进风温度保持在150℃左右，出风口温度75～85℃，若出风口温度太低，将会影响产品的质量。

（7）热风干燥。若生产不溶性浓缩蛋白粉，则将酸沉后的蛋白凝乳经压滤除去大部分水分后，进行热风干燥。热风干燥时，物料温度不超过 105℃。干燥后的蛋白块经粉碎后，即可得到不溶性浓缩蛋白粉。

2. 芝麻分离蛋白加工工艺

1）原理与工艺　芝麻分离蛋白的生产原理与大豆分离蛋白生产采用“碱提酸沉”原理相同。生产工艺如下所示。

芝麻→清选→润湿→脱皮→仁皮分离→碾磨→浸取→离心分离→高速离心分离→蛋白液→等电点沉淀（水洗）→溶解→中和→喷雾干燥→分离蛋白

2）技术操作要点

（1）清选与脱皮。为了取得食用芝麻蛋白，对原料的清选是十分重要的，因此芝麻必须进行脱皮。脱皮方法是用清水将芝麻润湿后经脱皮机脱皮，稍微干燥即可去皮。

（2）碾磨。芝麻的碾磨采用压延机，细度可达 10μm 左右。

（3）油脂和蛋白质的提取。为了使油脂和蛋白质分离，利用稀碱液进行浸取。稀碱液的 pH 为 9.5～10，料液比（g/mL）为 1∶6，稀碱液加到料浆中搅拌时间为 1～1.5h，料液温度维持在 65℃。蛋白质逐渐溶解，油则陆续上浮，待浸取完成后，先将浮油撇出，再进行分离。

（4）从蛋白液中制取蛋白质。将蛋白液用等电点沉淀、水洗后经喷雾干燥即得芝麻分离蛋白。

第四节　菜籽蛋白的加工工艺

油菜籽含有 37%～45%的油脂，约 25%的蛋白质，4%～6%的硫代葡萄糖苷及其他一些成分。菜籽蛋白具有较好的营养特性，含硫氨基酸的含量比大豆蛋白高，且必需氨基酸的平衡也比大豆蛋白好，因此菜籽蛋白是一种很有前途的全价蛋白。

（一）食用菜籽蛋白

1. 加工工艺

食用菜籽蛋白加工工艺与大豆蛋白加工工艺相似，其浓缩蛋白是直接用醇或酸等除去可溶性碳水化合物、低分子含氮化合物、硫代葡萄糖苷及其他异味成分物质。食用菜籽蛋白加工工艺有两种路线，一种是采用有机溶剂法浸出油脂后，加工成菜籽蛋白产品；另一种是采用水剂法同时提取油脂和蛋白质的方法。

1）浸出法浓缩菜籽蛋白工艺　工艺流程如图 4-54 所示。

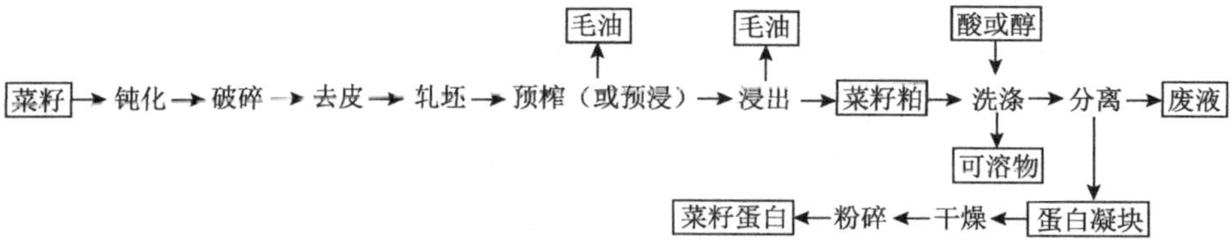

图 4-54　浸出法浓缩菜籽蛋白工艺流程

2）水剂法菜籽浓缩蛋白工艺　水剂法菜籽浓缩蛋白生产流程如图 4-55 所示。

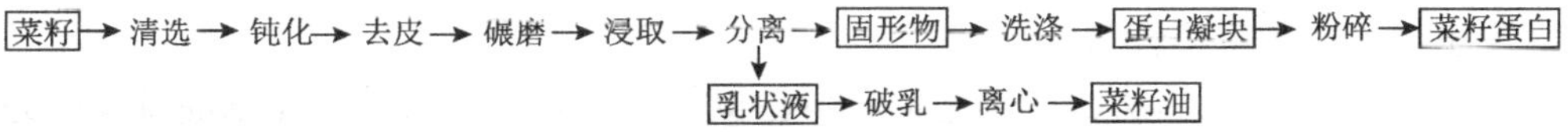

图 4-55　水剂法菜籽浓缩蛋白的工艺流程

2. 操作要点

1）清选　　清选是菜籽浓缩蛋白产品质量的第一个环节，清选不干净，产品中的灰分将超出食用标准而不能食用。

2）钝化　　无论是浸出法菜籽浓缩蛋白生产工艺，还是水剂法浓缩菜籽蛋白生产工艺，都必须把握好钝化操作这一关，钝化温度必须达到 85℃以上，把菜籽中能分解硫代葡萄糖苷的硫苷酶钝化，使之在后面的加工过程中，保持硫代葡萄糖苷的完好性和水溶性，然后再利用水等极性溶剂除去硫苷。

3）去皮　　通常采用风选法去皮。

3. 食用菜籽蛋白质量指标

用不同加工方法生产的食用菜籽蛋白质量指标见表 4-52。

表 4-52　食用菜籽蛋白的质量指标

项目	浸出法菜籽蛋白	水剂法菜籽蛋白	项目	浸出法菜籽蛋白	水剂法菜籽蛋白
粗蛋白（N×6.25）/%	≥60	≥60	纤维素/%	7	6
粗脂肪/%	≤1.5	≤7	灰分/%	7	6
无氮浸出物/%	28	≤30	残苷/%	<0.03	0.02

（二）饲用菜籽蛋白

饲用菜籽蛋白的生产方法比较多，主要分为两大类：一类是从原料开始加工生产；另一类是以制油后的饼粕为原料生产饲用菜籽蛋白。下面介绍几种常用的生产方法。

1. 水剂法生产饲用菜籽蛋白

1）水剂法生产饲用菜籽蛋白工艺　　工艺流程如图 4-56 所示。

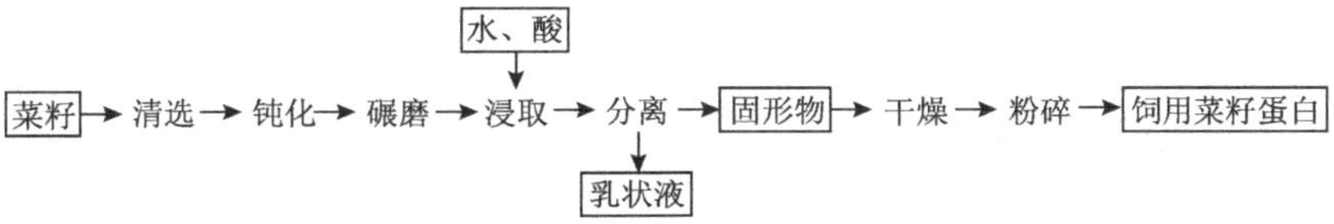

图 4-56　水剂法生产饲用菜籽蛋白工艺流程

2）操作要点　　饲用菜籽蛋白的操作要点同食用菜籽蛋白，不同的是不需要去皮。

3）饲用菜籽蛋白质量指标　　由于饲用菜籽蛋白的生产过程没有去皮工序，所以产品的外观，蛋白质的含量等指标都不如食用菜籽蛋白，见表 4-53。

表 4-53　水剂法饲用菜籽蛋白质量指标（%）

等级	粗蛋白	粗脂肪	粗纤维	无氮浸出物	灰分	残苷
一级	≥45	<9	9～12	27～30	6～8	0.004
二级	≥40	≤10	12～15	28～31	7～9	0.006

2. 浸出法生产饲用菜籽蛋白

1）生产工艺　浸出法生产饲用菜籽蛋白也是从原料开始着手，在制油过程中完成脱毒处理工序，这是一种用化学法生产饲用菜籽蛋白的典型特例。其工艺流程如图 4-57 所示。

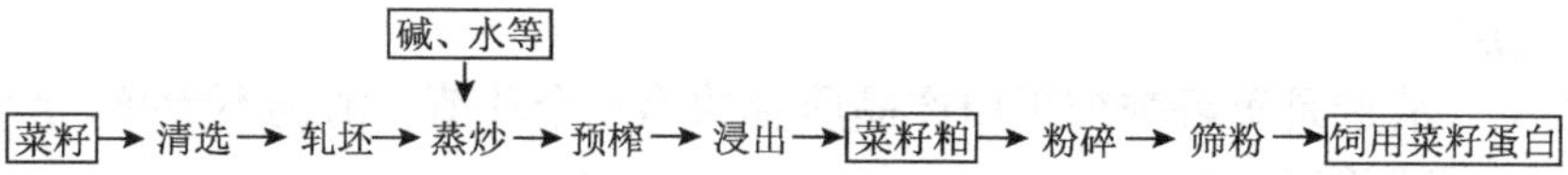

图 4-57　浸出法生产饲用菜籽蛋白工艺流程

2）操作要点　该工艺的关键是在蒸炒过程中，加入对油和蛋白质没有影响的多元碱性化学降解助剂，使之在蒸炒、制油过程中完成对硫代葡萄糖苷（硫苷）的降解，在加工中除去分解产物而达到脱毒目的。

3. 膨化法生产饲用菜籽蛋白

膨化法是一种以制油后的饼粕为原料，经添加化学降解助剂，预降解和膨化热压降解，生产的一种适口性特别好的饲用菜籽蛋白产品。

1）工艺原理　菜籽生胚在水分高达 15.5%，温度为 55℃时，在硫苷酶作用下，1min 内就有 90%的硫苷发生降解，这是典型的酶促反应，随着温度提高，酶促反应停止。当温度达到 125℃时，硫苷热降解便开始，随着温度升高和时间延长，硫苷降解加快，当温度到达 165℃，加热 1h，硫苷就几乎完全降解。因此，只要将这些降解物质去除就能达到脱毒目的。

膨化法去毒原理正是基于这点，首先将菜籽粕调整水分、温度，在多元化学降解助剂作用下，在一定时间内，先进行化学降解，而后在膨化机里再进行热降解和化学降解，最后利用出口处产生的高温汽提作用将降解物质去除。

2）生产工艺流程

菜籽粕 → 粉碎 → 筛分 → 调配 → 预降解 → 热压膨化 → 饲用菜籽蛋白

3）操作要点　膨化法生产饲用菜籽蛋白的关键在于选择化学降解助剂和膨化时的压缩比及膨化度。

4. 水浸法生产饲用蛋白

水浸法也是以菜籽粕为原料，在连续浸取设备中用化学降解助剂配制的浸取洗涤液，呈逆流方式不断地洗涤饼粕中的硫代葡萄糖苷和其他抗营养成分，最后沥干、干燥即可得到饲用菜籽蛋白。工艺流程如图 4-58 所示。

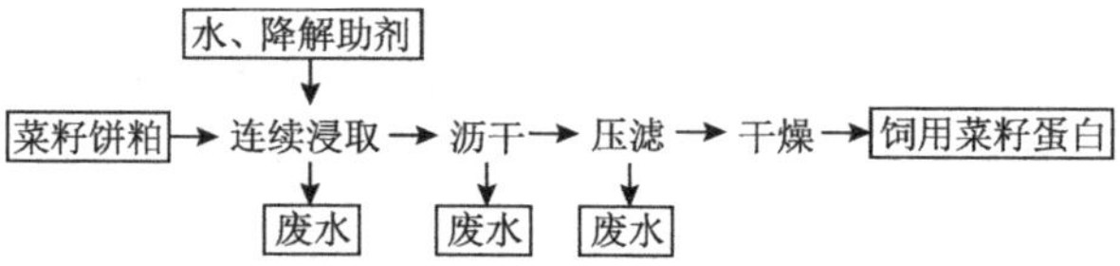

图 4-58　水浸法生产饲用蛋白流程

（三）菜籽分离蛋白

1. 两步沉淀法制取菜籽分离蛋白

菜籽分离蛋白是以脱脂菜籽粕为原料，所制得蛋白质含量在 90%以上（干基），是一种高纯度的菜籽蛋白产品。制取方法与大豆分离蛋白相似，先用稀碱液把蛋白质从脱脂菜籽粕中萃取出来，而后再用酸调节 pH，在等电点沉淀出蛋白质。

在离析过程中，蛋白质的得率随所用的物料热处理程度的不同而有所变化。沉淀以后的蛋白质，必须进行水洗，离析物含蛋白质 84%。在实验室条件下得到的分离蛋白其蛋白质含量在 90%以上，得率为 29%～49%。

在菜籽分离蛋白的制品中应不含芥子苷及其分解产物，如加工成其他产品，还必须除去物料中所含的植酸。欲达到上述目的，应增加对蛋白质凝乳的有效洗涤。因此，菜籽分离蛋白的生产成本比较高，使该产品难以实现工业生产。

针对上述情况，有人提出采用两步沉淀法制取菜籽分离蛋白，其基本过程如下。

脱脂菜籽粕 → 萃取 → 调 pH → 离心 → 调 pH → 二次离心 → 菜籽分离蛋白

先用 0.02mol/L 的稀碱液逆流萃取脱脂菜籽粕，基本上能够萃取出所有的蛋白质，非蛋白质成分留在残留物中。然后用盐酸先将萃取液的 pH 调节到 6 左右，沉淀分离出菜籽分离蛋白Ⅰ，再用酸把上清液的 pH 调节到 3.5 左右，沉淀分离得到菜籽分离蛋白Ⅱ。在分离出的蛋白质中，分离蛋白Ⅰ占总蛋白质量的 80%以上。采用这种逐步沉淀的方法所制得的总蛋白质量要比一次沉淀法的多。在每步沉淀过程中，硫代葡萄糖苷和可溶性的碳水化合物都留在上清液中，这样就可以制得高纯度的、不含硫代葡萄糖苷的菜籽分离蛋白。这两种菜籽分离蛋白中只含有微量的粗纤维、灰分和其他非蛋白质成分。两步法中蛋白质产品呈黄绿色，蛋白质含量为 80%～85%，尚未达到分离蛋白规定的蛋白质含量。若将其用于食品中，产品的色泽和纯度还需进一步改善。

2. 碱提酸沉法生产菜籽分离蛋白

碱提酸沉法生产菜籽分离蛋白的生产工艺和大豆分离蛋白的生产基本相同，与两步分离法相比，其工艺流程略有不同，具体工艺流程如图 4-59 所示。

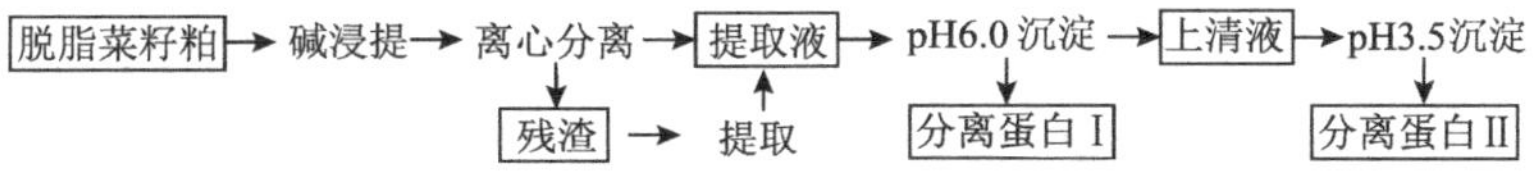

图 4-59　碱提酸沉法生产菜籽分离蛋白的工艺流程

脱脂菜籽粕以料液比 1∶10 的比例加入水，搅拌过程中加碱调 pH 至 10 左右，提取 20min，离心分离，离心得到的残渣加入料液比 1∶5 的水再在相同的条件下提取，然后离心，提取液和第一次的提取液合并，离心得到的渣用料液比 1∶5 的水在相同条件下提取，离心，得到的提取液用于新鲜粕的提取。提取液调 pH6.0、沉淀、离心，沉淀用水进行洗涤、离心，得分离蛋白Ⅰ，上清液调 pH3.5、沉淀、离心，洗涤沉淀，得分离蛋白Ⅱ。

采用该工艺制备的菜籽分离蛋白，蛋白质提取率达 94%以上，蛋白质沉淀得率根据菜籽品种的不同而不同，制备的分离蛋白的纯度可达 90%以上。

该提取方法的优点是提取工艺简单，容易操作，且采用一般的大豆分离蛋白生产设备改变工艺参数就可以进行生产。

（四）菜籽浓缩蛋白

菜籽浓缩蛋白是以菜籽为原料，先用机械方法脱皮，而后用水和己烷萃取硫代葡萄糖苷、可溶性的碳水化合物和油脂后，所制得含有 60%～65%（干基）蛋白质的菜籽蛋白产品。

1. 菜籽浓缩蛋白工艺

菜籽浓缩蛋白生产工艺流程如图 4-60 所示。

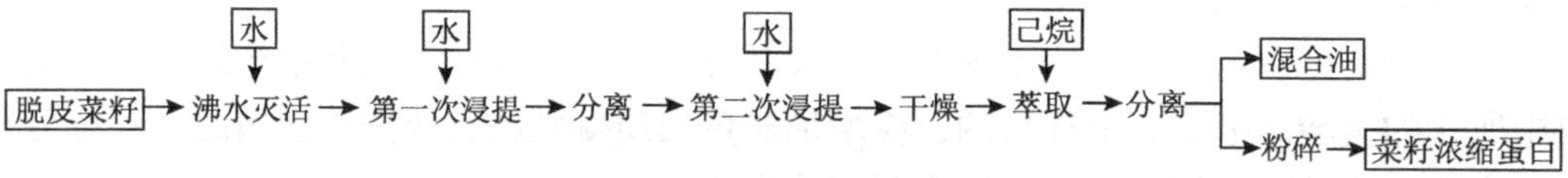

图 4-60　菜籽浓缩蛋白的生产工艺

原料菜籽中含有各种杂质，通过清理除杂后，再进行烘干和粉碎，利用筛选和风选除去种皮等高纤维物质。经清除种皮的菜籽干粉，用沸水处理，以使各种酶钝化而失去活性。沸水处理后的物料干燥后用清水第一次浸提，水与原料的比为 5∶1，清水的 pH 要求在 4.5 左右。然后把浸提过物料和水的混合“浆”进行分离，分离后的物料，再用水进行第二次浸提，以除去菜籽粉中所含的水溶性碳水化合物、芥子苷、棉子糖和水苏糖等，以及芥子碱一类的类酚化合物。经两次浸提后的物料送入干燥设备进行干燥处理，干燥后用己烷浸出油脂，而后再经粉碎、加工即得到菜籽浓缩蛋白。

该工艺生产的菜籽浓缩蛋白对异硫氰酸酯的去除率达 96.5%，对其他致甲状腺肿素的去除率为 96.2%，硫代葡萄糖苷的残留量约为 0.2mg/g，比食品中硫代葡萄糖苷允许含量（0.45mg/g）低得多，硫代葡萄糖苷分解产生的腈类毒物在产品中含量低于 1mg/g。菜籽浓缩蛋白产品的得率约为菜籽原料的 24%，但植酸含量较高，可以通过降低植酸含量或在食品中加锌或铁使其转化为植酸盐的办法加以解决。

制取低含量植酸菜籽浓缩蛋白工艺流程如图 4-61 所示。

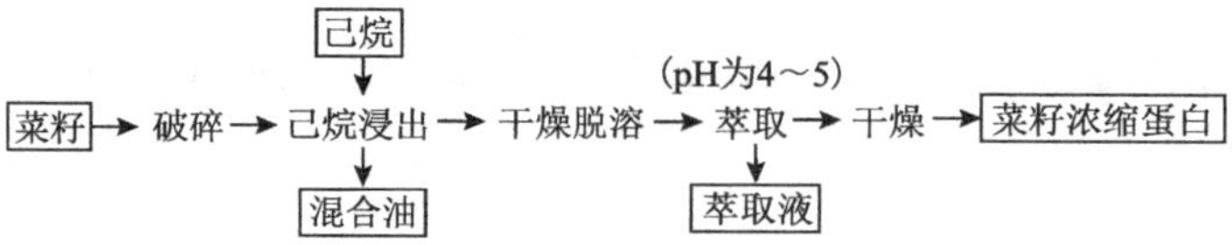

图 4-61　低含量植酸菜籽浓缩蛋白的工艺流程

该工艺原理是基于植酸在 pH 为 4～5 时，在水中有很高的溶解度，而此 pH 刚好是蛋白质的等电点范围。因此在此 pH 下进行萃取，不仅可以萃取出大部分植酸，而且还可以把蛋白质的损失维持在最低限度。

2. 质量指标

菜籽浓缩蛋白的主要成分如表 4-54。

表 4-54　菜籽浓缩蛋白的主要成分

成分	粗蛋白质/%	脂肪/%	粗纤维/%	碳水化合物/%	灰分/%	残苷/（mg/g）	植酸/%
含量	60～90	1～3	6～8	20～25	7～9	<0.2	5～7

第五节　其他油料蛋白的加工工艺

一、棉籽蛋白的加工工艺

采用各种物理、化学、微生物等方法处理棉籽或棉籽粕，可获得粗蛋白含量高达 50%～

90%，甚至脱毒（脱酚）的棉籽加工产品。棉籽蛋白加工工艺主要如下。

1. 棉籽分离蛋白的生产

棉籽分离蛋白是指蛋白质含量在90%以上的蛋白质产品。分离蛋白的制取大都采用浸提法，即先用水溶液（碱溶液）使蛋白质溶解，通过过滤或离心分离等方法使蛋白质溶液与不溶物分离，然后通过等电点沉淀或超滤等方法制备分离蛋白。利用蛋白质和其他物质在分子大小及溶解度方面的差异，在蛋白质萃取、沉淀、超滤的过程中，将棉籽中的非蛋白成分，包括有害成分去除，从而得到几乎纯净的棉籽蛋白。

1）生产原理　棉籽球蛋白和棉酚能溶解于碱性水溶液中，用稀碱溶液可使蛋白质与棉酚从棉籽饼粕中提取出来，再经加酸中和、酸化，使蛋白质在等电点条件下从溶液中沉淀析出，而棉酚则留在溶液中。

2）生产工艺　生产工艺如图4-62所示。

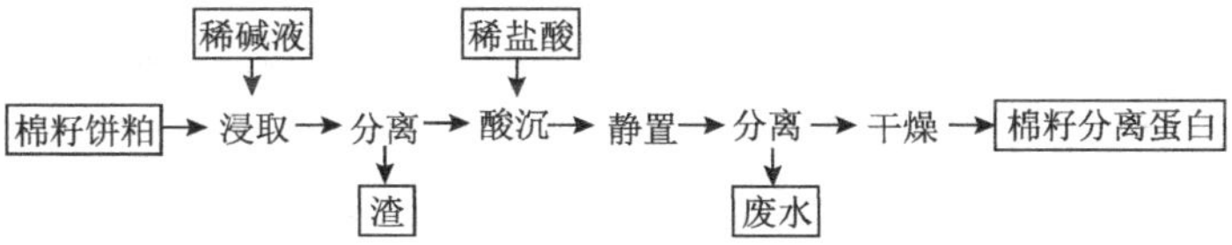

图4-62　棉籽分离蛋白的工艺流程

3）操作要点

（1）浸取。在浸取罐中加水1500kg，再加入约9kg固体NaOH，配成稀溶液，然后将500kg棉籽饼粕粉碎后加入，搅匀，静置24h，每小时搅拌1次。

（2）分离。第一次分离用离心过滤机分离，滤渣用水洗后排出，可制活性炭。滤液与洗液合并转入下道工序。

（3）酸沉。在滤液中加入10%的HCl溶液并搅拌，调整到pH为4.8时蛋白质即析出。

（4）静置。静置的目的是使析出蛋白质的微小颗粒聚合成大颗粒，便于分离，以提高得率。

（5）二次分离。用离心过滤机分离，以pH为等电点的酸性水洗涤，分离出的废水与洗涤水一并排出。

（6）成品。分离出的蛋白质，经干燥得到成品。

2. 棉籽浓缩蛋白的生产

液体旋流分离法加工制取棉籽浓缩蛋白是一种去毒的有效方法，下面主要对这种方法进行介绍。

1）生产原理　将脱壳后的棉籽低温干燥，粉碎后分散于已烷溶剂体系中，一起送入旋流器中，固体颗粒由于高速旋转产生离心力而分级，重粒进入底流，轻的颗粒进入溢流。由于蛋白体（直径3～10μm）较棉酚色素腺体（直径40～400μm）小而轻，因此，棉酚色素腺体与较粗的棉籽粉颗粒、皮壳颗粒一起从底流排出，而蛋白体等细小颗粒从溢流卸出。溢流经过滤，将滤饼脱除溶剂，即得到蛋白质含量65%以上的棉籽浓缩蛋白。

2）生产工艺　旋流分离有单级和多级旋流工艺，根据产品质量要求决定采用单级或多级。无论单级或多级，其工艺流程大同小异。单级旋流分离工艺就是把棉籽仁干燥、粉碎、用已烷调浆、旋流分离、过滤脱脂、脱溶和磨碎，制得低棉酚高蛋白浓缩物，其产品蛋白质含量达65%以上。单级旋流分离工艺如图4-63所示。

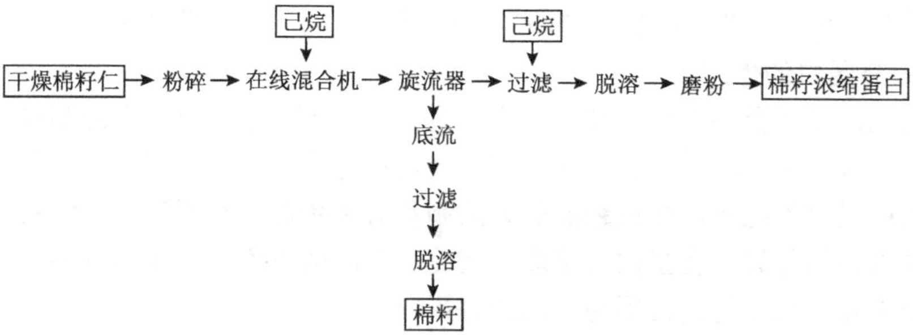

图 4-63　单级旋流法制取棉籽浓缩蛋白的工艺流程

由旋流器出来的溢流经真空过滤，滤饼用己烷进一步脱脂，再经脱溶、磨粉即可得到脱酚棉籽浓缩蛋白。

二级旋流分离工艺与单级旋流工艺基本相同，就是在单级旋流分离工艺基础上再加一级旋流器，把从第一级旋流器排出的底流用新鲜己烷再调浆，然后再送入二级旋流器，从第二级旋流器排出的溢流返回到在生产线上的混合机内，这样可把带入一级旋流器底流内的棉籽仁细粉进行回收，从而可以提高优质浓缩蛋白产品的回收量，可达到初始投入物料所含固形物重量的 50%。

二、葵花籽蛋白的加工工艺

葵花籽制油后得到的粕中约含有 51%的粗蛋白、1%的粗脂肪、3%的粗纤维、8%的灰分。葵花籽蛋白具有良好的氨基酸配比，又不含其他油料中典型的抗营养因子，是一种理想的植物蛋白资源。但葵花籽中含有绿原酸、咖啡酸等，这些成分也在一定程度上限制了葵花籽蛋白的应用。葵花籽蛋白产品主要有浓缩蛋白和分离蛋白两种，分别介绍如下。

1. 葵花籽浓缩蛋白的制备

1）葵花籽浓缩蛋白生产工艺流程　　工艺流程如图 4-64 所示。

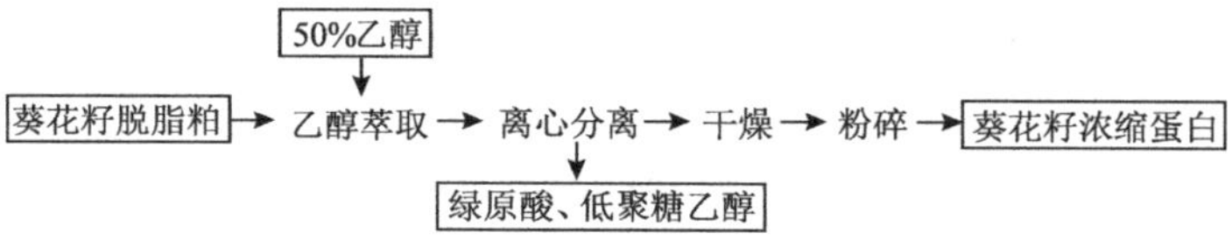

图 4-64　葵花籽浓缩蛋白的工艺流程

葵花籽仁被轧成厚度为 0.25mm 的坯片。以己烷为溶剂对葵花籽生坯进行多级逆流浸出，浸出温度为 20～40℃，溶剂比为 1∶80（kg/L），浸出时间为 120min，混合油经蒸发汽提得葵花籽浸出毛油。浸出湿粕脱溶后得脱脂粕粉，脱脂粕粉再用浓度 50%的乙醇（体积分数）萃取所含的绿原酸和低聚糖，以溶剂比 1∶80（kg/L），浸出时间 20min 即可将绿原酸的含量降低至 0.5%以下。将浸出后的固体物料脱溶干燥粉碎后，即得葵花籽浓缩蛋白。

2）葵花籽浓缩蛋白　　主要化学成分见表 4-55。

表 4-55　葵花籽浓缩蛋白主要化学成分

成分	水分	蛋白质（N×5.7）	类脂物	灰分	粗纤维	绿原酸	可溶性糖
含量/%	5.7	68.2	1.0	9.2	6.0	0.3	0.5

2. 葵花籽分离蛋白的制备

将低温脱溶葵花籽粕筛去大壳皮后，经磨粉机碾磨除去壳皮，然后放入萃取罐内，在真空条件下用 1∶40 乙醇水溶液萃取除去绿原酸、水溶性糖、无机盐等，萃取温度控制在 50℃，不断搅拌，萃取时间 30min，萃取结束后，离心得蛋白质萃取液，用 0.5mol/L HCl 溶液调节至 pH 为 4.0～4.2，静置 30min，使蛋白质沉淀，然后离心得蛋白质膏状物，再调浆、均质、喷雾干燥得分离蛋白。

1）生产工艺原理　采用低温脱溶的葵花籽饼粕，用稀盐酸或稀碱溶液进行萃取，离心分离可除去粕中不溶性物质，滤液用酸调节 pH 至等电点，蛋白质由于处于等电点状态而凝聚沉淀下来，经分离可得到蛋白质沉淀物，再经洗涤、中和、杀菌、均质、干燥等即得到葵花籽分离蛋白。

2）工艺流程　葵花籽分离蛋白工艺流程如图 4-65 所示。

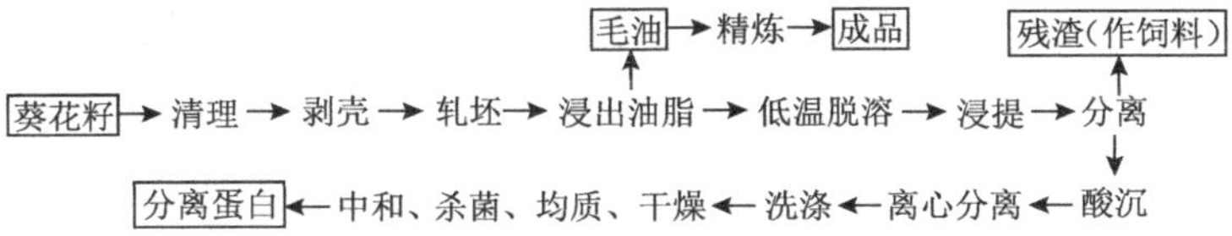

图 4-65 葵花籽分离蛋白的工艺流程

葵花籽清理杂质后，用离心剥壳机进行剥壳，得到葵花籽仁，轧坯后采用直接浸出工艺制取油脂。湿粕经低温脱溶得到具有高氮溶解指数的葵花籽粕。将粕粉碎过 60 目（0.25mm）筛，在搅拌下加入温度为 50℃的水，料液比为 1∶10，浸提 15～20min，再用 0.25%的 NaOH 溶液调节 pH 为 7.0～7.5，浸提 20min。离心分离除去残渣，所得蛋白液用 HCl 溶液调节到葵花籽蛋白等电点时的 pH（4.2～4.5），酸沉后分离得到蛋白凝乳，用 pH 为 4.5 的 HCl 溶液洗涤后，用稀碱液调节 pH 为 6.5～6.8，在 85～90℃杀菌 15～20s。进入均质机进行均质后，蛋白液用高压泵打入喷雾干燥塔进行干燥，干燥后得到葵花籽分离蛋白。

该工艺可得到蛋白质含量 90%以上的产品，氮溶解损失率较低，且产品质量好、色泽浅、简单易行，但酸碱消耗较多，需要处理的废液较多。

三、亚麻籽蛋白的加工工艺

1. 亚麻籽蛋白粉

首先用果胶酶对亚麻籽进行脱胶处理，然后将脱胶干燥后的亚麻籽进行粉碎，并在常温下用石油醚脱脂 3 次，置于通风橱中 12h 以挥发溶剂，得脱脂粉。

1）亚麻籽蛋白的制备工艺流程

亚麻籽 → 果胶酶脱胶 → 干燥 → 粉碎（过 80 目筛）→ 脱脂 → 碱溶浸 → 离心 → 等电点沉淀 → 离心 → 洗涤 → 冷冻干燥 → 亚麻籽蛋白粉

2）操作过程　称取一定量脱胶脱脂亚麻籽粉与蒸馏水按一定料液比混合，用 NaOH 调至一定的 pH，于一定温度下搅拌浸提 30min，然后在以 4000r/min 离心 20min。沉淀物再重复提取 1 次，合并两次上清液，用 HCl 调 pH 至等电点使蛋白质沉淀，再以 4000r/min 离心 20min，用蒸馏水洗涤沉淀两次，再用 NaOH 回调至 pH 为 7.0，搅拌使沉淀复溶后进行冷冻干燥，则可得到亚麻籽蛋白粉。

2. 亚麻籽分离蛋白粉

目前提取亚麻饼粕分离蛋白多选用碱提酸沉法，以亚麻籽为原料先脱胶后脱脂提取，其工艺流程如下。

亚麻籽仁饼 → 脱脂 → 粉碎 → 碱液提取 → 离心分离 → 液相加酸沉淀 → 离心分离 → 固相冷冻干燥 → 粉碎 → 亚麻籽分离蛋白

提取亚麻分离蛋白的最佳工艺条件是：提取液 pH 为 9.5，料液比为 1∶30，提取温度为 60℃，提取时间为 180min。在最佳工艺条件下进行验证试验，提取率达到 51.65%，提取的分离蛋白其蛋白质含量达到 92.27%。

将脱皮脱脂亚麻籽粕置于碱性溶液中进行浸出，分离亚麻籽残渣后，进行等电点分离再进行复溶、低温冷冻干燥，可以制备亚麻籽 11S 球蛋白。也可以用脱皮脱脂的亚麻籽粕，经离子交换色谱分离纯化，得到分子质量为 360kDa 的亚麻籽 11S 球蛋白。

四、油茶籽蛋白的加工工艺

油茶籽粕蛋白具有很高的经济价值，可将其作为生产蛋白饮料、冲调食品、焙烤食品的蛋白质强化剂，以及作为酱油等发酵产品的蛋白质原料。另外，油茶籽蛋白经酶解还可制备功能性多肽。因此，以油茶籽粕为原料提取蛋白质，进行开发和利用是非常有意义的。

1. 提取工艺流程

脱脂油茶籽粕 → 粉碎 → 碱提 → 离心（3000r/min、20min）→ 上清液 → 酸沉 → 离心（3000r/min、20min）→ 冷冻干燥 → 蛋白质

何东平（2010）采用“碱提酸沉”提取油茶籽粕蛋白，通过正交试验优化碱提工艺，以蛋白质提取率为指标确定最佳碱提条件为料液比 1∶25、pH10、浸提时间 80min、浸提温度 45℃、粉碎粒度 80 目。在此优化条件下，油茶籽粕蛋白质提取率为 57.8%。

2. 水提醇沉法提取油茶籽糖蛋白

油茶籽粕 → 90%乙醇除皂素 → 低温烘干 → 水提取 → 过滤 → 乙醇沉淀（终浓度80%）→ 离心（10 000r/min、10min）→ 冷冻干燥 → 粗糖蛋白

水提法优化后的提取工艺条件为提取时间 3h，提取温度 60℃，液料比为 20∶1，在此条件下的蛋白质得率为 8.96%，糖得率为 17.05%。采用考马斯亮蓝法测定糖蛋白中的蛋白质含量，采用苯酚-硫酸法测定糖蛋白中多糖的含量。

3. 油茶籽多肽的提取工艺流程

油茶籽粕蛋白 → 粉碎 → 过目筛 → 悬浮液 → 热变性处理 → 调值 → 酶解 → 灭酶 → 离心 → 取上清液 → 树脂脱盐 → 离心 → 取上清液冷冻干燥 → 油茶籽多肽

何东平（2014）通过酶解的单因素试验和响应面分析得出，中性蛋白酶对油茶籽蛋白的酶解最佳工艺条件为：温度 53.5℃、pH7、加酶量 4364.0U/g 底物、酶解时间 4h，底物浓度 3.0%。在该优化条件下的试验显示，油茶籽蛋白水解度为 19.25%、游离氨基酸浓度为 76.60μmol/L、油茶籽多肽浓度为 61.35mg/mL。

第五章　谷物蛋白的加工工艺

第一节　小麦蛋白的加工工艺

一、小麦面筋的分离提取工艺

小麦面筋的分离提取方法依据原理不同有湿法、干法、溶剂法等多种，而目前普遍采用的是湿法分离，其基本原理是利用面筋蛋白与淀粉两者密度不同（或其他分离技术）来将两者分离，以获得所需要的面筋产品。小麦面筋的一般生产工艺流程如图 5-1 所示。

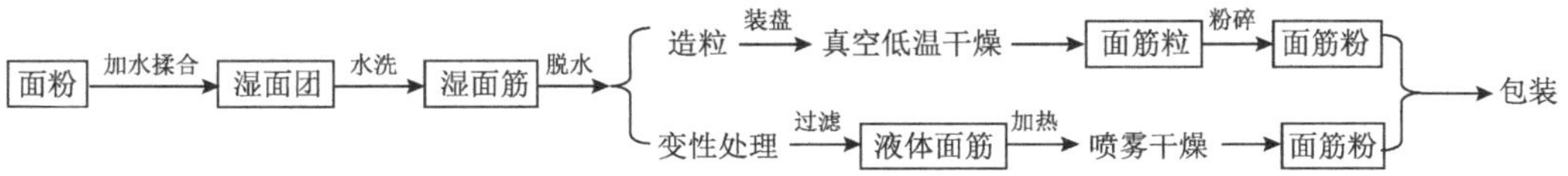

图 5-1　小麦面筋的分离提取工艺

（一）马丁法

马丁法（Martin method）又称为面团法，自 1835 年在巴黎问世以来，在世界上得到普遍使用，直到目前，它仍是最常用的加工方法。该方法用于小麦面筋与小麦淀粉的分离，即同时可获得面筋和淀粉两种产品。马丁法工艺流程如图 5-2 所示。

其加工过程由 5 个基本步骤组成：和面、清洗淀粉、干燥面筋、淀粉提纯和淀粉干燥。面筋加工使用的原料是面粉而不是麦粒。将面粉和水以 0.4∶（0.6～1.0）的比例放入和面机，混合揉成面团，放置 0.5～1.0h，再用水冲洗，去除废液，从而得到光滑、均匀、较硬但无硬块的面团。面粉和水的比例视所用面粉的种类而定，硬麦面粉能和成弹性很强的面团，要比用软麦面粉多放些水；软麦面粉和成的面团容易碎裂、撕开，所以软麦面粉应少放水。和面所用的水需 20℃左右，并含有某些矿物盐。使用含盐量低的软水会使面筋变得黏滑。面团进入洗粉之前应放置适当时间，使面筋充分吸水，以提高其强度和产率。面团洗粉过程中要在不使面筋破碎或分散的情况下使淀粉析出，面团揉捏或滚压过程中要有足够的水洗出淀粉，许多设备都是按照这些要求而设计的。

面团连续不断地送入拌和机以保证桨叶表面一直被面团覆盖。新鲜水或经处理的加工用水通过底部和内侧注入拌和机。洗出水和悬浮的淀粉从机槽上部溢出，而大约含 70%水分和 70%～80%蛋白质（N×5.7）的面筋通过排放管基本上在满流条件下连续排出，几乎不带出淀粉浆。辊压除水后，面筋可采用真空喷雾、闪蒸或鼓式干燥器使水分含量降到 8%左右。通常面筋都是在特殊设计的闪蒸干燥器中进行干燥。由于长期暴露在高温下，湿面筋会失去其面筋度，所以需要采取温控快速干燥的方法，将湿面筋与干料混合在一起粉碎成细颗粒送入热空气。循环干燥、混合、破碎都是在环式闪蒸干燥器内完成的，从而生产出极细并略带棕色的粉末，把这种粉末再次水合能得到令人满意的面筋度。

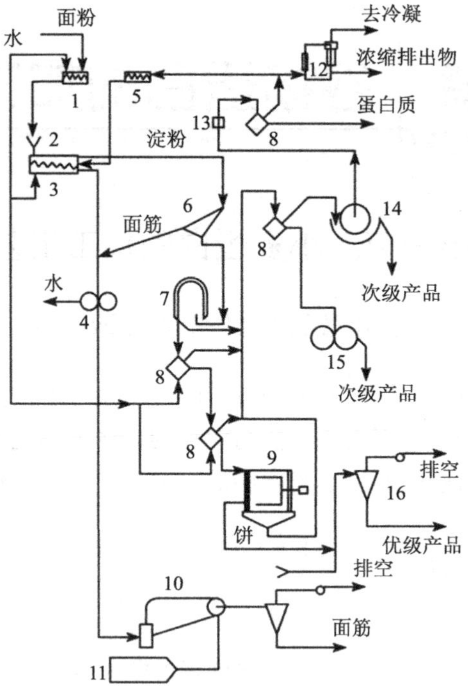

图 5-2　马丁法提取小麦面筋生产工艺（刘亚伟，2005）

1. 连续和面机；2. 给料斗；3. 挤压机；4. 脱水滚；5. 冷却器；6. 筛子；7. 曲筛；8. 连续分离机；9. 篮式离心机；10. 带式干燥机；11. 加热器；12. 蒸发器；13. 热交换器；14. 过滤器；15. 滚筒式干燥机；16. 闪蒸干燥器

马丁法操作方便，面筋得率高、质量好。但该法在水洗过程中有 8%～10%，甚至更多的可溶性盐类、蛋白质、糖类随水流失，而且用水量大，一般为面粉量的 10 倍以上。目前我国普遍采用此法分离面筋和淀粉。马丁法的物料衡算见图 5-3。

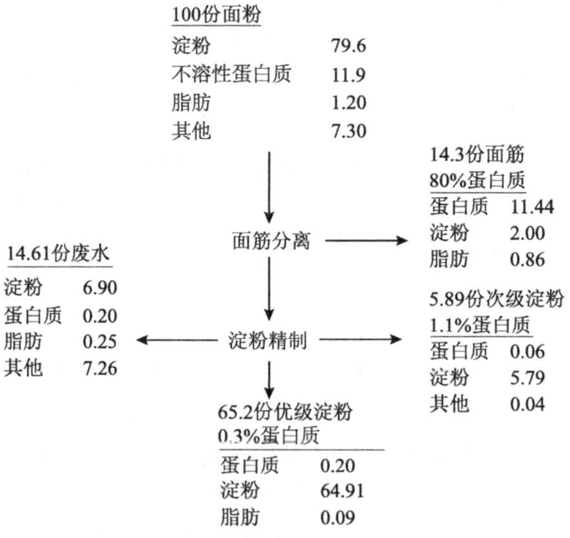

图 5-3　马丁法提取面筋的物料衡算

（二）拜特法

拜特法是一种连续式提取工艺，与马丁法不同之处是将面团浸在水中切成面筋粒，过筛而得面筋。其工艺流程如图 5-4 所示。

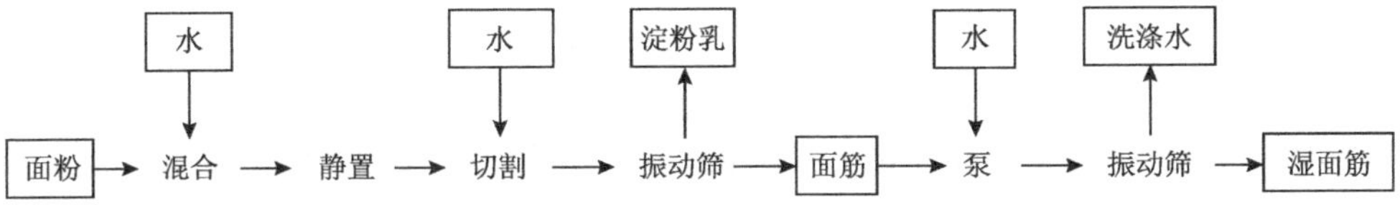

图 5-4　拜特法湿面筋生产工艺

具体操作是将面粉与水（水温 40～50℃）连续加入双螺旋搅拌混合器。外螺旋叶将物料搅入底部，而内螺旋叶以相反方向旋转，水与面粉的比例范围是（0.7～1.8）：1，蛋白质含量越高，水的加入比例应该越大。混合后的浆液在静置箱内静置片刻之后，进入切割泵，同时加入冷水，水与混合液之比为（2～5）：1，在泵叶的搅拌下，将面筋与淀粉分离。这时面筋呈小粒凝乳状，经 60～150 目振动筛筛理出面筋凝乳，再用水喷洒，使面筋从筛上落下，这时获得的面筋干基蛋白的含量为 65%，然后经第二道振动筛水洗后的面筋蛋白的含量为 75%～80%。此法特点是用水量比马丁法少，约为面粉重量的 10 倍，可溶性盐类、蛋白质、糖类等随水流失比马丁法少。

（三）氨法

用氢氧化铵分离面筋的方法是在 1996 年由加拿大国家研究中心发明的。在剧烈的机械搅拌下将面粉喷入 5%的氢氧化铵溶液，然后用循环磨进行细磨，经振动筛除去麦麸与粗纤维部分，用连续分离机将面筋蛋白与淀粉分开，然后对面筋蛋白清液进行喷雾干燥，从而得到具有良好烘烤性能、含蛋白质 75%的干粉状产品。经离心分离，分离出的淀粉需用氢氧化铵溶液再次清洗，尽可能多地除去淀粉中的蛋白质。氨法加工的工艺流程如图 5-5 所示。

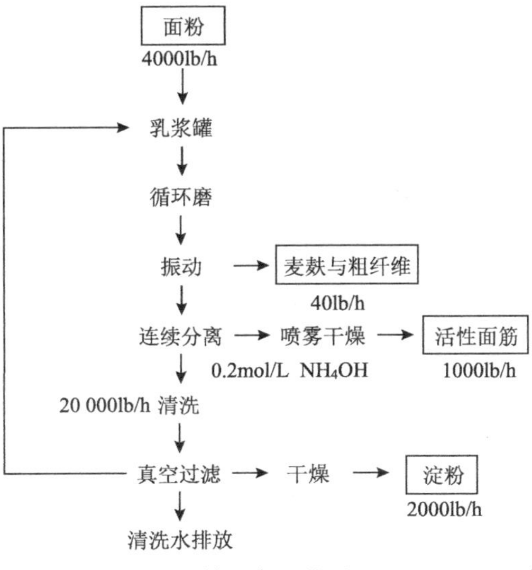

图 5-5　氨法活性面筋生产工艺（1lb=0.453 592kg）

此法在 65℃条件下用氢氧化铵处理小麦面筋能破坏丝氨酸、苏氨酸、胱氨酸、赖氨酸、精氨酸和酪氨酸组分，并可能导致形成赖丙氨酸和结构不明的茚三酮试验为阳性的物质。赖丙氨酸能导致鼠肾附近小管发生组织改变的观察结果，使人们对氨法食品加工的安全性与营养性十分关注。

（四）拉西奥法

拉西奥法（Rasio）是一种新型的分离方法，它不但可以得到比较纯的面筋（含量在 80% 以上），而且还可以得到纯淀粉，降低生产成本，工艺时间短，可以减少细菌的污染，用水量也少，工艺水可循环使用。其工艺流程如图 5-6 所示。

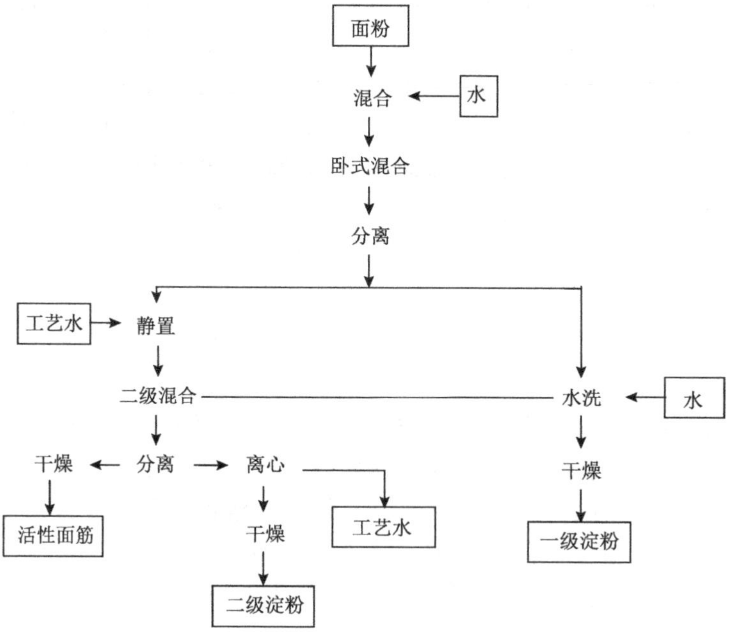

图 5-6　拉西奥法提取活性面筋生产工艺

将面粉与水以 1 ：（1.2～2.0）的比例倒入混合器内充分混合后，将混合液泵入卧式混合器，这时面粉与水充分混合形成自由流动的分散液，再将分散液泵入分离器，液体在分离器内被分离成重相部分（淀粉）和轻相部分（面筋）两部分，重相淀粉部分经水洗器加水冲洗之后送入干燥器干燥，得到一级淀粉。由水洗器出来的工艺水通常送入第二级混合器，稀释含蛋白质的溶液从分离器出来，用泵打入静止器，在 30～50℃，静置 10～90min，使面筋水解成线状物。如果温度超过 60℃，面筋就会发生变性作用；如低于 25℃，则水解缓慢。当线状物进入二级混合器与工艺水搅拌混合生成大块面筋，再经分离器振动分离进入干燥器干燥后得到活性面筋。二级淀粉从分离器用泵打入离心机，使淀粉与水分离，然后进入干燥器干燥得到。

（五）水力旋流法

水力旋流法（KSH）是荷兰的 K.S.H 霍尼公司提出的一种方法，用于从面粉中提取面筋（图 5-7）。

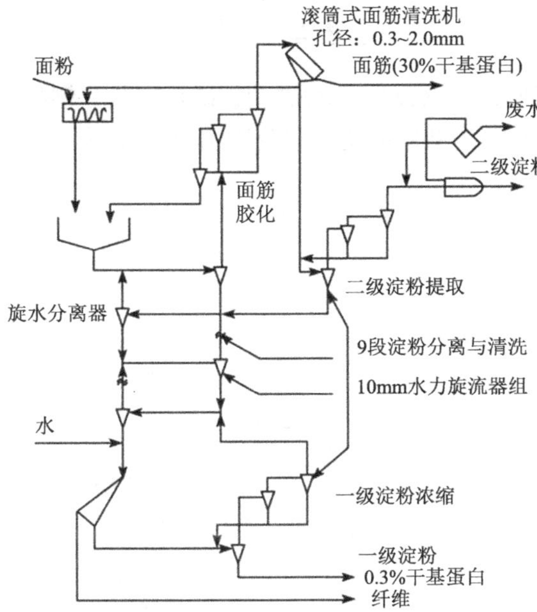

图 5-7 水力旋流法提取淀粉和面筋生产工艺（陈志成，2007）

将面粉与水以 1∶1.5 的比例充分混合后，用泵导入旋水分离器，分离器内温度为 30～50℃，面筋在分离器内形成线状，利用淀粉与面筋密度差别将两者分离，重相淀粉从底部流出进入下一级旋水分离器，而轻相蛋白质从上部流出进入上一级旋水分离器，然后再分别分离，每一级旋水分离器均是如此。面筋最后用筛（0.2～0.3mm）滤出，用 40℃新鲜水在最后一级水洗设备冲洗，然后进入干燥器干燥即得面筋。淀粉从浆液中分离出来，为使淀粉与纤维分离，最后一道工序要用新鲜水洗，洗出一级淀粉，余下的浆液再经过旋水分离器和筛网提出二级淀粉及可溶性物质。此法用水量为每吨淀粉用水 1.5～2.5m^3。

（六）全麦粒分离法

上述几种分离法均以面粉为原料，而该工艺是以麦粒为原料进行面筋分离的。该工艺简单，且可同时分离出多种产品，产品成本低，其工艺流程如图 5-8 所示。

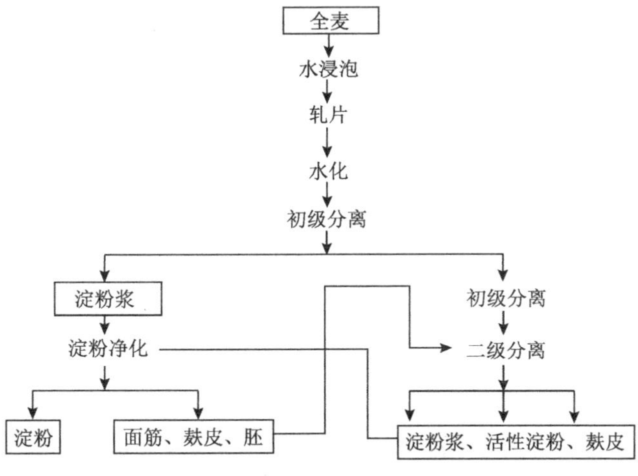

图 5-8 全麦粒分离法生产面筋工艺

二、小麦蛋白制品生产

小麦蛋白制品根据其形状可以分为 4 种类型，即粉末状、糊状、粒状及纤维状，图 5-9 为 4 种蛋白的基本制备方法。这些制品均可以分别用小麦或面筋作为原料加工而成。

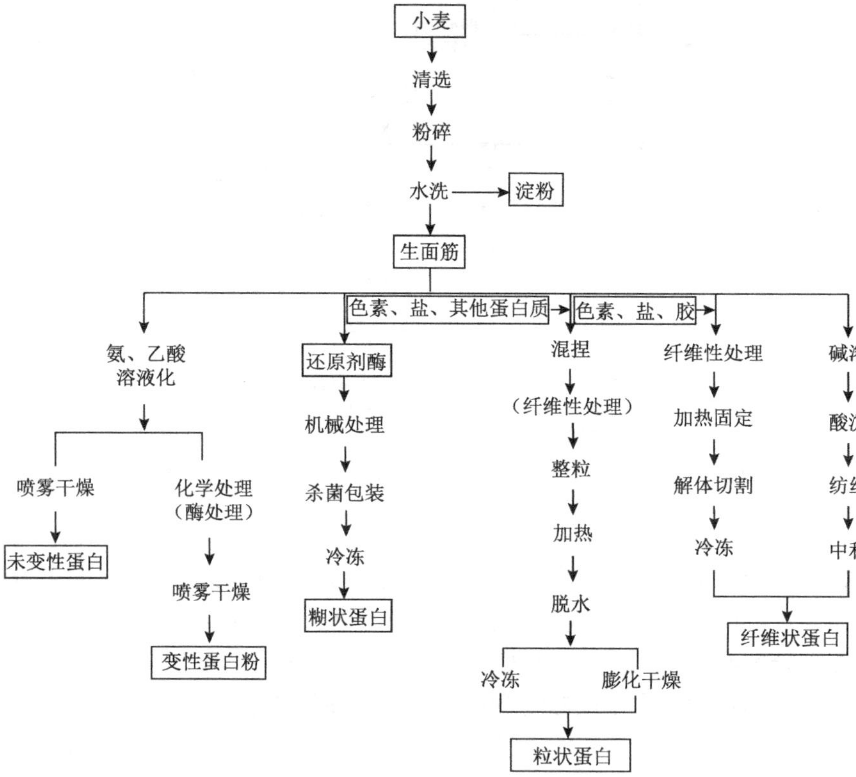

图 5-9　小麦蛋白制品的制造工艺

（一）粉末状小麦蛋白生产

根据粉末状小麦蛋白生产原理的不同，可以将其生产工艺分为两种：一种是通过添加还原剂等降低凝胶化温度生产变性面筋的生产工艺，此工艺获得变性粉末状小麦蛋白；另一种是通过加水发挥面筋特有黏弹性而生产活性面筋的生产工艺，此工艺获得活性粉末状小麦蛋白。这些制品广泛用于以水产炼制品等为主的食品中，其中活性粉末状蛋白应用更广泛。

生产活性粉末状蛋白主要有以下方法。

1. 分散干燥法

分散干燥法的原理是将面筋分散于分散剂（酸、碱等）中再进行干燥的一种生产方法。国外生产活性面筋基本上采用喷雾干燥法。喷雾干燥法是分散干燥法的一种，其原理是将面筋分散于分散剂中，通过喷嘴向热风中喷雾并干燥（图 5-10）。

该工艺生产的产品呈粉末状，不像直接干燥法或滚筒干燥法那样必须经过粉碎。此法干燥时间短，而且只要正确选择制造条件，就能在一定程度上抑制蛋白质变性。

分散干燥法生产中常用的分散剂为酸、碱和二氧化碳等。酸性分散剂主要使用乙酸，碱性分散剂一般使用氨。使用氨作分散剂时，应将面筋的固体含量调整为 11%～13%，pH 调整为 9～10，在 300～350kgf/cm 的高压下向 230～240℃的热风中喷雾，使其干燥。

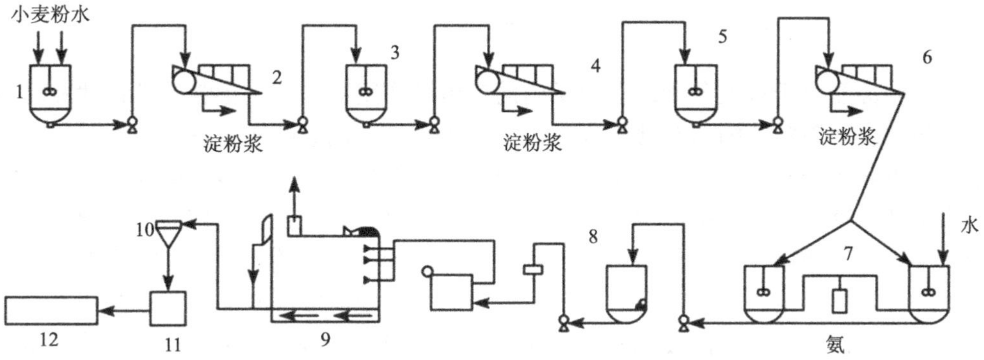

图 5-10　喷雾干燥法生产活性面筋流程（杜长安和陈复生，1995）

1. 溶解槽；2, 4, 6, 10. 筛；3, 5. 洗涤槽；7. 分散槽；8. 溶解槽；9. 喷雾干燥机；11. 包装；12. 贮藏

氨分散液与乙酸分散液相比，黏度低，易于喷雾干燥。除采用喷雾干燥法之外，分散干燥法中还可采用滚筒干燥法。滚筒干燥法是一种用滚筒干燥机干燥面筋分散液的方法，此法生产中常采用的分散剂有乙酸、乙醇、二氧化碳等。一般情况下使用乙酸，但无论使用什么样的分散剂，喷雾干燥法的制品品质都较滚筒干燥法的制品差。

2. 直接干燥法

第一种方法是棚式真空干燥法。这种方法是将面筋拉薄、拉长并送入真空器中，在温和条件下边加温边干燥，然后粉碎、筛分而制成粉末状蛋白产品。这种工艺由于采用温和条件，所以干燥时间长，而且很难将面筋均匀拉长，制品的品质不可能均匀。第二种方法是冷冻真空干燥法，即将用稀乙酸等调制的面筋分散液冷冻进行真空干燥的方法，由于该法是在低温下进行的，因此是蛋白质不发生变性的最佳方法之一。但该方法存在设备造价高、干燥时间长、成本高等缺点。第三种方法是闪蒸干燥法，即利用面筋水分含量越少越能防止热变性的原理，将干燥活性面筋与水面筋混合，使水分下降至约 30%，再利用热风进行干燥。其工艺流程见图 5-11。

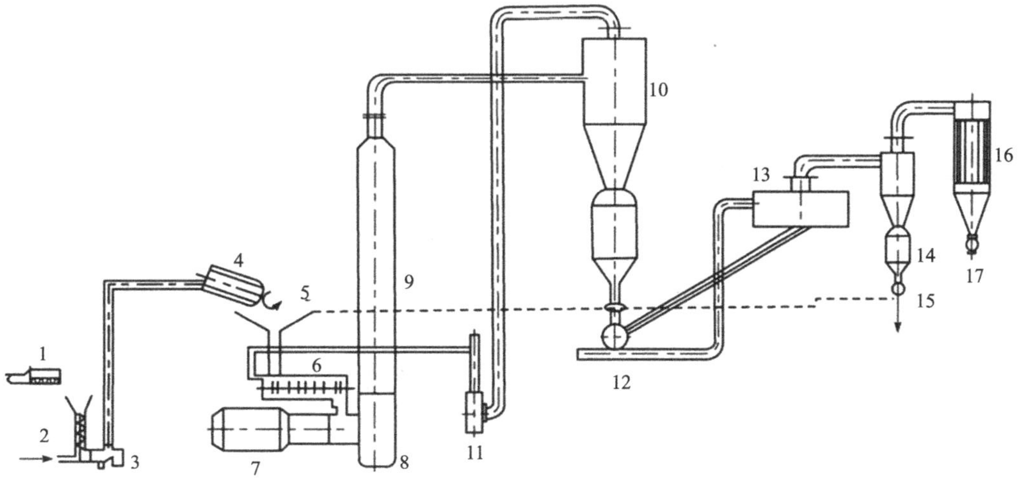

图 5-11　闪蒸干燥法生产活性面筋流程（杜长安和陈复生，1995）

1. 洗涤机；2. 螺旋输送机；3. 泵；4. 脱水机（旋转滚筒）；5. 切割机；6. 搅拌机；7. 加热机；8, 12. 粉碎机；9. 干燥管；10，14. 旋风分离器；11. 排风扇；13. 分级机；15, 17. 气阀；16. 布袋除尘器

（二）糊状小麦蛋白生产

小麦的生面筋由于多数分子间及分子内的二硫键作用，呈现出很强的黏弹性和高热变性温度，这与小麦面筋独特的氨基酸组成，以及三级结构、四级结构有密切的关系。因此，如果将生面筋直接用于水产炼制品或畜肉制品中，不可能与鱼肉糜或畜肉均匀混合。在实际生产中，为了解决这个问题，可以将面筋还原处理，通过还原剂的作用切断二硫键来降低面筋的黏弹性，然后再使用，可以克服混合不均匀而影响食品质量的问题。糊状小麦蛋白的加工与粒状、纤维状小麦蛋白食品不同，由于不经受热变性便可成为制品，所以制造方法简单，只要将水面筋与适量的还原剂及其他的辅料进行机械混合，冷冻包装即可。这种制品一般称为变性面筋或加工面筋。

（三）粒状小麦蛋白生产

粒状制品的制法：根据需要向面筋中混合淀粉、增黏剂、盐类、表面活性剂、脂质、酶等，经过搅拌等操作，使面筋的三级结构发生变化，再经过加热凝胶作用，使其具有肉状组织的触感。粒状制品的形状根据用途而定，有肉糜状、肉块状等多种制品。粒状小麦蛋白的生产依据生产原理可分为挤压方式和捏和方式两种。

挤压方式是依靠挤压机，物料在挤压成型过程中，经历送料区（常压常温带）、挤压区（低压中温带）及蒸煮区（高压高温带），释放到空气中，挤出物迅速膨胀，从而达到组织化的目的，然后切割成型即成为粒状蛋白制品。在挤压机内部发生的现象，包含了食品加工过程中许多重要的单元操作。

捏和方式是充分发挥小麦面筋特征的方法之一。如前所述，面筋具有形成紧密的三级网状结构的性质。如果将其他蛋白质等原料与面筋混合，面筋的紧密三级网状结构就会部分被破坏，得到柔软的破损网状结构物。然后适当切断，经过热凝胶作用，上述组织便会固定，成为具有类似畜肉口感的蛋白质食品。这种方法的特征是采用湿式工艺，制品为湿制品，很难制取像挤压方式制品那样的多孔质蛋白制品。因此，加工干燥制品时，复水速度慢。

（四）纤维状小麦蛋白生产

生产纤维状蛋白作为肉样食品，无论在形态方面还是在口感方面都是最佳的。纤维状蛋白制品的制法依据生产原理可分为分散方式和纺丝方式。

分散方式与捏合方式同为充分发挥面筋特性的方法。构成面筋三级网状结构的关键是分子间的二硫键。还原作用切断分子间的二硫键，使面筋中的大分子低分子化，同时使面筋具有流动性和溶解性。如果在水溶液中边施加剪切力边加热使之凝胶化，组织就会开始有方向性，得到具有纤维性的胶状物。此时可添加食盐，利用其脱水作用，还可添加糊料，促进纤维化。如果根据需要将胶状物切断成形，便可得到所需的制品。本方法除用于纤维状制品外，还可用于粒状制品。这种纤维状制品与粒状制品的触感、外观不同，所以广泛用作各种肉的代用品。

纤维状蛋白的纺丝生产方式一般是依据纤维纺丝原理，将面筋蛋白溶解在碱液中制成纺丝液，用泵将该液定量地送入有许多小孔的喷头，后挤到含食盐的乙酸溶液中，凝固成为丝状，同时进行拉长延伸，使蛋白质分子在某种程度上呈定向排列，改变原来的组织结构，产生有一定强度的纤维状，再经黏合、整形即为纤维状蛋白。

第二节　稻米蛋白的加工工艺

稻米蛋白的生产原料主要有大米、米糠和米糟，其制备方法主要有溶剂提取法、酶法提取法、物理分离法、碱法提取法和复合提取法等。

（一）溶剂提取法

用于提取大米蛋白的溶剂主要有5类：①表面活性剂（十二烷基硫酸钠、十六烷基三甲基溴化铵）；②脂肪酸盐；③弱酸（乙酸、乳酸）；④氢键破坏剂（尿素、盐酸胍）；⑤还原剂[巯基乙醇、DTT（二硫苏糖醇）等]。大米蛋白要用非碱性溶剂和碱法进行提取。

（二）酶法提取法

酶法提取的一种思路是利用蛋白酶对大米蛋白降解和修饰作用，使其变成可溶性肽。这种方法反应条件温和，蛋白质多肽链可水解为短肽链，提高蛋白质溶解性。按照蛋白酶作用方式的不同，蛋白酶有内切蛋白酶和外切蛋白酶之分。外切蛋白酶从肽链任意一端切下一个单位氨基；内切蛋白酶在多肽链内部破坏肽键，依赖不同水解程度产生一系列分子质量不同的多肽。内切蛋白酶和外切蛋白酶对底物作用方式的差异会影响蛋白质的提取。按照蛋白酶作用条件不同，又可分为酸性蛋白酶、中性蛋白酶和碱性蛋白酶等。

酶法提取的另一种思路是利用诸如淀粉液化酶、纤维素酶、果胶酶、木质素酶、脂肪酶等把原料中非蛋白物质去掉，从而提高原料蛋白质含量，这是一种采用“排杂”思路制备大米蛋白的方法。

（三）物理分离法

物理分离法是将全脂或脱脂米糠采用胶体磨和均质机，通过破碎米糠细胞结构，使米糠蛋白溶出而提取米糠蛋白的方法。全脂米糠经微粉碎和均质后，蛋白质溶出浓度比单纯水溶液提取率提高75%；脱脂米糠经物理方法处理，其蛋白质溶出浓度可提高18.7%，且磨浆和均质可使溶出组分分子质量差别很大，所以利用物理方法可以增进米糠蛋白的提取率。

（四）碱法提取法

碱法主要是根据大米蛋白中有80%以上的蛋白质可溶于碱溶液的原理，先通过碱溶离心去除大部分杂质，然后调整上清液pH，使其达到大米蛋白等电点，让大部分蛋白质沉淀下来，再次离心分离清液中的杂质。

碱法提取的缺陷主要是在高碱浓度情况下，会引起蛋白质剧烈变性，且美拉德反应加剧，产生褐色物质，再加上高碱浓度下非蛋白物质溶解，这都会影响最终蛋白质产品品质。同时，碱环境会导致某些氨基酸如赖氨酸与丙氨酸或胱氨酸之间产生缩合反应，生成有毒物质，赖氨酸营养价值大大降低，且成品颜色深、味道苦、实用性差。

比较碱法、酶法提取大米蛋白工艺和产品功能特性，结果表明：碱法提取得到大米蛋白纯度达到90%，提取率为55%；酶法提取大米蛋白纯度为45%，提取率为40%。碱法提取大米蛋白持水性、吸油性和起泡性优于酶法提取大米蛋白，而酶法提取大米蛋白溶解性、乳化稳定性和泡沫稳定性优于碱法提取大米蛋白，两种方法提取得到产品乳化能力相当。在本质上，碱法提取的米渣中的蛋白质是占蛋白质总量 80%以上的碱溶蛋白，是蛋白质大分子，但强碱可能使氨基酸之间缩合产生有毒物质，且产生苦涩怪味。而酶法提取则可提取更多水溶蛋白、醇溶蛋白、难溶蛋白及经降解和修饰的水溶小分子活性肽与游离氨基酸，不仅不会破坏大米蛋白生物功能、降低提取物营养价值、产生怪味，而且还可以提高和促进人体对其的消化与吸收。因此，从营养、风味及生物功能等多方面考虑，酶法水解米渣提取蛋白水解物优于碱法提取大米蛋白。

此外，由于单纯使用碱法或酶法存在种种问题，为了做到既保证产品质量和产率又尽可能降低生产成本，还可以采用复合提取的方法，将各种提取方法结合使用，如碱法和酶法结合，物理方法与酶水解技术结合等。

第三节　玉米蛋白的加工工艺

商业生产玉米蛋白的方法通常与玉米淀粉加工联系在一起。玉米的湿法加工既能获得很纯的玉米淀粉，又能得到高含量的玉米蛋白，这种湿法工艺可参考有关玉米淀粉生产资料。现介绍另外的玉米蛋白生产工艺。

（一）玉米蛋白碱法提取

碱法提取玉米蛋白工艺流程如图 5-12 所示。

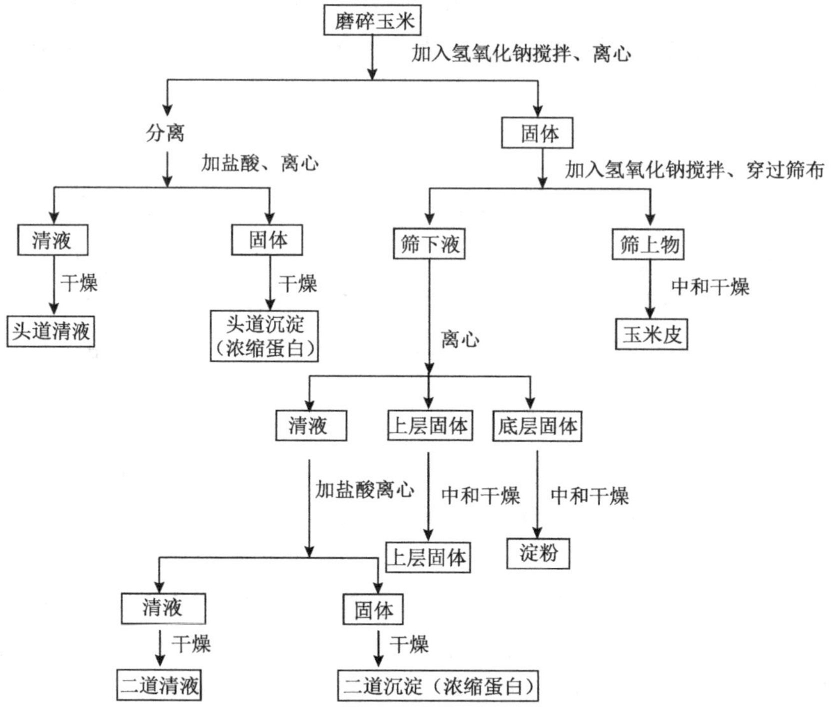

图 5-12　碱法提取玉米蛋白的工艺流程

将磨过的全部玉米用 pH 为 11.7 的 NaOH 溶液提取，然后再用酸调节 pH 至 4.7，则可沉淀出蛋白质 52%，而且回收的固体物中含有蛋白质 71%。高赖氨酸含量的玉米可生产出比普通玉米更佳的蛋白质。

（二）玉米醇溶蛋白的提取

玉米醇溶蛋白是玉米的主要贮藏蛋白之一，也是目前开发、利用较广的玉米蛋白。Osborne（1897）报道玉米醇溶蛋白可溶于60%～85%乙醇、95%甲醇、60%异丙醇等醇类水溶液中。醇类的烷链越长，最高溶解度所要求的溶剂中的水量越多。利用玉米醇溶蛋白溶解性来分离，其分离的工艺流程如图5-13所示。

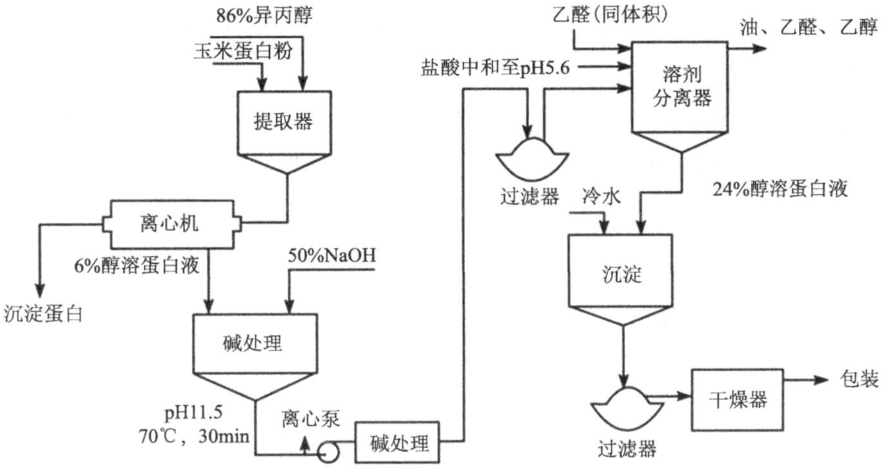

图5-13　玉米醇溶蛋白的提取工艺流程（杜长安和陈复生，1995）

具体操作：将玉米淀粉加工所得玉米蛋白粉与86%异丙醇（热）以1∶4比例搅拌混合，用离心机分离出不溶物质，清理后用pH为11.5的NaOH溶液在70℃时处理30min，以防止凝胶产生，冷却后，用盐酸中和至pH5.6，再将萃取出的玉米醇溶蛋白溶于不同浓度醇溶液中，并在不同温度下与等体积的乙醛混合，用离心法把乙醛分离掉，用喷雾法喷入冷水，沉淀出醇溶蛋白，经过滤水洗和瞬时干燥，即得玉米醇溶蛋白。

（三）玉米蛋白发泡粉生产

玉米蛋白发泡粉是蛋白糖、蛋白糕点、固体饮料、冰淇淋等食品的添加剂，主要起发泡、酥松、增白、乳化等作用，并可增加食品中蛋白质含量。玉米蛋白发泡粉是玉米蛋白主要产品之一。碱法生产玉米蛋白发泡粉的工艺流程如图5-14所示。

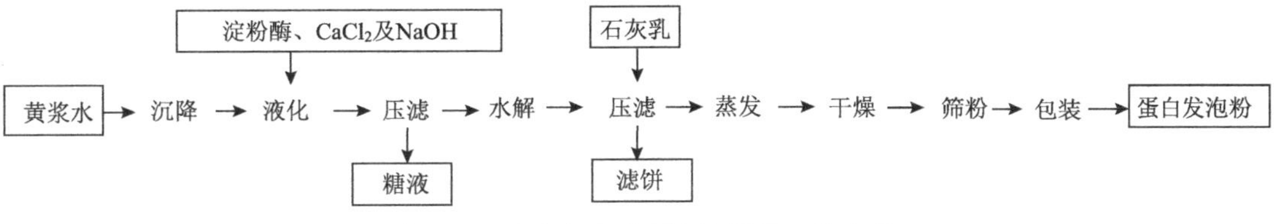

图5-14　碱法生产蛋白发泡粉的工艺流程

利用黄浆水（也称为蛋白质水，是玉米淀粉生产中的净淀粉乳经滑槽分离淀粉而得。按干物质计，蛋白质30%～40%，淀粉40%～50%），采用间歇式沉降罐，静置24～26h，放掉上层清液。其后采用水解罐液化，加入 $CaCl_2$，比例为 $CaCl_2$：淀粉酶=1：2；加 NaOH 调 pH 至 6.2～6.5；加液化型淀粉酶（酶/淀粉）7.5g/kg，温度 88～90℃，时间 40～50min。然后升温至 100℃，保持 10min。趁热用板框压滤机压平，除去糖液。之后采用水解罐进行水解，投入压干滤饼（按干物质计：蛋白质>60%，淀粉<20%）；石灰乳由生石灰用水冲洗制得（生石灰：水＝1：3）；配料比例为玉米蛋白：水：石灰乳=100：200：3。控制 pH，水解前 pH 为 12～13，水解后 pH 为 9.0～9.5；压力 0.2Mpa（121℃）；时间 8h。再次趁热采用板框压滤机压干，收集滤液。最后采用石墨外循环式真空浓缩锅蒸发。生产中最好用升膜式蒸发器，打入滤液，真空度 0.086～0.092MPa，出料浓度 10～12°Bé 用离心式喷雾干燥塔，进料温度 50℃左右，热风温度 120～180℃，排风温度 80℃。产品采用 80 目振动筛进行筛分。用塑料袋小包装、瓦楞纸盒大包装。

产品呈粉末状、均匀浅黄色，具有植物蛋白发泡粉的正常气味，无异味和杂质。溶解打擦后，呈泡沫状，均匀奶白色。玉米蛋白发泡粉理化指标见表 5-1。

表 5-1 玉米蛋白发泡粉的理化性质

蛋白质/%	水分/%	溶解度/%	打擦/cm	稳定性/%	砷/(mg/kg)	铅/(mg/kg)	黄曲霉毒素 B_1/(μg/kg)
64.98	6.44	99.98	13	96	≤0.2	<1	0

第四节 其他谷类蛋白的加工工艺

一、黑豆蛋白的加工工艺

黑豆虽然具有良好的营养价值，但由于蛋白酶抑制剂含量较高，使其在人体内不能得到良好的消化吸收。普通加工工艺生产后的黑豆食品，由于大豆寡糖的存在，使得人们在食用后腹胀难受，不能多食。黑豆富含独特的生物活性物质、大量的不饱和脂肪酸、食物纤维、维生素、微量元素及人体必需氨基酸，其加工制品将具有清除自由基、延缓衰老、改善营养性贫血、增强免疫力等保健功能。其中黑豆蛋白产品是以组织化黑豆蛋白或蛋白纤维素为主料制成的，食用时有肉的咀嚼感，大多数的豆类产品均可生产组织化蛋白制成蛋白肉。

一般采用传统大豆分离蛋白的加工工艺制取黑豆分离蛋白，如碱提酸沉法。但由于黑豆蛋白中含有的许多具有生物活性的氨基酸序列，用特定的蛋白酶水解可以有活性的肽段，因此可利用不同的蛋白酶水解黑豆蛋白，根据水解度来选择最佳碱性水解酶。最佳酶解 pH8.64，加酶量 4.10%，温度 50℃，酶解工艺如下。

黑豆→粉碎→加酶浸泡水解→磨浆去渣→研磨（胶体磨）→加热灭菌→均质

有研究表明，采用微波技术对黑豆中蛋白质进行提取，在单因素试验的基础上进行正交试验得出结果，在一定的微波加工工艺下，黑豆蛋白提取率可达 85.53%。

二、绿豆蛋白的加工工艺

绿豆由于其脂肪含量低，无氮浸出物含量高（主要含淀粉），蛋白质含量在 23%～32%，因此这类豆制品是生产豆类淀粉时的副产物为原料制成的。淀粉生产工艺类似于玉米淀粉，但浸泡、粉碎时比玉米工艺简单。

自古绿豆就有清热解毒的功效，同时绿豆的用途很广，经济价值很高，其加工制品样式多，具有良好的市场前景。传统的绿豆制品如绿豆芽、绿豆淀粉制成的各种产品，还有以绿豆为原料制成的糕点类产品深受消费者喜欢，营养丰富。新兴的绿豆产品是指以绿豆为原料生产一些饮料、酸奶、冰淇淋等发酵产品。绿豆淀粉中含支链淀粉较高，具有热黏度好等优良性能，但目前人们较多地注意在绿豆淀粉的粗加工上，而忽略了绿豆蛋白的开发。绿豆蛋白功效高，氨基酸种类齐全，赖氨酸含量较为丰富，具有很好的溶解性、持水性、乳化性、凝胶性、起泡性和泡沫稳定性，在食品加工业具有十分广阔的前景，其中以碱提酸沉法为主。除淀粉和蛋白质外，另一主要成分为纤维素，将其转变为功能性食品——膳食纤维将具有很好的发展前景。

国内外生产分离绿豆蛋白仍以碱提酸沉法为主，美国和日本等发达国家已开始试用超滤膜法和离子交换法，我国在这方面也进行了研究和发展。我国采用传统的碱提酸沉法提取绿豆分离蛋白，其工艺流程如下。

绿豆→除杂→磨粉→过筛网→加水浸泡→碱提→离心分离→上清液→酸沉→离心分离→沉淀物→冷冻干燥→绿豆蛋白粉

主要操作要点为料液比为 1∶15，提取液 pH 为 10.0，提取温度为 40℃，蛋白质提取率为 22.07%。在此基础上，比较分析超声波等多种辅助浸提方式对绿豆分离蛋白得率的影响，确定超声波为最佳辅助浸提方式：当料液比为 1∶12，pH 为 8.5，超声处理时间为 25min，温度为 45℃时，绿豆分离蛋白的提取率较好可达 95.1%。与普通的碱溶法相比，提取率提高了 10.08%。

三、高粱蛋白的加工工艺

高粱营养丰富，含有人体所需的多种营养成分，但高粱表皮中含有抗营养因子单宁，对高粱的营养价值及适口性都有一定的不良影响，同时，高粱中面筋蛋白含量较少，在加工过程中难以形成面团，因此开发多元化的高粱深加工产品将具有广阔的前景。

目前高粱蛋白的提取仅处于实验室研究阶段，以高粱籽粒为原料，利用超声波-微波辅助技术提取高粱醇溶蛋白，可为后续高粱的深加工奠定基础。提取液温度是 60℃，提取时间 1.5h，料液比为 11∶1，乙醇体积分数为 75%，在此条件下高粱醇溶蛋白的得率为 6.17%。使用微波处理，再采用超声波辅助乙醇溶液提取工艺，可将得率提高到 7.80%。

四、大麦蛋白的加工工艺

大麦籽粒的蛋白质含量较高，营养全面，但大麦制作酵母发酵面包时，由于大麦缺少面筋，且可溶性纤维的持水性较高，效果不如小麦理想，严重影响大麦蛋白的应用。大麦糖浆的生产是以大麦和 10%的麦芽为原料，在外加酶制剂的作用下，经过糖化将大麦中的淀粉分解为以麦芽糖为主的糖类，将大麦中不溶性蛋白质降解为低分子肽和氨基酸，所得大麦汁的糖类组成、可溶性氮含量和其他微量组分与全麦芽汁很接近。采用液化前对蛋白质预水解，经液化，采用添加蛋白酶进行糖化的新工艺，提高了大麦汁中营养物质——α-氨基酸的含量，其工艺条件为 50℃，pH6.5 添加复合型蛋白酶 100μg 原料，预水解 30min，经液化后，再添加复合型蛋白酶 50U/g 原料，于 55℃，pH5.5 条件下糖化 6h。

大麦经膨化处理后，制成各类食品，同时也可将大麦制成大麦片、原麦片等各种产品，具有营养丰富，口感良好等优点，在食品领域拥有良好的市场前景。

五、荞麦蛋白的加工工艺

目前荞麦蛋白的提取方法主要有碱法提取、酶法提取和超声提取等主要提取工艺。

1. 碱法提取

荞麦蛋白提取制备工艺，是根据碱提酸沉的蛋白质提取技术制备。具体提取工艺如下。

荞麦→脱皮→粉碎→碱提→离心→浓缩上清液→酸中和→杀菌→喷雾干燥→荞麦蛋白

将荞麦粉碎，在去离子水中分散，用 pH 为 8.0 的 NaOH 调节 pH，搅拌溶解，离心分离后得到上清液，将其滴定到 pH 为 4.5 的条件下沉淀、中和，喷雾干燥得荞麦蛋白。此方法的提取率为 64%。该方法存在提取时间长、要求反应条件温度高、能源消耗大，且产品的纯度低等缺点。

2. 酶法提取

随着生物技术在食品工业中的不断应用，荞麦蛋白的提取方法也在逐渐更新。目前，采用的有木瓜蛋白酶、Protamex 酶、Alcalase 酶、Flavourzyme 蛋白酶、Neutrase 中性蛋白酶制备的蛋白质，具有较强的抗氧化性。张超等（2004）利用酶法提取荞麦蛋白，其工艺流程如下。

荞麦→磨粉→酶法抽提→分离残渣→上清液在等电点沉淀→水洗→浓缩、喷雾→干燥→荞麦蛋白提取物

上述工艺最佳的条件为：温度为 35℃、复合胰蛋白酶的用量为 50U/g、料水比为 1∶12、pH11、酶解时间为 30min 后灭酶，在 pH4.2 的溶液中进行沉淀，用去离子水洗涤，最后经过喷雾干燥即得荞麦蛋白固体粉末，蛋白质提取率可以提高到 76%，比传统碱液提取工艺的 65% 的提取率提高了 11%，其蛋白质纯度含量为 68%。此法提取蛋白质可以提高效率，但酶易失活，提取过程较难控制，生产成本较高，且在强碱条件下蛋白质易变性。荞麦蛋白在提取后的喷雾干燥工艺中，应严格控制蛋白质溶液进出喷雾干燥器的温度，为防止蛋白质的焦糊和变性，喷雾干燥器的出口温度要低于 70℃。

3. 超声提取

超声空化作用能起到增溶作用，可以促进蛋白质的强化提取。米宏伟等（2005）利用超声技术提取荞麦蛋白，确定最佳超声提取条件为 pH8.0、超声时间为 15min、超声频率为 15kHz、料液比为 10∶1（mL/g），荞麦蛋白提取率可达 75%以上，产品纯度达到 77.3%。该方法提取的荞麦蛋白分子质量分布范围相对于传统工艺的制备方法提取的荞麦蛋白较小，该方法具有成本低、设备简单、操作容易、提取效率高和提取时间短等优点，说明超声辅助提取方法是一种制备荞麦蛋白较适宜的方法。

六、燕麦蛋白的加工工艺

目前提取燕麦蛋白的加工工艺主要有两种，即碱法和酶法。强碱作用可使燕麦淀粉的结构变得疏松，使淀粉和蛋白质分离。碱提酸沉法工艺是蛋白质提取制备的常用方法。其缺点是强碱作用会促使美拉德反应发生，使产品颜色发暗；强碱也会导致蛋白质结构的改变发生变性，使其营养价值降低，可能会产生副作用；反应的液固比大，需要消耗大量酸来进行中

和反应；得到的蛋白质产品需要脱盐、纯化处理，而且纯度较低；易产生较大量的废水。

酶法提取燕麦蛋白反应条件温和，反应料液比较小，蛋白质的提取率可达 80%左右，纯度可高达 90%以上。目前常用碱-酶两步法提取燕麦蛋白，首先利用稀碱溶液使蛋白质溶解，去除燕麦中的淀粉，对燕麦蛋白和淀粉进行初步分离，然后利用酶水解蛋白液中的淀粉颗粒，进一步提高蛋白质的纯度，该方法综合了碱法和酶法的优点，具有广阔的应用前景。其工艺流程如下。

荞麦→粉碎→碱提→离心→蛋白液→水解→灭酶→离心→干燥→荞麦粗蛋白

七、小米蛋白的加工工艺

小米蛋白是一种良好的蛋白质来源，并且有其独特的营养价值、生理功能和各种加工功能特性。目前小米蛋白提取的研究还很少，主要有碱法、盐法和酶法 3 种提取方法。

1. 碱法提取小米蛋白

碱法提取小米蛋白工艺条件容易控制，操作简单，提取率较高，便于大规模工业化生产，但同时强碱作用后会产生有毒物质，并且发生美拉德反应，影响产品颜色及营养特性。由单因素试验测得碱法提蛋白质最佳单因素提取条件分别为 pH11、温度 35℃、时间 3h、物料比 1∶8，此条件下小米蛋白质提取率可达 38.79%。主要工艺流程如下。

小米→经粉碎后过20目筛→加盐液→研磨→浸提→5000r/min离心→上清液→测定蛋白质浓度

2. 盐法提取小米蛋白

盐法提取小米蛋白与碱法相比较，提取率低而且设备投资高。最佳提取条件为：盐质量浓度 2.5%，物料质量比 1∶8，温度 45℃，时间 3h，在此条件下蛋白质提取率为 29.34%。其工艺流程如下。

小米→经粉碎后过20目筛→加盐液→研磨→浸提→5000r/min离心→上清液→测定蛋白质浓度

3. 酶法提取小米蛋白

酶法提取小米蛋白主要用到的酶有蛋白酶、纤维素酶等，反应温度 60℃，反应时间 2h，料液比为 1∶10，淀粉酶用量 20U/g，淀粉酶提取小米米糠蛋白也为米糠蛋白的综合利用提供了一种有效、安全、环保的方法。

第六章 新植物蛋白的加工工艺

第一节 藻类蛋白的加工工艺

一、螺旋藻分离蛋白加工工艺

螺旋藻干粉蛋白质含量高达 60%，其必需氨基酸组成与 FAO 推荐模式值相近，制备的螺旋藻分离蛋白具有蛋白质含量高，持水性、乳化性好等特点。

（一）螺旋藻分离蛋白工艺流程

螺旋藻分离蛋白工艺流程如图 6-1 所示。

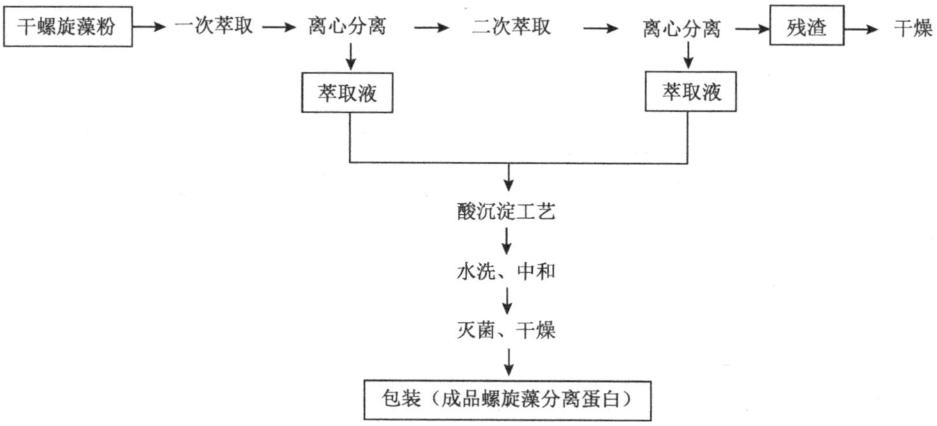

图 6-1 螺旋藻分离蛋白工艺流程

（二）工艺要点

用 10 倍量的水添加到螺旋藻粉浸取容器中，在搅拌条件下，用 NaOH 调浸出液的 pH 为 8.0～9.5，在 40～50℃条件下浸取 2h，离心分离，残渣要进行洗涤和二次分离，残渣干燥后用作饲料。两次分离的浸提液集中进行酸沉淀，分离出乳清水，凝乳进行洗涤，用 NaOH 中和 pH 至 7.1±0.2，在 130～140℃灭菌 15～20s，迅速冷却至 50℃进行干燥，包装成品。产品性状为淡绿色的松散粉状，有淡淡的藻粉味，无霉味。螺旋藻主要用作特殊营养食品，用它生产食用级分离蛋白成本较高，可能制约螺旋藻分离蛋白发展。如果用酶水解螺旋藻分离蛋白，制备具有特殊活性的螺旋藻活性肽，将有利于推动螺旋藻蛋白产品的开发。

二、海藻粉生产工艺

（一）饲用海藻粉

海洋中的海藻类植物，蕴藏着极大的生产利用潜力。海藻中含有丰富的矿物质、微量元素、蛋白质和维生素，可以将其加工成饲用海藻粉，做饲料的添加剂。饲用海藻粉生产工艺流程如下所示。

海滩采集海藻→ 清洗去泥 → 去湿干燥→ 破碎制粉→ 计量配置→ 混匀包装

其工艺要点如下。

（1）原料采集。采集野生海藻（最好夏初至秋季），此时海藻营养价值高。

（2）清洗除泥。去除表面的污物。

（3）去湿干燥。清洗后的海藻要尽快铺开晾晒，晒至水分含量13%左右。由于海藻中含盐量高，会有回潮现象发生，要在粉碎前再晒1～2天。

（4）破碎制粉。先用破碎机破碎成较大粗粉，再用粉碎机粉碎至细粉末状物料。

（5）计量配置。由于不同种野生海藻营养成分不一，在加工时需经适当配置，生产出营养成分稳定的复合藻粉。

（6）均匀混合。各种海藻粉密度不同，要充分混合，避免物料分级。

（7）复合藻粉。将初级藻粉与其他饲料营养物质混合，可配置成藻粉饲料及饲料添加剂。

（8）称量打包。根据实际情况进行包装。

海藻粉储存及使用注意事项：①海藻原料含盐量大，易吸潮，应存放于通风干燥的场所，不宜使用发霉原料；②藻粉能量较低，使用时注意比例的添加，一般不宜作为单独饲料源进行饲喂。

（二）食用海藻粉

选用食用级的海藻为原料，经过一系列纯化加工可生产具有海藻风味和保持海藻有效营养成分的纯制海藻粉，具体工艺流程如下。

海带→除泥沙→清洗→干燥→粉碎→筛分→灭菌→检测计量→包装→成品

工艺要点：按照上述工艺进行严格操作，将洗净的海带烘干、粉碎、过筛，经紫外线照射灭菌后，进行包装。

产品质量要求达到食用级，粉末状（100%通过40目筛，其中80%通过60目筛），保持海带原有褐藻绿色，呈海带固有藻香味、无异味，水分含量≤14%，灰分含量≤22%，粗蛋白含量6%～8%，粗脂肪含量0.2%～0.4%，碘含量≥0.15%，海藻多糖20%～25%。

第二节 叶蛋白的加工工艺

叶蛋白制备主要包括汁液榨取、汁液中蛋白质分离和叶蛋白的浓缩干燥，其中叶蛋白的分离是整个制备工艺的核心，依据此工艺的不同可分为以下几种方法。

一、酸性热提法

酸性热提法是酸法和加热法相结合的一种复合型叶蛋白提取方法。叶蛋白经等电点沉淀和热变性双重因素共同作用，增加了蛋白质凝聚机会和敏感性，使叶蛋白凝聚快、凝聚物结构紧密易分离，保证了叶蛋白提取率高，不仅克服了单一使用等电点沉淀法蛋白质凝聚速度慢、凝聚物结构疏松不易分离的缺点，而且克服了单一使用加热法耗能大、成本高等缺点。用不同的 pH 和温度对叶蛋白混合体进行热提，可以得到为人类所能吸收的自由态叶绿素叶蛋白浓缩物。

二、乳酸发酵法

乳酸发酵法是利用乳酸发酵酸液作为蛋白质沉淀剂使叶蛋白聚凝的方法。乳酸发酵的酸效应使叶蛋白出现等电点（pH3～4）聚凝，由于发酵酸有较大的缓冲容量和较高的电导率，使它具有较高的叶蛋白聚凝量。此外，发酵酸是乳酸菌发酵的产物，酸液中含有大量的乳酸菌和其他微生物及生物活性大分子（如酶、菌肽、菌素等），这些物质对叶蛋白具有一定的聚凝作用。也可能菌体本身就是一个大的蛋白体，在叶蛋白聚凝中起核心作用，使叶蛋白聚凝成较大的团块，下沉时无“拖尾”现象。将发酵酸加入到提取液中，立刻可见叶蛋白聚凝物出现并很快沉降且出现清晰的界面，约 60min 叶蛋白聚凝物沉降到容器底部。乳酸发酵法最大的优点是无需加热，节约能源，并且在蛋白质聚凝前无需加入强酸或强碱，减少环境污染。但蛋白质聚凝所需要的时间较长，且规模生产还必须配置发酵酸设备，从生产成本来讲，酸性热提法更为实用和方便。

三、盐析法

盐析法是一种在高盐浓度下，液汁中的各种物质在不同浓度的盐溶液中沉淀出来，以达到分离纯化蛋白质的方法。此法在常温下进行，具有成本低又可保持蛋白质生物活性、操作简便且安全的特点。常用盐析剂是将 $(NH_4)_2SO_4$ 配制成不同离子强度的溶液，利用盐析法可得到混合物中的不同组分，这样析出的蛋白质仍可以溶解在水中，而不影响原来蛋白质的性质。因此，盐析是一个可逆的过程。利用这个性质，可以采用多次盐析的方法来分离、提纯蛋白质。

四、凝聚剂沉淀法

凝聚剂沉淀法是添加合适的凝聚剂，凝聚剂能与汁液中的蛋白质有效地结合从而提取叶蛋白。Walter J. Bray 等（1979）用聚丙烯酰胺 A150 高效地提取紫花苜蓿和黑麦草汁液中的白色叶蛋白。韦吉等（2008）研究不同提取条件对热研 2 号柱花草叶蛋白凝集的影响，表明其溶剂的选择及质量分数、pH、加热时间和温度对蛋白质提取均有影响。有机溶剂提取法是目前较为常见的提取叶蛋白的方法，其优点是沉淀快、絮凝物结构紧密，易过滤收集。且经有机溶剂脱色生产的脱色叶蛋白具有含糖量低、蛋白质成分较为单一等高营养价值，可用于抗癌、营养保健食品的开发。

五、结晶和重结晶法

结晶是溶质呈晶体状态从溶液中析出的过程。由于初析出的结晶有少量杂质，再通过结晶作用精制得到较纯的结晶，这一过程称为重结晶。此法是用于分离纯化蛋白质、酶等生化产品的一种有效手段，变性蛋白不能结晶。结晶状态的蛋白质均能保持天然状态。欲获得更好的结晶，生产中应掌握纯度（所需组分所占比例）、浓度、pH、温度。

六、有机溶剂分级沉淀法

向蛋白质、核酸等生物分子水溶液中加入乙醇、丙酮等有机溶剂后，使之从溶液中分级沉淀析出的方法。此法分辨力比盐析高，溶剂易除去回收，但易使某些蛋白质变性。据西北农林科技大学咎林森等的试验研究：用乙醇处理紫花苜蓿、三叶草、小冠花、洋槐液汁获得叶蛋白（除紫花苜蓿低于95%乙醇处理外）沉淀量最大，通过对紫花苜蓿、白三叶、光叶紫花苕的试验也确认这一浓度。

七、其他方法

叶蛋白的提取方法还有超滤法、等电点沉淀法、酸提法等，也有将不同的提取方法综合在一起使用的。超滤法是分离蛋白质常用的一种重要的方法，用该法制备出的蛋白质具有更高的溶解性。Werner 等（2004）用超滤法从黑麦汁液中提取叶蛋白的得率为 59%，而用加热法的得率为 45%。阚欢等（2007）用浸提及等电点法从辣木中提取分离叶蛋白，等电点分离 pH 为 4.0～5.0 时，产品的蛋白质含量达 68.86%，蛋白质提取率达 70%。Aruna 等（2007）用酸提法从废茶叶渣中提取叶蛋白，pH4.4 时，叶蛋白提取率达 69%。刘晓颖（2007）以黑麦草为原料采用酸加热和有机溶剂相结合的方法对其叶蛋白进行抽提，测得叶蛋白中粗蛋白质含量高达 32%～58%。可以看出，将有机溶剂提取和酸加热法结合在一起可以获得较高的蛋白质提取率。如果能在方法上得到进一步的改变，使得叶蛋白提取的成本降低，将为人们寻求新的蛋白质资源提供更多的选择。

第七章 高新技术在植物蛋白加工中的应用

第一节 挤压技术

挤压膨化机是由一根或两根螺旋形的螺杆与相配合的筒体两个部件组成的，这就是生产膨化食品的膨化机的核心。正是由于这个核心，才使挤压膨化生产过程变得非常简单，所用设备不多，占地面积很少，能生产出其他蒸煮法在相同条件下难以达到的产品数量和质量。食品挤压机经历了由单螺杆到双螺杆的发展，愈来愈显示出它在食品加工中的优越性。单螺杆挤压机只能完成少量的、单一的产品，没有大的调整余地；而双螺杆挤压机克服了单螺杆的不足，它能将输送、粉碎、混合、剪切、熔融、增压和泵出等一系列的单元操作在其螺杆上同时进行，一步完成，以一台机器装备取代了一系列由多台化工装备组成的生产线，以连续生产代替间歇生产，是一种省时、省地、高效率、低能耗的机械设备。它不仅应用于食品工业中，而且在饲料工业、油脂工业、酿造工业等领域中也有相当广泛的应用。

一、食品挤压的原理及工作过程

（一）食品挤压原理

食品挤压技术是指在挤压机内食品物料受机械力的作用向模口方向流动，产生高温、高压、高剪切力等作用，当高温物料通过模口时因压力剧降，物料水分由液态变成气态而瞬间蒸发，食品物料发生质构重组，形成口感优良、风味和形态各异的膨化食品。组织化植物蛋白的生产，目前普遍使用的就是挤压技术。

螺杆挤压机构成见图 7-1。挤压膨化机的主要部件是一旋转的阿基米德螺杆，起到挤压和输送物料的作用，外部是与螺杆紧密结合的圆柱形套筒，出料口是由一个或几个节流孔的模板组成。预处理后的物料经螺杆输送和挤压，并在卸料口处受到阻止，使物料的温度和压力急骤升高，温度达到 150～200℃，压力升至 3～8MPa。由于这个压力超过了挤压温度下的饱和蒸汽压，因此物料的水分（10%～40%）不会沸腾或蒸发。当高温高压的物料从模板孔挤出、压力骤减时，则物料水分急骤蒸发，温度骤降到 80℃左右，产品也就随之膨化。

挤压技术是一种经济实用的加工技术。超临界 CO_2 流体挤压技术是在螺杆挤压技术的基础上发展起来的一种新型挤压技术，它兼有螺杆挤压和超临界 CO_2 流体萃取的双重特点，使挤压能够在低温下进行，最大限度地保留了食品的营养物质和风味、色泽，因此自提出以来受到了广泛关注。

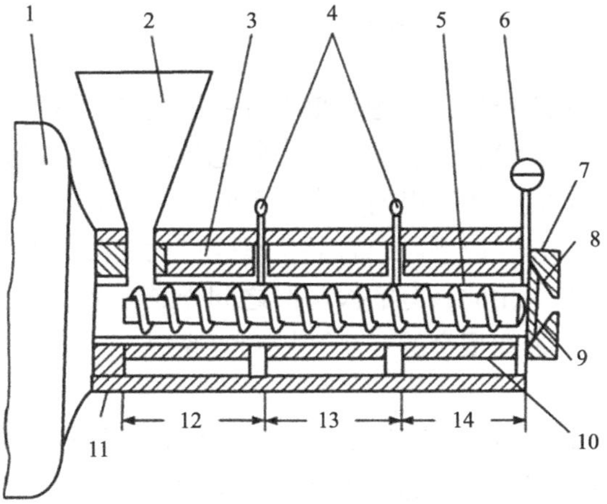

图 7-1　螺杆挤压机构成（张德权和胡晓丹，2005）

1. 传动装置；2. 喂料斗；3. 冷却水夹层；4. 热电偶温度计；5. 套筒蒸汽夹层；6. 压力传感器；7. 模板；8. 卸料热电偶；9. 隔断板；10. 套筒；11. 螺杆；12. 预混区；13. 蒸煮区；14. 计量区

超临界 CO_2 流体挤压机的工作原理见图 7-2。上方为超临界 CO_2 装置，气态 CO_2 先经冷却器冷却为液态 CO_2，再经高压泵、换热器加压、升温转为超临界状态，超临界 CO_2 流体经萃取槽，携带萃取槽中的色素、香料等物质添加到下方的挤压物中。下方为挤压装置预混区（pre- conditioner cone）和蒸煮区（cooking cone）。与传统挤压机的结构和原理相同，食品物料先在预混区加水、预热、混合，而后进入蒸煮区进行蒸煮挤压。多余的蒸汽由调节孔（vent）排出，此时物料不直接通过模口，而通过冷却区（cooling cone）冷却降温。

在冷却区后端与携带有色素、香料的超临界 CO_2 流体混合，多余的 CO_2 由调节孔排出，最后物料通过模口时因压力剧降，CO_2 由超临界状态转为气态而膨化。

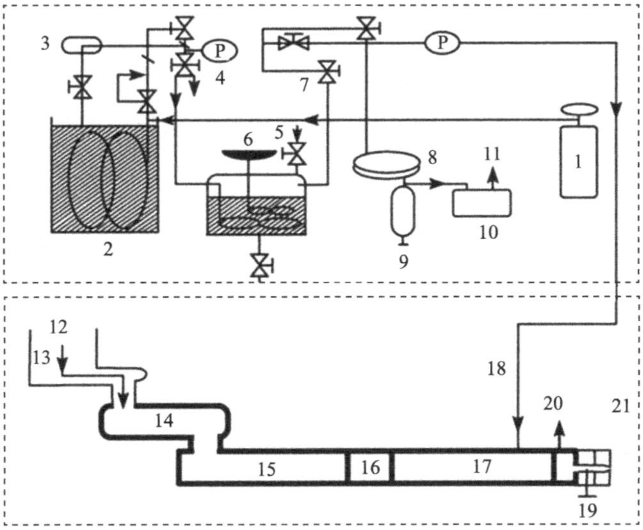

图 7-2　超临界 CO_2 流体挤压技术原理及装置（张德权和胡晓丹，2005）

1. CO_2 罐；2. 冷却器；3. 泵；4. 排气阀；5. 料口；6. 搅拌器；7. 混合阀；8. 加热器；9. 分离器；10. 干燥器；11. CO_2；12. 积压进料口；13. 干物料；14. 预混区；15. 蒸煮区；16. 通风口；17. 冷却区；18. 超临界 CO_2 流体及调味料；19. 限流阀；20. 调节口；21. 模口

（二）食品挤压的工作过程

无论是干法挤压还是湿法挤压，无论是单螺杆挤压还是双螺杆挤压，食品挤压设备的操作主要包括挤压设备的装配、设备的启动及设备的稳定运行。食品挤压机工作过程是连续而复杂的，一般可将食品挤压机工作过程划分为7个阶段：输送段、混合（破碎）段、压缩段、剪切段、加热熔融段、均压段、成型段。食品挤压生产的实际过程都是连续渐变的，每段与每段之间并不是独立、突然变化的，有的段与段之间很难分清，特别是加热、熔融、升压，几乎就是在螺杆顶端与模具之间很窄的一个区域同时完成。

1. 输送段

输送段具有向前输送的能力和平稳输送的特性。输送段输送能力主要取决于螺距大小、螺杆转速、螺槽深度。一般螺杆螺旋的螺距越大、螺槽越深，输送能力越强。

2. 混合段

混合段物料与筒体之间产生摩擦与碰撞，螺杆兼有搅拌作用，物料被混合、破碎及轻微压缩。一般筒体和螺杆之间的间隙比输送段小，螺距比输送段的螺距小。

在输送段和混合段里，物料以相对自由的颗粒状流动，很少或没有内部剪切，未发生任何质构变化，颗粒状物料的运动就如一个和螺旋槽所有面都相接触的固体柱塞。

3. 压缩段和剪切段

压缩段和剪切段几乎是相对独立而又同时完成的。由于螺旋底径逐渐变大或螺距逐渐变小，使物料所受到的压力逐渐升高。整个物料先是逐渐充满螺槽所形成的空间，而后被进一步压实，颗粒间的间隙减小到零，形成固体塞运动；同时物料与筒体摩擦产生热量使物料升温。物料被继续推进，由于摩擦和剪切热及有外热导入，料温急剧上升，部分物料由固态粉粒状变成液态状，并与固态粉粒相混合揉捏成面团。物料开始发生质构变化。

在这两段中，物料从一种生的粒状改变为存在于螺杆熔融段前的可塑面团，向熔融状态过渡，因此将这2段称为“过渡段”，也叫做“蒸煮段”。在此过程中食品组分，包括碳水化合物、脂肪、蛋白质会发生反应和质构重组，如蛋白质的水合作用和变性；淀粉的水合作用、胶凝作用和糊化；氨基酸和还原糖的褐变反应；食品原料中的抗营养因子、维生素和酶发生化学变化；食品原料中的微生物被杀灭等。

4. 加热熔融段

一般将物料在熔融段的运动作为黏性流体的流动来研究。这段里的螺槽是整个螺杆中最浅的部分，也是机械能转化成热能最多的阶段。由于摩擦和剪切作用的加剧，加上挤压蒸煮机外部的加热，因此压力和温度急剧上升，且在螺杆顶端彻底熔融，并使之定压、定温和定量地从挤压蒸煮机模头挤出，获得稳定的产量和高质量的制品。

5. 均压段和成型段

均压段和成型段是建立一个均压区，使物料稳定均匀地通过模头，从而使挤出的产品成为所需要的形状。这部分主要由模头系统的多孔板、导流板和模头等结构组成。

为了保证食品挤压机的正常工作，需要对各段工作能力提出要求：正常工作条件应是输送段的输送能力（qm_1）等于或稍大于压缩剪切段的输送能力（qm_2）；qm_2等于或稍大于熔融段的蒸煮能力（qm_3）；qm_3等于或稍大于均压挤出成形能力（qm_4）。当螺杆各个区的工作能力相同时，挤压机达到均衡生产的最佳工作状态。$qm_1<qm_2<qm_3<qm_4$这种状态不允许出

现，因为它会使挤压机的工作不稳定，物料会干糊在模头内，模孔会被堵死而被迫停机，这种现象称为“饥饿喂料”。

食品挤压过程是一个非常复杂的物理、化学过程。原料因素（粒度、组分构成、化学结构和化学键等）、挤压机因素（螺杆构型、模头结构等）、操作因素（螺杆转速、机筒温度、物料水分、喂料速度等）等变量都会影响挤压的效果。挤压过程是一个温度、压力、剪切和作用时间耦合的过程，其中既发生质量传递，又发生热量和动量传递；产品既发生显著的宏观变化（形状、质构、色泽等），又发生微观变化（生物大分子高级结构、化学键等）。挤压机具有“黑箱”特性，在挤压机运行过程中观察其内部物料的物理化学变化是极其困难的。长期以来，食品挤压技术被称为“挤压艺术”，产品的成功与否主要看“运气”和实践经验。

二、挤压技术在植物蛋白加工中的应用

近二三十年以来，挤压机进入到大豆蛋白的加工中，采用挤压膨化法加工大豆蛋白，可以改善大豆蛋白的风味，保留大豆本身所含的各种营养成分，并去除大豆中的豆腥味，钝化大豆中的抗营养因子，如抗胰蛋白酶、尿素酶等，提高大豆蛋白在人体中的消化性能，因而大大地提高了大豆蛋白的利用率。

1. 加工大豆粉

大豆破碎、脱皮后，经加热干燥，使脂肪氧化酶钝化，调节水分，将物料喂入挤压机进行挤压加工，加工制品经冷却、干燥、粉碎后就得到营养丰富的全脂大豆粉。这种产品由于是在高温高压环境条件下加工制得的，具有很好的杀菌作用，并可消除大豆中的抗营养因子，提高了全脂大豆粉的食用价值。

2. 加工组织化大豆蛋白

组织化大豆蛋白是将脱脂大豆粕进行挤压膨化，在一定的温度和水分下，蛋白质分子受到较高的剪切力在模口被挤出时，形成类似纤维状的结构，产品具有类似“肉类”的外观。大豆蛋白经组织化后，改善了口感和弹性，扩大了使用范围，提高了营养价值，可用于人造肉和其他仿肉制品的制作。近年美国已将这类“肉制品”加入到汉堡牛排、肉糕、三明治中，在汉堡牛排中替代肉类的加入量高达30%。

第二节　生 物 技 术

一、生物技术的基本概念

现代生物工程技术在大豆加工上的应用主要有酶工程技术、基因工程技术、发酵工程技术等。

1. 酶工程技术

生物技术在食品工业中应用的代表就是酶制剂的应用。酶工程技术是将生物体内具有特定催化作用的酶类或细胞、细胞器分离出来，在体外借助工业手段和生物反应器进行催化反应来生产某种产品的工程技术。当前酶制剂的生产，主要依靠从微生物发酵液或细胞中提取有用的酶类，如α-淀粉酶、糖化酶、蛋白酶、脂酶、果胶酶、纤维素酶、葡萄糖氧化酶、葡萄糖异构酶及用于重组DNA技术的各种工具酶等，这些酶类已被广泛用于食品加工、纺织、制革、医药、加酶洗涤剂生产和基因工程中。

目前已有几十种酶成功地用于食品工业，如葡萄糖生产、饴糖生产、果葡糖浆生产、蛋白质制品加工、果蔬加工、食品保鲜及改善食品的品质与风味等。应用的酶制剂主要有α-淀粉酶、糖化酶（又称淀粉葡萄糖苷酶）、蛋白酶、葡萄糖异构酶、果胶酶、脂肪酶、纤维素酶等。自20世纪50年代以来，由于以淀粉酶与葡萄糖异构酶为基础制备葡萄糖的工艺获得成功，使淀粉加工业成为酶制剂的主要用户。近年来其他酶的应用，尤其是氧化还原酶的开发又为食品工业增添了新的活力。

2. 基因工程技术

基因工程（genetic engineering）是指将一种或多种生物体（供体）的基因与载体在体外进行拼接重组，然后转入另一种生物体（受体）内，使之按照人们的意愿遗传并表达出新的性状。因此，供体、受体和载体称为基因工程的3大要素，其中相对于受体而言来自供体的基因属于外源基因。除了少数RNA病毒外，几乎所有生物的基因都存在于DNA结构中，而用于外源基因重组拼接的载体也都是DNA分子，因此基因工程也称为重组DNA技术（recombinant DNA technology）。另外，DNA重组分子大都需在受体细胞中复制扩增，故还可将基因工程表达为分子克隆。

3. 发酵工程技术

发酵工程技术是一项古老的生物技术。当前传统的厌氧发酵技术已发展成为现代化的深层通气搅拌培养，包括菌种的分离、选育、发酵器设计、空气净化、发酵条件及产品分离、提纯等技术。人们可以利用这些技术大规模地生产人类必需的氨基酸和维生素，用于食品和化工原料的有机酸及有机溶剂、酶制剂和饲料用单细胞蛋白等，形成一个庞大的发酵工业。

二、生物技术在植物蛋白中的应用

（一）大豆蛋白产品的酶改性

食品工业的迅速发展，迫切需要具有各种专门功能性的大豆分离蛋白作为新食品材料被用于食品的原料或添加基料。蛋白质改性技术是实现该目标的重要手段。蛋白质的改性即利用化学因素、物理因素或生物因素使氨基酸残基和肽键发生某种变化，引起蛋白质大分子空间结构和理化性质的变化，从而改善蛋白质的功能特性。蛋白质的改性技术可以分成物理改性、化学改性和生物改性。物理改性是指应用压力或其他物理方法改变大豆蛋白的某些性质；化学改性是指加入酸碱等化学方法改变大豆蛋白的某些性质；生物改性即用蛋白酶催化大豆蛋白水解产生具有专一功能的产品。水解度（DH）是蛋白酶促水解程度的表征。例如，控制大豆分离蛋白水解度为10%～20%的产品，在pH4.3的情况下仍保持良好的溶解性，消化吸收率比未水解的大豆分离蛋白高10%左右，特别适用在婴儿、老年、体弱和患者的食品中应用。

（二）酶工程在大豆肽生产中的应用

酶解法生产大豆肽的工艺流程如下。

大豆分离蛋白→加水混合→高速搅拌→预处理→调pH→加酶搅拌反应→灭酶→调pH→离心→蒸馏浓缩→高温杀菌→喷雾干燥→成品

具体工艺参数如下。

（1）加水混合。将大豆蛋白按一定比例溶于水中，以确定适宜的酶解浓度。一般以 9%～12%为宜。用高速搅拌机搅拌均匀，使大豆蛋白充分溶解。

（2）预处理。将蛋白质液加热并不断搅拌，使溶液温度上升至一定温度（90～95℃）并保持恒温 5min，降温并调节 pH。

（3）加酶搅拌。酶解过程中水解液应恒定于最适温度（50℃），并不断搅拌。肽键酶解时，由于羧基与氨基之间的质子发生交换，会使水解液的 pH 自动下降，影响酶解速率，所以应不断地加入碱液，维持适宜 pH。

（4）灭酶。灭酶可采用将水解液加热到 80～85℃，保持 5min 使酶失活。

（5）调 pH。灭酶后冷却到室温，调节 pH。

（6）离心。离心速度为 4000r/min，离心时间为 15min，取上清液。

不同的酶对底物的专一性、键的专一性、立体结构的专一性都是不同的，单酶水解蛋白液在一些情况下将因生成苦肽而产生苦味。为提高大豆蛋白肽的产品质量，现在一般都采用复合蛋白酶，这种酶能较彻底地水解植物蛋白。

曹玉华等（2005）研究了应用双固定化酶制备大豆肽，用固定化胰蛋白酶和固定化木瓜蛋白酶分步对大豆分离蛋白进行水解，结果表明，双固定化酶对大豆分离蛋白的水解作用高，并能有效地将大豆分离蛋白降解为分子质量更小的肽。刘志同等（2003）研究不同酶制剂对大豆分离蛋白水解度的影响，内切酶和外切酶混合使用，使其水解度为 10.2%，并确定了稳定可靠的酶改性技术生产大豆分离蛋白的生产工艺流程。

（三）发酵工程在大豆肽生产中的应用

发酵法生产大豆肽的工艺流程如下。

粉碎→配料→灭菌→冷却→接种→发酵→灭活→分离→过滤→真空浓缩→喷雾干燥→筛分→成品

具体工艺参数如下。

（1）粉碎。配料以豆粕为原料，粉碎为细度 100μm 的颗粒粉。经计量后，加入清水与之混合配制混合液，豆粕粉浓度为 10%～15%，另外加入少量其他微量元素。在加入水、料的同时不断搅拌，使混合液均匀。

（2）灭菌。配制好的混合液高温杀灭杂菌，灭菌温度 121℃，压力 0.1MPa，时间 40～60min。

（3）冷却。灭菌后的混合液降温至 25～28℃，创造适合菌种作用的条件。

（4）接种。冷却后按混合液总量的 10%接入菌种并搅拌使其均匀。

（5）发酵。接入菌种后的混合液在发酵罐内进行发酵，发酵温度控制在 25～28℃，发酵时间 72h，发酵过程中按一定比例向发酵液中通入压缩空气，以提供发酵过程中需要的氧气，并不断搅拌，使物料液发酵充分和均匀。发酵过程中发酵液的 pH 应保持在 6.5～7.0，出现异常时，用盐酸及氢氧化钙进行调节。

（6）灭活。发酵周期结束后，发酵液升温进行灭活，以杀灭发酵菌，灭活温度 121℃，压力 0.1MPa，时间 15min。

（7）分离。采用离心方式对发酵液中浆、渣进行分离，上清液用于生产大豆肽，分离出的纤维可加工纤维食品或纤维饲料。

（8）过滤。分离出的上清液中还含有少量大豆纤维，采用板框过滤机滤出剩余纤维，上清液浓度约6%～9%。

（9）真空浓缩。滤液泵入三效真空浓缩罐进行低温真空浓缩，干燥掉料液中的部分水分以符合下步喷雾干燥的要求，浓缩后的浓度为40%～50%，浓缩温度85℃，低温干燥的目的是不改变蛋白质性质及不破坏肽的活性。

（10）喷雾干燥。浓缩液经喷雾干燥塔采用低温气流喷雾干燥呈颗粒状，其水分含量不大于8%。

（11）筛分。将粉末和大颗粒团分离开，大颗粒团要进行粉碎，经筛分后合格品进行定量包装。

（12）成品。产品进行定量包装后经检验合格即可入库贮存。包装材料可用复合聚乙烯。

（四）基因工程在植物蛋白中的应用

谷类蛋白中赖氨酸和色氨酸、豆类蛋白中甲硫氨酸和半胱氨酸等一些人类所必需的氨基酸含量较低。通过采用基因导入技术，即通过把人工合成基因、同源基因或异源基因导入植物细胞的途径，可获得高产蛋白质或氨基酸的作物。

植物体中有一些含量较低但氨基酸组成却十分合理的蛋白质，如果能把编码这些蛋白质的基因分离出来，并重复导入同种植物中去使其过量表达，理论上就可以大大提高蛋白质中必需氨基酸含量及其营养价值。例如，豆类植物的主要贮藏蛋白球蛋白中的甲硫氨酸含量很低，它是豆类植物的第一限制性氨基酸。但豆类中赖氨酸含量却较高，与谷物作物中的蛋白质正好相反，通过基因工程技术，可将谷物类植物基因导入豆类植物，开发甲硫氨酸含量提高的转基因大豆。

生物技术能够使大豆得到综合利用。应用生物工程技术可使大豆制品的下脚料豆清和豆渣变废为宝。例如，利用豆渣发酵生产大豆乳清饮料；利用酶法产生粉末蛋白，用于各种食品添加剂；对大豆分离蛋白生产副产物乳清，可利用根霉R2和酸性蛋白酶作用生出一种富含氨基酸的清凉饮料。

第三节　分离技术

一、膜分离技术

（一）膜分离技术的原理

膜分离技术是20世纪70年代发展起来的新技术。膜分离技术即采用天然或人工合成的高分子膜，以外界能量或者化学位差作为推动力，对双组分或多组分溶质及溶剂进行分离、分级、提纯和富集操作的分离方法。高分子膜的膜壁布满小孔，根据孔径大小可以分为：微滤膜（MF）、超滤膜（UF）、纳滤膜（NF）、反渗透膜（RO）等，膜分离都采用错流过滤方式。

在膜分离过程中，不同溶液不产生相变，可在常温无需加热的条件下，对一些共沸物或近沸物进行分离，尤其对一些热敏性物质或挥发性物质的分离效果较好。

利用超滤膜渗滤技术可以除去或者是降低脂肪氧化酶在蛋白质中的含量，还可以分离出植酸等微量成分。此外，采用膜分离技术对乳清回收及合理利用十分有利，由于乳清量大、浓度低，尽管其中含有很多有用成分，但很难用经济合理的方法回收它，若采用膜技术不仅可以回收乳清蛋白和低聚糖，还可使废水循环利用，可谓一举两得。采用膜分离技术遇到的主要难题是防止膜表面蛋白质浓度差极化、分子截留量降低及膜材料的清洗和灭菌等问题。

大豆蛋白的分子质量比较大，有利于采用膜分离技术。通常大豆蛋白在pH4.2～4.6时，明显地出现等电点蛋白质沉淀现象，此时若采用超滤技术会影响超滤膜的正常操作。如果将分离大豆蛋白料液pH调整到距离等电点较远的pH7～9，同时适当地提高料液的温度，以降低黏滞性，加大料液流量，使之接近湍流，以扩大蛋白质分子的对流，防止膜表面的浓差极化和膜材料对蛋白质的吸附，就可以有效地在低温、没有相变的条件下分离提纯和浓缩分离大豆蛋白。应用超滤技术提取蛋白质、分离不同组分、浓缩蛋白质，皆比其他方法简单，可减少蛋白质的损失，节约能源。

（二）超滤膜在植物蛋白中的应用

超滤膜在蛋白质工业中的应用很广泛，可用于浓缩蛋白、混合蛋白和水解蛋白的生产。

1. 生产浓缩蛋白

在美国伊利诺伊州立大学开展的用大豆制取浓缩蛋白的生产中，为了防止脂肪氧化酶产生臭味，需对大豆进行漂白处理。漂白后的大豆经胶体磨磨浆，用卧式离心机除去浆液中大于100pm的粒子，以及不溶性碳水化合物、纤维素及少量的其他成分，然后用由空心纤维滤膜组成的超滤器对浸出物进行超滤，获得含蛋白质60%、脂肪3.5%、灰分2.5%的产品，它的功能性比传统方法制取得好。

2. 生产混合蛋白

混合蛋白是利用奶酪、乳清和脱脂大豆粉共溶浸提，通过超滤法生产的。用这种方法制取的混合蛋白粉剂既具有各种奶制品蛋白质的多功能性，又具有植物蛋白的经济性。此工艺操作条件适度，不改变溶质、溶剂状态，成分容易控制。乳清蛋白和大豆蛋白的比例在浸提时控制，成品纯度由超滤时间长短来控制，使污染（由干酪、乳清造成的）得到控制。其优点在于不需要先行分离或浓缩乳清蛋白（或大豆蛋白），即可生产高级蛋白混合物。

3. 生产水解蛋白

蛋白质水解后生成蛋白质水解物——肽和氨基酸，在生产保健食品、婴儿食品、营养强化饮料、含适量水分的食品等方面有特殊的价值。传统的酸碱水解方法水解条件剧烈，常常产生苦味物质。将膜技术应用于连续式滤膜生物反应器，在温和条件下水解植物蛋白或蛋白质水解物，可以克服传统间歇工艺成本高、生产能力低、苦味重的缺点。由于大豆浓缩蛋白存在一些令人不愉快的风味，以及较高浓度的植酸而导致生物利用价值降低，使它的应用受到了限制。侯东军等把植酸酶处理与超滤法结合起来进行大豆浓缩蛋白生产的研究，所得膜浓缩大豆蛋白含72.5%蛋白质，而且其中的植酸浓度大大降低。与目前商业生产相比，该法可使蛋白质得率提高17%～26%。

微滤、超滤、纳滤和反渗透等膜分离技术，为开发大豆功能性食品提供了非常有效的加工方法。有研究者采用膜分离技术回收乳清中的蛋白质和低聚糖，并使废水循环利用；通过超滤处理大豆分离蛋白，最终可使蛋白质的截留率大于95%，可使蛋白质的回收率大于93%，比传统的酸碱法得率提高了10%。用超滤法处理豆渣，可除去低聚糖和一些小分子的酸、酶得到纯化的蛋白质，大大提高了大豆的综合利用价值。

二、亚临界流体萃取技术

虽然超临界 CO_2 提取分离技术在中草药提取中有大量的成功实例，然而对非极性的有机物分离很有利的超临界流体萃取（SFE）常用流体是 CO_2，在用作萃取溶剂时最大的不足就是由于其非极性和相对分子质量低的特点，对许多强极性和高分子量的物质缺乏足够的溶解性而提取效率不高。虽然 CO_2 流体近年来越来越受到人们的重视，但对癌症和心脑血管等疾病有显著疗效的多糖类、皂苷类、黄酮类等物质的提取效果较差。因此，对于食品中的某些极性有效成分，仅靠改变超临界 CO_2 的压力和温度常难以达到理想的萃取效果，必须在其萃取体系中，加入有机提携剂来提高其溶剂强度，从而增加溶质在超临界 CO_2 流体中的溶解度和选择性，但这样一来又在被提取物中引入了有机溶剂残留问题。水与 CO_2 一样具有价廉无毒、无污染的优点，室温下水的介电常数为 78.5，为一中等极性的溶剂，对中药材中的脂溶性成分的提取效率差。但水的极性可以通过升高温度使其达到超临界或亚临界状态而大大降低，使其对室温下在水中溶解度低的疏水性有机物具有良好的溶解能力，对中药材中强极性和相对分子质量高的物质仍具有足够的溶解性，正好弥补超临界流体萃取常用流体 CO_2 的不足。因此，可以用超临界水（supercritical water，SCW）及亚临界水（subcritical water，SBW）作为替代有机溶剂的萃取剂或者 HPLC 的流动相。亚临界水萃取（subcritical water extraction，SBWE）的应用国外报道较多，多用于环境物中污染物的去除，以及植物中香料成分的提取。亚临界水提取-HPLC 测定方法国内外尚未见报道。

（一）亚临界萃取的机制

亚临界萃取是利用亚临界流体作为萃取剂，在密闭、无氧、低压的压力容器内，利用有机物相似相溶的原理，通过萃取物料与萃取剂在浸泡过程中的分子扩散过程，达到固体物料中的脂溶性成分转移到液态的萃取剂中，当系统内固液两相中脂溶性成分达到浓度平衡时，将萃取液与固体物料分离，然后再将溶剂加入到装有固体物料的容器内进行二次浸泡，当系统内固液两相中脂溶性成分再次达到浓度平衡时，固体物料中的脂溶性成分进一步转移到液态的溶剂中。根据物料中脂溶性物质含量的高低，经过多次固液萃取，固体物料中的脂溶性成分充分转移到液态溶剂中，从而实现了固体物料中脂溶性成分充分萃取的目的。萃取液通过减压蒸发的过程将溶剂与脂溶性成分分离，最终获得固体物料中脂溶性目的产物。在实际生产中，以上萃取过程一般采用罐组式逆流萃取的形式。萃取次数为 3～5 次。

（二）亚临界水萃取技术对植物蛋白的影响

亚临界水萃取是以水为提取溶剂，在适当压力下，当水温加热到 100～374℃时，水仍然保持液体状态，但与常温常压水相比更类似于有机溶剂。通过温度程序升温可以选择性分类萃取。因亚临界水萃取对目标成分的回收率高，原料无需干燥，环境友好，具有高效、省时等优点，近年来国内外已有利用亚临界水萃取天然活性成分的相关报道，但活性蛋白的亚临界水萃取少见报道。

1. 用亚临界芝麻粕制备芝麻蛋白的工艺研究

袁东振等（2014）以亚临界芝麻粕为原料，采用碱提酸沉法制备芝麻蛋白。最佳碱提工艺条件为：提取温度 45℃，pH10.5，料液比 1∶18，时间 20min，该条件下芝麻蛋白的提取率可达到（91.79±0.24）%。最佳酸沉工艺条件为：pH5.0，此条件下芝麻蛋白回收率为（73.53±0.32）%，蛋白质质量分数为（82.33±0.24）%。此外，通过透析和−70℃低温预冻可有效抑制芝麻蛋白在冻干过程中的褐变。二次碱提酸沉虽然使芝麻蛋白纯度增加到（84.32±0.56）%，但蛋白质回收率下降到（61.01±0.41）%，所以二次碱提酸沉不适宜芝麻蛋白的纯化。

2. 亚临界水萃取米糠蛋白工艺与功能特性的研究

张海晖等（2011）对亚临界水萃取的米糠蛋白功能特性进行了研究。以米糠蛋白提取率为指标，通过单因素和正交试验，优选出米糠蛋白的亚临界水萃取工艺参数并对其功能特性评价。结果表明，压力为 8.0MPa、体系 pH 为 9.0、萃取温度 200℃、水料比 15mL/g、提取时间 25min 时，米糠蛋白提取率达 55.9%，其蛋白质乳化活性为 119.8mL/g，乳化稳定性为 81.3min，起泡性为 71.5%，泡沫稳定性为 37.4%，持水性为 5.6%，持油性为 3.7%，溶解度为 68.4%。与碱水浸提法和超声波辅助碱水提取法相比，米糠蛋白的亚临界水萃取法在提取时间和提取率方面均具有明显的优势（碱水提取法和超声波辅助碱水提取法的提取时间和提取率分别为 120min、35.6%和 30min、48.1%）。

第四节　超微粉碎技术

一、超微粉碎与超微粉体简介

超微粉碎技术是一种超微粉体的重要制备与应用技术，其研究内容包括：粉体的粉碎制备与分级，分离与干燥技术，粉体测量与表征技术，粉体分散与表面改性技术，混合、均化、包装、贮运技术，以及制备和贮运中的安全问题。

超微粉碎技术是 20 世纪 60 年代末 70 年代初随着现代化工、电子材料及矿产冶金等行业的发展而诞生的一项跨学科、跨行业的高新技术。材料经物理或化学方法制成超微粉体后，由于颗粒的比表面积增大，表面能提高，表面活性增强，表面与界面性质将发生很大变化；而且随着物质的超微化，材料表面的分子排列乃至电子排布、晶体结构等也都发生了变化，这将使超微粉体显示出与本体材料极为不同的物理、化学性质，并在应用中表现出独特的功能特性。

目前，制备超微粉体采用较多的物理方法有：辊压、撞击、离心、搅拌和球磨等机械粉碎法，利用高速气流、超声波、微波等流能、声能、热能的能量粉碎法，以及通过物质物理状态的变化（如气体蒸发、等离子体合成）而生成超微颗粒的构筑法。化学制备方法包括：沉淀、水解、喷雾、氧化还原、激光合成、冻结干燥和火花放电等。

由于超微粉体具有易团聚、分散性差、相溶性差等特点，给其制备与应用带来了诸多困难，科研人员为此开展了大量针对性研究，特别是在超微粉体颗粒表面改性方面，不仅建立了较完整的理论，而且研制出多种表面改性方法，如包覆、沉积（淀）、微胶囊技术、表面化学反应、机械化改性等多种方法，极大地拓展了超微粉体的应用领域，提高了粉体的使用价值，也使超微粉碎技术在石油、化工、冶金、电子、医药、生物和轻工等诸多领域，以及食品、保健品、日用化学品、化妆品、农产品、饲料、涂料、陶瓷等大量产品的制造中得到了广泛应用。

超微粉体按大小可分为微米级、亚微米级和纳米级。国际上通常将粒径为 1～100μm 的粉体称为微米材料；粒径为 0.1～1.0μm 的粉体称为亚微米材料；粒径为 0.001～0.100μm 的粉体称为纳米材料。广义的纳米材料是指三维尺寸中至少一维处于纳米量级，如薄膜、纤维、微粒等，也包括纳米结晶材料。可见，纳米科学是研究 1～100nm 物质所特有的现象和功能的科学，而超微粉体技术研究的范围是 1～100μm。因此，纳米粉体是超微粉体的一部分，两者的研究范畴存在很大的交叉带。上述定义各文献中并不完全相同，在学术界也有较大争议，这将随着相关学科的不断发展而日趋完善。

二、超微粉碎过程的特点

超微粉碎过程不仅是粒度减小的过程，同时还伴随着被粉碎物料晶体结构和物理化学性质不同程度的变化。而且随着材料的微细化，当达到微米或亚微米级时，由于粉碎时间长，粉碎强度大，上述变化将更为明显，将给超微粉体的应用带来影响。这种材料本身理化性质的改变是超微粉碎过程中的另一特点，当发生了不希望的变性时，则必须对粉体颗粒采用表面改性处理的方法加以克服。

在超微粉碎过程中，随着颗粒的微细化，粒子的比表面积（S/V）和表面能显著增大，表面原子、离子数目也大大增加，颗粒表面活性提高，粒子之间的吸引力增强。因此，超微粉体将不可避免地发生团聚现象。而且，随着颗粒尺寸的减小，团聚趋势越发明显。在一定粉碎条件下，经过一段时间的处理，超微粉体将处于粉碎-团聚的动态平衡中。此时，颗粒粒径不再减小，甚至出现“变粗”的现象，这是超微粉碎过程的特点之一。

为克服团聚对超微粉碎的不利影响，必须采用与之相对应的分散技术，打破粉碎-团聚之间的平衡，及时将新生粒子“解聚”，在尽可能短的时间内得到所需粒度的粉体。经研究表明，若粉体分散性差，则在分级处理及应用时会十分困难，还会失去微细材料的许多优点，也将给粉体的混合、均化、输送、包装等带来极大的不便。因此，粉体的分散技术已成为超微粉碎技术中的关键所在。

三、超微粉碎技术在植物蛋白中的应用

在各种改性蛋白方法中，超微粉碎技术作为一种物理改性方法，被国际食品业公认为 21 世纪十大食品科学技术之一。超微粉碎技术是利用机械或流体动力的方式克服固体内部凝聚力使之破碎的粉碎技术，可以使物料的粒度达到 10～25μm，甚至达到 1μm 的超微米水平。超微粉碎可以使固体物质在摩擦、碰撞、冲击、剪切等机械力作用下，导致其结构、理化性质发生改变，并将部分机械能转变为内能，使其活性增加。郭武汉等（2015）发现超微粉碎处理对花生蛋白持油能力没有显著影响，而持水能力有随粒度减小而降低的趋势。研究结果表明，超微粉碎技术适合花生蛋白的深加工，得到的花生蛋白微粉具有优良的功能特性，是一种极具开发潜力的植物蛋白原料。

在大豆加工中，超微粉碎技术主要用来生产超微蛋白粉或纤维素粉。舒朝晖等（2006）发现超微化后营养物质的吸收与利用率均增加。因此利用超微粉碎技术可生产各种富含维生素、矿物质、蛋白质、膳食纤维等健康食品。Evers 等（1988）将超微粉碎的大豆微粉、麦麸粉等添加到面粉中，可制成高蛋白或高纤维面粉。

第五节　超声波技术

一、超声波技术的原理

超声波辅助萃取（ultrasound-assisted extraction，UAE），也称为超声波萃取（ultrasonic wave extraction）、超声波提取（ultrasound-assisted leaching），是利用超声波辐射压强产生的强烈空化效应、机械振动、扰动效应、高的加速度、乳化、扩散、击碎和搅拌作用等多级效应，增大物质分子运动频率和速度，增加溶剂穿透力，从而加速目标成分进入溶剂，促进提取的进行。

超声波（频率为 20～1000kHz）是一种弹性机械振动波，本质上与电磁波不同。因为电磁波（包括无线电波、红外线、可见光或紫外光线、X 射线等）能在真空中传播，而超声波必须在介质中才能传播，其穿过介质时，形成包括膨胀和压缩的全过程。

超声波能产生并传递强大的能量，给予介质如固体小颗粒极大的加速度。这种能量作用于液体里，振动处于稀疏状态时，声波在某些样品如植物组织细胞里比电磁波穿透更深，停留时间更长。在液体中，膨胀过程形成负压。如果超声波能量足够强，膨胀过程就会在液体中生成气泡或将液体撕裂成很小的空穴。这些空穴瞬间即闭合，闭合时产生高达 3000MPa 的瞬间压力，称为空化作用，整个过程在 400μs 内完成。这种空化作用可细化各种物质及制造乳液，加速目标成分进入溶剂，极大地提高提取率。除空化作用外，超声波的许多次级效应也都利于目标成分的转移和提取。

1894 年，Thomycroft 等首次描述了成穴现象。成穴现象的重要意义不在于气泡是怎样形成的，而在于气泡破裂时所发生的一切。在某些点位，气泡不再有效吸收超声波能量，于是产生内爆。气泡或空穴里的气体和蒸汽快速绝热压缩产生极高的温度和压力。

Suslick 等估计热点的温度高达 5000℃，压强约 100MPa。由于气泡体积相对液体总体积来说极微，因此产生的热量瞬间散失，对环境条件不会产生明显影响；空穴泡破裂后的冷却速度估计约为 1×10^{10}℃/s。超声空穴提供能量和物质间独特的相互作用，产生的高温高压能导致游离基和其他组分的形成。据此原理，超声处理纯水会使其热解成氢原子和羟基，两者通过重组生成过氧化氢。

当空穴在紧靠固体表面的液体中发生时，空穴破裂的动力学明显发生改变。在纯液体中，空穴破裂时，由于它周围条件相同，因此总保持球形；然而紧靠固体边界处，空穴的破裂是非均匀的，从而产生高速液体喷流，使膨胀气泡的势能转化成液体喷流的动能，在气泡中运动并穿透气泡壁。已观察到液体喷流朝固体表面的喷射速度为 400km/h。喷射流在固体表面的冲击力非常强，能对冲击区造成极大的破坏，从而产生高活性的新鲜表面。破裂气泡形变在表面上产生的冲击力比气泡谐振产生的冲击力要大数倍。

利用超声波的上述效应，从不同类型的样品中提取各种目标成分是非常有效的。施加超声波，在有机溶剂（或水）和固体基质接触面上产生的高温（增大溶解度和扩散系数）高压（提高渗透率和传输率），加之超声波分解产生的游离基的氧化能等，从而提供了高的萃取能。

尽管超声波在物理学领域的应用较早，但在近年来才应用于分析化学样品的预处理。超声波对固体样品的预处理很有利，它可促进和加速物质的提取过程，如分散、均化、雾化、洗涤和衍生过程，而且还可避免高温对目标成分的破坏，方法操作简单，副产品少，目标物易分离，能达到比常规提取更理想的结果，对天然产物和生物活性成分的提取尤具优势。

二、超声波技术对植物蛋白的影响

大豆分离蛋白（soy protein isolate，SPI）因具有较高的营养价值和功能特性而成为食品加工中的重要原料。但生产过程中采用碱提酸沉的提取方法，造成部分蛋白质变性而降低或丧失某些功能特性，如溶解性和乳化性，这在一定程度上限制了它的应用范围。对 SPI 进行功能特性的改善是目前研究的热点，国内外学者主要是通过物理或化学手段来改善其溶解性和乳化性，包括加热、酸沉、酶改性、磷酸化和乙酰化等方法，但这些方法反应激烈、副产物多，效果不太理想，而超声波是一种物理改性方法，通过改变蛋白质的次级结构来改变蛋白质的理化性能，从而达到改善或者加强蛋白质功能的目的。

包中宇（2015）研究了超声波处理对 SPI 的影响，结果表明，短时间的超声波处理能够显著降低大豆分离蛋白的平均粒径，但延长超声时间又会引起蛋白质聚集，这是一个复杂的动态过程。超声波处理可增加 SPI 的紫外吸收，蛋白质溶液的内源性荧光强度降低，分子内部埋藏的疏水性位点逐渐暴露，表面疏水性增加。同时超声波处理使大豆分离蛋白 α 螺旋含量降低，无规则卷曲含量升高，但 β 折叠和 β 转角无显著变化，说明超声处理后 SPI 分子刚性结构减弱，柔性结构增加，分子由有序变得无序。荧光光谱及圆二结果分析表明超声波处理能够引起部分蛋白质结构展开，疏水基团暴露，二级结构发生改变。而 SDS-PAGE 结果表明分子质量仍然不受影响。

第六节　超高压技术

一、超高压技术的原理

在我国高压技术领域，把超过 100MPa 的压力称为超高压，具有超高压的环境称为超高压环境。超高压环境一般只能在一定的范围、一定的容器内实现，也有在空间爆炸瞬间产生超高压的。能承受超高压的容器称为超高压容器，人们常把产生与维持超高压的一系列技术称为超高压技术。

食品超高压技术就是将食品原料包装后密封于超高压容器中（常以水或其他流体介质作为传递压力的媒介物），在静高压（一般不小于 100MPa，常用的压力范围是 100～1000MPa）和一定的温度下加工适当的时间，引起食品成分非共价键（氢键、离子键和疏水键等）的破坏或形成，使食品中的酶、蛋白质、淀粉等生物高分子物质分别失活、变性和糊化，并杀死食品中的细菌等微生物，从而达到食品灭菌、保藏和加工的目的。

所谓超高压食品，就是以液体作为压力传递介质（通常以水为压力传递介质），用 100～1000MPa 的压力来处理食品物料，达到杀菌和灭酶的目的，或使之产生一些新的性质。

在超高压下，食品中的小分子（如水分子）之间的距离要缩小，而蛋白质等大分子组成的物质仍保持球状，这时水分子等小分子就要产生渗透和填充效果，进入并黏附在蛋白质等大分子基团内的氨基酸周围，使蛋白质等食品中生物大分子链在加工压力由超高压降为常压后被拉长，从而导致其全部或部分立体结构被破坏，这样便改变了蛋白质的性质（简称为“变性”）。超高压同样能导致酶全部或部分立体结构被破坏，这样便使酶失去活性（简称为“失活”）。微生物也是由蛋白质组成的，由于在超高压下蛋白质会变性，致使微生物内部组织被破坏而死亡。另外，在超高压下，食品中某些物质的分子会穿透组成微生物的细胞膜，致使微生物的细胞膜遭受损坏，甚至被彻底破坏，从而可以达到灭菌消毒的目的（简称为“灭菌”）。超高压对细菌孢子的影响主要是在压力被释放的瞬间，此时被加压的液体以极高的绝热速率运动，对细胞组织产生很大的冲击。根据这种观点，加压与卸压不断交替进行对孢子的杀灭效果远比纯粹的超高压处理并辅以适当加热或延长保压时间要好得多。

由于加压能产生“变性”“失活”和“灭菌”等效应，所以它可用于食品加工。而且加压处理比加热处理更具一定的优点，这就是在加压时，由于传递给食物分子的能量很小，这样就不会使食物分子的维生素、香味、色素等较低分子化合物原子间的强有力的连接关系像加热时那样会产生剧烈的原子振荡而被破坏，因此，加压不会像加热那样引起食品颜色发生变化，同时还能保持其原有的新鲜味道和营养成分。

此外，食物产品中的糖度、盐离子浓度、含水量、食物组分和 pH 等因素都不同程度地影响微生物的生存繁殖，所以超高压与其中的一些条件如产品的 pH、温度、化学添加剂、包装袋中的分压及气调等恰当地结合起来就可以获得更好的灭菌消毒效果，特别是对孢子的杀灭，也可进一步获得更好的保质保鲜效果。

二、超高压对植物蛋白的影响

豆浆是一种传统的东方食品，含有丰富的大豆蛋白。张宏康以豆浆为研究对象，研究超高压对大豆蛋白的影响。结果表明，随着处理压力的升高，豆浆中大豆蛋白的乳化活性及乳化稳定性均有所提高，而乳化容量则呈现出稍微下降的趋势。豆浆中，大豆蛋白巯基含量随处理压力的升高而升高。荧光分析表明，豆浆中大豆蛋白的表面疏水区域随处理压力的升高和处理时间的延长而增加；超高压处理后，豆浆乳化特性、相态的变化与超高压处理后大豆蛋白分子表面疏水性和巯基含量的变化密切相关。

在一定的条件下经 300MPa 压力处理可使 β-伴大豆球蛋白完全变性，而经 400MPa 压力处理则可使大豆球蛋白完全变性。Native-PAGE 分析表明，经超高压处理后，豆浆中的大豆蛋白发生了解离和聚合，豆浆中的蛋白质由于表面疏水性增强，对豆浆中皂苷的亲和力提高，因此超高压处理将影响豆浆的部分风味。

压力的升高和时间的延长都将使大豆球蛋白及 β-伴大豆球蛋白的半胱氨酸残基暴露，巯基含量增加。荧光分析表明，经压力处理后，大豆球蛋白表面疏水区域增多；而对于 β-伴大豆球蛋白，在低压作用下，其疏水区域减少，在超高压作用下，其疏水区域增加，但在过大的压力下，β-伴大豆球蛋白中的疏水区域又呈现减少的趋势。紫外差示光谱分析表明，经压力处理后，大豆球蛋白的构象发生了变化，在压力作用下发生折叠，蛋白质分子表面具有紫外吸收的芳香氨基酸残基暴露增多。中等处理压力可使 β-伴大豆球蛋白分子表面具有紫外吸收的残基增多，而更高的压力将使 β-伴大豆球蛋白分子发生聚集或使具有紫外吸收的残基埋藏到分子内部。圆二色性光谱分析表明，经压力处理后，大豆球蛋白和 β-伴大豆球蛋白分子的多肽链发生了折叠，非共价作用力受到破坏，蛋白质分子中 α 螺旋和 β 折叠等有序结构减少而无规则卷曲等无序结构增加。聚丙烯酰胺凝胶电泳分析结果表明，经超高压处理后，大豆球蛋白和 β-伴大豆球蛋白发生了解离和聚合。

Kieffer 等（2007）研究了超高压处理对谷朊粉、麦谷蛋白、麦醇溶蛋白理化性质的影响，发现谷朊粉在 200MPa、30℃处理时，其蛋白质组成中醇溶蛋白的比例得到提高，而面团强度出现下降。进一步增加处理压力和温度，谷朊粉中醇溶蛋白的比例及巯基含量均下降。含有半胱氨酸的 α-麦醇溶蛋白、γ-麦醇溶蛋白对压力敏感，高压处理后转化为醇不溶蛋白，而

不含有半胱氨酸的 ω-麦醇溶蛋白对压力不敏感。压力和温度这两个因素对高巯基含量的麦谷蛋白改性影响比低巯基含量的麦谷蛋白大，超高压作用谷朊粉、麦谷蛋白、麦醇溶蛋白的机制在于高压引起蛋白质双硫键的断裂和重新生成。超高压处理后，谷朊粉的溶解度、乳化性、起泡性也发生了显著变化。奚海燕等（2007）研究了超高压辅助对大米蛋白提取率的影响，发现在压力为 400MPa 下，蛋白质提取率由 70%提高到 78.72%。

第七节 微波加热技术

一、微波加热技术的原理

微波是一种频率为 300～3000GHz、波长为 0.001～1m 的高频电磁波，其方向与大小随时间作周期性变化，在食品加工中常用频率为 915MHz 和 2450MHz。微波加热采用内部加热方式，透入物料内部，与物料极性分子相互作用，使其极性取向随着外电磁场变化而变化，致使分子急剧摩擦、碰撞，使物料各部分在同一瞬间获得热量而升温、蒸发干燥。食品中水分、蛋白质、脂肪和碳水化合物等是吸收微波最好的电介质。这些极性分子从原来随机分布状态转变为依照电场极性排列取向过程，促使分子高速运动和相互摩擦，从而产生热量。微波通过分子极化和离子导电两个效应对物质直接加热，不同于外加热（通过传导、辐射、对流由表及里传热），可避免因物料外层首先干燥而形成硬壳板结阻碍内部水分继续外移。微波加热过程是一种复杂非稳态过程，它与物料特性、形状尺寸、微波功率、频率及场分布等密切相关。

二、微波加热的优点

1. 加热均匀快速

由于微波具有穿透性，可以穿透到物料的内部，穿透深度随频率而变，一般从几厘米到几十厘米不等，且与物料本身的性质也有关。所以，以微波加热，是对物体内外同时加热，不会出现“外焦内生”的现象，与常规的从外到内的加热方式是大不相同的。微波加热速度是常规方法的几倍到几十倍。

2. 易于控制

常规加热具有较大的加热惯性，升温、降温都需要一定的时间。而微波加热则没有这种惯性，可以达到即开即停的目的，有利于温度的即时控制，便于自动化和连续化生产。

3. 改善生产环境

采用微波加热时，微波只对被加工的物料进行加热，对炉体及周围环境并不加热，不产生热辐射，所以，周围环境的温度不会受影响。同时，利用微波加热，不会产生燃料烟尘等污染环境的有害物质，有利于环境保护。

4. 能最大限度地保存原料中的营养成分

微波加热由于具有速度快、时间短的特点，对一些热敏性物质如原料中的维生素的破坏程度较小。

5. 保存食品良好的色泽和风味

由于微波干燥时间为常规干燥的 1/10 至几十分之一，所以，产品中的许多挥发性物质的损失量较小，天然色素和功能活性物质受破坏的程度也较小。另外，微波还有灭酶的功效，所以，加工后的产品色泽鲜艳、口感好、外形美观。

6. 提高产品的卫生质量

由于微波具有杀菌、防霉等作用，又无任何烟尘及有害物质的排放，有利于保证产品的质量。

三、微波加热技术在植物蛋白中的应用

目前的研究认为，豆腥味产生的机制是破碎的大豆在空气中受到脂肪氧化酶的催化作用，使多不饱和脂肪酸被氧化成脂肪酸的氢过氧化物所致。所以，在破碎之前，钝化脂肪氧化酶的活性是脱腥的关键，加热能使其丧失催化不饱和脂肪酸被氧化的能力。然而，加热时间过长，又会出现大豆蛋白溶解性差、大豆利用率低的现象。

新型的大豆粉（脱腥豆粉）生产，采用微波技术对大豆进行干燥和脱腥。干法微波脱腥全脂大豆粉生产工艺流程如下。

大豆 → 分拣 → 微波脱腥（杀菌）→ 粉碎（脱皮）→ 包装 → 成品

该工艺将大豆经过分拣机分选后，由输送带送入微波加热器，经微波辐射数分钟，进行脱腥和杀菌处理。微波的穿透加热能力受颗粒大小及热传导等因素的影响较小，优于常规的热传导、辐射、对流加热方式。

用微波脱腥设备生产的脱腥大豆粉，除了可以直接冲调饮用外，还可以作为基础原料，添加到其他食品之中，起到增加食品蛋白质含量、改善食品风味、改进食品组织结构等作用。例如，利用大豆粉制作面包，具有防止淀粉老化、增加面包营养价值、改善面包风味的作用；制作方便面时，加入一定量的大豆粉，能够起到防止油脂外渗的作用，并可以节省油炸方便面的用油量；将小麦粉加水、捏合，可以产生面筋，并且有弹性，制作面包就是利用这种特性，这时，如果预先在小麦粉中加入大豆粉进行捏合，为了要制出具有相同黏弹性质的面团，就需要格外加入大量的水，这说明大豆粉具有很好的持水性，可以增加面包的得率；在香肠中添加大豆粉，可以将油脂聚集在一起，并且能够改善香肠的口味；在生产巧克力糖时，可以减少巧克力的甜度，即使在夏天，巧克力也不会变软，且很有咬劲。

另外，张学峰（2003）研究了微波杀菌技术在大豆膳食纤维生产中的应用，结果表明，大豆膳食纤维被微波杀菌后，菌落总数和大肠杆菌数均降为原来的10%左右，水分也达到工艺要求。同时，微波杀菌对大豆膳食纤维尿素酶活性也有较大影响，尿素酶由强阳性转为弱阳性，杀菌后颗粒纤维质及营养成分均无明显变化。邹连华等研究了微波在防止成品大豆酱再发酵中的应用，结果表明，用频率为2450MHz的微波，在75℃下加热5min，即可达到在一定时期内防止大豆酱再发酵的目的，非常适合像大豆酱这样高黏度糊状物的灭菌。

通过微波处理以谷朊粉（WG）、大豆分离蛋白（SIP）为主要成膜原料的可食保鲜膜（WG膜、SIP膜、WG/SIP膜），研究其对可食膜特性的改善作用，结果表明微波处理能有效改良三种膜的机械性能、感官性能及通透性，特别是对WG/SPI膜的改良效果最好。利用扫描电子显微镜对微波处理前后蛋白膜的微结构进行研究，微波处理对膜的微结构有明显的改善作用，可使膜表面更光滑平整，使膜的横截面更均匀、规则、致密，其中对WG/SIP膜的改善效果最明显。经微波处理后WG膜、SIP膜、WG/SPI膜的横截面微结构接近。微波处理后膜的结构改善效果与膜的外观、机械性能、通透性的改善效果一致。

以谷朊粉为原料，研究了利用微波处理对谷朊粉乳化性的改善作用。研究人员通过观察

pH、谷朊粉浓度、微波能量及加热时间对谷朊粉乳化性的影响，发现在微波处理最佳条件下（pH10.0、谷朊粉浓度9.0%、加热时间100min和微波能量560W），谷朊粉的乳化活性及乳化稳定性均为100%，溶解度为37.6%。说明微波处理显著提高了谷朊粉的乳化性。

第八节　其他高新技术在植物蛋白中的应用

一、高频电场技术

国际商品市场要求大豆粕原料氮溶解指数（NSI）不低于80%，而中国目前生产大豆分离蛋白的原料豆粕NSI普遍低于80%。影响豆粕NSI的基础原料是大豆，中国的原料大豆NSI一般为73%～78%，原料大豆NSI是影响大豆分离蛋白产品NSI及得率的原始基础。采用高频电场技术，对于提高原料大豆NSI具有显著增溶效果，但高频处理剂量必须适量。

高频电场处理的基本原理是大豆蛋白都是通过肽键连接多个氨基酸构成的高分子有机化合物，氨基酸同时含有氨基和羧基，是两性电解质，其分子结构可用两性离子表示。实际上大豆蛋白分子在生物物理领域属于“有极分子”范畴，在没有外加电场的情况下，其分子排列十分紊乱，呈电中性，对外不显电性。大豆籽粒在高频电场内接受适度电场作用（场强、频率、作用时间等），大豆蛋白分子的正负电荷受到交变电场力的作用，分子间相互摩擦，同时蛋白质分子受到强烈的拉伸、撞击、挤压等作用并产生极化效应，大豆蛋白分子能发生降解、改性效应，使蛋白质分子部分降解和两性离子极化并与水分子极性离子异性相吸，依据外电场作用因素的变化，造成以极性分子形式存在的大豆蛋白分子部分降解或者空间结构改变，从而产生分子改性现象、酶激活或钝化、NSI提高或降低等一系列生物化学反应。如果控制高频电场处理剂量，则蛋白质分子降解、改性呈规律性变化。通过利用上述规律，在大豆分离蛋白生产中，一方面可以提高产品溶解性和得率，另一方面为生产不同功能性的大豆分离蛋白提供关键技术措施。

在大豆分离蛋白生产工艺中，必须恰当地运用此项技术，既要利用高频电场对大豆蛋白分子进行降解与极化，又要避免大豆蛋白分子在电场内由于电场作用过度，导致分子内摩擦运动加剧，而产生过度热变性。55～60℃是大豆蛋白热变性的临界温度，这种热变性是大豆深加工中最常见、对加工品质影响最大的一种变性形式，至今尚没有确切、完整、系统的理论解释。一般认为是大豆蛋白分子在55℃以上温度作用下，肽链产生热振荡，使保持蛋白质空间结构的次级键——氢键（C=O···H—N）受到破坏，导致由氢键连接而成的螺旋体折叠片的二级结构，甚至三级、四级结构的次级键被破坏。

由于肽链的舒展，使原裹在分子内部的疏水基团转移至分子表面，使蛋白质溶解性下降。例如，在常压下，用热蒸汽处理低温豆粕10min，蛋白质提取率降低80%左右。

虽然大豆蛋白热变性结果能产生某些有益功能（如提高凝胶性、钝化有害酶活性、易被水解、增加类面筋作用等），但在分离大豆蛋白生产提取蛋白质工艺过程中，则要求尽量减少大豆蛋白热变性，提高大豆蛋白溶出率。在高频增溶的过程中需合理控制处理条件。生物蛋白质大分子固有振动频率约为5×10^{10}Hz，此频率恰好相当于微波3×10^{8}～3×10^{11}Hz。当电场频率与蛋白质分子固有频率相近发生共振时，功率转换率最高，发热量最大。为避免热效应导致的大豆蛋白热变性，同时在满足工作需要的前提下，避免增加屏蔽防护工作的人为障碍，应将分离大豆蛋白分子高频降解增溶设备工作频率控制在5×10^{6}～8×10^{6}Hz，场强

E<175V/cm，泄漏场强为 29.9～25.3V/m。

近年来，中国科学家采用高频电场进行试验以提高豆粕和大豆分离蛋白的 NSI 和得率，在相同条件下，NSI 提高了 5.6%～10.4%。经高频电场处理后所得大豆分离蛋白的纯度≥90%，NSI≥90%，产品得率≥50%，效果十分明显。

二、卧式喷雾干燥技术

传统上生产粉末状大豆分离蛋白时通常都采用立式压力式喷雾干燥设备，其操作费用占分离蛋白生产总操作费用的比例高达 80%，耗能惊人，设备体积庞大，厂房高耸，建筑成本高，而且由于料液黏稠，常在喷雾塔的锥形部分的表面发生焦化现象，对产品质量产生不良影响，同时也给喷雾塔的清洗工作带来困难。目前国外对于黏稠度较高的物料，如全蛋粉、蛋清粉及分离蛋白等已采用卧式压力式喷雾干燥机，它不仅体积大大减小、制造成本低、自动进料和卸料连续作业，而且能耗大大降低、维护方便，不会发生料液焦化现象，值得推广应用。

三、辐照技术

辐照技术是利用射线的穿透性，杀死被照物表面或内部的各种微生物或昆虫，或者抑制某些生理活动的进程，起到延长产品贮藏保鲜期的作用。由于射线没有残留，杀虫灭菌彻底，所以辐照产品卫生、安全、可靠；辐照加工属于冷加工，不会引起食品内部温度的明显增加，可以保持食品的香味、外观及品质；同时它又是物理加工，不需要添加任何化学药剂，且辐照处理可以改变某些食品的工艺质量，如辐照过的大豆制品更易于被人体消化吸收等。大豆制品多采用 60Co 辐射，既能使食品符合安全标准，同时又能延长食品的货架寿命。在大豆加工中，辐照技术一般可用于脱水或半脱水包装豆制品的杀菌保鲜。

四、微胶囊技术

微胶囊技术是指用特殊手段将固体、液体或气体物质包裹在一个微小的、半透性或封闭胶囊内的过程。将蛋白质应用于微胶囊是目前微胶囊发展的一个趋势，动物蛋白（如乳清蛋白、明胶、酪蛋白等）和植物蛋白（如大豆蛋白、豌豆蛋白等）被广泛用作囊材料。这些聚合物表现出良好的生物兼容性、生物降解性、两亲性、水溶性、乳化性、起泡性等。植物蛋白应用于微胶囊的囊材料反映了当前制药领域、化妆品领域和食品工业的绿色环保健康趋势。在食品工业方面，相对于动物蛋白来说，植物蛋白几乎不会对人体引起过敏反应。植物蛋白主要构成部分是易溶于碱性水溶液的麦谷蛋白、溶于盐溶液的球蛋白、易溶于水和乙醇的清蛋白和醇溶蛋白。植物蛋白作为囊材料具有良好的溶解性与乳液稳定性，易于凝胶化，容易起泡，还有良好的成膜性。此外，部分植物蛋白如葵花籽蛋白具有特殊的热性能、凝胶性和表面活性，还含有抗营养因子，是一种独特的微囊囊材。

主要参考文献

陈宝泽, 张东杰. 2014. 微波辅助提取黑豆蛋白工艺研究[J]. 农产品加工, (5): 29-31.
陈峰, 姜悦. 1999. 微藻生物技术[M]. 北京: 中国轻工业出版社.
陈复生, 郭兴凤. 2012. 蛋白质化学与工艺[M]. 郑州: 郑州大学出版社.
陈海华. 2005. 亚麻籽胶的功能性质、结构及其应用[D]. 无锡: 江南大学博士学位论文.
陈莹, 沈蓓英. 1994. 蛋白质的挤压组织化改性——大豆蛋白在挤压过程中的物理、化学变化[J]. 华东理工大学学报自然科学版, 20(6): 758-763.
陈志成. 2007. 制粉师工程手册[M]. 北京: 中国轻工业出版社.
程翠林, 王征宇. 2006. 大豆蛋白亚基组成与 7S/11S 对豆腐品质及产率的影响[J]. 中国油脂, 31(4): 16-19.
迟明梅, 马莺. 2004. 不同大米蛋白功能特性的对比研究[J]. 食品工业, (6): 50-51.
迟玉杰, 朱秀清, 李文滨. 2008. 大豆蛋白加工新技术[M]. 北京: 科学出版社.
丁丹华. 2010. 冷榨油茶籽制备油茶籽粕蛋白及多肽的研究[D]. 武汉: 华中农业大学硕士学位论文.
丁丹华, 彭光华, 夏辉, 等. 2010. 油茶籽粕蛋白提取工艺研究[J]. 食品科学, 31(8): 102-105.
董晓燕. 2010. 生物化学[M]. 北京: 高等教育出版社.
杜长安. 1995. 植物蛋白工艺学[M]. 北京: 中国商业出版社.
傅艳华, 彭宝, 王雪飞. 1993. 大豆籽粒主要外观品质性状稳定性探讨[J]. 吉林农业科学, (2): 35-37.
高艳华, 王联洁. 2003. 国内外食品蛋白质发展概况[J]. 食品研究与开发, 24(5): 55-56.
耿存花. 2014. 高粱醇溶蛋白的提取及应用研究[D]. 长春: 吉林农业大学硕士学位论文.
龚吉军, 李忠海, 钟海雁, 等. 2007. 茶籽多肽的制备及抗氧化活性研究[J]. 食品研究与开发, 28(10): 59-61.
郭维烈, 郭庆华. 2003. 新型蛋白饲料[M]. 北京: 化学工业出版社.
郭雪山, 肖玫. 2006. 单细胞蛋白的应用及其开发前景[J]. 中国食物与营养, (5): 23-24.
郭祯祥. 2003. 小麦加工技术[M]. 北京: 化学工业出版社.
何旭. 2010. 棉籽分离蛋白提取工艺的研究[D]. 郑州: 河南工业大学硕士学位论文.
胡明祥. 1988. 大豆籽粒蛋白质的遗传改良[J]. 大豆科学, (3): 231-239.
胡新中, 魏益民, 任长忠. 2009. 燕麦品质与加工[M]. 北京: 科学出版社.
黄海浪, 张水华. 2006. 亚麻籽的营养成分及其在食品工业中的应用[J]. 食品研究与开发, (06): 147-149.
黄佳聪, 阚欢, 伍建榕. 2012. 腾冲红花油茶栽培与籽油制取技术[M]. 北京: 科学出版社.
黄金鹏, 汪本福, 梅新. 2011. 荞麦种植新技术[M]. 武汉: 湖北科学技术出版社.
黄文, 李光发, 王荣昌. 1993. 高蛋白大豆品质稳定性的分析[J]. 吉林农业科学, (2): 38-39.
江连洲. 2005. 大豆化学加工工艺与应用[M]. 哈尔滨: 黑龙江科学技术出版社.
江志炜, 沈英, 潘秋琴. 2002. 蛋白质加工技术[M]. 北京: 化学工业出版社.
姜锡瑞, 段刚. 2002. 酶制剂实用技术手册[M]. 北京: 中国轻工业出版社.
姜中航, 孙爱杰. 2003. 双酶法制备乳制品专用大豆分离蛋白的研究[J]. 大豆科技, 2009(3): 52-53.
金凤燮. 2004. 生物化学[M]. 北京: 中国轻工业出版社.
寇兴凯, 徐同成, 宗爱珍. 2015. 高粱营养及其制品研究进展[J]. 粮油深加工与食品, (12): 45-48.
李荣和, 周瑞宝. 1999. 大豆新加工技术原理与应用[M]. 北京: 科学技术文献出版社.
李清云, 王常青. 2007. 小黑豆分离蛋白的制取与分析[J]. 农产品加工学刊, (2): 65-67.
李升锋, 周瑞, 曾庆孝. 2001. 含脂大豆分离蛋白复合膜研究[J]. 山地农业生物学报, 20(5): 353-356.
李升福, 郑冬梅, 孔葆华. 2002. 玉米蛋白水解物功能特性的研究[J]. 食品工业科技, 23(11): 42-45.
李晓东. 2006. 功能性大豆食品[M]. 北京: 化学工业出版社.

李洋. 2012. 燕麦蛋白分离提纯工艺及功能性研究[D]. 郑州: 河南工业大学硕士学位论文.
李依璇, 张伟, 吴丽萍, 等. 2012. 大麦醇溶蛋白及其酶解产物的抗氧化活性研究[J]. 农产品加工学刊, (12): 5-9.
李勇主, 刘冠卉, 苏世彦. 2006. 现代软饮料生产技术[M]. 北京: 化学工业出版社.
李远坤. 2008. 大麦麸皮蛋白的提取及碱水解条件的研究[J]. 生命科学仪器, 6(11): 14-21.
梁丽琴, 袁道强. 2005. 绿豆分离蛋白功能特性研究[J]. 郑州轻工业学院学报, 20(1): 50-55.
林忠平, 尹光除. 1983. 大豆贮存蛋白研究[J]. 大豆科学, (3): 232-238.
刘程. 2004. 食品添加剂实用大全（修订版）[M]. 北京: 北京工业大学出版社.
刘聪. 2013. 棉粕中棉籽糖和棉籽蛋白的分离纯化研究[D]. 杭州: 浙江大学硕士学位论文.
刘大川, 苏望懿. 2001. 食用植物油与植物蛋白[M]. 北京: 化学工业出版社.
刘大川, 周俊梅. 2008. 富硒菜籽蛋白肽的精制研究[J]. 食品科学, 29(1): 129-133.
刘国琴. 2011. 生物化学[M]. 北京: 中国农业大学出版社.
刘亚伟. 2005. 小麦精深加工—分离・重组・转化技术[M]. 北京: 化学工业出版社.
刘玉兰. 2009. 油脂制取与加工工艺学[M]. 2 版. 北京: 科学出版社.
刘跃泉. 2003. 高功能型大豆分离蛋白研究及应用[J]. 粮食与油脂, (9): 25-26.
刘志胜, 李里特, 辰已英三. 1999. 大豆原料对豆腐得率和质构的影响[J]. 中国农业大学学报, 4(6): 101-105.
陆胜民, 郑美瑜, 陈剑兵. 2008. 食用菜籽蛋白的提取和纯化研究进展[J]. 中国粮油学报, 23(6): 234-238.
孟祥勋. 1997. 大豆种子储藏清蛋白研究[J]. 东北农业大学学报, 28(2): 201-207.
米宏伟, 杨晓泉. 2005. 荞麦蛋白的研究进展[J]. 食品工业科技, 26(8): 186-189.
莫重文, 马宇翔, 杨国龙. 2007. 蛋白质化学与工艺学[M]. 北京: 化学工业出版社.
莫文敏, 邹英昭, 曾庆孝. 2001. 还原剂影响可食性大豆分离蛋白膜性能的研究[J]. 食品与发酵工业, 27(11): 5-8.
宁正祥, 赵谋明. 1995. 食品生物化学[M]. 广州: 华南理工大学出版社.
欧伶. 2001. 生物化学应用[M]. 北京: 化学工业出版社.
彭风. 1993. 有机化学[M]. 开封: 河南大学出版社.
齐玉堂, 许芙萍, 祁鲲. 2005. 低温制油技术[M]. 北京: 化学工业出版社.
任顺成, 王素雅. 2002. 稻米中蛋白质分布与营养分析[J]. 中国粮油学报, 17(6): 35-38.
阮景军, 陈惠. 2008. 荞麦蛋白的研究进展与展望[J]. 中国粮油学报, 23(3): 209-213.
单守水, 程美科, 王芳, 等. 2008. 酶法水解大麦蛋白质新工艺的研究[J]. 食品工业科技, 29(3): 171-173.
沈仁泉, 顾其敏. 1993. 生物化学教程[M]. 北京: 高等教育出版社.
沈同. 1993. 生物化学[M]. 2 版. 北京: 高等教育出版社.
施树. 2008. 胡麻分离蛋白的提取及其性质的研究[D]. 重庆: 西南大学硕士学位论文.
石戴维, 王永昌. 2008. 挤压膨化与超临界技术[J]. 粮食与食品工业，15(1)：45-49.
石彦国. 2005. 大豆制品工艺学[M]. 北京: 中国轻工业出版社.
束庆龙, 张良富. 2009. 中国油茶栽培与病虫害防治[M]. 北京: 中国林业出版社.
宋纲. 2000. 新型复合调味品生产与配方[M]. 北京: 中国轻工业出版社.
孙红. 2015. 水相法提取亚麻籽油与蛋白质的研究[D]. 无锡: 江南大学硕士学位论文.
孙兰萍. 2005. 亚麻籽分离蛋白流变学特性的研究[J]. 食品工业科技, 26(2): 57-59.
陶健, 毛立新, 杨小姣, 等. 2005. 荞麦蛋白的功能特性研究[J]. 中国粮油学报, 20(5): 46-50.
陶慰孙, 李惟, 姜涌明. 1995. 蛋白质分子基础[M]. 北京: 高等教育出版社.
汪家政, 范明. 2004. 蛋白质技术手册[M]. 北京: 科学出版社.
汪少芸, 邵彪, 陈桂灵, 等. 2009. 由绿豆抗菌蛋白解析生物界防御蛋白的多样性及进化趋势[J]. 中国食品学报, 9(3): 148-155.
王尔惠. 1999. 大豆蛋白生产新技术[M]. 北京: 中国轻工业出版社.
王风翼. 2004. 大豆蛋白质生产与应用[M]. 北京: 中国轻工业出版社.
王继峰. 2005. 生物化学[M]. 北京: 中国中医药出版社.

王金龙, 陈存来. 1998. 大豆种子储藏蛋白组分 7S/11S 研究概况[J]. 山东农业科学, (1): 48-50.
王镜岩. 2000. 生物化学[M]. 北京: 科学出版社.
王丽芳. 2003. 补血抗衰话黑豆[J]. 山西: 山西老年, 02: 49.
王良东. 2008. 小麦面筋蛋白应用概述[J]. 粮食加工, 9(3): 148-155.
王梦颖. 2014. 棉籽蛋白和多糖提取工艺的研究[D]. 泰安: 山东农业大学硕士学位论文.
王敏, 李丹, 李荣, 等. 2008. 黑豆营养价值及功能特性应用的研究与进展[J]. 长春大学学报, 18(2): 104-107.
王瑞元. 2009. 植物油料加工产业学[M]. 上册. 北京: 化学工业出版社.
王希成. 2001. 生物化学[M]. 北京: 清华大学出版社.
王兴. 2009. 苦荞蛋白模拟消化产物的抗氧化特性研究[D]. 西安: 西北农林科技大学硕士学位论文.
王亚平, 安艳霞. 2011. 小麦面筋蛋白组成、结构和功能特性[J]. 粮食与油脂, (1): 1-4.
王章存, 申瑞玲, 姚惠源. 2004. 大米蛋白研究进展[J]. 中国粮油学报, 19(2): 11-15.
王忠英. 2006. 茶叶蛋白的提取及理化性质的研究[D]. 杭州: 浙江工商大学硕士学位论文.
魏益民, 杜双奎, 赵学伟. 2009. 食品挤压理论与技术[M]. 北京: 中国轻工业出版社.
吴建中, 赵谋明, 宁正祥等. 2003. 双酶法生产低苦味大豆多肽研究[J]. 食品工业科技, 24(4): 24-27.
吴开国. 1998. 螺旋藻保健食品新资源和开发应用[M]. 海口: 南海出版公司.
吴梧桐. 2015. 生物化学[M]. 北京: 中国医药科技出版社.
吴远彬. 2006. 杂粮食品加工[M]. 北京: 中国农业科学技术出版社.
夏其昌. 2004. 蛋白质化学与蛋白质组学[M]. 北京: 科学出版社.
谢明勇. 2011. 食品化学[M]. 北京: 化学工业出版社.
熊拯, 陈敏娥, 张炳亮. 2013. 油茶籽粕蛋白质提取工艺及功能特性研究[J]. 粮油食品科技, (01): 27-30.
徐江波, 肖江, 陈元涛, 等. 2014. 响应曲面法优化亚麻籽蛋白提取工艺[J]. 食品研究与开发, 35(20): 36-41.
徐婧婷, 刘思思, 刘贺, 等. 2014. 小米蛋白的营养消化性研究[J]. 食品科学技术学报, 32(4): 15-20.
徐均. 1993. 野生大豆中的高含硫氨基酸种质[J]. 大豆科学, 3(12): 265-266.
许光映, 胡晓军, 张清华, 等. 2012. 从亚麻籽仁饼中提取分离蛋白的工艺条件[J]. 山西农业科学, 40(8): 874-877.
许晖, 孙兰萍, 张斌等. 2008. 亚麻籽蛋白质流变学特性研究[J]. 粮油食品科技, 16(2): 18-20.
许忠仁. 1989. 国外大豆蛋白的遗传改良概况[J]. 国外农学大豆, (1): 1-5.
薛照辉, 尉万聪, 吴谋成, 等. 2007. 菜籽肽的制备及其对大鼠血管紧张素 I 转化酶活性的影响[J]. 食品科学, 28(2): 289-292.
严泽湘. 2013. 杂粮保健食品加工技术[M]. 北京: 化学工业出版社.
阎隆飞. 1988. 蛋白质的结构与功能[M]. 长沙: 湖南科学技术出版社.
杨春, 田志芳, 卢健鸣, 等. 2010. 小米蛋白质研究进展[J]. 中国粮油学报, 25(8): 123-128.
杨明韶, 杜健民. 2013. 草业工程及草业机械[M]. 北京: 中国农业大学出版社.
殷钢. 1999. 钝顶螺旋藻中藻蓝蛋白的分离纯化及特性研究[J]. 清华大学学报（自然科学版）, 39(6): 20-22.
于明, 黄文, 李光发. 1996. 通化地区高蛋白大豆蛋白质和脂肪的积累与气象因子的关系[J]. 吉林农业科学, (4): 46-49.
袁道强, 梁丽琴, 王振峰. 2005. 菠菜叶蛋白功能特性的研究[J]. 现代食品科技, 21(1): 13-16.
曾志红, 王强, 林伟静, 等. 2012. 绿豆蛋白营养及功能特性分析[J]. 中国粮油学报, 27(6): 51-55.
翟风林. 1991. 作物品质育种[M]. 北京: 农业出版社.
詹碧琳. 2014. 亚麻粕提取物的性质及在鱼糜制品中的应用研究[D]. 杭州: 浙江工商大学硕士学位论文.
张超. 2004. 苦荞麦蛋白质提取以及应用的研究[D]. 无锡: 江南大学硕士学位论文.
张楚富. 2011. 生物化学原理[M]. 2 版. 北京: 高等教育出版社.
张春庆. 1993. 影响普通小麦加工馒头质量的主要品质性状的研究[J]. 中国农业科学, 26(4): 39-46.
张德权, 胡晓丹. 2005. 食品超临界 CO_2 流体加工技术[M]. 北京: 化学工业出版社.
张恒, 佘纲哲. 1990. 绿豆蛋白的提取和应用（下）[J]. 中国粮油学报, (4): 2-6.
张华江, 夏宁, 徐宁. 2014. 植物蛋白质品加工新技术[M]. 北京: 科学出版社.

张连慧. 2009. 大豆分离蛋白在乳及乳制品中的应用[J]. 食品安全导刊, (5): 23-25.
张美莉. 2007. 杂粮食品生产工艺与配方[M]. 北京: 中国轻工业出版社.
张敏. 2009. 组织化蛋白形成的理论及应用[M]. 哈尔滨: 黑龙江省科学技术出版社.
张瑞芬, 池建伟, 邱银清, 等. 2006. 黑大豆的营养及保健功能研究进展[J]. 广东农业科学, (11): 13-16.
张松. 2000. 食用菌学[M]. 广州: 华南理工大学出版社.
郑建仙. 1994. 蛋白质在挤压蒸煮过程中的变化[J]. 食品与发酵工业, (4): 78-82.
郑竞成, 唐年初. 2001. 油料资源综合利用[M]. 武汉: 湖北科学技术出版社.
赵钢. 2010. 荞麦加工与产品开发新技术[M]. 北京: 科学出版社.
赵西周, 梁少华. 2012. 国内大豆分离蛋白生产现状与发展建议[J]. 中国油脂, 24(5): 21-24.
赵小龙. 2014. 棉籽蛋白产品的制备工艺及功能特性研究[D]. 武汉: 武汉轻工业大学硕士学位论文.
赵小龙, 刘大川, 黄良哲. 2014. 棉籽分离蛋白制备工艺研究[J]. 中国油脂, (12) : 31-34.
赵新淮, 徐红华, 姜毓君. 2009. 食品蛋白质: 结构、性质与功能[M]. 北京: 科学出版社.
赵妍嫣, 胡林林, 赵宏伟, 等. 2011. 酶解冷榨菜籽蛋白制备肉味香精的工艺研究[J]. 中国调味品, 36(1): 93-96.
钟耕. 2012. 谷物科学原理[M]. 郑州: 郑州大学出版社.
钟立人. 1999. 食品科学与工艺原理[M]. 北京: 中国轻工业出版社.
钟世荣, 余伯良, 林琦. 2001. 菜籽饼粕与酱油渣混合发酵生产蛋白饲料的研究[J]. 粮食与饲料工业, (8): 27-29.
钟旭美, 张百刚, 朱杰. 2007. 我国油茶籽的综合利用[J]. 粮油食品科技, 15(2): 34-36.
周海梦, 王洪睿. 1998. 蛋白质化学修饰[M]. 北京: 清华大学出版社.
周红锋, 张子勇, 欧仕益. 2006. 环氧基交联剂对可食性大豆分离蛋白膜性能的影响[J]. 中国油脂, 31(8): 33-35.
周鸿翔, 邱树毅, 何永芳, 等. 2009. 菜籽多肽的制备及羟自由基的清除作用[J]. 中国酿造, (6): 45-48.
周江, 殷肇君. 2007. 脱毒油茶粕饲料在罗非鱼养殖中的应用研究[J]. 饲料工业, 28(10): 31-34.
周凯琳, 陶莎, 薛文通. 2015. 黑豆蛋白及其抗氧化肽研究进展[J]. 食品科技, (5): 204-207.
周瑞宝, 周兵. 1998. 大豆 7S 和 11S 球蛋白的构和功能性质[J]. 中国粮油学报, 13(6): 39-42.
周瑞宝, 周兵, 翟水忠. 1999. 鲁梅克斯叶蛋白的加工与利用[J]. 郑州粮食学院学报, (4): 5-9.
周瑞宝. 2003. 花生加工技术[M]. 北京: 化学工业出版社.
周瑞宝. 2008. 植物蛋白功能原理与工艺[M]. 北京: 化学工业出版社.
周瑞宝. 2010. 特种植物油料加工工艺[M]. 北京: 化学工业出版社.
周素梅, 申瑞玲. 2009. 燕麦的营养及其加工利用[M]. 北京: 化学工业出版社.
周莹, 赖桂春. 2011. 有机化学[M]. 北京: 化学工业出版社.
Björck I, Asp NG. 1983. The effects of extrusion cooking on nutritional value-a literature review[J]. Journal of Food Engineering, 2(4): 281-308.
Camire ME. 1998. Chemical Changes During Extrusion Cooking[M]. New York: Springer US.
Choi HS, Sohn KH. 1995. The study on emulsifying and foaming properties of buckwheat protein isolated[J]. Journal of Korean Society of Food Science, 52(6): 1583-1587.
Chou DH. 1978. Protein water interactions and functional properties[J]. Journal of the American Oil Chemists' Society, 56(1): 53-62.
Edwards RH, Miller RE, de Fremery D, et al. 1975. Pilot plant production of an edible white fraction leaf protein concentrate from alfalfa[J]. Journal of Agricultural and Food Chemistry, 23: 620-626.
Fukushima D. 1991a. Recent progress of soybean protein foods: chemistry, technology, and nutrition[J]. Food Reviews International, 7 (3): 323-351.
Fukushima D. 1991b. Structures of plant storage proteins and their functions[J]. Food Reviews International, 7(3): 353-379.

Gallego JA, Roderiguez G, Galvez JC, et al. 1999. New high-intensity ultrasonic technology for good dehydration[J]. Drying Technology, 17(3): 597-604.

Gennadios A, Brandenburg AH, Weller CL, et al. 1993. Effect of pH on properties of wheat gluten and soy protein isolate films[J]. Journal of Agricultural and Food Chemistry, 41(11): 1835-1839.

Gennadios A, Park HJ, Weller CL. 1993. Relative humidity and temperature effects on tensile strength of edible protein and cellulose ether films[J]. Transactions of the ASAE, 36(6): 1867-1872.

Hager DF. 1984. Effects of extrusion upon soy concentrate solubility[J]. Journal of Agricultural and Food Chemistry, 32(2): 293-296.

Häger KP, Dank N. 1996. Seed storage proteins of Cupressaceae are homologous to legumes from angiosperms: Molecular characterization of cDNAs from incense cedar (Calocedrus decurrens Florin)[J]. Plant Science, 116(1): 85-96.

Huang HC, Chang TC, Jane J. 1999. Mechanical and physical properties of protein-starch based plastics produced by extrusion and injection molding[J]. Journal of the American Oil Chemists' Society, 76(9): 1101-1108.

Hung SC, Zayas JF. 2001. Emulsifying capacity and emulsion stability of milk proteins and corn gem protein flour [J]. Journal of Food Science, (56): 1216-1219.

Hurrell RF, Lerman P, Carpenter KJ. 1979. Reactive lysine in foodstuffs as measured by a rapid dye-binding procedure[J]. Journal of Food Science, 44(4): 1221-1227.

Iwabuchi S. 1991. Thermal denaturation of β-coglycinin[J]. Journal of Agricultural and Food Chemisty, 39(1): 27-32.

Ji MP, Cai TD, Chang KC. 1999. Tofu yield and textural properties from three soybean cultivars as affecter by ratio of 7S and 11S proteins[J]. Journal of Food Science, 64(5): 763-767.

Kinsella JE, Domodaran S, German JB. 1996. Functional properties in foods: a survey[J]. CR C Review Food Science and Nutrition, (44): 219-280.

Knuckles BE, de Fremery D, Bickoff EM, et al. 1975. Soluble protein from alfalfajuicebymem-brancefilaration[J]. Journal of Agricultural and Food Chemistry, 23: 209-212.

Kolar CW, Richert SH, Decker CD, et al. 1985. Isolated soy protein. In: Altschul AM, Wilke HL. New Protein Foods[M]. Orlando: Academic Press Inc.

Lacroix M, Le TC, Ouattara B, et al. 2002. Use of γ-irradiation to produce films from whey, casein and soya proteins: structure and functional characteristics[J]. Radiation Physics and Chemistry, 63(3): 827-832.

Lin S, Huff HE, Hsieh F. 2000. Texture and chemical characteristics of soy protein meat analog extruded at high moisture [J]. Journal of Food Science, 65(2): 264-269.

Matthan NR, Jalbert SM, Ausman LM, et al. 2007. Effect of soy protein from differently processed products on cardiovascular disease risk factors and vascular endothelial function in hypercholesterolemic subjects[J]. The American Journal of Clinical Nutrition, 85(4): 960-966.

Maurice TJ, Burgess LD, Stanley DW. 1976. Texture-structure relationships in texturized soy protein. III. Textural evaluation of extruded products[J]. Canadian Institute of Food Science and Technology Journal, 9(4): 173-176.

Miller RE, de Fremery D, Bickoff EM, et al. 1975. Soluble protein concentrate from alfalfa by low-temperature acid precipitation[J]. Journal of Agricultural and Food Chemistry, 23: 1177-1179.

Mirzakavimov. 1983. Refining of oil cakes with hydrogen peroxide in the system for derect extraction[J]. Uzbek Chemical Journal, (6): 52-55.

Naismith DJ. 1966. The requirement for protein, and the utilization of protein and calcium during pregnancy[J]. Metabolism, (517):582-595.

Oria MP, Hamaker BR, Axtell JD, et al. 2000. A highly digestible sorghum mutant cultivar exhibits a unique folded structure of endosperm protein bodies[J]. Proceedings of the National Academy of Sciences of the United States of America, 97(10): 5065-5070.

Park SK, Rhee CO, Bae DH, et al. 2001. Mechanical properties and water vapor permeability of soy-protein films affected by calcium salts and glucono-δ-lactone[J]. Journal of Agricultural and Food Chemistry, 49(5): 2308-2312.

Phillips RD. 1986. Effect of extrusion cooking on the nutritional quality of plant-proteins. In: Philps RD, Finley JW. Protein Quality and the Effect of Processing[M]. New York: Marcel Dekker Ink.

Privalov PL, Gill SJ. 1988. Stability of protein structure and hydrophobic interaction[J]. Advances in Protein Chemistry, 39: 191-234.

Rhee C, Cho SY. 2004. Mechanical properties and water vapor permeability of edible films made from fractionated soy proteins with ultra filtration[J]. LWT-Food Science and Technology, 37(8): 833-839.

Rhee KC, Park SK, Bae DH. 2000. Soy protein biopolymers cross-linked with glutaraldehyde[J]. Journal of the American Oil Chemists' Society, 77(8): 879-884.

Rhim JW, Gennadios A, Weller CL, et al. 2002. Sodium dodecyl sulfate treatment improves properties of cast films from soy protein isolate[J]. Industrial Crops and Products, 15(3): 199-205.

Riblett AL. 2002. Characterization of β-coglycinin and glycinin soy protein genotypes[J]. Journal of Agricultural and Food Chemistry, 49: 4983-4989.

Sefa DS, Stanley D. 1979. Cowpea proteins: Use of response sur-face methodology in prediciting cowpea (vigna unguiculate) Protein extractability[J]. Journal of Agricultural and Food Chemistry, 27(6): 1238-1243.

Shigeru U, John EK. 1985. Forces involved in Soy protein gelation: effects of various reagents on the formation, hardness and solubility of heat-induced gels made from7S, 11S, and Soy isolate[J]. Journal of Food Science, 50(5): 1278-1282.

Simonsky RW, Stanley DW. 1982. Texture-structure relationships in textured soy protein. V. Influence of pH and protein acylation on extrusion texturization[J]. Canadian Institute of Food Science and Technology Journal, 15(4): 294-301.

Smith GM. 1995. Studies of Protein Structure by NMR Spectroscopy[J]. Annual Reports on NMR Spectroscopy, 31: 171-218.

Taylor AJ. 2000. Food Flavor Technology[M]. State of Florida: CRC Press LLC.

Thomas BO. 1897. The amount and properties of the proteins of the maize kernel[J]. Journal of the American Chemical Society, 19(7): 525-532.

Xu L, Diosady LL. 1994. Functional properties of Chinese rapeseed pro-tein isolates[J]. Journal of Food Science, 59(5): 1127-1130.

Yaklich RW. 2001. β-coglycinin and glycinin in high-soybean seeds[J]. Journal of Agricultural and Food Chemistry, 49: 729-735.

Yoong FS, Walters RJ, Tester RF, et al. 1994. The role of glutamic acid/glutamine and lysine during nondashenzymic browning in heated gluten[J]. Food Chemistry, 51(3): 271-274.

Yu H, Sabato SF, D'Aprano G, et al. 2004. Effect of the addition of CMC on the aggregation behaviour of proteins[J]. Radiation Physics and Chemistry, 71(1): 131-135.

Zhu LJ, Shukri R, de Mesa-Stonestreet NJ, et al. 2010. Mechanical and microstructural properties of soy protein–high amylose corn starch extrudates in relation to physiochemical changes of starch during extrusion[J]. Journal of Food Engineering, 100(2): 232-238.